2022년 신규 출제기준(도로 토공)을

전

토목제도 기능사 실기

황두환 지음

BM (주)도서출판 성안당

도서 A/S 안내

성안당에서 발행하는 모든 도서는 저자와 출판사, 그리고 독자가 함께 만들어 나갑니다.

좋은 책을 펴내기 위해 많은 노력을 기울이고 있습니다. 혹시라도 내용상의 오류나 오탈자 등이 발견되면 "좋은 책은 나라의 보배"로서 우리 모두가 함께 만들어 간다는 마음으로 연락주시기 바랍니다. 수정 보완하여 더 나은 책이 되도록 최선을 다하겠습니다.

성안당은 늘 독자 여러분들의 소중한 의견을 기다리고 있습니다. 좋은 의견을 보내주시는 분께는 성안당 쇼핑몰의 포인트(3,000포인트)를 적립해 드립니다.

잘못 만들어진 책이나 부록 등이 파손된 경우에는 교환해 드립니다.

저자 문의 e-mail : hdh1470@naver.com(황두환)

본서 기획자 e-mail : coh@cyber.co.kr(최옥현)

홈페이지 : http://www.cyber.co.kr 전화 : 031) 950-6300

머리말

필자도 여러분과 같이 AutoCAD를 공부하면서 자격증 취득 과정을 거쳐온 사람입니다. 1998년을 시작으로 건설 분야의 많은 자격을 취득하면서 느낀 점은 시공, 설계 관련 종목 대부분의 자격이 현실과 많은 차이가 있지만, 자격 취득에 필요한 전문 서적이 많지 않다는 것입니다. 전산응용토목제도기능사도 2002년 자격 종목 신설 및 종목 통합 이후 2022년까지 옹벽, 암거 구조물이 출제되었고, 2022년부터 새로운 출제기준으로 인해 작업시간 및 전체적인 문제도면이 변경되었으나 아직까지 시중에 출판된 다수의 교재는 과거 출제기준의 도면을 그대로 다루고 있으며 기계, 건축과는 다르게 응시인원이 많지 않다는 이유로 관련 교재의 출판도 원만하지 않은 것 같습니다. 출판된 교재들도 2002~2005년에 작성된 도면을 그대로 반영해 CAD 프로그램 버전 등 현실과 맞지 않는 부분이 있고, 많은 철근 선이 표현되는 토목 제도의 특성상 대부분의 교재를 보고 작성 과정을 따라 하는 데 어려움이 있습니다. 설명글과 그림만으로는 부족하다는 생각을 많이 하게 되었기에 옹벽 등 주요 구조물의 작성 과정을 동영상으로 담은 자료를 제공하는 새로운 교재를 집필하게 되었습니다.

기능사 시험은 필기부터 실기까지 많은 시간과 노력, 비용을 들여 자격시험에 응시합니다. 본 교재가 수험생의 자격 취득과 목표 달성에 조금이나마 힘이 되고, 강사님들에게는 지식 전달에 있어 효과적인 참고 자료가 될 수 있었으면 합니다.

필자의 의견을 적극 검토하고 출판을 이끌어준 성안당 출판사 임직원과 기술교육에 많은 가르침을 주신 고인룡 교수님, 박남용 교수님, 부족한 필자를 늘 곁에서 응원하고 힘이 되어준 영이, 재인, 지현에게 감사의 말을 전합니다.

저자 황두환

* 무료 동영상 강의(유튜브 URL)와 완성 파일은 성안당 도서몰 사이트 (www.cyber.co.kr)의 [자료실]–[자료실]에서 다운로드할 수 있습니다.

목차

Part 03
L형 옹벽 구조도

Part 04
역T형 옹벽 구조도

Part 05
실기시험 도면 작성(2022년 신규 기준)

Part 06
기출문제 및 응용문제

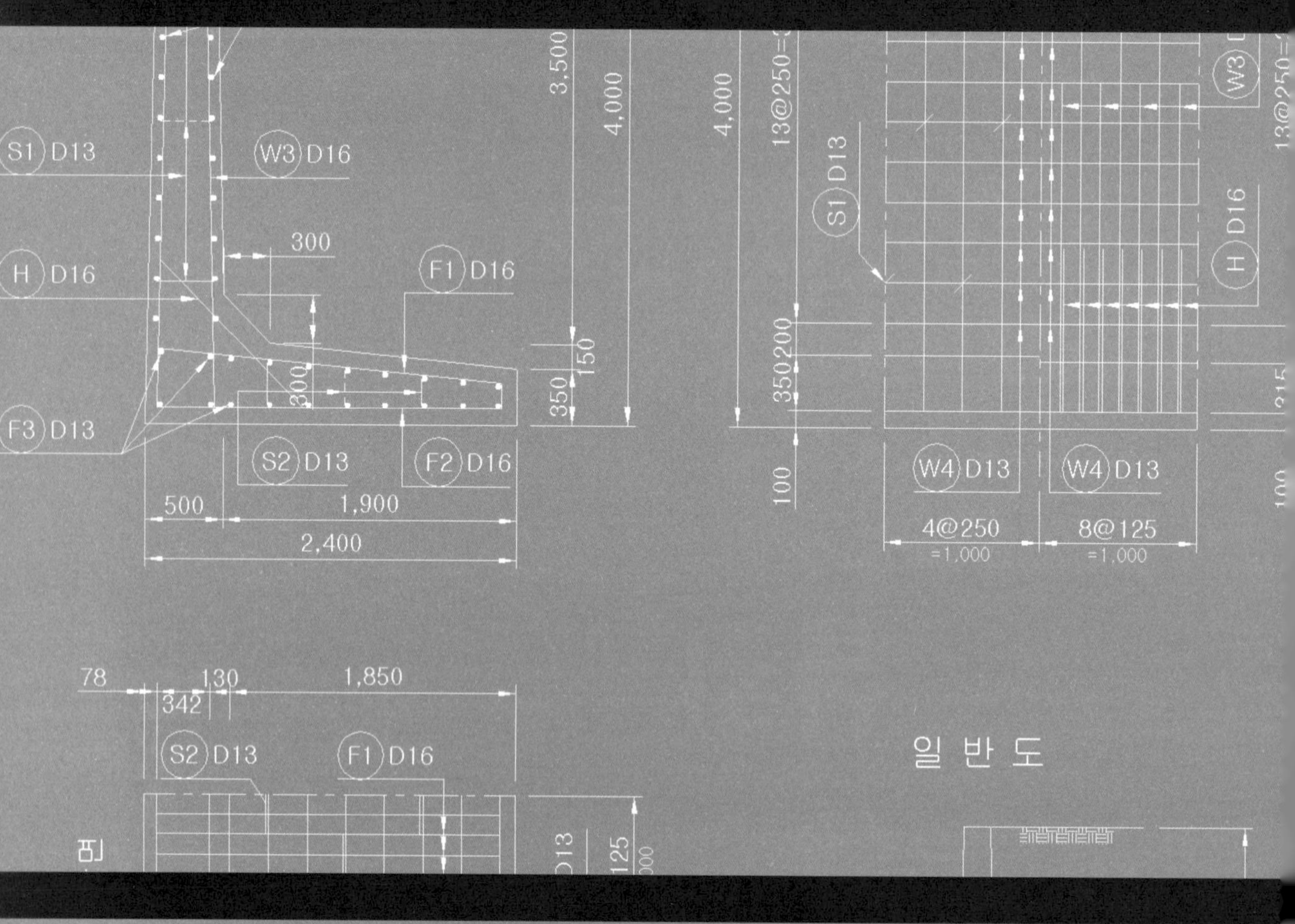
S1 D13
W3 D16
300
H D16
F1 D16
F3 D13
S2 D13
F2 D16
500
1,900
2,400
3,500
4,000
150
350
4,000
13@250=
350
200
100
S1 D13
W3
H D16
W4 D13
W4 D13
4@250
=1,000
8@125
=1,000
78
130
342
1,850
S2 D13
F1 D16
125
일 반 도

PART

00

전산응용토목제도기능사 실기의 개요

전산응용토목제도기능사는 국가 기간시설과 관련된 토목 공사의 설계 및 구조 등 토목 전반에 대한 기초 지식을 익히고, CAD 시스템을 활용하여 구조적으로 안전한 설계 도면을 작성할 수 있는 기능 인력을 양성할 목적으로 2002년에 신설되었습니다. 기능 인력은 현장에서 CAD 시스템을 이용하여 도면을 작성하고 기존의 설계도면을 손쉽게 수정하여 입출력하는 업무를 수행합니다.

CHAPTER 01 자격 시험의 응시

전산응용토목제도기능사는 학력 등 응시 자격에 대한 제한이 없으므로 누구나 응시하여 취득할 수 있습니다.

동영상강좌 P00-실기개요.mp4

01 자격 검정 홈페이지 '큐넷'

한국산업인력공단에서 운영하는 '큐넷'은 국가기술자격의 정보 제공은 물론 접수, 시행, 관리 등 다양한 업무를 지원합니다.

www.q-net.or.kr

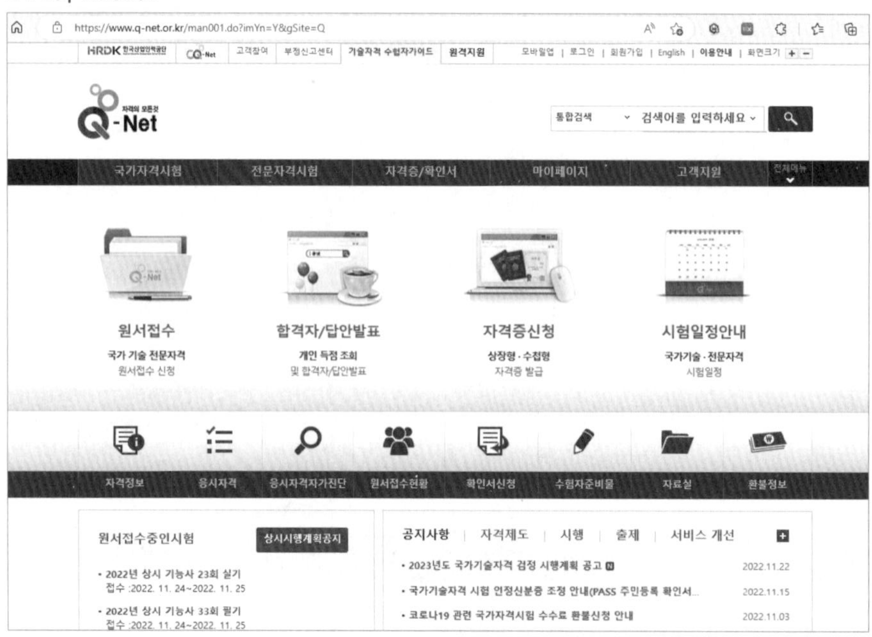

포털 사이트에서 '큐넷'으로 검색

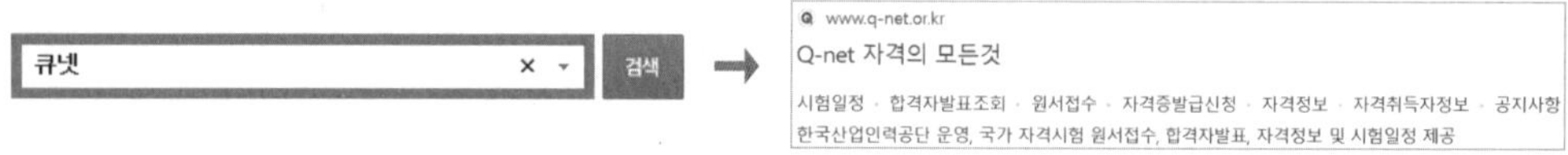

02 자격증 취득 절차

'큐넷' 홈페이지에서 회원 가입을 시작으로 필기 시험과 실기 시험으로 나누어 응시하게 됩니다.

① 큐넷의 회원 가입

② 필기 시험 접수

③ 필기 시험 응시

- 시험 시간: 60분
- 합격 기준: 100점 만점에 60점 이상(60문제 중 36문제 이상 맞으면 합격)

* 필기 시험에 합격하면 2년간 실기 시험에 응시 가능합니다.

④ 필기 시험 합격

⑤ 실기 시험 접수

⑥ 실기 시험 응시

- 시험 시간: 3시간 정도
- 합격 기준: 100점 만점에 60점 이상

⑦ 실기 시험 합격

⑧ 자격증 발급

03 필기 시험 출제 기준

직무 분야	건설	중직무 분야	토목	자격 종목	전산응용토목제도기능사	적용 기간	2022.1.1 2025.12.31
○직무내용 : 토목일반 및 제도에 관한 기본지식을 바탕으로 컴퓨터를 이용하여 도면을 작성, 수정 · 보완 및 출력 등을 수행하는 직무이다.							
필기검정방법	객관식		문제수	60	시험시간	1시간	

필기과목명	문제수	주요항목	세부항목	세세항목
토목제도(CAD), 철근콘크리트, 토목일반구조	60	1. 토목제도	1. 제도기준	1. 표준규격 2. KS토목제도통칙 3. 도면의 크기와 축척 4. 제도 표시의 일반 원칙 5. 치수와 치수 요소

필기과목명	문제수	주요항목	세부항목	세세항목
			2. 기본 도법	1. 평면도법 2. 입체투상도
			3. 도면 작성	1. 도면의 작성 순서 2. 도면의 작성 방법
			4. 건설재료의 표시	1. 건설재료의 단면 표시 2. 재료단면의 경계 표시 3. 단면의 형태에 따른 절단면 표시 4. 판형재(형강, 강관 등)의 종류와 치수 5. 지형의 경사면 표시 방법
			5. 도면 이해	1. 구조물 도면 2. 도로도면 3. 평면도 4. 종단면도 5. 횡단면도
		2. 전산응용제도	1. CAD 일반	1. CAD시스템 2. CAD프로그램에 의한 좌표 설정 3. CAD시스템에 의한 도형 처리 4. GIS개요와 데이터 이해 5. 측량 데이터 관리
		3. 철근 및 콘크리트	1. 철근	1. 철근의 종류와 간격 2. 갈고리 3. 철근의 이음 4. 철근의 부착과 정착 5. 피복 두께
			2. 콘크리트	1. 콘크리트의 구성 및 특징 2. 콘크리트의 재료 3. 콘크리트의 성질 4. 콘크리트의 종류
		4. 토목 일반	1. 토목구조물의 개념	1. 토목구조물의 개요 2. 토목구조물의 형식 3. 토목구조물의 특징 4. 토목구조물의 하중
			2. 토목구조물의 종류	1. 보 2. 기둥 3. 슬래브 4. 기초 및 옹벽
			3. 토목구조물의 특성	1. 철근콘크리트 구조 2. 프리스트레스트 콘크리트 구조 3. 강구조

04 실기 시험 출제 기준

직무 분야	건설	중직무 분야	토목	자격 종목	전산응용토목제도기능사	적용 기간	2022.1.1 2025.12.31

○직무내용 : 토목일반 및 제도에 관한 기본지식을 바탕으로 컴퓨터를 이용하여 도면을 작성, 수정 · 보완 및 출력 등을 수행하는 직무이다.
○수행준거 : 1. 토목관련 구조물과 도면을 이해할 수 있다.
2. 전산응용 제도 프로그램(CAD)을 활용하여 도면 작성(설정, 입력, 수정, 보완 등)을 할 수 있다.
3. 작성된 도면을 요구에 맞게 출력할 수 있다.

실기검정방법	작업형	시험시간	3시간 정도

실기과목명	주요항목	세부항목	세세항목
전산응용 토목제도 작업	1. 도로설계 도면 작성	1. 위치도 · 일반도 작성하기	1. 설계도면 작성기준에 의해 설계자의 의도를 정확히 전달하고 표현이 불확실한 부분이 최소화 되도록 설계도면을 작성할 수 있다. 2. 도로 노선에 표준이 되고 과업기준에 적합한 축척 범위로 표준횡단면도, 편경사도 등과 같은 과업특성을 파악하고 표준화된 내용을 일반도에 적용할 수 있다.
		2. 종평면도 · 횡단면도 작성하기	1. 종단면도 아래 제원표는 공통도면 작성기준의 테이블 작성규정에 따라 측점, 지반고, 계획고, 땅깎기 및 흙쌓기, 편경사, 종단곡선 및 평면곡선 정보와 기점거리 등을 기입하여 종단계획을 수립할 수 있다.
	2. 구조물 도면 작성	1. 구조물 상 · 하부 구조 일반도 작성하기	1. 설계기준을 기초로 하여 주요 구조부의 치수를 결정하고 도면화할 수 있다.
	3. 토공 도면 파악	1. 기본도면 파악하기	1. 토공 도면을 확인하여 종평면도, 횡단면도, 상세도로 구분할 수 있다.
		2. 도면 기본 지식 파악하기	1. 토공 도면의 기능과 용도를 파악할 수 있다. 2. 토공 도면에서 지시하는 내용을 파악할 수 있다. 3. 토공 도면에 표기된 각종 기호의 의미를 파악할 수 있다.

05 자격취득자에 대한 법령상 우대현황(한국산업인력공단 Q-Net 공지)

우대법령	조문내역	활용내용
공무원수당 등에 관한 규정	제14조 특수업무수당(별표11)	특수업무수당지급
공무원임용시험령	제27조 경력경쟁채용시험 등의 응시자격 등(별표7, 별표8)	경력경쟁채용시험 등의 응시
공무원임용시험령	제31조 자격증소지자 등에 대한 우대(별표12)	6급 이하 공무원 채용시험 가산 대상 자격증
공연법시행령	제10조의4 무대예술전문인자격검정의 응시기준(별표2)	무대예술전문인 자격검정의 등급별 응시기준
공직자윤리법시행령	제34조 취업 승인	관할공직자윤리위원회가 취업승인을 하는 경우
공직자윤리법의 시행에 관한 대법원규칙	제37조 취업 승인 신청	퇴직공직자의 취업 승인 요건
공직자윤리법의 시행에 관한 헌법재판소규칙	제20조 취업 승인	퇴직공직자의 취업 승인 요건

교원자격검정령시행규칙	제9조 무시험검정의 신청	무시험검정 관련 실기교사 무시험검정일 경우 해당 과목 관련 국가기술자격증 사본 첨부
교육감소속지방공무원평정규칙	제23조 자격증 등의 가산점	5급 이하 공무원, 연구사 및 지도사 관련 가점사항
국가공무원법	제36조의2 채용시험의 가점	공무원 채용 시험응시 가점
군무원인사법시행령	제10조 경력 경쟁 채용 요건	경력 경쟁 채용시험으로 신규 채용할 수 있는 경우
군인사법시행규칙	제14조 부사관의 임용	부사관 임용 자격
근로자직업능력개발법시행령	제27조 직업능력개발훈련을 위하여 근로자를 가르칠 수 있는 사람	직업능력개발훈련교사의 정의
근로자직업능력개발법시행령	제28조 직업능력개발훈련교사의 자격취득(별표2)	직업능력개발훈련교사의 자격
근로자직업능력개발법시행령	제38조 다기능기술자과정의 학생 선발방법	다기능기술자과정 학생 선발 방법 중 정원 내 특별전형
근로자직업능력개발법시행령	제44조 교원 등의 임용	교원임용 시 자격증 소지자에 대한 우대
기초연구진흥 및 기술개발지원에 관한 법률시행규칙	제2조 기업부설연구소 등의 연구시설 및 연구전담 요원에 대한 기준	연구 전담 요원의 자격기준
목재의 지속 가능한 이용에 관한 법률	제31조 기술인력의 양성	임업직 공무원의 채용 및 경력산정 시 가점
목재의 지속 가능한 이용에 관한 법률 시행령	제28조 목구조기술자자격의 종류와 자격요건 등(별표5)	목구조기술자자격의 종류와 자격 요건
선거관리위원회공무원규칙	제89조 채용시험의 특전(별표15)	6급 이하 공무원 채용시험에 응시하는 경우 가산
지방공무원법	제34조의2 신규임용시험의 가점	지방공무원 신규 임용시험 시 가점
지방공무원임용령	제17조 경력경쟁임용시험 등을 통한임용의 요건	경력 경쟁시험 등의 임용
지방공무원임용령	제55조의3 자격증소지자에 대한 신규 임용 시험의 특전	6급 이하 공무원 신규 임용 시 필기시험 점수 가산
지방공무원평정규칙	제23조 자격증 등의 가산점	5급 이하 공무원 연구사 및 지도사 관련 가점 사항
지방자치단체를 당사자로 하는 계약에 관한 법률시행규칙	제7조 원가계산 시 단위당 가격의 기준	노임단가 가산
해양환경관리법시행규칙	제23조 오염물질저장 시설의 설치운영기준(별표10)	오염물질저장시설 설치 시 필요한 기술 인력
해양환경관리법시행규칙	제74조 업무대행자의 지정(별표28)	해양환경측정기기의 정도검사 · 성능시험 · 검정업무대행자 지정기준
행정안전부소관비상대비자원관리법 시행규칙	제2조 인력자원의 관리직종(별표)	인력자원 관리 직종
헌법재판소공무원규칙	제14조 경력경쟁채용의 요건(별표3)	동종직무에 관한 자격증 소지자에 대한 경력 경쟁 채용
환경분야시험검사 등에 관한 법률시행규칙	제10조 검사기관의 지정 등(별표6)	환경측정기기검사기관의 기술능력시설 및 장비의 세부기준
국가기술자격법	제14조 국가기술자격취득자에 대한 우대	국가기술자격취득자우대
국가기술자격법시행령	제27조 국가기술자격취득자의 취업 등에 대한 우대	공공기관 등 채용 시 국가기술자격 취득자우대
국가를당사자로 하는 계약에 관한 법률시행규칙	제7조 원가계산을 할 때 단위당 가격의 기준	노임단가의 가산
국회인사규칙	제20조 경력경쟁채용 등의 요건	동종직무에 관한 자격증 소지자에 대한 경력 경쟁 채용
군무원인사법시행규칙	제16조 시험과목의 일부 면제 등	임용예정직급과 관련 시 관련 자격면허시험에 대한 면제
군무원인사법시행규칙	제18조 채용시험의 특전	채용시험의 특전
목재의 지속 가능한 이용에 관한 법률 시행규칙	제27조 목구조기술자자격증의 발급절차(영 별표5)	목구조기술자자격의 종류와 자격요건
비상대비자원관리법	제2조 대상자원의 범위	비상대비자원의 인력자원 범위

토목 제도의 기초

토목 도면을 작성하기에 앞서 필요한 도면 기호 및 용어를 학습해야 합니다. 도면 작성에 도움이 되는 3각법과 기초 도면 실습으로 '전산응용토목제도기능사' 실기 도면을 이해할 수 있어야 합니다.

* 실기 도면에 문자가 포함되므로 도면을 작성하면서 천천히 암기할 수 있도록 합니다.

01 도면 작성에 필요한 용어 및 기호의 표시

❶ 윤곽선

도면 외곽의 테두리 선을 뜻하며 윤곽선 안쪽으로 도면을 작성합니다.

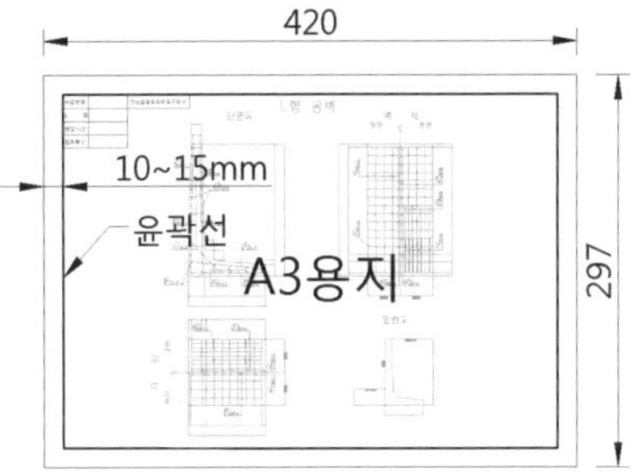

❷ 철근선

도면에 철근을 표시한 선으로 절단되어 보이는 철근은 점으로 표현하고 점철근이라 합니다.

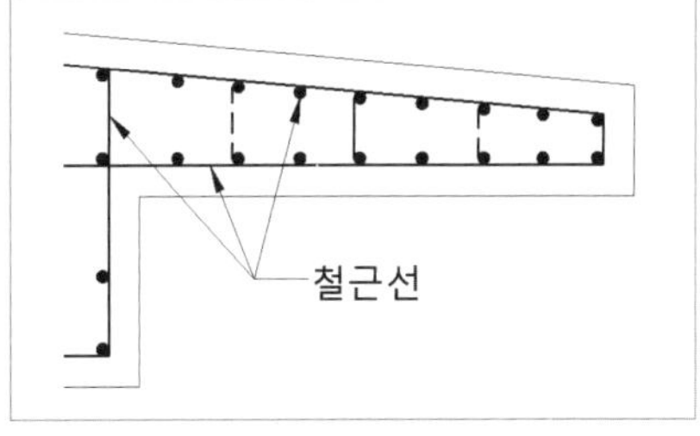

❸ 외벽선

철근을 덮고 있는 콘크리트의 외형을 표시합니다.

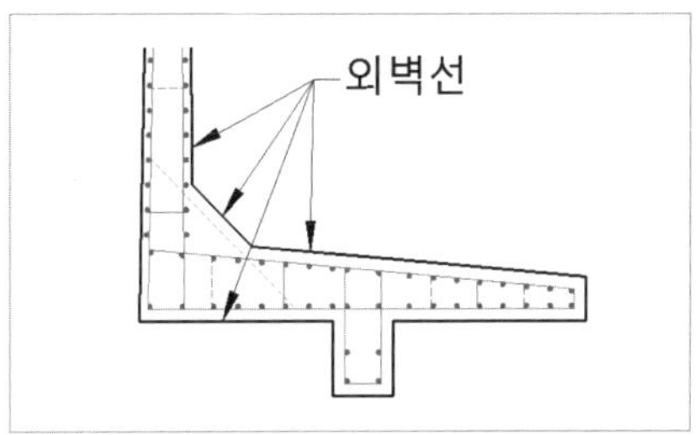

④ 중심선

작성된 도면의 중심을 표시합니다.

⑤ 파단선

도면에 표현할 부분과 필요 없는 부분을 경계로 절제하여 생략한 선입니다(전산응용토목제도기능사에서는 중심선, 파단선을 모두 일점쇄선으로 표현합니다).

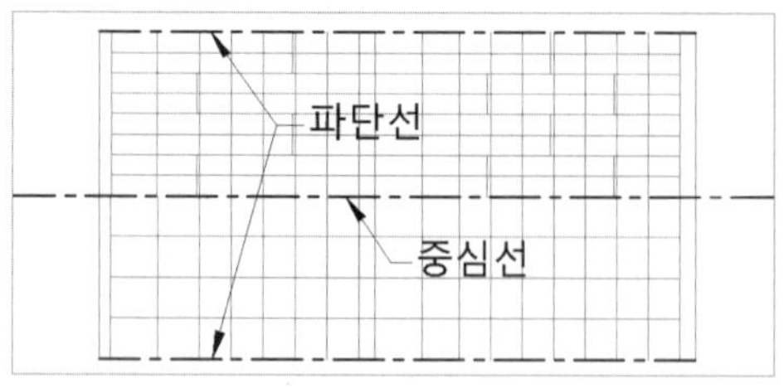

⑥ 철근 기호와 인출선

철근의 유형과 규격(지름)을 표시합니다.

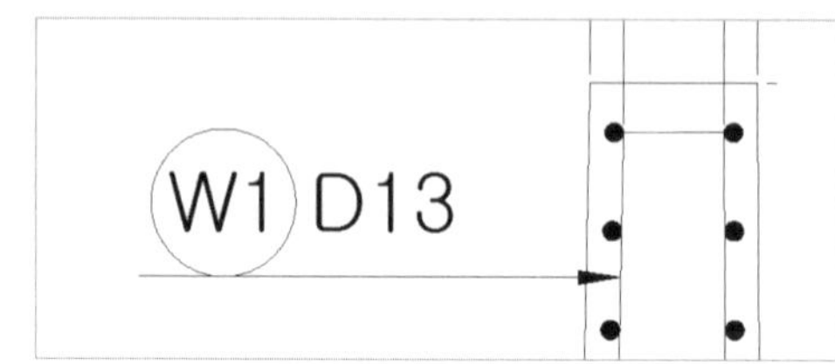

⑦ 단면도

구조물의 내부 구조를 상세히 나타내기 위해 절단면을 그려 보여주는 도면입니다.

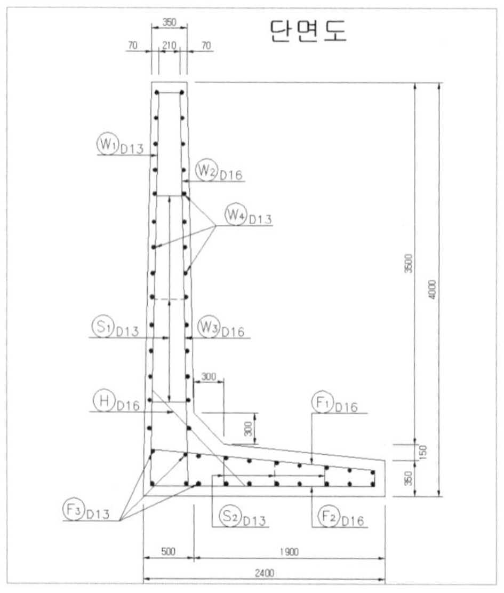

❽ 일반도

구조물 설계에 필요한 기본적인 내용과 전체적인 외형을 나타내는 도면입니다.

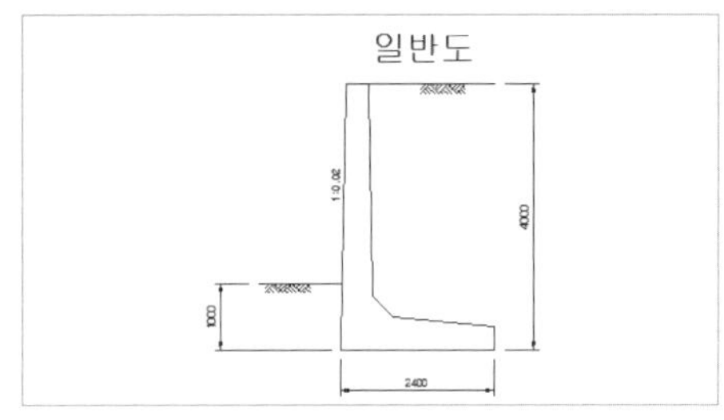

❾ 철근 상세도

구조물 시공에 필요한 철근의 유형과 크기를 상세히 표현한 도면입니다.

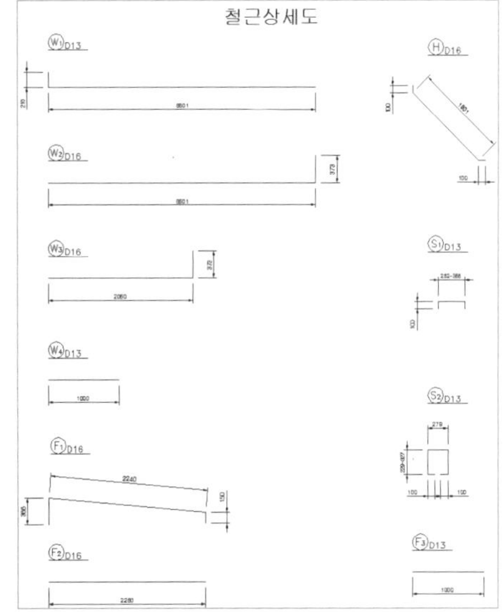

❿ 철근 표기법

D13 - 지름 13mm 이형철근

5@200=1000 – 지정된 철근을 표시된 1000mm 구간에 200mm 간격으로 5개를 배근

TIP D13의 'D'는 Deformed bar(이형철근)를 뜻한다.

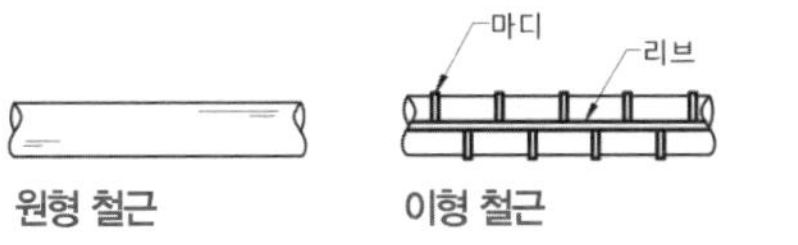

⓫ 지반의 표시

지반 선의 위치를 표시합니다.

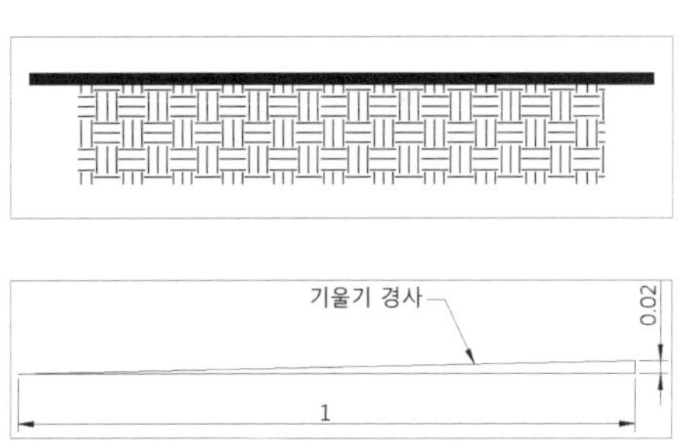

⓬ 기울기(구배)의 표시

1:0.02 - 1을 기준으로 수평 및 수직 거리의 비율

02 3각법을 활용한 기초도면 실습

물체를 투상해 도면을 작성하는 기본적인 방법을 익혀 다음 도면을 작성합니다.

* 평면과 정면, 저면의 좌우 폭이 같고, 좌측면과 정면, 우측면의 높이가 같음을 이용합니다.

완성파일 실습자료\완성파일\part01\실습도면1.dwg

실습 도면 1

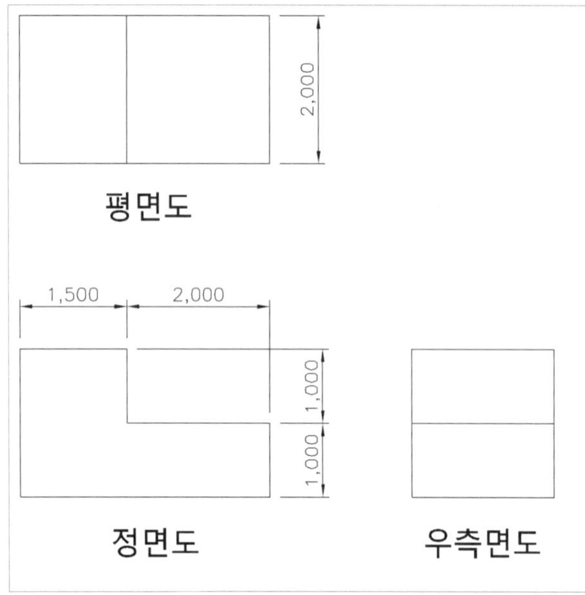

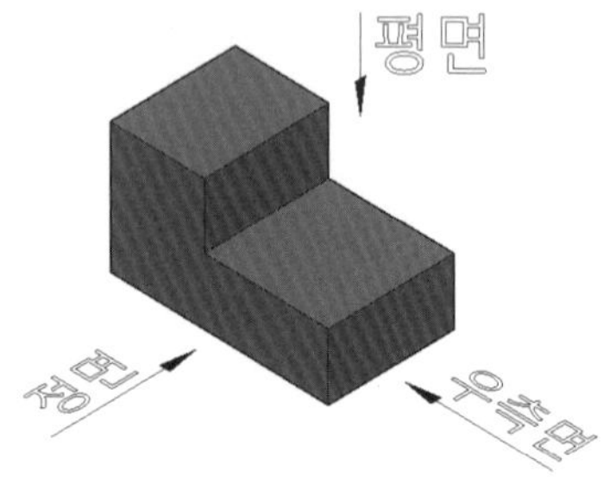

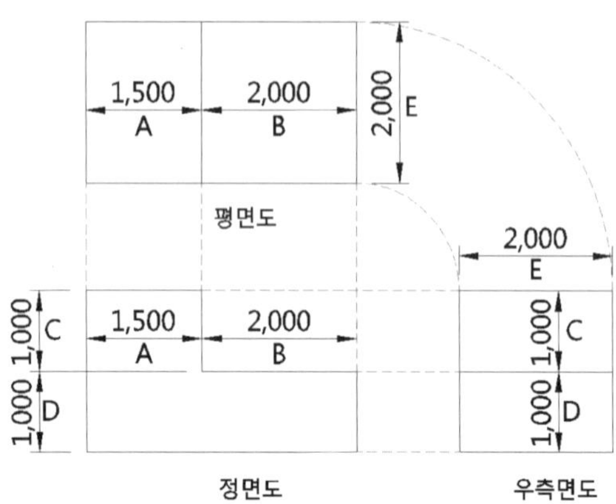

작업 과정

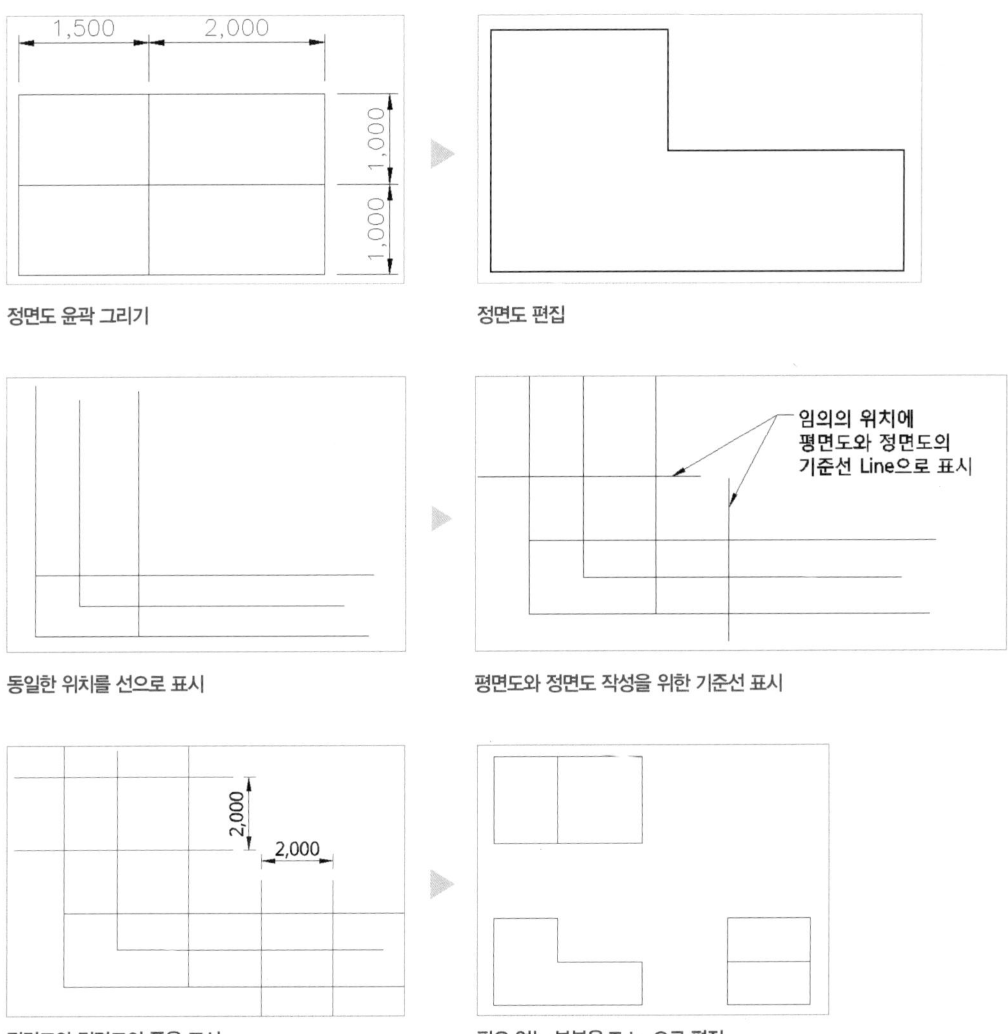

1,500
2,000
1,000
1,000
정면도 윤곽 그리기
정면도 편집
동일한 위치를 선으로 표시
임의의 위치에
평면도와 정면도의
기준선 Line으로 표시
평면도와 정면도 작성을 위한 기준선 표시
2,000
2,000
평면도와 정면도의 폭을 표시
필요 없는 부분을 Trim으로 편집

* 도면의 형태가 복잡할 때 평면도와 우측면도의 폭을 쉽게 공유하기 위해 45도 선을 사용합니다.

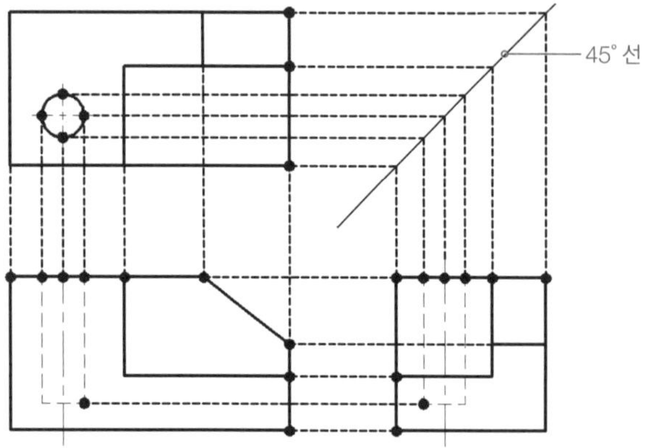

실습 도면 2

해당 방향에서 보았을 때 가려지는 부분은 숨은선(Hidden)으로 표현합니다.

완성파일 실습자료\완성파일\part01\실습도면2.dwg

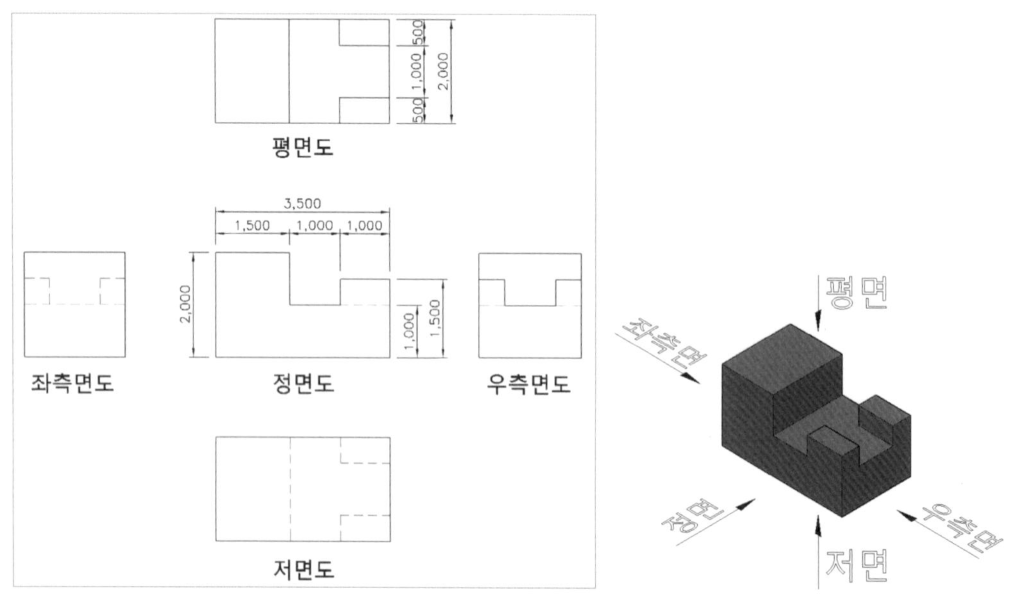

정면도를 기준으로 높이와 폭을 선으로 표시하여 '실습 도면 1'과 같은 순서로 작성합니다.

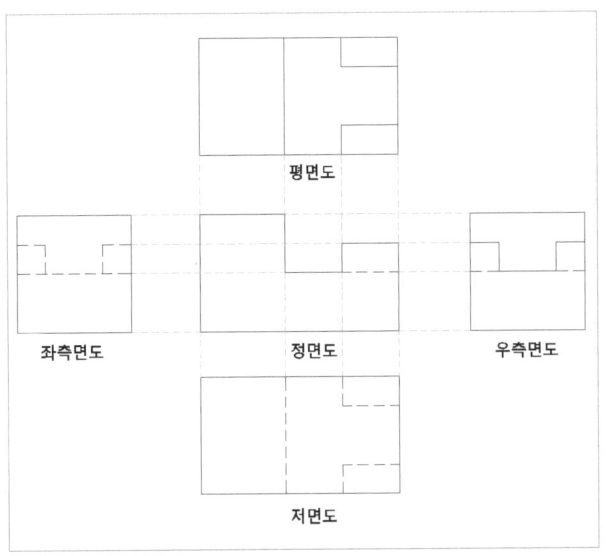

03 철근이 표현된 배근도의 기초 도면 실습

3각법을 활용하여 철근콘크리트 구조물의 형태와 배근된 철근을 작성합니다.

실습 도면 3

철근의 단면은 지름 40으로 작성합니다.

완성파일 실습자료\완성파일\part01\실습도면3.dwg

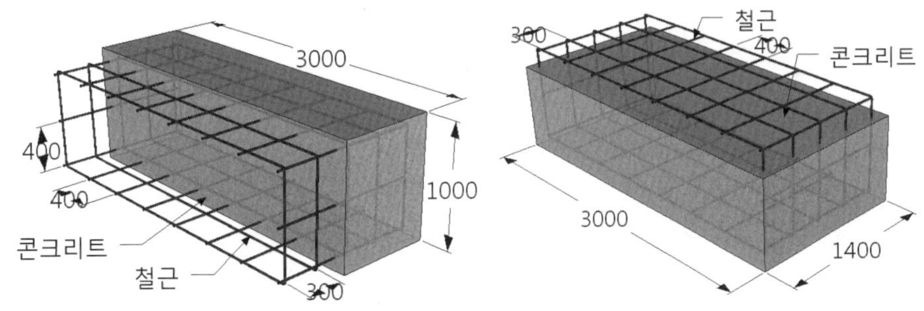

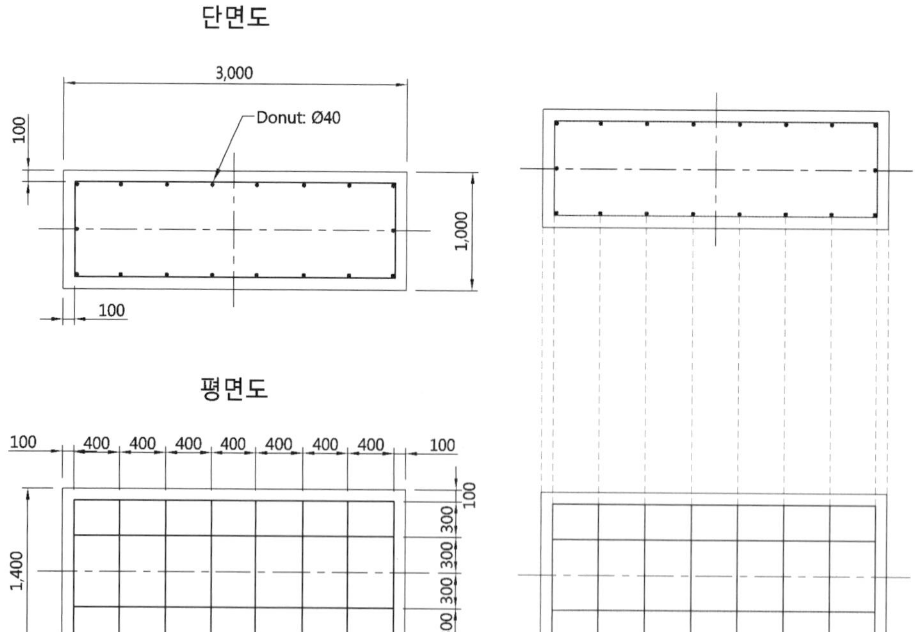

* 배근된 철근과 외형의 위치가 동일함을 활용하고 점 철근(지름 40)의 위치는 Move 명령으로 20만큼 이동해 다음과 같이 보기 좋게 배치합니다(정확한 위치가 아니어도 됩니다).

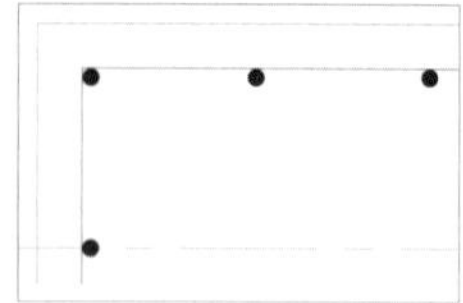

실습 도면 4

철근의 단면은 지름 40으로 작성합니다.

완성파일 실습자료\완성파일\part01\실습도면4.dwg

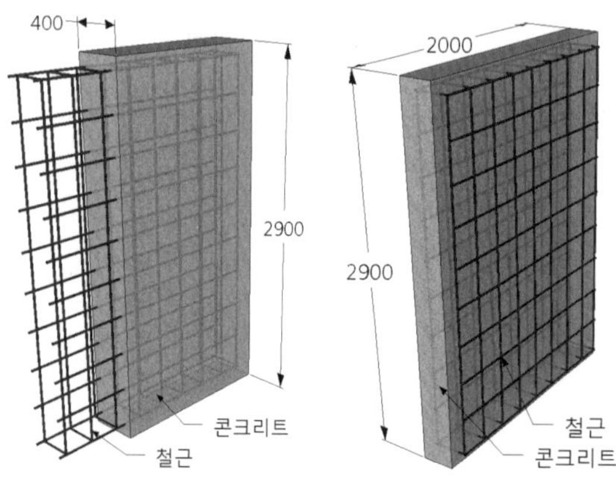

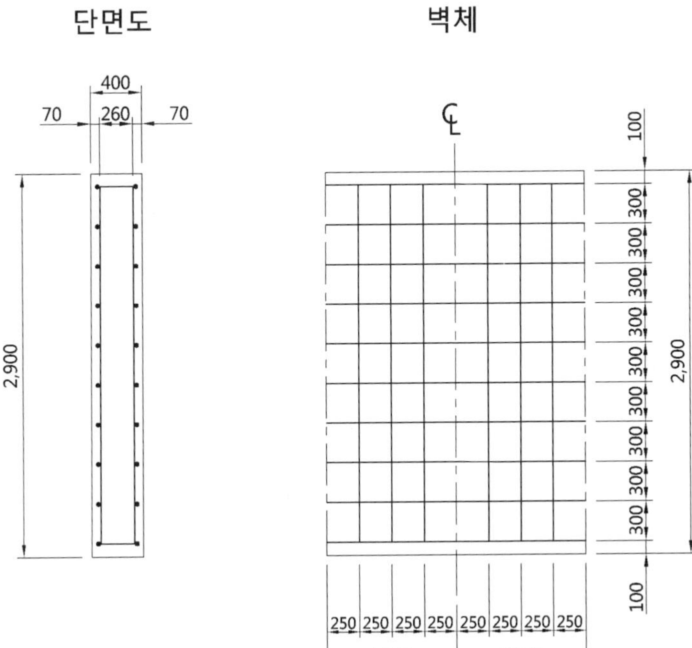

* 배근된 철근과 외형의 위치가 동일함을 활용합니다.

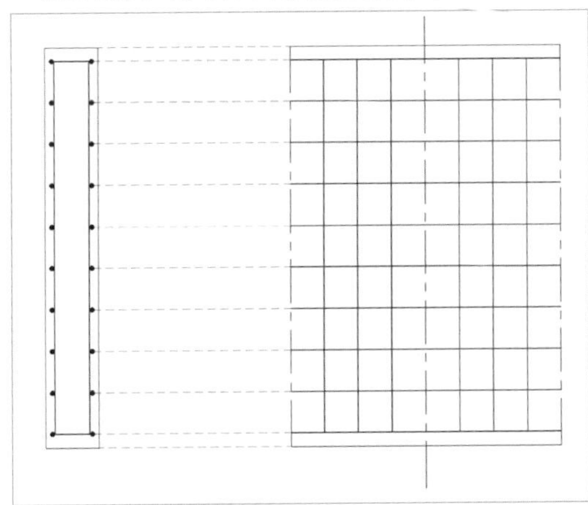

실기시험 문제지와 구조물의 이해

실기시험은 제시된 축척을 적용하여 A3용지 규격으로 각각 작성합니다. 문제 유형에 따라 다양한 축척이 제시되므로 축척과 용지 방향에 유의하여 주어진 시간에(3시간) 모든 도면을 작성해 출력합니다.

01 출제되는 시험 문제지와 도면

문제지는 총 6페이지입니다.

국가기술자격 실기시험문제

자격종목	전산응용토목제도기능사	작품명	옹벽 구조도 도로 토공 횡단면도 도로 토공 종단면도

비번호		시험일시		시험장명	

※ 시험시간 : 3시간 (시험종료 후 문제지는 반납)

1. 요구사항

※ 주어진 도면 (1), (2), (3)을 보고 CAD프로그램을 이용하여 다음 조건에 맞는 도면을 작도하여 시험감독위원의 지시에 따라 저장하고, 제시된 축척에 맞게 A3(420×297)**용지에 흑백으로 가로로 출력**하여 파일과 함께 제출하시오.

가. 옹벽 구조도

❶ 주어진 도면(1)을 참고하여 **'표준 단면도(1:30)'**와 **'일반도(1:60)'**를 작도하고, 표준 단면도는 도면의 좌측에, 일반도는 우측에 적절히 배치하시오.

❷ 도면 상단에 과제명과 축척을 도면의 크기에 어울리도록 표기하시오.

나. 도로 토공 횡단면도

❶ 주어진 도면(2)를 참고하여 **'도로 토공 횡단면도(1:100)'**를 작도하고 도로 포장 단면의 표층, 기층, 보조기층을 아래의 단면 표시형식에 따라 출력물에서 구분될 수 있도록 적절한 크기로 해칭하여 완성하시오.

단면 표시		
표층(T=50) – ■	기층(T=150) – ▨	보조기층(T=300) – ▩

다. 도로 토공 종단면도

❶ 주어진 도면 (3)을 참고하여 **도로 토공 종단면도(하단 야장표 제외)를 가로 축척(H), 세로 축척(V)에 맞게 작도**하고, **절토고 및 성토고 표**를 적절한 크기로 완성하여 종단면도의 우측에 배치하시오.

❷ 도면 상단에 과제명과 축척을 도면의 크기에 어울리도록 표기하시오.

자격종목	전산응용토목제도기능사	작품명	옹벽 구조도 도로 토공 횡단면도 도로 토공 종단면도

2. 수험자 유의사항

※ 다음 유의사항을 고려하여 요구사항을 완성하시오.

1. 명시되지 않은 조건은 토목제도의 원칙에 따르시오.
2. 정전 및 기계 고장 등에 의한 자료 손실을 방지하기 위하여 수시로 저장하시오.
3. 윤곽선의 여백은 상하좌우 모두 15mm 범위가 되도록 작도하고, 철근의 단면은 출력 결과물에 지름 1mm가 되도록 작도하시오.
4. 시험 시작 후 우선 도면 좌측 상단에 아래와 같이 표제란을 만들어 수험번호, 성명을 기재하시오. (단, 표제란의 축척은 1:1로 하시오.)

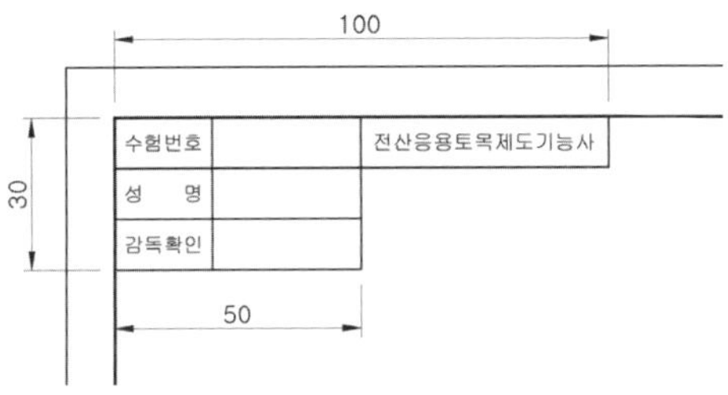

5. 작업이 끝나면 감독위원의 확인을 받은 후 파일과 문제지를 제출하고 본부위원의 지시에 따라 흑백(출력결과물에서 선의 진하고 연함이 없이 선의 굵기로만 구분되도록 출력: AutoCAD의 monochrome.ctb 기준)으로 도면을 요구사항에 따라 출력하시오.
[**출력시간은 시험시간에서 제외(20분을 초과할 수 없음)**하고 출력은 주어진 축척에 맞게 수험자가 직접 하여야 합니다.]
6. 선의 굵기를 구분하기 위하여 선의 색을 다음과 같이 정하여 작도하시오.

선 굵기	색상(color)	용도
0.7㎜	파란색(5-Blue)	윤곽선
0.4㎜	빨간색(1-Red)	철근선
0.3㎜	하늘색(4-Cyan)	계획선, 측구, 포장층
0.2㎜	선홍색(6-Magenta)	중심선, 파단선
0.2㎜	초록색(3-Green)	외벽선, 철근기호, 지반선, 인출선
0.15㎜	흰색(7-White)	치수, 치수선, 표, 스케일
0.15㎜	회색(8-Gray)	원지반선

자격종목	전산응용토목제도기능사	작품명	옹벽 구조도 도로 토공 횡단면도 도로 토공 종단면도

❼ 다음 사항은 실격에 해당하여 채점 대상에서 제외됩니다.

가) 수험자 본인이 수험 도중 시험에 대한 포기 의사를 표현하는 경우

나) 장비조작 미숙으로 파손 및 고장을 일으킬 것으로 감독위원이 합의하거나 출력시간이 20분을 초과할 경우

다) 3개 과제 중 1과제라도 0점인 경우

라) 출력작업을 시작한 후 작업내용을 수정할 경우

마) 수험자는 컴퓨터에 어떤 프로그램도 설치 또는 제거하여서는 안 되며 별도의 저장장치를 휴대하거나 작업 시 타인과 대화하는 경우

바) 시험시간 내에 3개 과제(옹벽 구조도, 도로 토공 횡단면도, 도로 토공 종단면도)를 제출하지 못한 경우

사) 과제별 도면 명칭, 기울기, 치수선, 철근 종류 등 10개소 이상 누락된 경우

아) 도면 축척이 틀리거나 지시한 내용과 다르게 출력되어 채점이 불가한 경우

❽ 각 과제별 제출 도면 배치(예시)

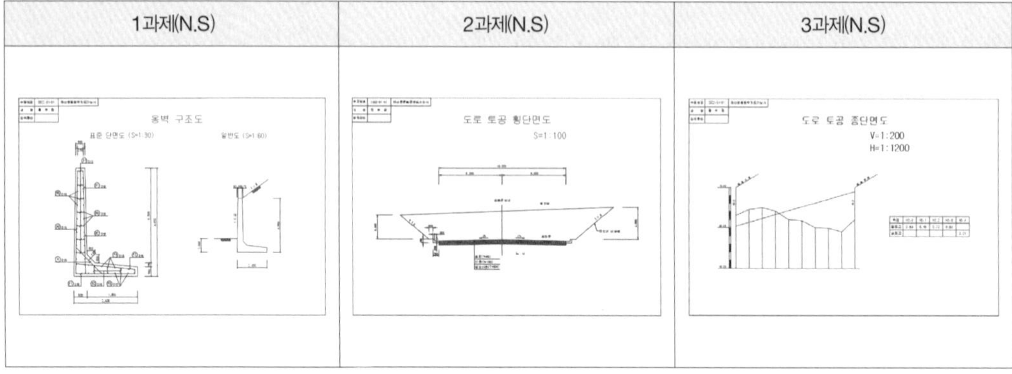

자격종목	전산응용토목제도기능사	과제명	도로 토공 종단면도	척도	N.S

3. 도면(1)

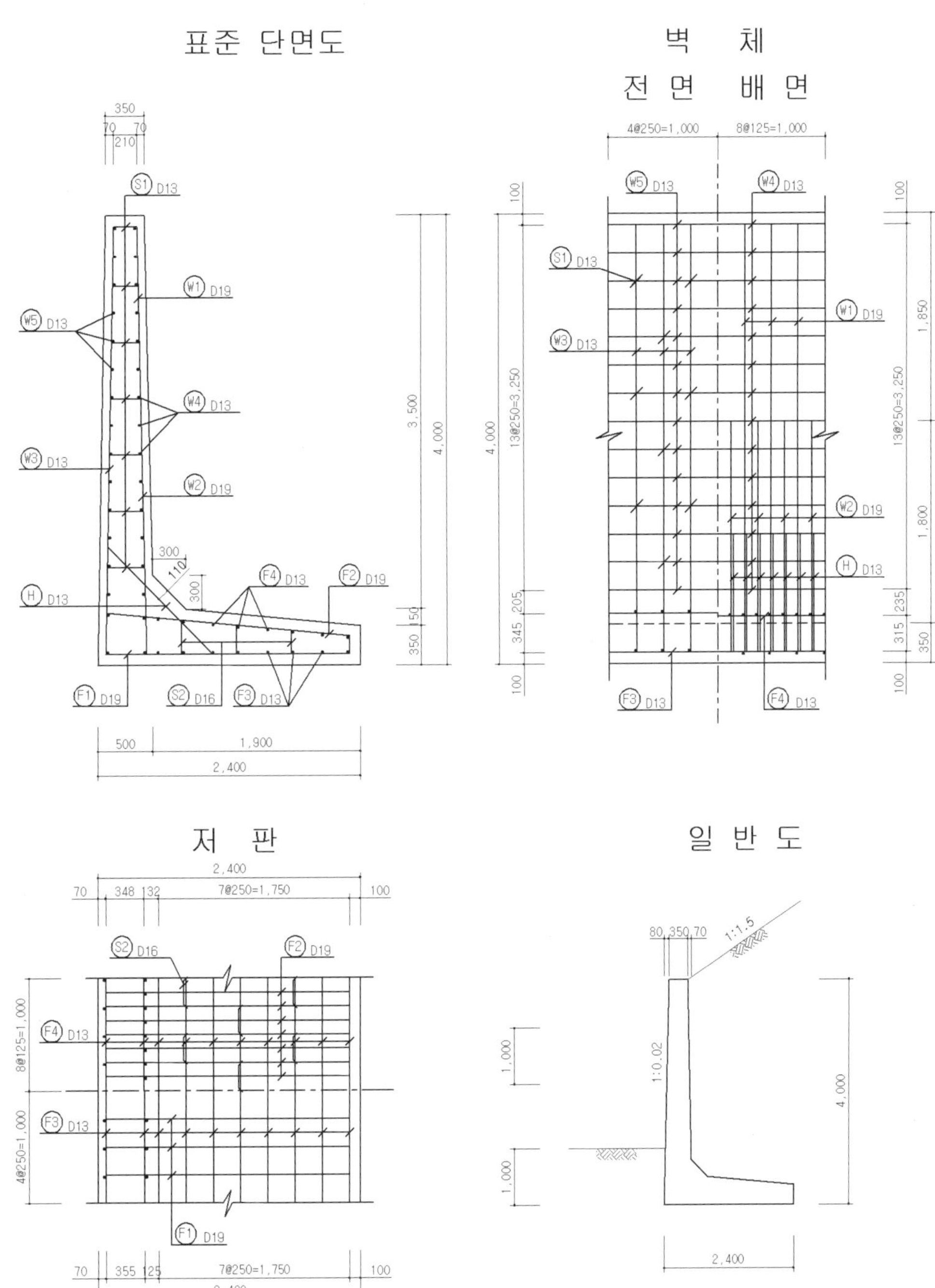

자격종목	전산응용토목제도기능사	과제명	도로 토공 종단면도	척도	N.S

3. 도면(2)

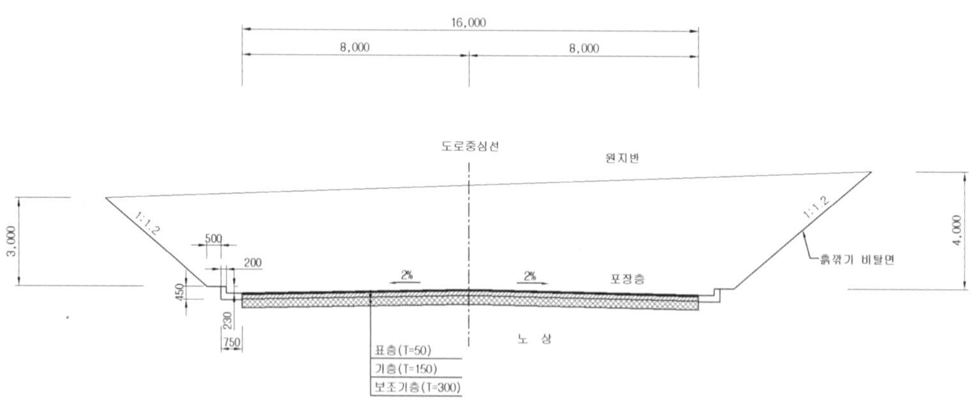

자격종목	전산응용토목제도기능사	과제명	도로 토공 종단면도	척도	N.S

3. 도면(3)

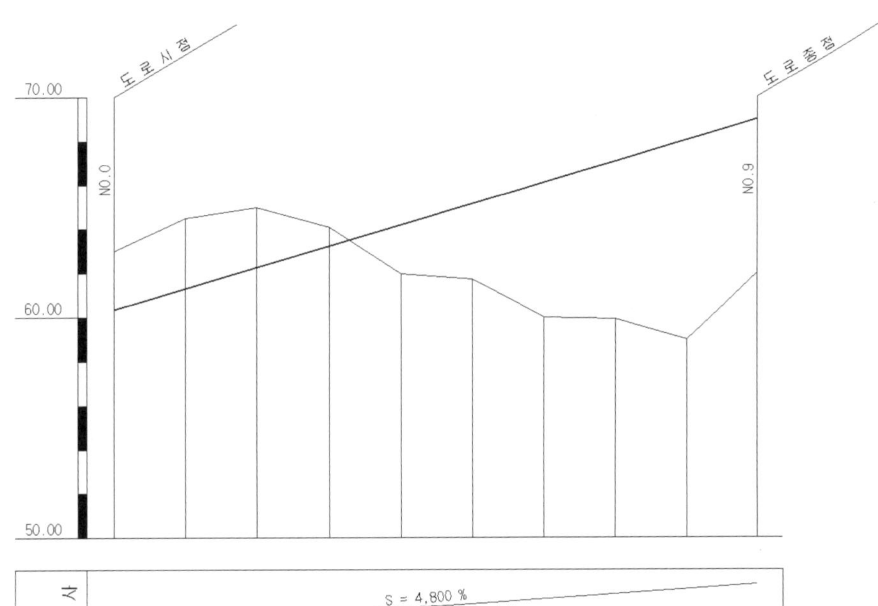

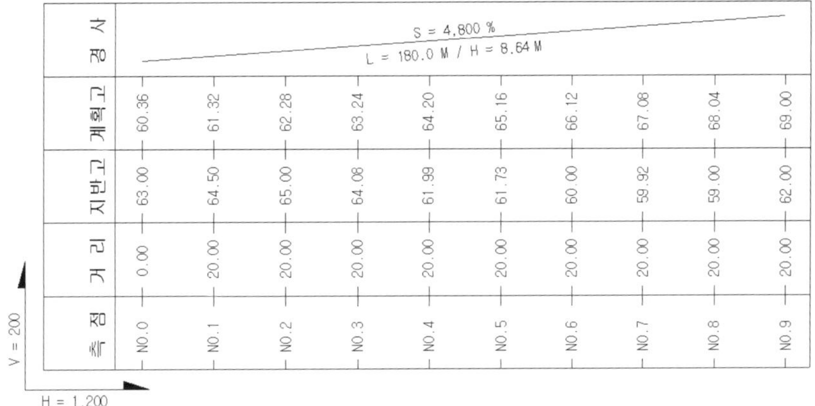

경사	S = 4.800 % L = 180.0 M / H = 8.64 M									
계획고	60.36	61.32	62.28	63.24	64.20	65.16	66.12	67.08	68.04	69.00
지반고	63.00	64.50	65.00	64.08	61.99	61.73	60.00	59.92	59.00	62.00
거리	0.00	20.00	20.00	20.00	20.00	20.00	20.00	20.00	20.00	20.00
측점	NO.0	NO.1	NO.2	NO.3	NO.4	NO.5	NO.6	NO.7	NO.8	NO.9

측점	NO.0	NO.1	NO.2	NO.3	NO.4
절토고					
성토고					

5. L형 옹벽의 이해

참고 이미지

단면도

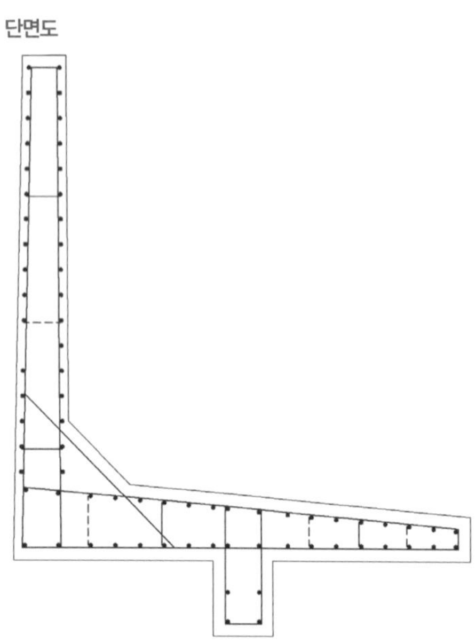

6. 역T형 옹벽의 이해

참고 이미지

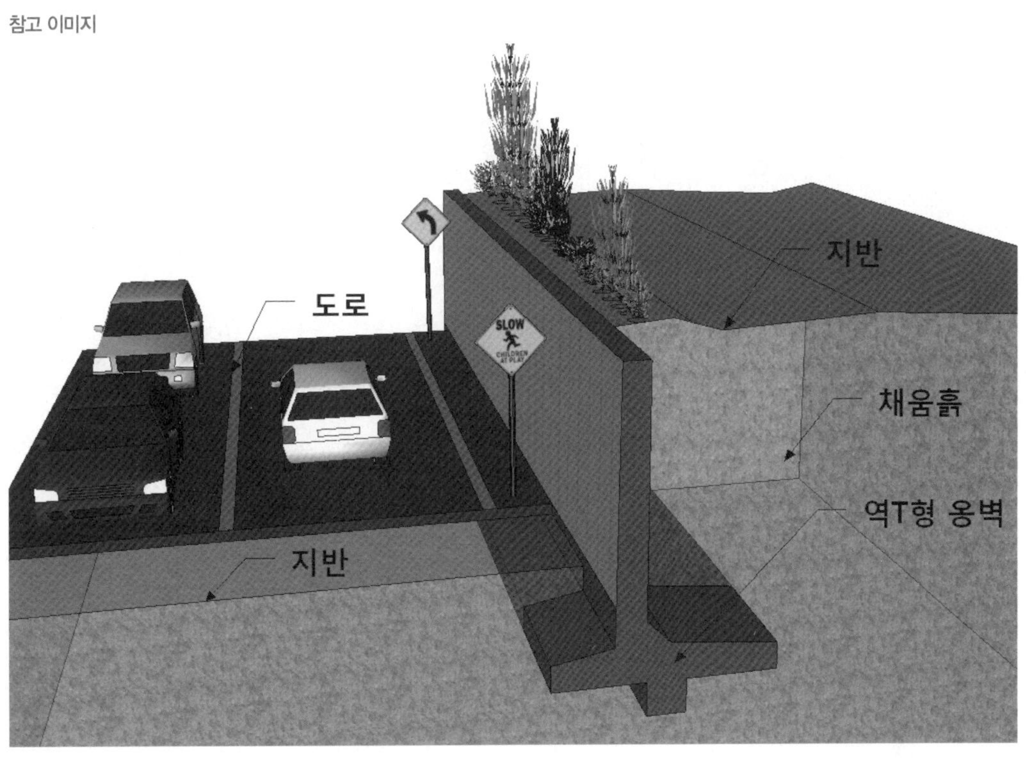

단면도

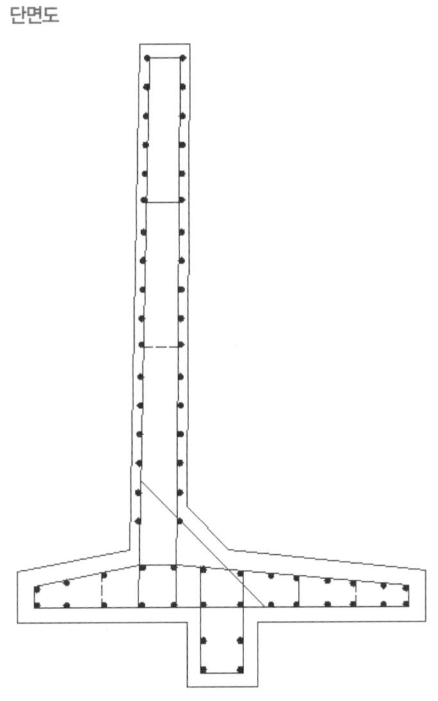

7. 도로 토공 횡단면도의 이해

참고 이미지

횡단면도

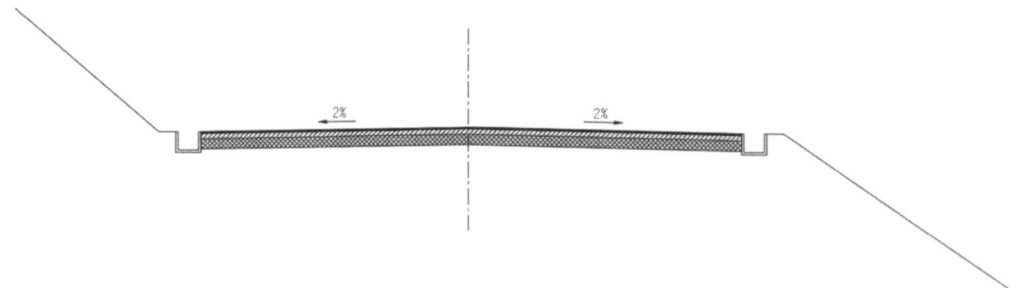

8. 도로 토공 종단면도의 이해

참고 이미지

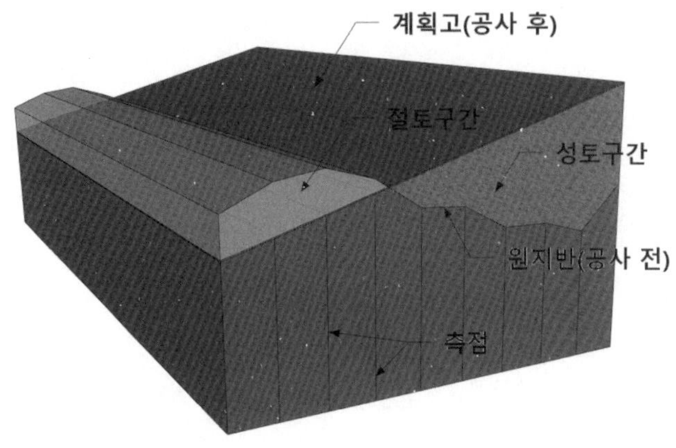

종단면도

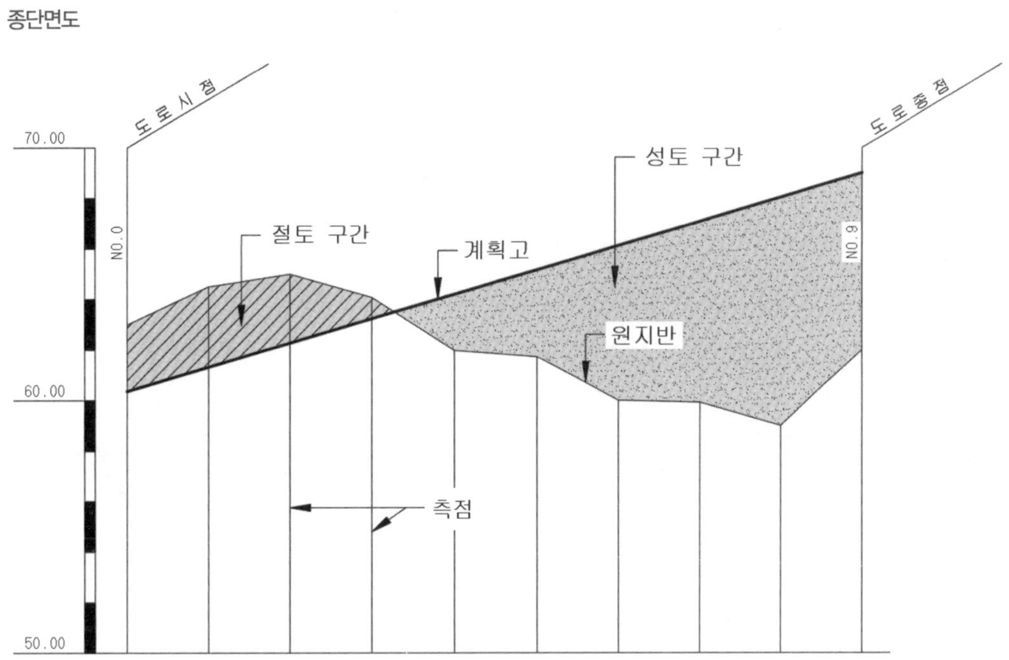

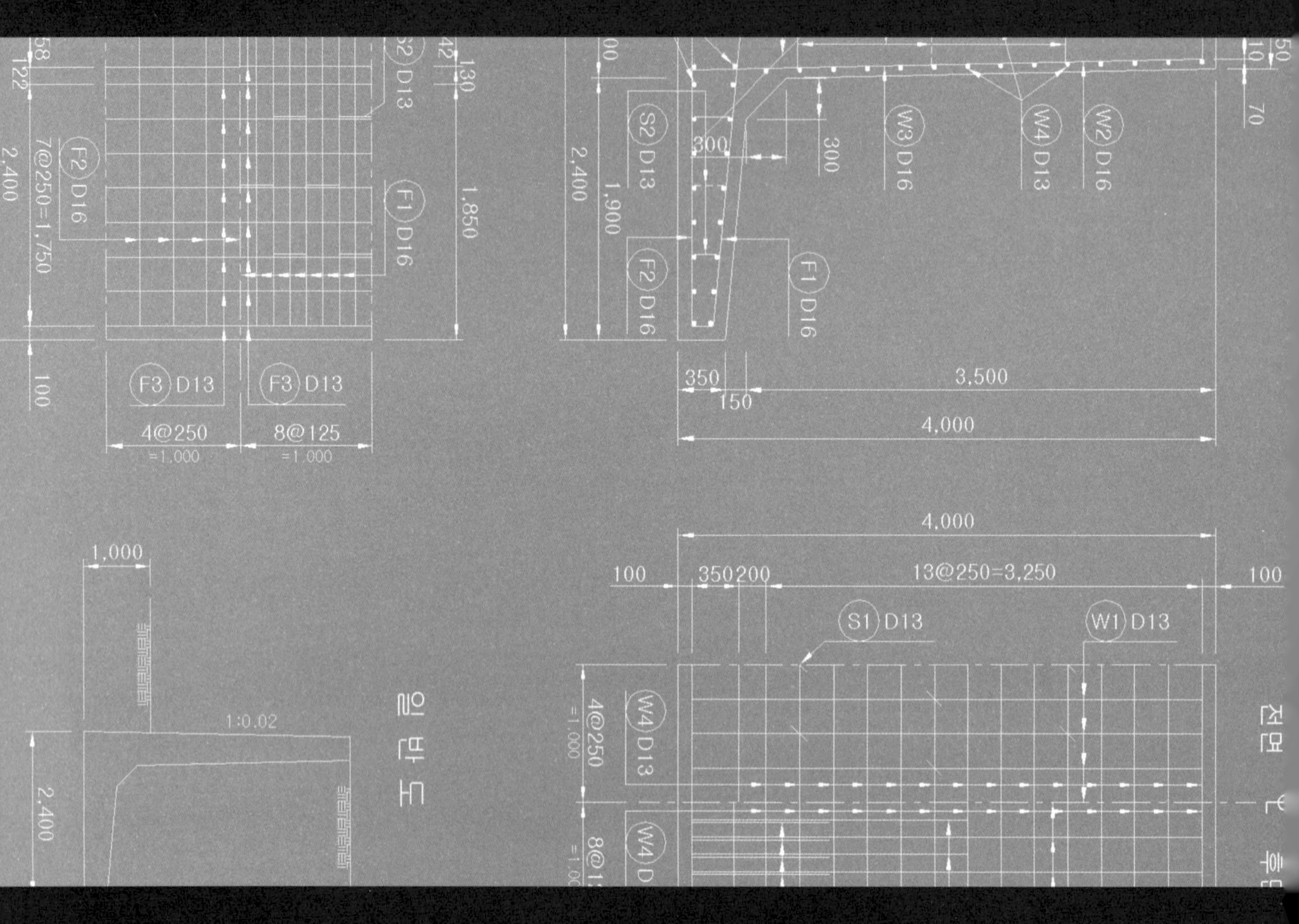
F2 D16
7@250=1,750
F1 D16
1,850
2,400
F3 D13
F3 D13
4@250
=1,000
8@125
=1,000
S2 D13
F2 D16
F1 D16
1,900
W3 D16
W4 D13
W2 D16
350
150
3,500
4,000
1,000
1:0.02
일 반 도
4,000
100
350
200
13@250=3,250
100
S1 D13
W1 D13
W4 D13
4@250
=1,000

PART

01

실기 시험에 필요한 AUTOCAD 명령은 48개

AUTOCAD의 순수 명령어는 약 1,000여 개가 넘을 것입니다. 일반적으로 교육 기관의 내용이나 AUTOCAD 관련 서적에도 300여 개의 명령을 다루고 있지만, 전산응용토목건축제도기능사 시험을 치를 때는 약 40~50여 가지면 충분합니다. 이번 Part에서는 도면 작성에 필요한 명령어는 무엇이며, 어떻게 사용되는지 알아보겠습니다.

CHAPTER 01 그리기 명령

선이나 원 등 요소를 만들어 내는 명령입니다.

동영상강좌 실습파일 실습자료\완성파일\part01\P01 동영상 강좌용 실습파일.dwg

동영상강좌 P01-명령어1.mp4

01 LINE(L)

• **내용**

기준선을 그리거나 선, 사선으로 물체의 외형이나 표시선을 그립니다.

• **과정**

L Enter ⇨ 선의 시작점 클릭 ⇨ 다음 점 클릭 ⇨ ———

• **용도**

기준선을 그리거나 콘크리트의 외형, 철근을 그릴 때 많이 사용됩니다.
F8 을 누르면 Ortho(직교)가 활성화되어 수평과 수직으로 선을 작성할 수 있습니다.

콘크리트 외형

철근의 표시

02 XLINE(XL)

• **내용**

사용자가 입력한 각도로 무한대선을 생성합니다.

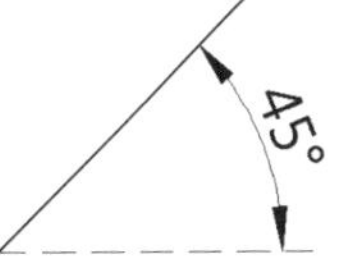

• **과정**

XL Enter ⇨ A Enter ⇨ 45(각도 입력) Enter ⇨ 생성 위치 클릭 ⇨

XL Enter ⇨ H Enter ⇨ 생성 위치 클릭 ⇨

XL Enter ⇨ V Enter ⇨ 생성 위치 클릭 ⇨

• **용도**

Line과 같이 경사진 콘크리트의 외형, 철근을 그릴 때 많이 사용됩니다.

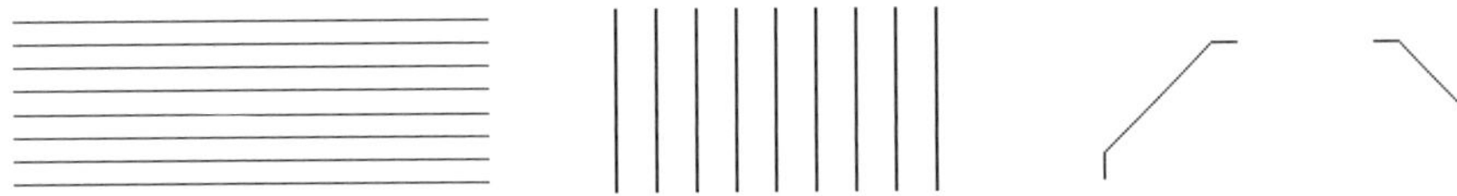

03 CIRCLE(C)

• **내용**

반지름이나 지름을 입력하여 원을 생성합니다.

• **과정**

C Enter ⇨ 원의 중심점 클릭 ⇨ 100(반지름 입력) Enter ⇨

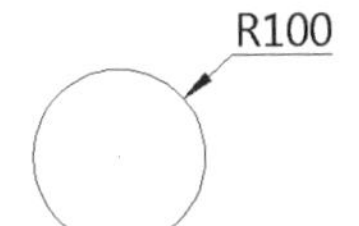

C Enter ⇨ 원의 중심점 클릭 ⇨ D Enter ⇨ 150(지름 입력) Enter ⇨

• **용도**

철근의 표시 기호 등을 그립니다.

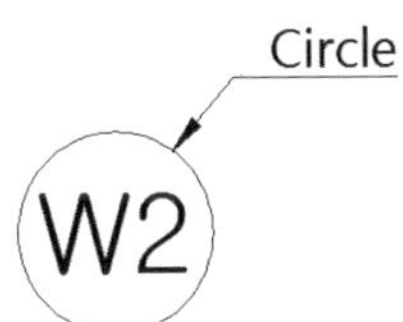

04 RECTANG(REC)

• **내용**

Polyline으로 된 사각형을 생성합니다.

• **과정**

REC Enter ⇨ 코너 점 클릭 ⇨ @100, 50(크기 입력) Enter ⇨

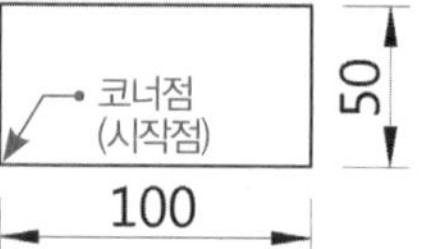

• **용도**

도면 양식과 외형 등을 그릴 때 사용됩니다.

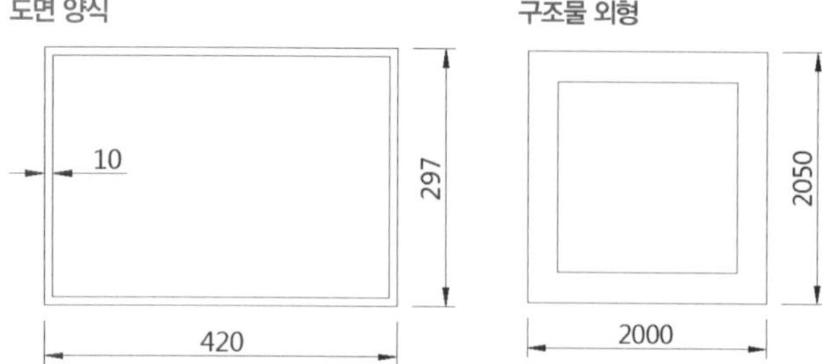

05 HATCH(H)

• **내용**

지정된 영역에 패턴을 넣습니다.

• **과정**

H Enter ⇨ 패턴, 영역, 크기, 각도 설정

• 용도

주로 지반과 포장재료를 표시할 때 사용됩니다.

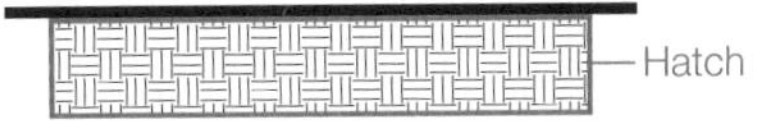

2%
2%
포장층
노 상
표창(T=50)
기층(T=150)
보조기층(T=300)

06 DONUT(DO)

• 내용

크기가 같은 점으로 도넛 모양을 생성합니다.

• 과정

점: DO Enter ⇨ 0(안쪽 지름) Enter ⇨ 20(바깥쪽 지름) Enter ⇨ 생성 위치 클릭 ⇨

ø20

도넛: DO Enter ⇨ 10(안쪽 지름) Enter ⇨ 20(바깥쪽 지름) Enter ⇨ 생성 위치 클릭 ⇨

ø20

• 용도

절단된 철근의 단면을 표현합니다.

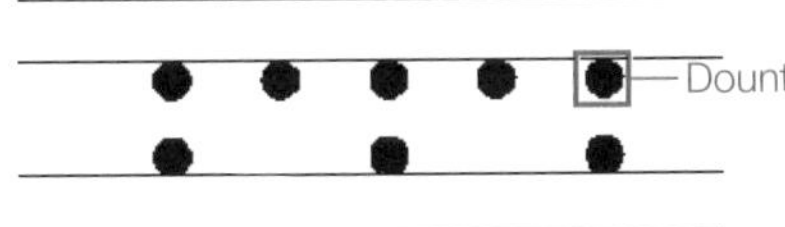

편집 명령

작성된 요소의 형태를 수정하거나 다양한 형태로 변형 및 추가할 수 있는 명령입니다.

동영상강좌 P01-명령어1.mp4

01 ERASE(E)

• **내용**

작성된 요소를 삭제합니다. 대상을 선택 후 키보드의 Delete를 눌러도 삭제할 수 있습니다.

• **과정**

E Enter ⇨ 삭제할 대상 클릭 Enter

• **용도**

불필요한 요소를 삭제

02 OFFSET(O)

• **내용**

선이나 호, 원 등을 입력한 간격으로 평행하게 복사합니다.

• **과정**

O Enter ⇨ 100(거리 값 입력) Enter ⇨ 복사할 대상 클릭 ⇨ 복사할 방향 클릭

- **용도**

기준선을 복사하거나 수직, 수평, 경사 선을 복사할 때 많이 사용됩니다.

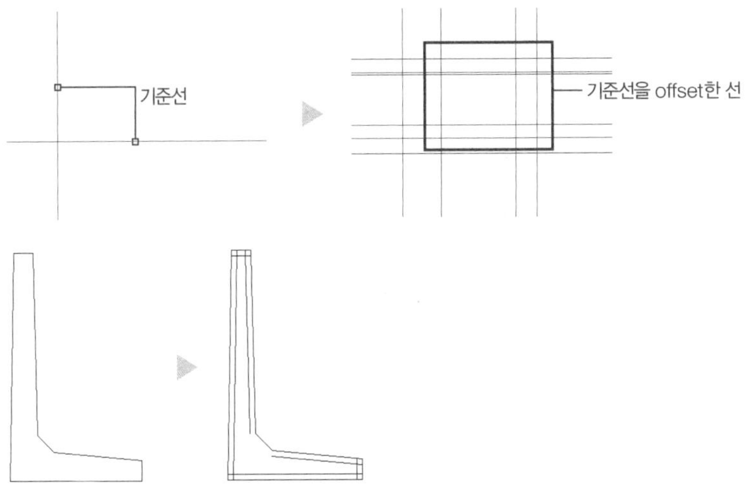

03 TRIM(TR)

- **내용**

선이나 원, 호의 경계를 기준으로 불필요한 부분을 잘라냅니다.

- **과정**

기준 사용: TR Enter ⇨ 기준선 클릭 Enter ⇨ 자를 부분 클릭

모든 선 기준: TR Enter ⇨ Enter ⇨ 자를 부분 클릭

- **용도**

도면 작성 중 불필요한 선이나 원, 호의 일부를 자를 때 많이 사용됩니다.

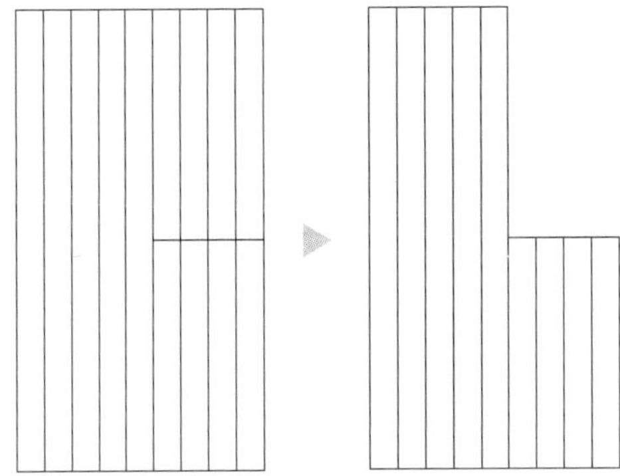

04 MOVE(M)

• 내용

지정된 거리 및 방향에 따라 도면 요소를 이동합니다.

• 과정

거리 값 입력: M Enter ⇨ 이동할 대상 클릭 Enter ⇨ 기준점 클릭 ⇨ F8 =ON ⇨ 방향 지시 ⇨ 20(거리 값 입력) Enter

위치 지정: M Enter ⇨ 이동할 대상 클릭 Enter ⇨ 기준점 클릭 ⇨ 목적지 클릭

• 용도

요소를 특정 거리만큼 이동하거나 위치를 조정할 때 많이 사용됩니다.

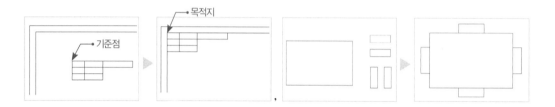

05 COPY(CO, CP)

• 내용

지정된 거리 및 방향에 따라 도면 요소를 복사합니다.

• 과정

거리 값 입력: CO(CP) Enter ⇨ 복사할 대상 클릭 Enter ⇨ 기준점 클릭 ⇨ F8 =ON ⇨ 방향 지시 ⇨ 500(거리 값 입력) Enter

위치 지정: CO(CP) Enter ⇨ 복사할 대상 클릭 Enter ⇨ 기준점 클릭 ⇨ 목적지 클릭

• 용도

요소를 특정 거리만큼 복사하거나 여러 개를 만들 때 주로 사용됩니다.

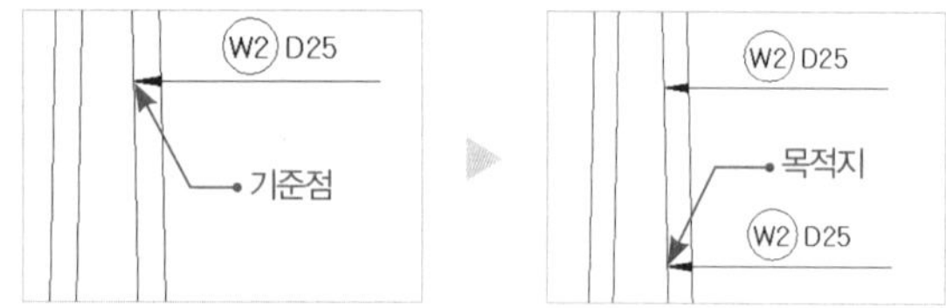

06 PEDIT(PE)

• **내용**

작성된 POLYLINE의 특성(결합, 두께 등)을 변경합니다.

• **과정**

대상이 POLYLINE인 경우: PE Enter ⇨ 대상 클릭 ⇨ W(선 두께 변경) Enter ⇨ 40(두께 값) Enter

대상이 POLYLINE이 아닌 경우: PE Enter ⇨ 대상 클릭 ⇨ Enter ⇨ W(선 두께 변경) Enter ⇨ 40(두께 값) Enter

• **용도**

G.L 선을 적절한 두께로 편집할 때 사용됩니다.

07 EXPLODE(X)

• **내용**

POLYLINE 등 복합 객체를 분해합니다.

• **과정**

X Enter ⇨ 분해할 대상 클릭 ⇨ Enter

• **용도**

RECTANGLE(사각형)이나 POLYLINE 요소를 하나씩 편집할 때 분해한 후 작업합니다.

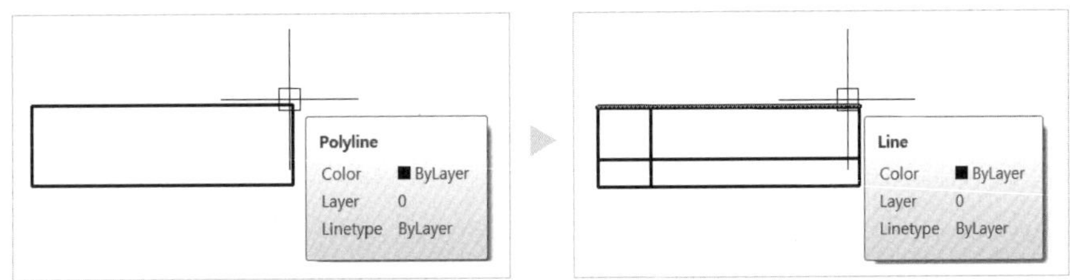

08 EXTEND(EX)

• **내용**

선이나 원, 호의 경계를 기준으로 선분이나 호를 연장합니다.

• **과정**

기준 사용: EX Enter ⇨ 기준선 클릭 Enter ⇨ 늘릴 부분 클릭

모든 선 기준: EX Enter ⇨ Enter ⇨ 늘릴 부분 클릭

• **용도**

도면 작성 중 선의 길이가 짧아 연장하고자 할 때 사용됩니다.

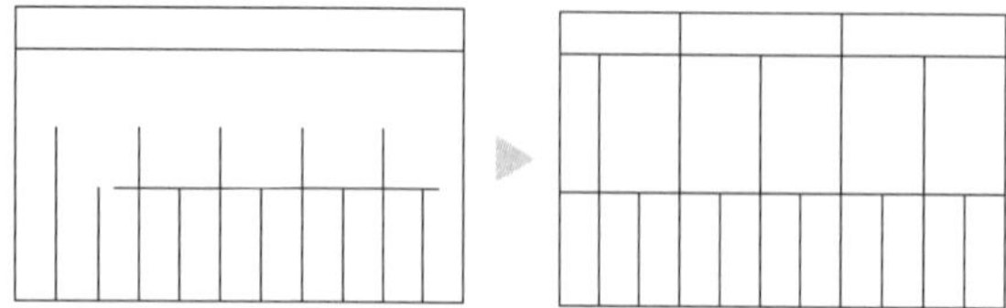

09 FILLET(F)

• **내용**

객체의 모서리를 둥글게 모깎기 합니다.

• **과정**

F Enter ⇨ R(반지름 설정) Enter ⇨ 30(반지름 입력) Enter ⇨ 각 모서리 클릭

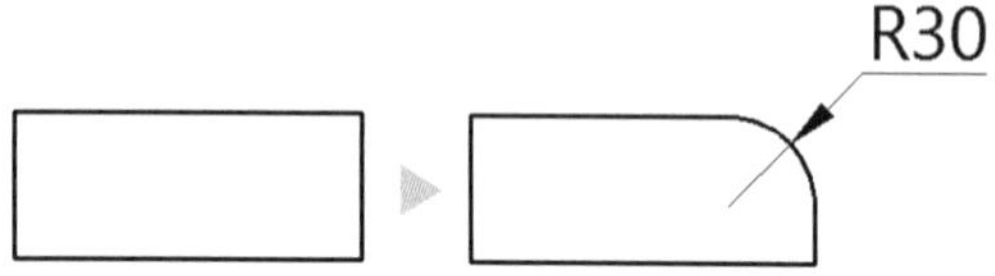

• **용도**

모서리를 둥글게 하는 기능이지만 반지름 값을 '0'으로 하여 모서리를 잘라내거나 붙이는 용도로도 많이 사용됩니다. (TRIM이나 EXTEND보다 신속한 편집이 가능합니다.)

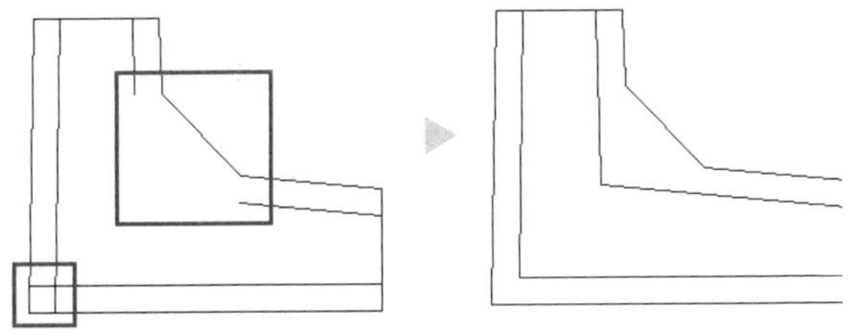

10 ROTATE(RO)

• 내용

선택한 기준점을 중심으로 객체를 회전시킵니다.

• 과정

RO Enter ⇨ 회전할 대상 클릭 Enter ⇨ 회전 기준점 클릭 ⇨ 15(각도 입력) Enter

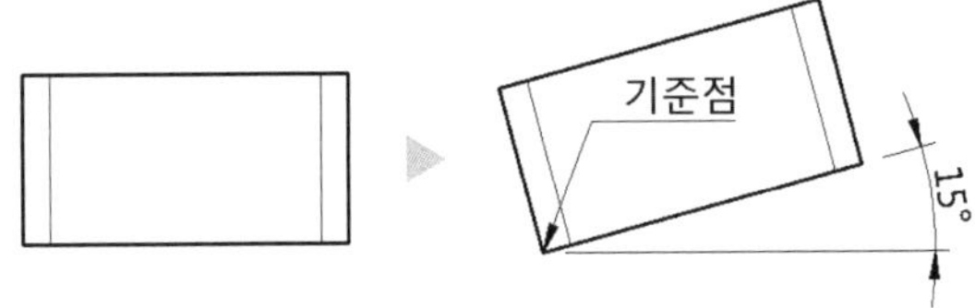

• 용도

지반, 철근 등 도면 요소를 회전시킬 경우 사용됩니다.

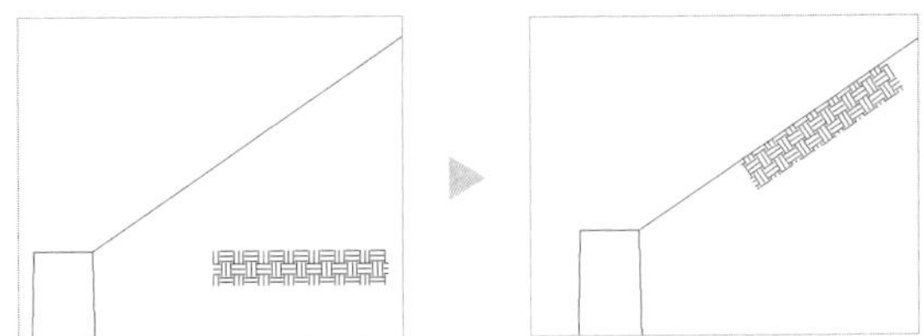

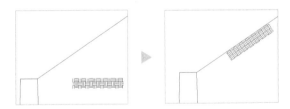

11 SCALE(SC)

• 내용

객체의 비율을 유지 하면서 확대 또는 축소합니다.

• 과정

SC Enter ⇨ 작업 대상 클릭 Enter ⇨ 확대, 축소 기준점 클릭 ⇨ 0.5(배율 입력) Enter

참조 사용: SC Enter ⇨ 작업 대상 클릭 Enter ⇨ 확대, 축소 기준점 클릭 ⇨ R Enter ⇨ 40(참조 값 입력) Enter ⇨ 50(신규 값 입력) Enter

• **용도**

T형 옹벽 단면도를 복사해 일반도로 만들 때 크기를 조절합니다.

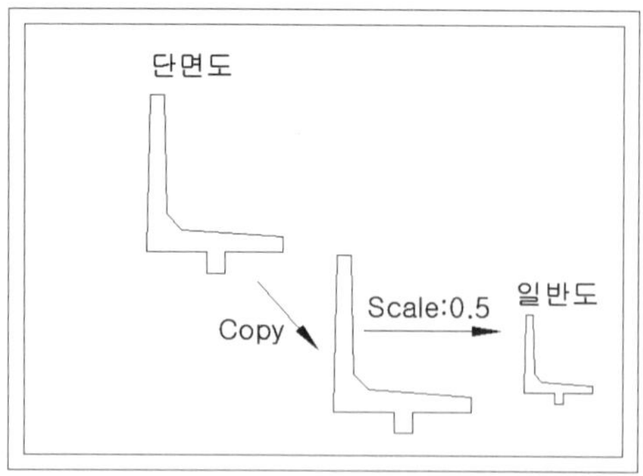

12 MIRROR(MI)

• **내용**

선택한 객체를 대칭으로 이동하거나 대칭으로 복사합니다.

• **과정**

MI Enter ⇨ 대칭 복사할 대상 클릭 Enter ⇨ 축의 시작점 클릭 ⇨ 축의 끝점 클릭 ⇨ Enter

• **용도**

도면 요소가 대칭일 때 사용됩니다.

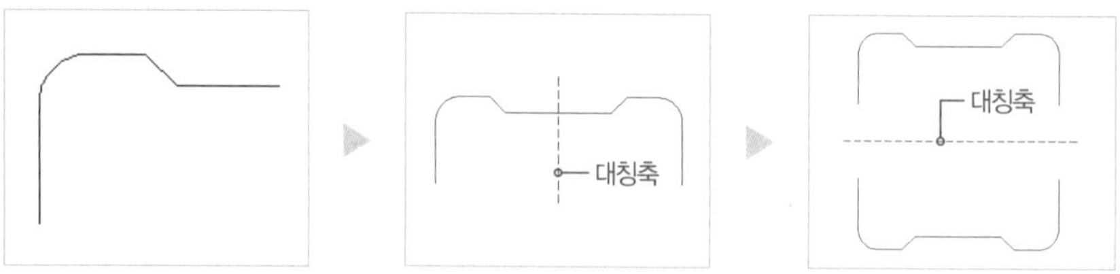

13 ARRAY(AR) , ARRAYCLASSIC

* 'ARRAY'는 현재 버전에서 사용할 수 있는 배열 명령이며 'ARRAYCLASSIC'은 2013 버전 이상에서 2011 버전까지 사용한 ARRAY를 실행하는 명령입니다. ARRAY 명령은 2012 버전부터 기능이 추가되면서 실행 과정도 변경되었습니다.

2011 버전까지: 대화상자 설정 방식, 원형 배열과 직각 배열 사용 가능

사용 명령어 – ARRAY(AR)

2012 버전: 커맨드 설정 방식으로 원형 배열, 직각 배열, 경로 배열 사용 가능

사용 명령어 – ARRAY(AR)

2013 버전부터: 커맨드 입력 방식으로 원형 배열, 직각 배열, 경로 배열 사용이 가능하나 구버전 형식의 대화상자 설정도 사용 가능

사용 명령어 – ARRAY(AR)

구버전 형식 명령어– ARRAYCLASSIC

• 2002~2011(ARRAY), 2013 이상에서의 'ARRAYCLASSIC' 설정 화면

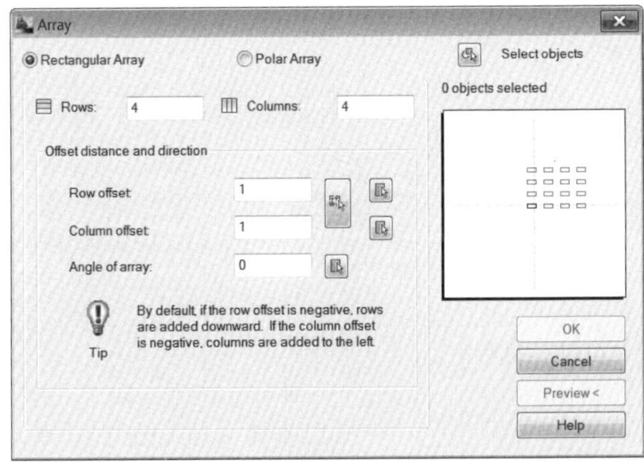

• 2012 버전 이상에서의 설정 화면

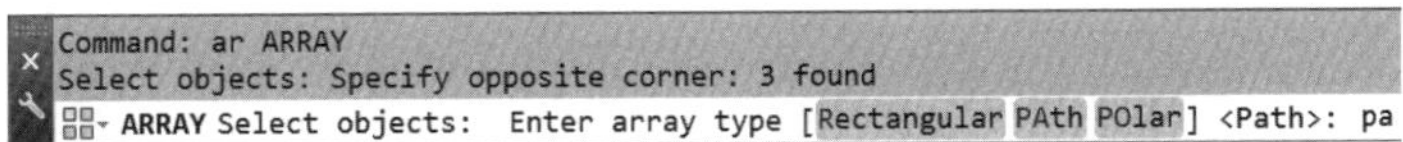

• 내용

선택한 객체를 원형, 직각(수직과 수평), 경로를 지정하여 배열합니다.

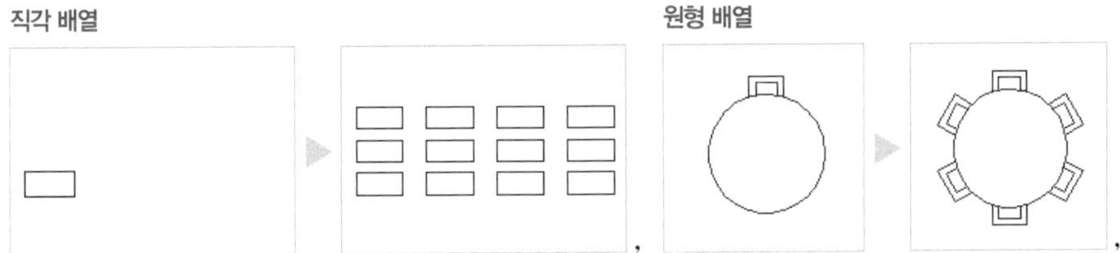

경로 배열

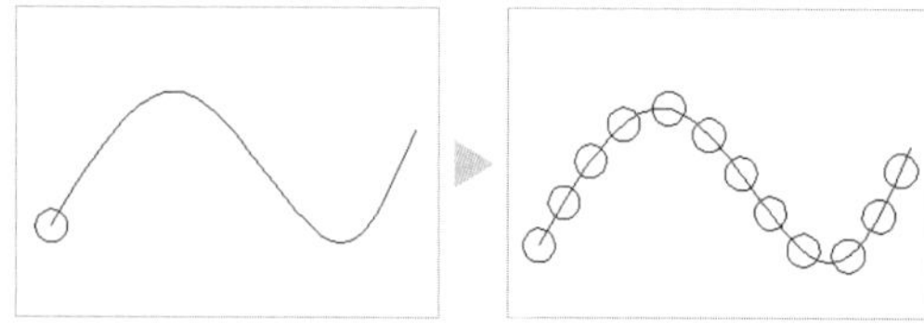

• **과정**

2002~2011 버전까지: AR Enter ⇨ 배열 설정과 대상 선택

2012 버전 이상: AR Enter ⇨ 대상 선택 Enter ⇨ 배열 설정

2013 버전 이상: ARRAYCLASSIC Enter ⇨ 배열 설정과 대상 선택

• **용도**

같은 형태의 도면 요소나 철근 등을 배열할 때 사용합니다.

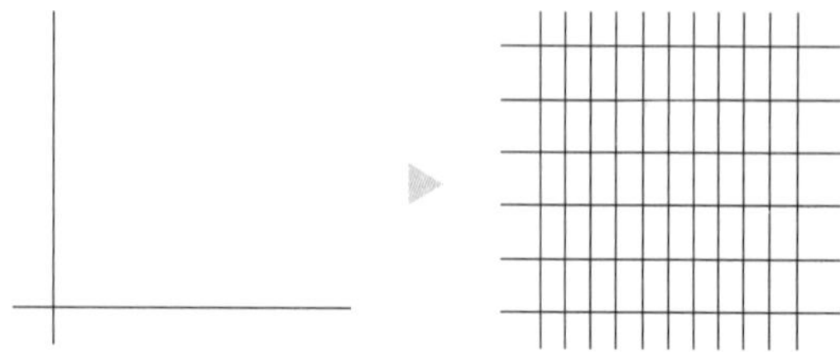

14 MATCHPROP(MA)

• **내용**

선택한 객체의 특성(Layer, LTscale 등)을 다른 객체로 복사합니다.

• **과정**

MA Enter ⇨ 특성을 추출할 원본 대상 클릭 ⇨ 특성을 적용할 대상 클릭

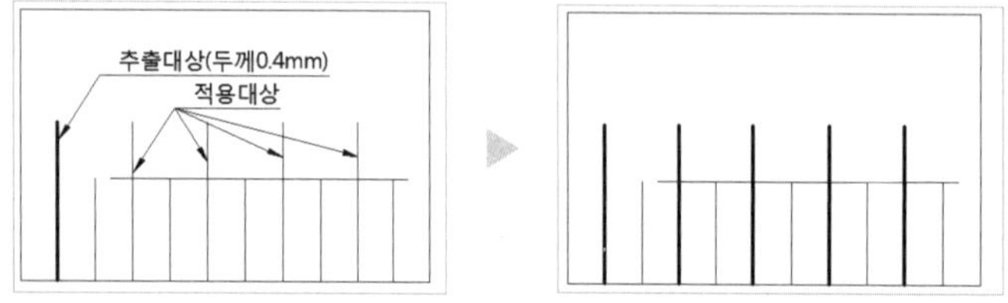

• **용도**

Hatch나 LineType, LTscale을 동일하게 하고, 변경하고자 하는 도면층(Layer)과 같은 요소가 주변에 있을 때 Layer 컨트롤 패널을 사용해 변경하지 않고 MATCHPROP를 사용해 도면층(Layer)을 변경합니다.

15 ALIGN(AL)

• 내용

선택한 객체를 경사면 등에 정렬시킵니다.

• 과정

AL Enter ⇨ 정렬할 대상 클릭 Enter ⇨ 소스의 이동점(1P) 클릭 ⇨ 목적지 클릭(2P) ⇨ 소스의 두 번째 이동점(3P) 클릭 ⇨ 목적지 클릭(4P) ⇨ Enter ⇨ Enter

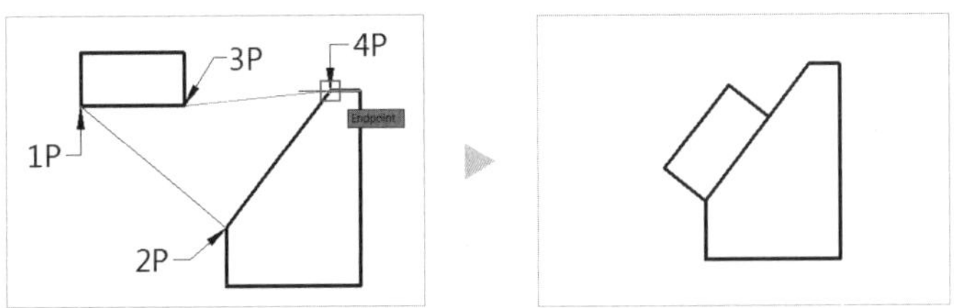

• 용도

Rotate(회전)와 유사한 용도로 사용됩니다.

16 CHAMFER(CHA)

• 내용

객체의 모서리를 사선으로 모따기합니다.

• 과정

CHA Enter ⇨ D(거리 설정) Enter ⇨ 100(거리값 '1' 입력) Enter ⇨ 300(거리값 '2' 입력) Enter ⇨ 거리값 '1' 적용 모서리 선택 ⇨ 거리값 '2' 적용 모서리 선택

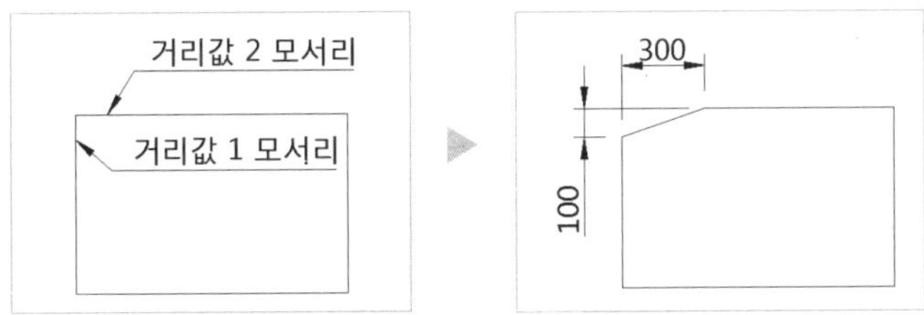

• **용도**

암거나 측구 등 구조물 외형을 작도할 때 사용할 수 있습니다.

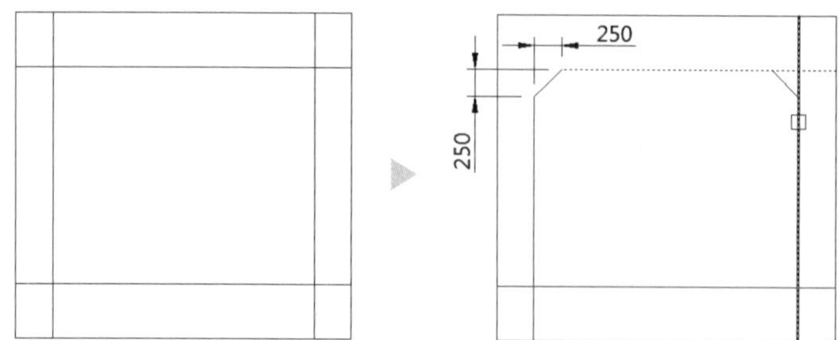

문자 및 치수 관련 명령어

도면을 작성한 후 재료의 명칭과 규격, 도면명 등 도면의 내용을 표기하고, 치수를 기입할 수 있는 명령입니다.

동영상강좌 P01-명령어2.mp4

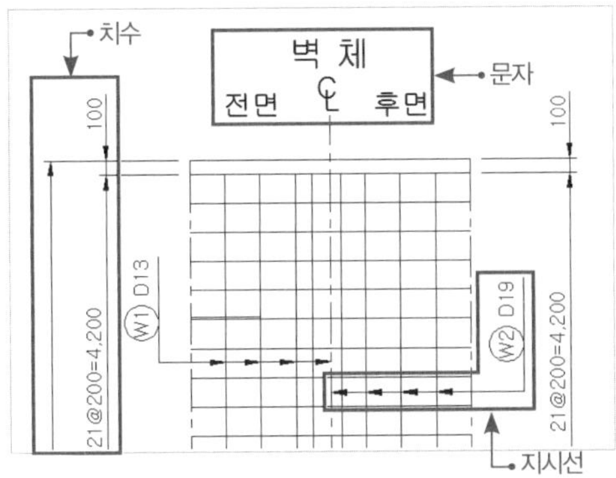

01 DTEXT(DT)

- **내용**

설정한 Style(문자 유형)로 동적 문자를 작성합니다.

- **과정**

DT Enter ⇨ 문자의 시작 위치 클릭 ⇨ 10(문자 높이) Enter ⇨ 0(문자 각도) Enter ⇨ 내용 타이핑 Enter ⇨ Enter

- **용도**

도면에 필요한 각종 재료와 도면명을 표기

L형 옹벽 구조도

단면도

전면 후면

02 STYLE(ST)

• 내용

작성하려는 문자의 유형을 설정

• 과정

ST Enter ⇨ 대화상자의 글꼴을 '굴림'으로 변경 ⇨ Apply ⇨ Close

• 설정 부분

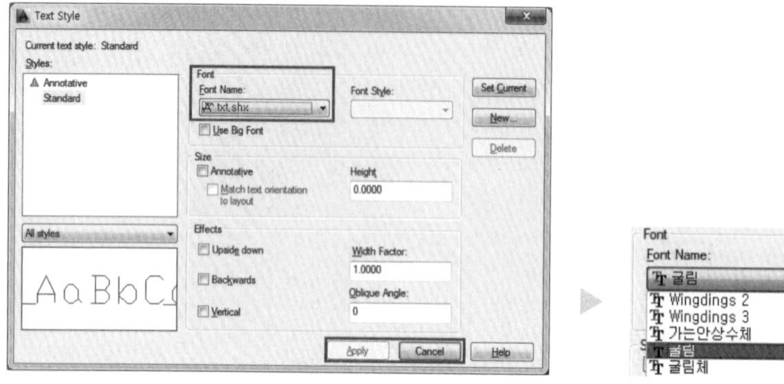

03 DDEDIT(ED)

• 내용

작성된 문자의 내용을 수정합니다.

• 과정

ED Enter ⇨ 수정할 문자 클릭 ⇨ 수정 ⇨ Enter (버전이 낮은 경우 수정 후 'OK' 버튼 클릭)

* 상위 버전을 사용하는 경우 수정하려는 문자를 더블클릭하면 실행됩니다.

• 용도

같은 문자를 복사한 후 위치와 내용에 맞게 수정

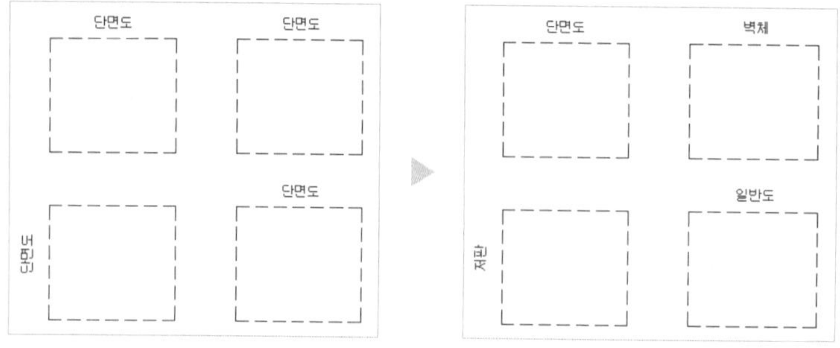

04 DIMSTYLE(D)

• **내용**

치수의 유형을 설정합니다.

• **과정**

D Enter ⇨ 우측의 Modify 클릭 ⇨ 유형 설정 ⇨ OK 버튼 클릭 ⇨ Close 버튼 클릭

• **우측의 Modify 설정**

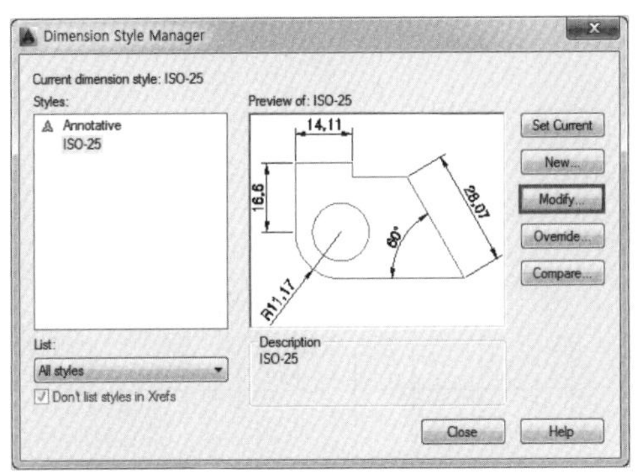

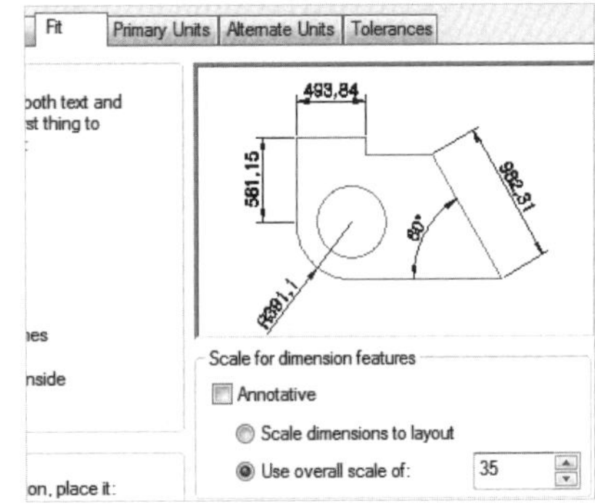

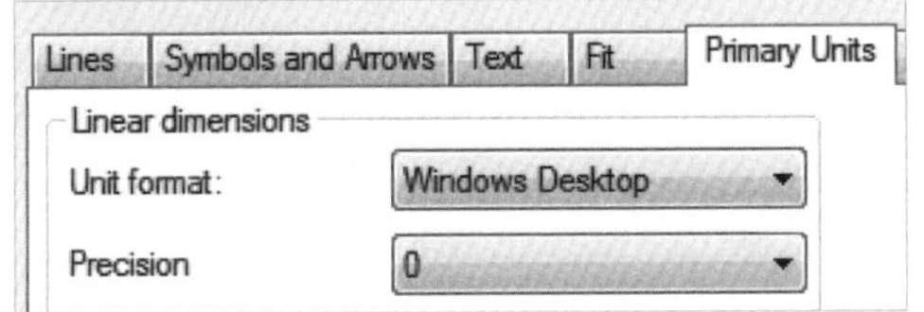

05 DIMLINEAR(DLI)

• **내용**

선이나 도형에 선형 치수(수평, 수직)를 작성합니다.

• **과정**

DLI Enter ⇨ 치수의 시작 위치 클릭 ⇨ 치수의 끝나는 위치 클릭 ⇨ 치수선의 위치 클릭

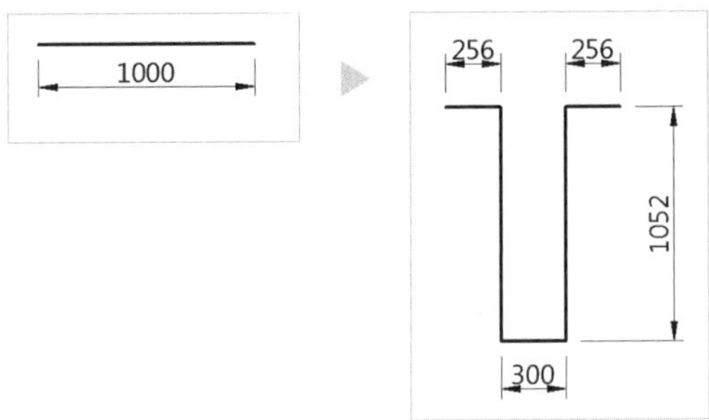

• **용도**

작성된 도면과 철근에 치수 기입

06 QUICKDIM(QDIM)

• **내용**

치수의 기입 위치를 선택하여 신속하게 입력합니다.

• **과정**

QDIM Enter ⇨ 치수 기입할 대상 클릭(걸침 선택) ⇨ 치수선의 위치 클릭

* 2012 버전 이상에서는 QD Enter 로도 실행 가능

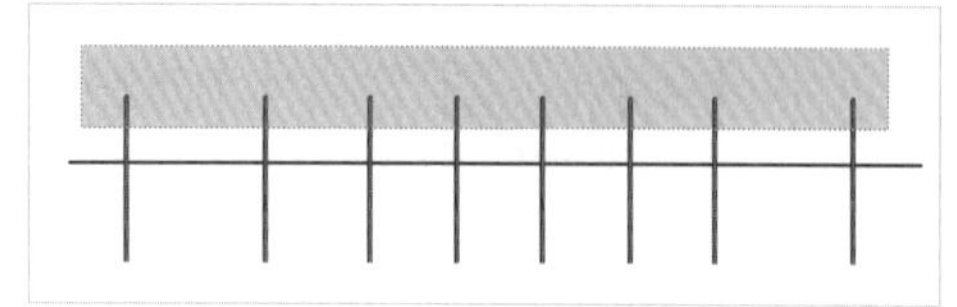

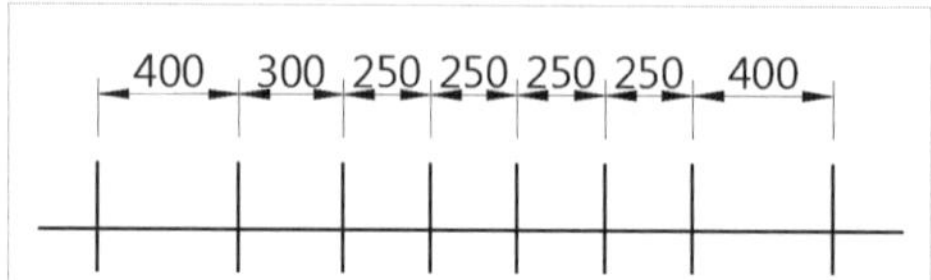

• **용도**

작성된 도면에 연속된 치수를 빠르게 기입

07 QLEADER(LE)

• **내용**

지시선을 신속하게 입력합니다.

• **과정**

LE Enter ⇨ 화살표의 시작 위치 클릭① ⇨ 지시선이 꺾이는 위치 클릭②③ ⇨ Esc(종료)

* 화살표 작성 후 문자 입력 가능

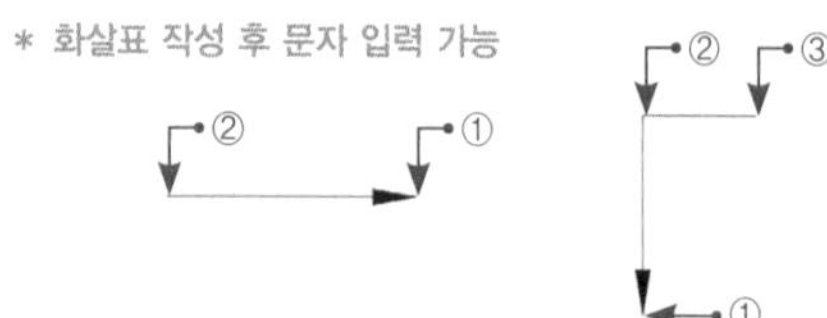

• **용도**

철근기호의 화살표 선을 빠르게 입력

기타 알아야 할 명령어

지금까지 확인한 명령 이외에 프로그램 운영, 환경 설정, 출력 등 도면 작성에 필요한 명령입니다.

동영상강좌 P01-명령어2.mp4

01 STARTUP

• **내용**

새로운 도면이 시작되는 유형을 설정합니다.

• **과정**

STARTUP Enter ⇨ 1(단위 선택으로 시작) Enter

```
Command: STARTUP
STARTUP Enter new value for STARTUP <0>: 1
```

* 시스템 변수이므로 처음 변경 후 저장되어 계속 적용됩니다.

02 NEW

• **내용**

새로운 도면을 작성합니다.

• **과정**

NEW Enter ⇨ Metric 선택 (단위 선택) ⇨ OK 버튼 클릭

* 단위 선택 창이 아닌 양식 선택 창이 나올 때 STARTUP의 값을 '1'로 변경한 후 다시 NEW를 실행합니다.

양식 선택 창–STARTUP: 0

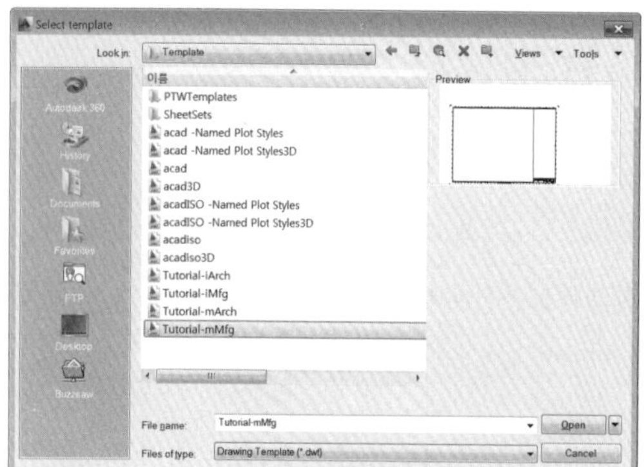

단위 선택 창–STARTUP: 1

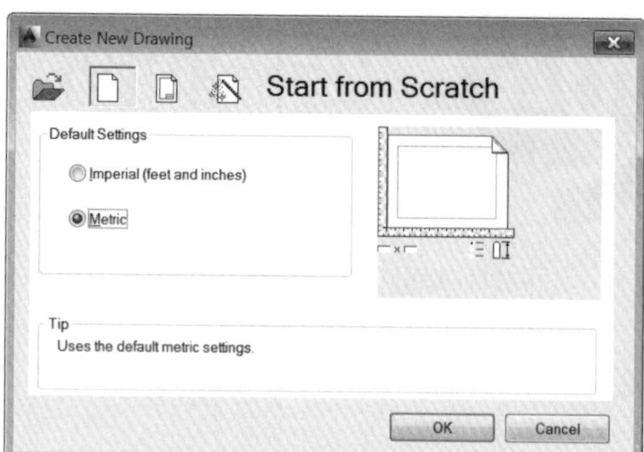

03 OPTIONS(OP)

• 내용

AutoCAD의 사용자 환경을 설정합니다.

• 과정

OP Enter ⇨ 환경 설정 ⇨ OK 버튼 클릭

* 자세한 내용은 Part 02의 Chapter 02의 Options 설정 본문(69p)을 참고합니다.

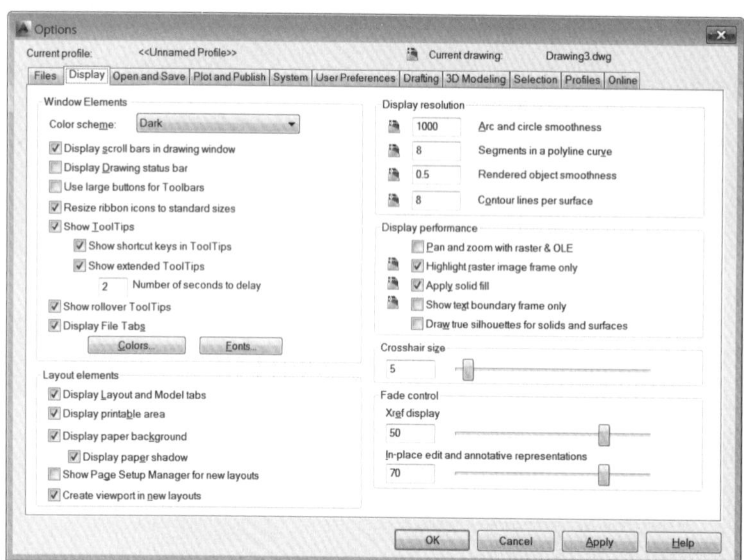

• 용도

도면 작성에 적합한 환경으로 설정합니다.

04 OSNAP(OS)

• **내용**

정확한 위치를 추적하는 객체 스냅을 설정합니다.

• **과정**

OS Enter ⇨ 객체 스냅 설정 ⇨ OK 버튼 클릭

다음 그림과 같이 8개 항목을 선택

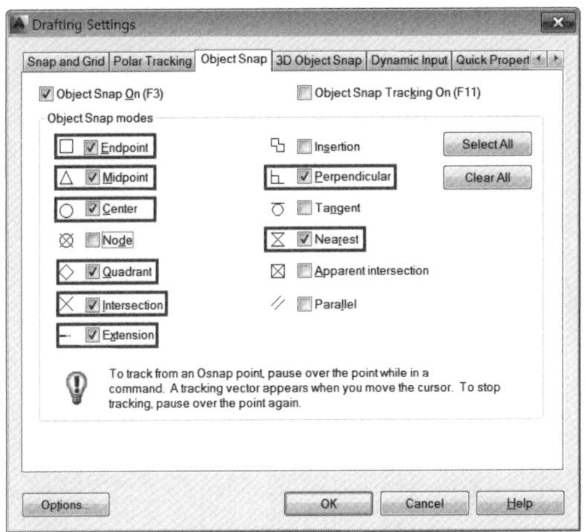

• **용도**

정확한 위치를 지정합니다.

05 LAYER(LA)

• **내용**

도면 작성에 필요한 도면층을 생성합니다.

• **과정**

LA Enter ⇨ 도면층 설정(이름, 선의 유형, 색상, 두께) ⇨ ✖ 버튼 클릭

* 버전이 낮은 경우 하단의 OK(확인) 버튼을 클릭해야 합니다.

다음 그림과 같이 작업에 필요한 도면층을 구성

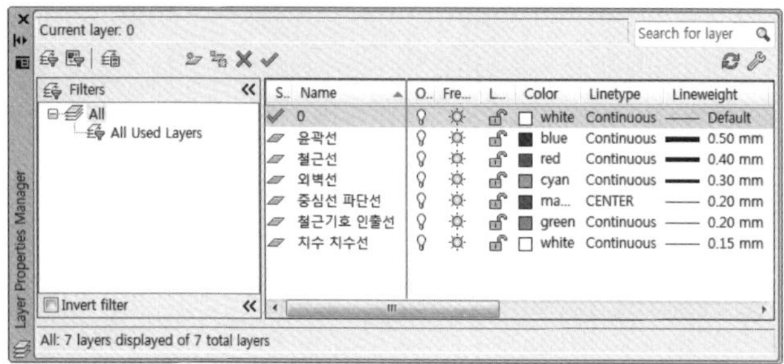

다음 그림과 같이 Center, Hidden 등 작업에 필요한 선을 불러옴

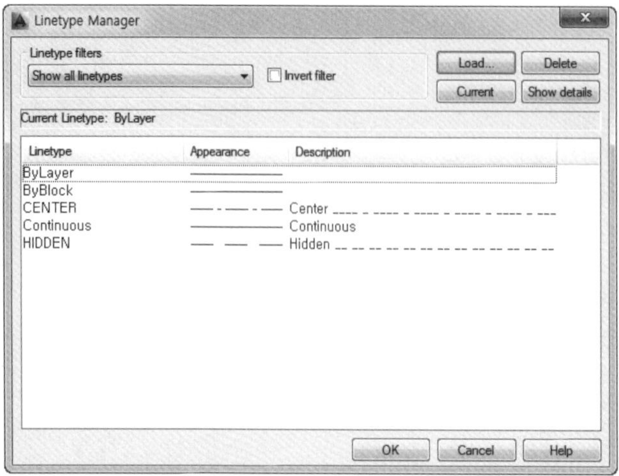

06 LINETYPE(LT), LTSCALE(LTS)

• **내용**

필요한 선분을 로드하고, 도면 크기에 적합한 선의 축척을 설정합니다.

• **과정**

LT Enter ⇨ 10(설정 창 우측 하단 Global scale factor) OK

LTS Enter ⇨ 10(축척 값) Enter

07 PROPERTIES(Ctrl+1)

• **내용**

선택한 객체의 특성을 확인 및 수정합니다.

• **과정**

대상 클릭 ⇨ Ctrl+1 ⇨ 특성 값 수정 Enter ⇨ Esc (선택 해제) ⇨ ✖ 버튼 클릭

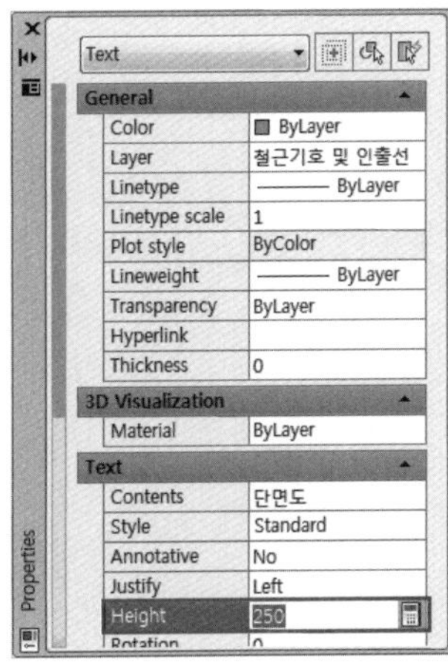

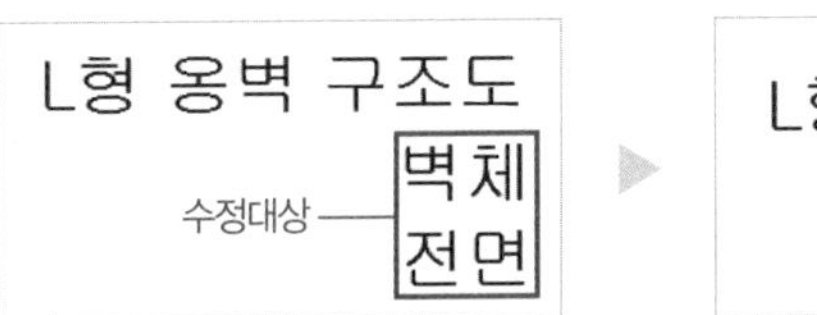

• **용도**

문자의 높이, 선의 축척 등 객체의 특성을 수정합니다.

08 OPEN(Ctrl + O)

• **내용**

작성된 도면을 Open합니다.

• **과정**

Ctrl+O ⇨ 파일 선택 ⇨ Open 버튼 클릭

• **용도**

작성이 완료된 파일을 열어 확인합니다.

09 SAVE(Ctrl + S)

• **내용**

작성된 도면을 Save합니다.

• **과정**

Ctrl+S ⇨ 경로 지정 ⇨ 파일명 입력 ⇨ Save 버튼 클릭

* 최초 저장 이후 Save하면 덮어쓰기가 됩니다. 5분에서 10분 간격으로 Ctrl+S를 입력해 저장할 것을 권장합니다.

• 용도

작성되는 도면의 내용을 저장합니다.

10 SAVEAS(Ctrl+Shift+S)

• 내용

작성된 도면을 다른 이름으로 Save합니다.

• 과정

Ctrl+Shift+S ⇨ 경로 지정 ⇨ 파일명 입력 ⇨ Save 버튼 클릭

• 용도

작성된 도면을 두 개의 파일로 나누기 위해 사용합니다(원본을 유지하고 추가 파일을 생성).

11 PLOT(Ctrl+P)

• 내용

작성된 도면을 출력합니다.

• 과정

Ctrl+P ⇨ 출력 설정 ⇨ 미리 보기로 확인 ⇨ OK버튼 클릭

* 자세한 내용은 Part 05의 Chapter 05의 출력 본문(281p)을 참고합니다.

• 용도

작성된 도면을 축척에 맞게 A3용지로 출력합니다(원본을 유지하고 추가 파일을 생성).

12 GRIP

• 내용

선택된 대상을 표시하고 편집 명령을 실행합니다.

• 과정

선분 늘리고 줄이기 : 대상 클릭 ⇨ Grip 클릭 ⇨ 늘리거나 줄일 위치 클릭

편집 명령 사용하기: 대상 클릭 ⇨ Grip 클릭 ⇨ 마우스 오른쪽 클릭 ⇨ 명령 클릭

• **용도**

선분의 길이 조정 등 편집 기능을 사용합니다.

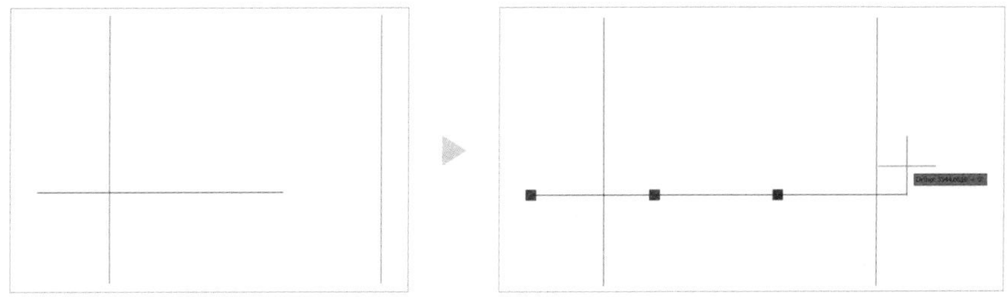

13 VIEWRES

• **내용**

확대 시 곡선의 해상도를 설정합니다.

• **과정**

VIEWRES Enter ⇨ Y Enter ⇨ 10000 Enter

• **용도**

원이나 곡선을 확대하였을 때 다각형화되는 것을 방지합니다(원이 다각형화 된 경우 REGEN(RE) 명령으로 복원이 가능합니다).

작은 원(R20)을 확대 시

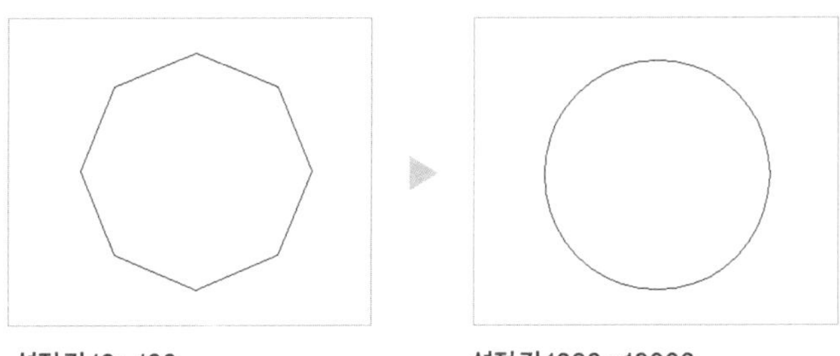

설정 값 10~100　　설정 값 1000~10000

14 QUICKCALC(Ctrl + 8)

• **내용**

계산기로 계산된 값을 명령 사용 시 적용할 수 있습니다. 도로 토공 종단면도 작성 시 매우 중요한 도구로 사용됩니다.

• **과정**

Ctrl + 8 ⇨ 계산 ⇨ 'Apply' 클릭

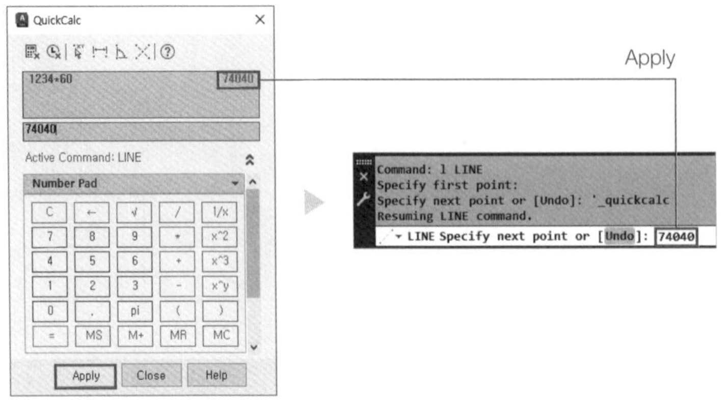

05 토목 구조물 그리기 연습

01 옹벽, 암거 형상 그리기

❶ L형 key 옹벽 하부

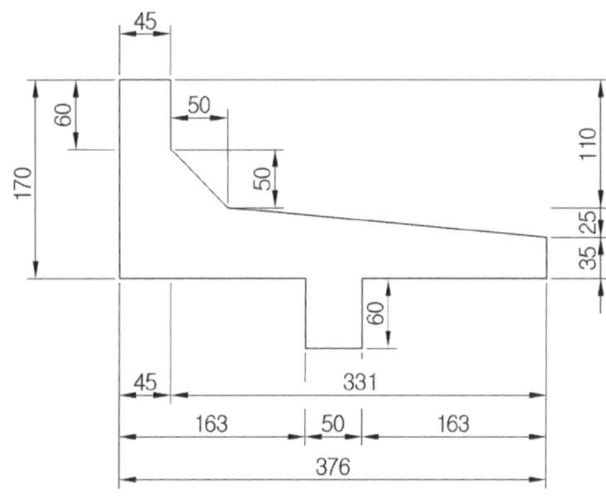

❷ 역T형 key 옹벽 하부

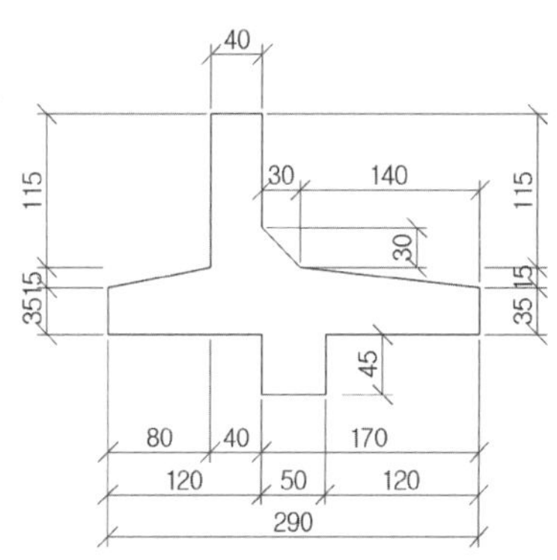

❸ 암거

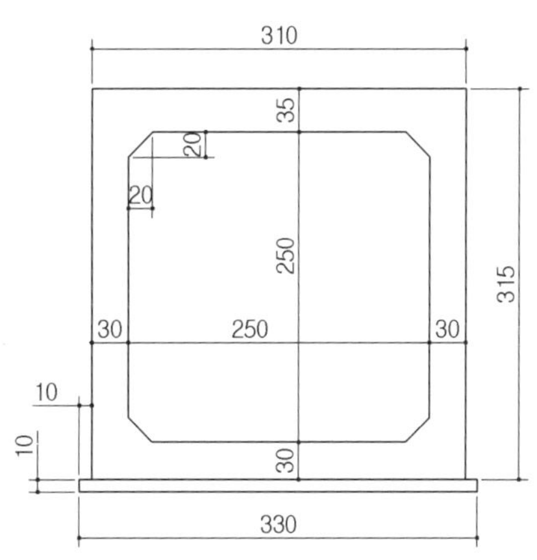

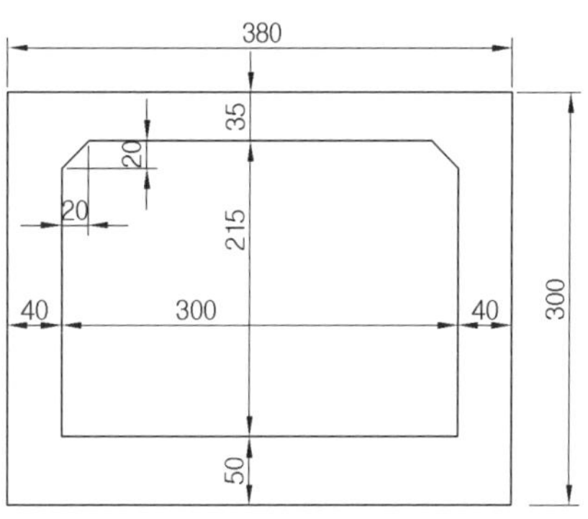

02 측구, 경계석 형상 그리기

❶ 측구

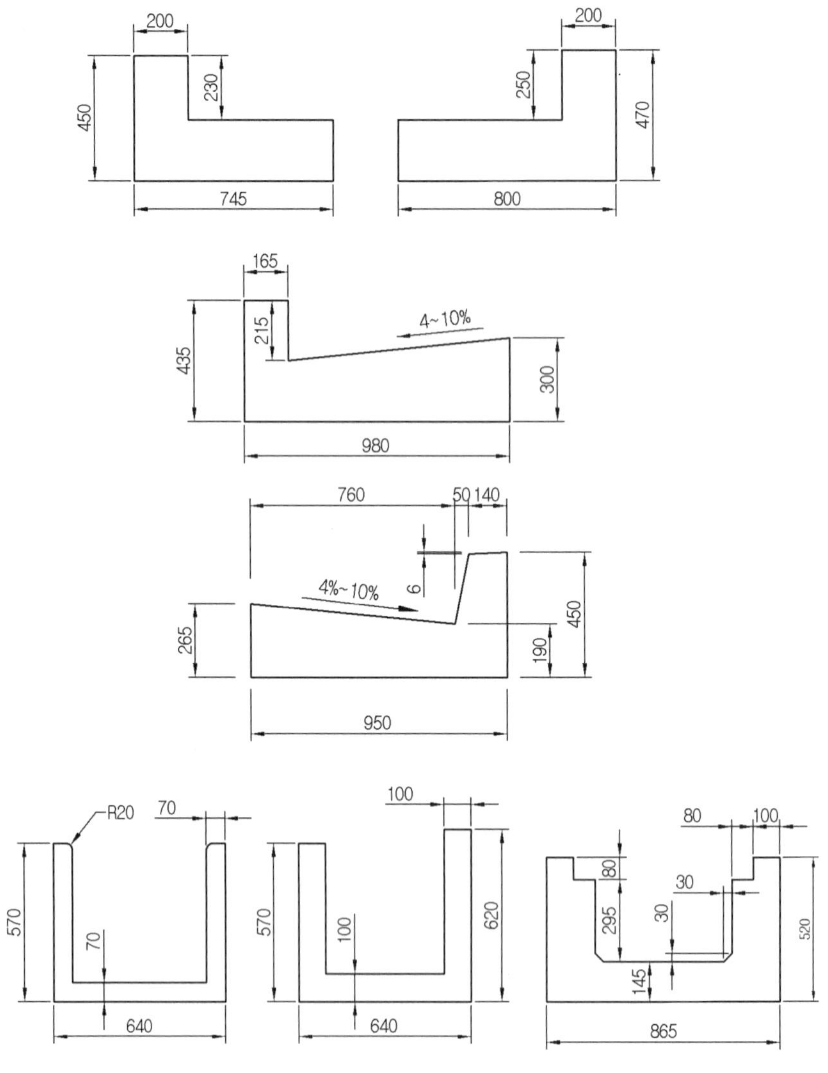

❷ 경계석

포장 부분 해치: AR-CONC, 경계석 해치: JIS_RC_30

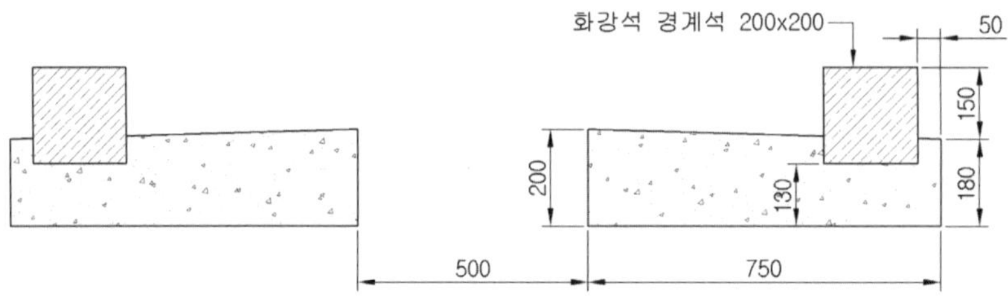

03 도로 포장 단면 표현

❶ 횡단면 포장 표현

해치: 표층– SOLID, –ANSI–31, 보조기층– ANSI–37, 원지반–EARTH

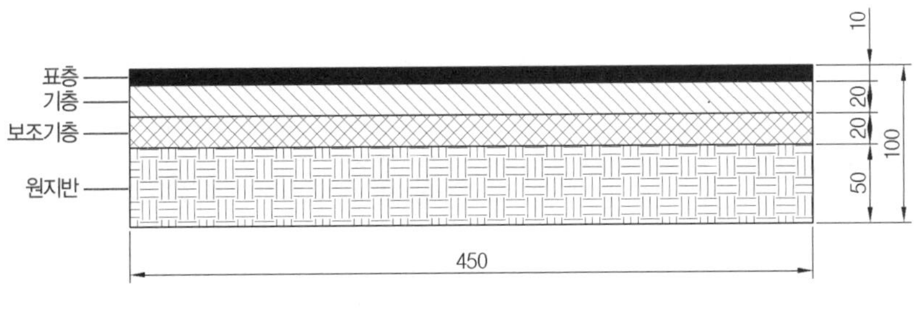

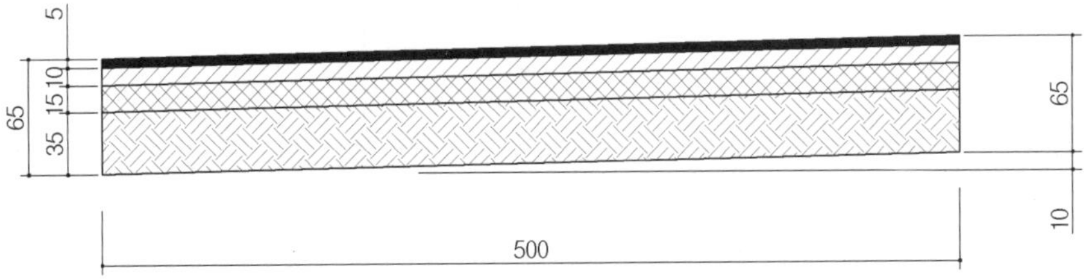

04 레벨기호, 절성토고 표 그리기

❶ 레벨기호

해치: SOLID(채우기)

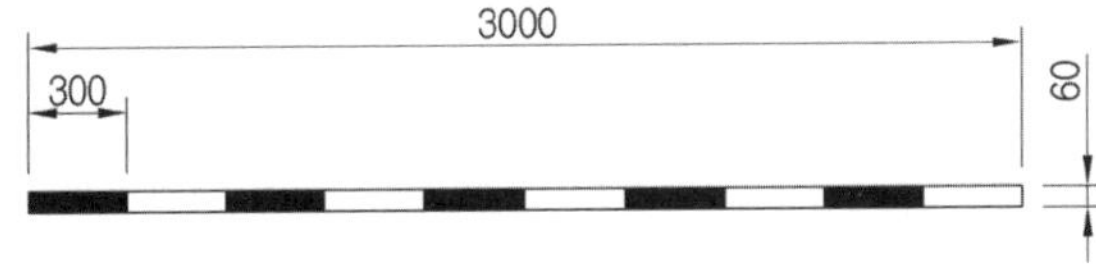

❷ 절성토고 표

절토고 및 성토고 표 —— H:180, 굴림체

측점	NO.0	NO.1	NO.2	NO.3	NO.4
절토고	2.64	3.18	2.72	0.84	
성토고					2.21

—— H:90, 굴림체

250 750 500 3000

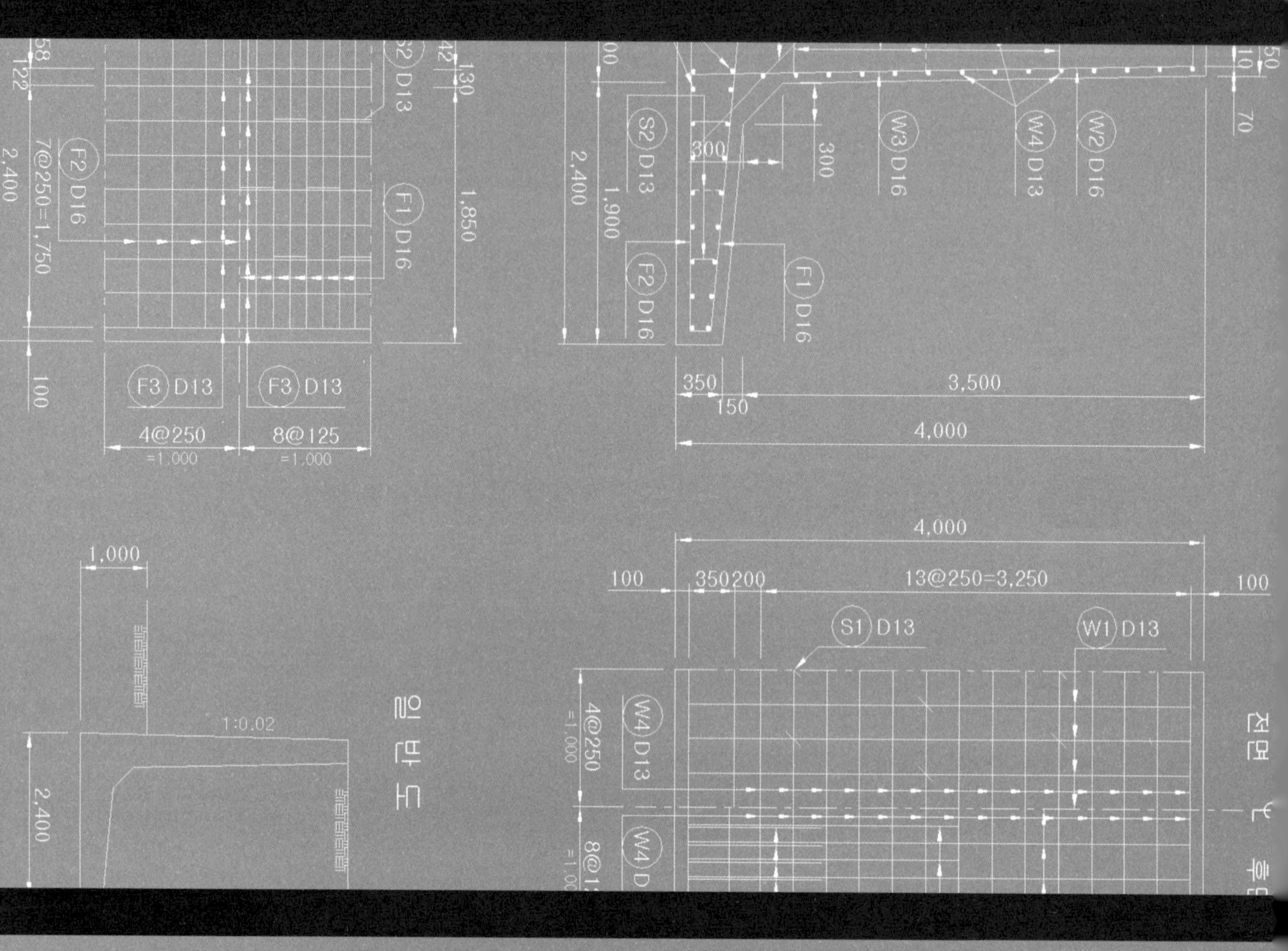

PART

02

도면 작성을 위한 환경 설정 및 준비 사항

토목 도면을 작성하기 전에 토목 제도의 용어와 표시 기호를 이해하는 것이 먼저이며, AUTOCAD를 사용하기 전에는 사용자에게 맞는 작업 환경을 설정해 도면 작성에 어려움이 없도록 합니다.

01 AUTOCAD 버전과 작업 공간 유형에 따른 차이점

AUTOCAD는 1년에 한 번 새로운 버전이 출시됩니다. 기본적인 작업 환경과 명령어의 사용은 다르지 않지만, Workspace(작업 공간의 유형)에 따라 메뉴 등 일부 기능에 차이가 있습니다.

01 버전에 따른 차이

❶ 2005 버전 이하

- Trim 명령에서 Crossing(걸침 선택) 미지원/유사 기능으로 Fence 사용
- 문자 더블클릭으로 편집 미지원(ED 명령으로 편집)

❷ 2006 버전

- Trim 명령에서 Crossing 선택 지원
- Rotate, Scale 명령의 Copy 옵션 추가
- Crossing 선택과 Window 선택의 영역 구분

❸ 2007 버전

- 3차원 객체 표현의 강화
- PDF 파일 지원(시험과는 무관)

❹ 2008 버전

- 치수 기입 기능이 강화되며 DimBreak 추가

❺ 2009 버전

- 리본 메뉴 최초 적용

*** 본 교재로 학습 시 2009 버전 이상 사용자는 Workspace를 Classic으로 변경해야 합니다. 변경 방법은 chapter 03을 참고합니다.**

❻ 2010 버전

- 3D 프린팅을 위한 기능과 환경이 크게 개선(시험과는 무관)

⑦ 2011 버전

- Hatch 명령의 영역 지정 시 미리 보기 기능 추가

⑧ 2012 버전

- Array 명령 사용의 변화
- Copy 명령 배열 옵션 추가/치수 문자 더블클릭 편집
- 명령어 오름차순 자동 완성 기능 적용/QDIM(신속 치수 기입) 단축키 추가 QD

⑨ 2013 버전

- Offset 명령의 작업 결과 미리 보기

2012 버전 이하 객체 선택 / 복사 방향으로 커서를 이동하면 변화 없음

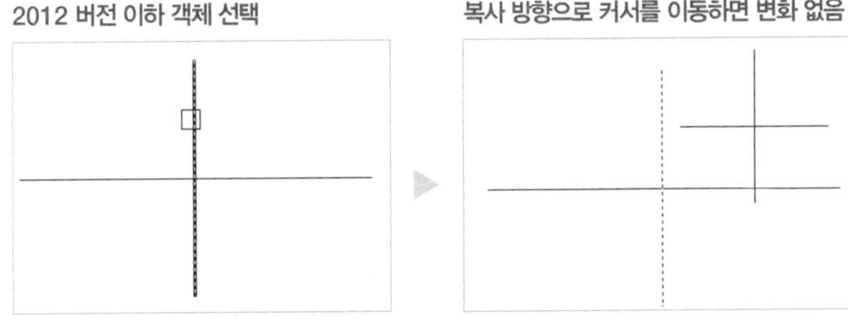

2013 버전 이상 객체 선택 / 복사 방향으로 커서를 이동하면 미리 보기가 나타남

⑩ 2014 버전

지능형 명령행으로 명령어 자동 완성 기능이 자주 사용되는 명령 우선으로 적용되며, 명령어 입력 오타 시 자동 정정 적용

예시〉 Dimscale 명령의 오타

'dimscal'까지만 입력한 경우

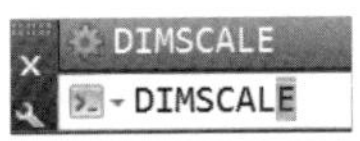

'dimscala'로 입력한 경우

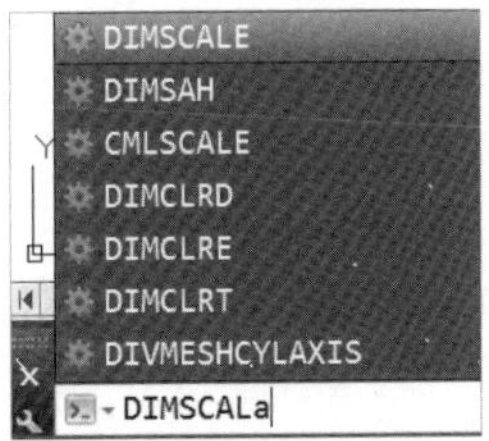

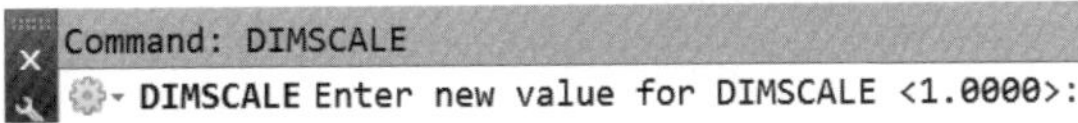

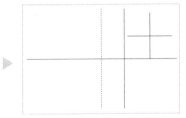

위 두 가지 경우 자동으로 정정하여 정상 실행

⑪ 2015 버전

리본 갤러리와 명령 미리 보기가 적용(시험과는 무관), 클래식 인터페이스가 삭제되었습니다.

환경

리본 갤러리

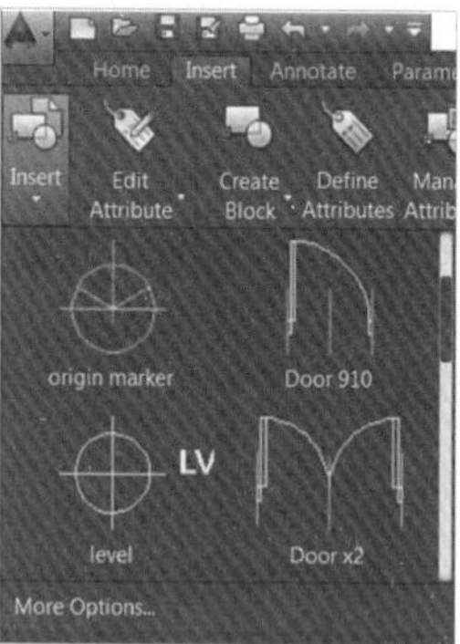

⑫ 2016 버전

한층 더 정확하고 부드러운 화면을 제공하고, 스마트 치수 기입 등 발전된 기능들이 추가되고 클래식 인터페이스가 삭제되었습니다.

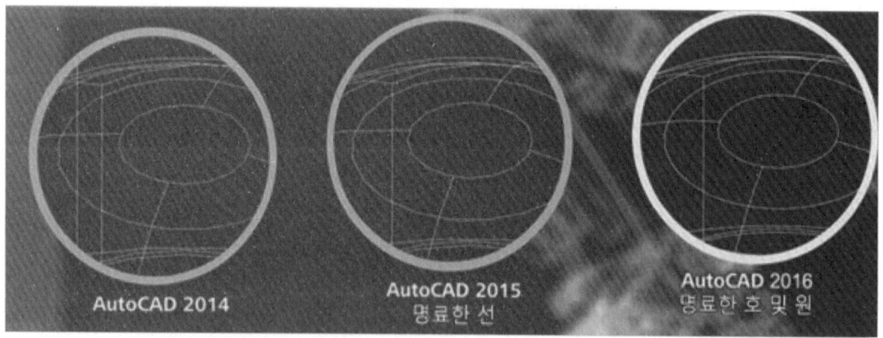

⑬ 2016, 2017 버전

- Osnap(객체스냅)의 기하학적 중심추적 추가
- 원의 중심을 추적하는 Center 항목처럼 Rectang(사각형)과 같은 폴리라인의 중심을 추적할 수 있습니다.

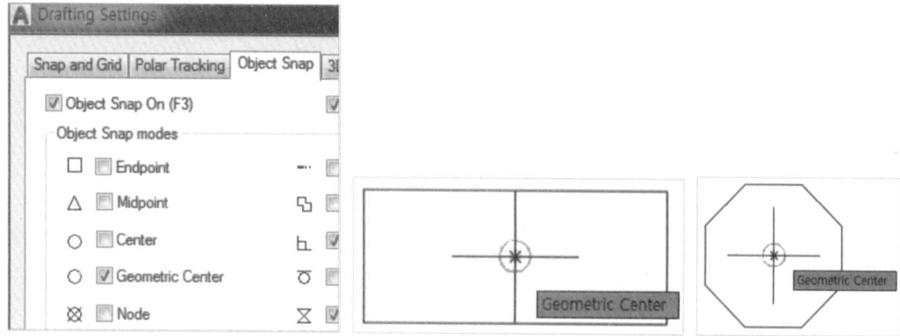

⑭ 2018버전

- PDF 파일을 DWG 파일로 변경한 도면에서 SHX 글꼴을 문자로 인식(시험과는 무관)
- 고해상도(4K) 디스플레이 지원
- Move(이동), Copy(복사) 등의 명령으로 작업 대상 선택 시 화면 밖의 대상도 선택이 유지

⑮ 2019버전

- 2D그래픽 성능의 간소화와 도면층 변경, 줌, 이동, 특성 및 속성변경 등에서의 속도 향상
- 아키텍처, 메커니컬, MEP 등 전문화된 툴셋의 사용으로 생산성이 향상(시험과는 무관)
- 모바일 앱을 활용한 작업과 저장 가능(시험과는 무관)
- Shared View기능으로 쉬운 협업을 지원(시험과는 무관)

⑯ 2020버전

- 저장 속도가 평균 1초 단축되어 0.5초 내에 저장이 가능하며, 프로그램 설치 시간이 3.5분 정도로 이전 버전 대비 50% 단축
- 인터페이스의 배경색 등이 시인성을 높인 다크블루 색상으로 변경되고 블록팔레트, DWG 비교, 소거, 빠른 측정 등 편의 기능 향상(시험과는 무관)

02 작업 공간 유형에 따른 차이(Workspace)

시험장 버전은 장소별로 다르기 때문에 실기시험 접수 후 배정된 시험장에 문의하여 프로그램의 버전 및 언어를 확인해야 합니다.

AUTOCAD 2009버전 이상은 기본 환경인 Drafting&Annotation(그리기&주석)에서 작업 시 몇 가지 명령이 하위 버전과 사용 과정이 다르게 나타납니다.

❶ [Hatch] 명령

Classic Mode

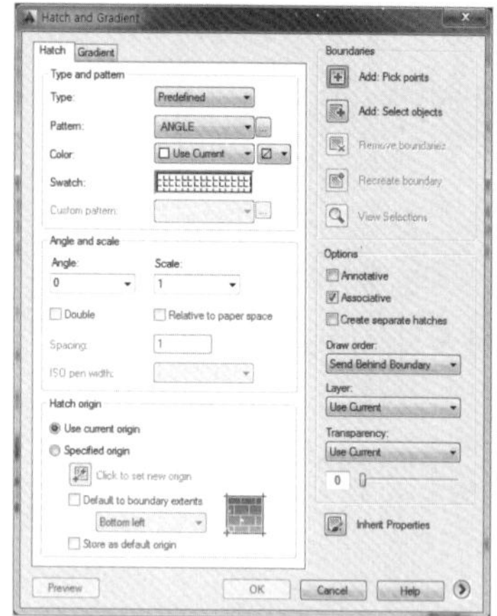

Drafting&Annotation Mode

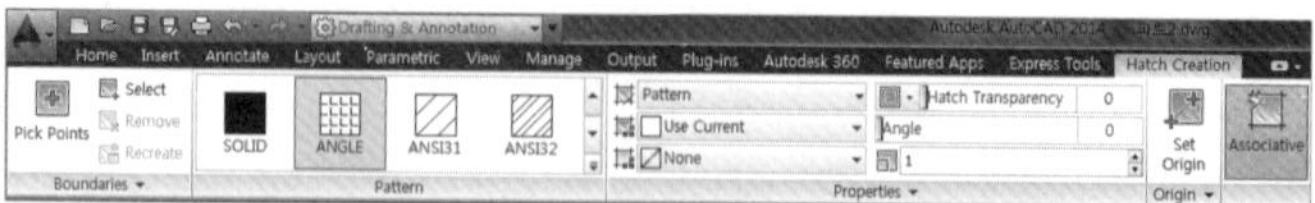

❷ Layer, Linetype 등 Menu Bar

Classic Mode

Drafting&Annotation Mode

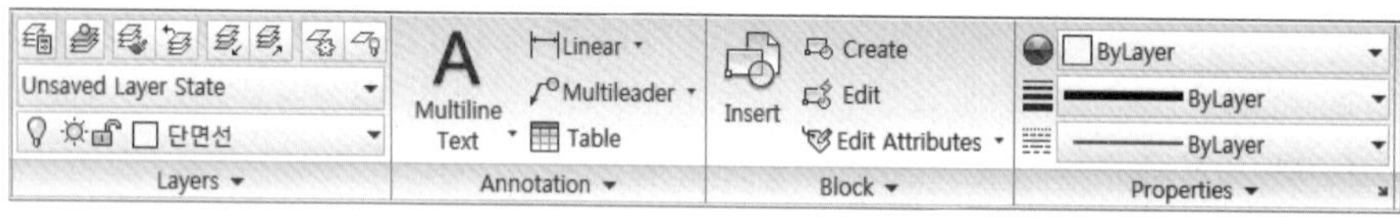

작업의 시작, 도면 작성을 위한 환경 설정

AUTOCAD를 사용하는 환경은 사용자와 직종, 업무 내용에 따라 달라질 수 있습니다. 프로그램 설치 후를 기준으로 전산응용토목제도기능사 실기 학습에 적합한 환경으로 설정해 보겠습니다.

동영상강좌 P02–환경설정.mp4

01 Startup 설정

새로운 도면이 시작되는 유형을 설정합니다.

❶ [STARTUP] Enter ⇨ 1(단위 선택으로 시작) Enter

```
Command: startup
Enter new value for STARTUP <0>: 1
```

❷ [NEW] Enter ⇨ [OK] 버튼 클릭

02 Workspace 설정

화면 우측 하단이나 좌측 상단에 표시되는 Workspace(작업 공간)를 AUTOCAD Classic으로 변경합니다. (AutoCAD Classic모드를 지원하지 않는 버전은 기본 설정인 2D Drafting & Annotation(제도 및 주석)으로 진행합니다.)

* AUTOCAD 2005 이하의 버전은 해당하지 않으며 버전에 따라 화면 구성의 차이가 있을 수 있습니다.

우측 하단 표시(2021, 2022, 2023버전)

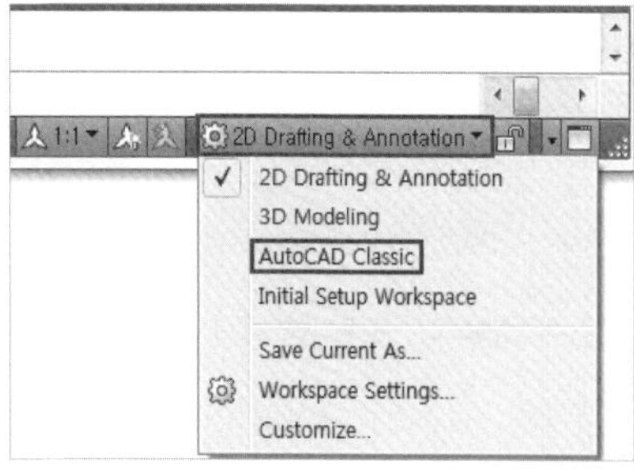

좌측 상단에 표시(2007, 2008, 2009, 2011, 2012, 2013, 2014 버전)

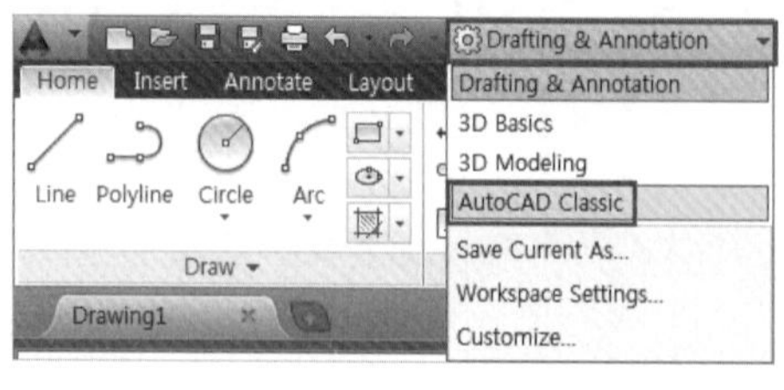

변경 전

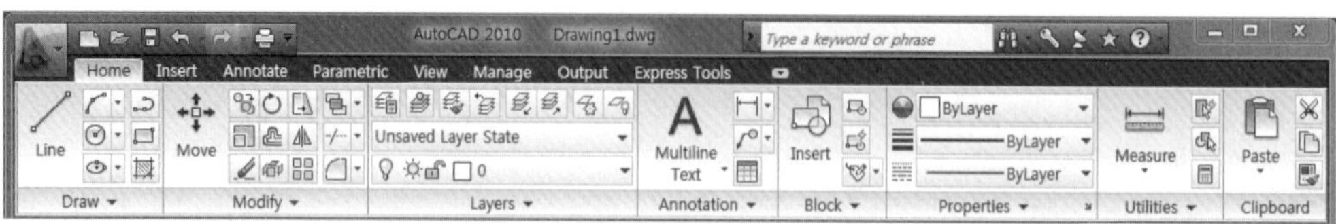

변경 후

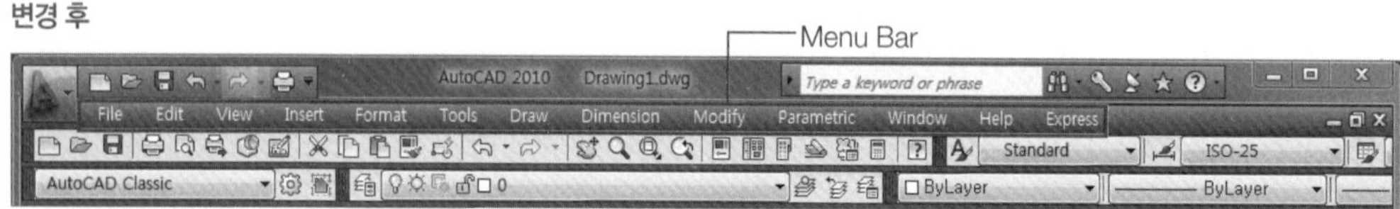

* AutoCAD 2009 및 일부 버전에서는 풀다운 메뉴가 나오지 않으므로 MENUBAR 명령을 실행해 값을 '1'로 변경합니다. 다른 버전도 사용 중 메뉴가 없어지면 같은 방법으로 설정할 수 있습니다.

03 Options 설정

바탕색과 커서의 크기를 설정합니다.

❶ OP Enter ⇨ [Display] 탭 클릭 ⇨ [COLOR] 버튼 클릭 ⇨ 검은색 클릭 ⇨ [Apply&Close] 클릭

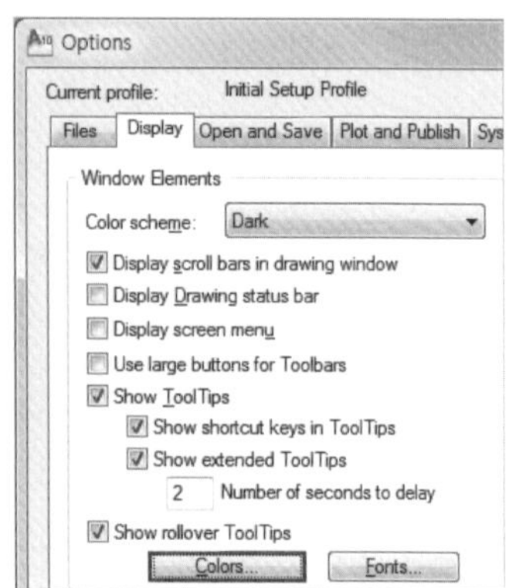

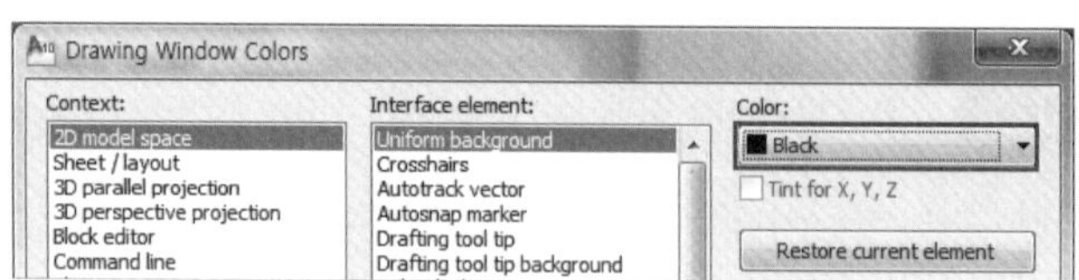

[Apply&Close] 버튼 클릭

❷ [Drafting] 탭 클릭 ⇨ Auto Snap 표식 크기 조절 ⇨ [Apply] 버튼 클릭

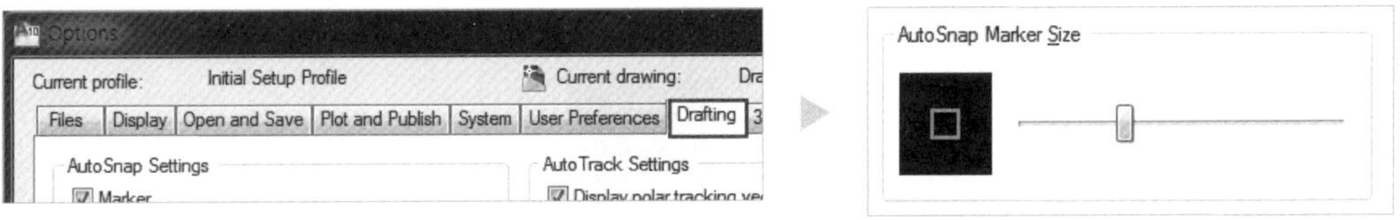

❸ [Selection] 탭 클릭 ⇨ Pickbox 표식 크기 조절 ⇨ [Apply] 클릭 ⇨ [OK] 버튼 클릭

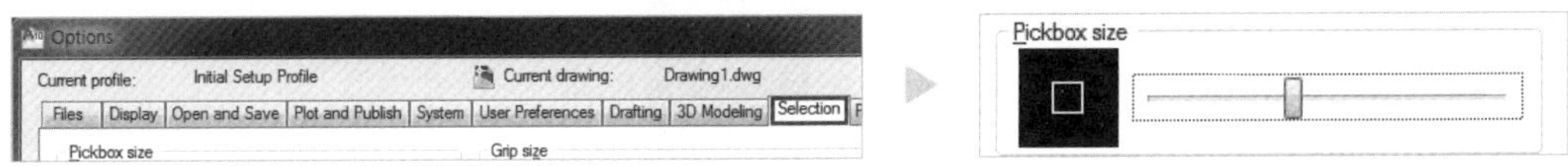

04 Osnap 설정

사용할 객체 스냅과 상태 막대의 표시 유형을 변경합니다.

❶ OS Enter ⇨ 그림과 같이 체크 ⇨ [OK] 버튼 클릭

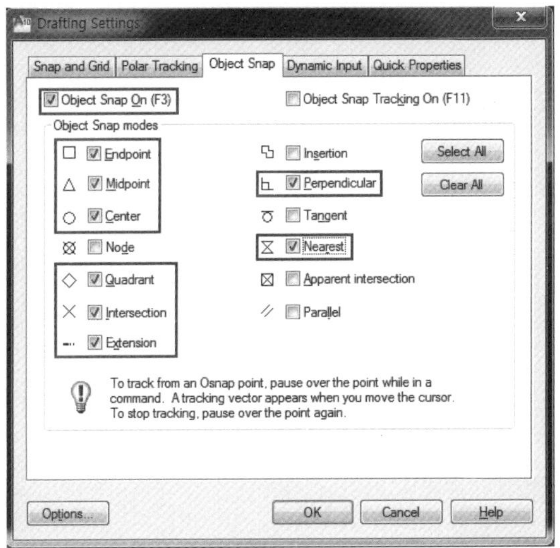

❷ 상태 막대 설정

우측 하단 구석의 ☰ 아이콘을 클릭해 다음과 같이 간단히 설정합니다. (불필요한 기능을 숨김)

05 사용할 글꼴 설정(style)

기본으로 설정된 글꼴은 한글을 지원하지 않으므로 다음과 같이 굴림체로 변경합니다.

* @굴림체(Ŧ @굴림체)가 아닌 굴림체(Ŧ 굴림체)로 설정해야 합니다.

ST Enter ⇨ 글꼴을 '굴림체'로 설정 ⇨ [Apply] 버튼 클릭 ⇨ [Close] 버튼 클릭

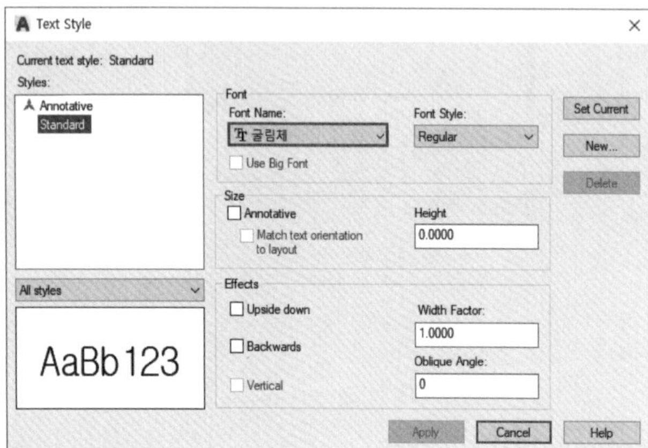

06 선분 유형 설정(Linetype)

❶ LT Enter ⇨ 우측 상단의 [Show details] 버튼 클릭 ⇨ 우측 하단의 축척을 '10'으로 설정

❷ [Load] 버튼 클릭 ⇨ [Center, Hidden] 선을 불러옴 ⇨ OK 버튼 클릭

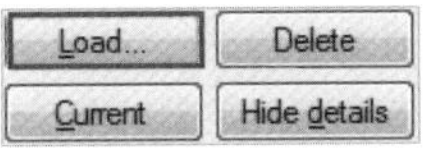

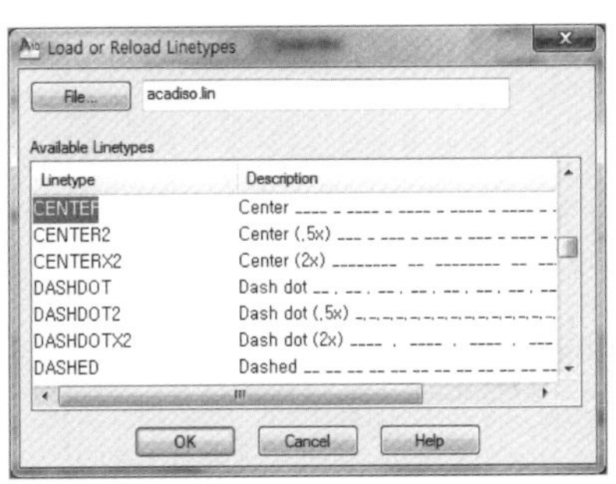

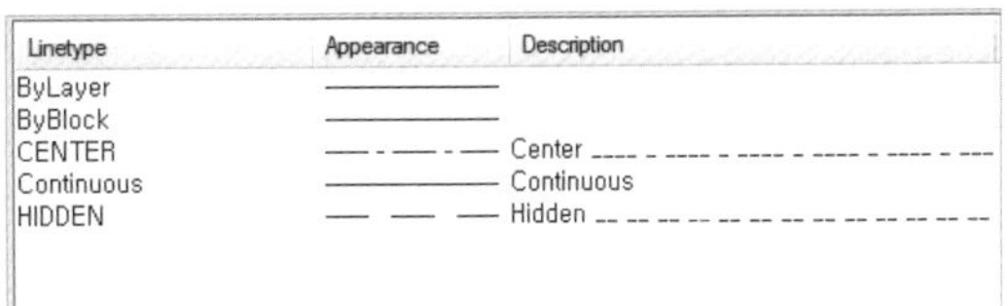

07 필요한 도면층 구성(layer)

LA Enter ⇨ 도면층 추가 ⇨ 도면층의 색상, 선, 두께 설정 ⇨ ✖ 버튼 클릭 ⇨ 현재 도면층을 단면선으로 설정

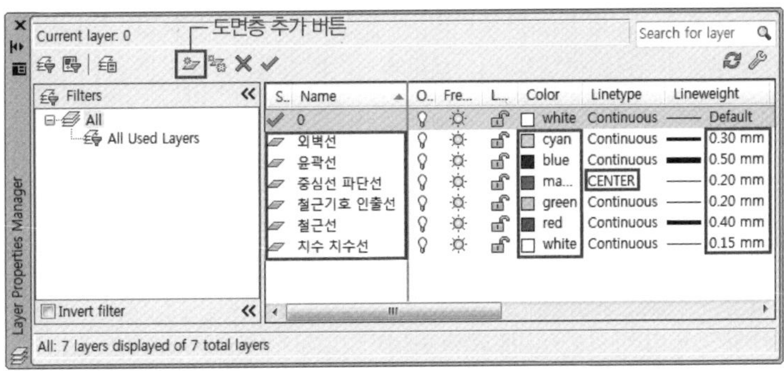

08 양식 작성 – SCALE: 1/40

연습 도면인 도면(1)과 도면(2)는 A3 용지에 '1/40 축척' 또는 '1/50 축척'으로 출력해야 하므로 축척에 맞는 양식을 작성합니다.

❶ 빈 공간에 Rectangle(REC) 명령으로 '가로 420, 세로 297' 사각형을 그립니다.

❷ Offset(O) 명령을 실행해 안쪽으로 '15 간격' 복사해 윤곽선을 그립니다(윤곽선은 필히 문제 도면의 요구 사항을 확인하여 '10~15mm'로 통일성 있게 그려줍니다).

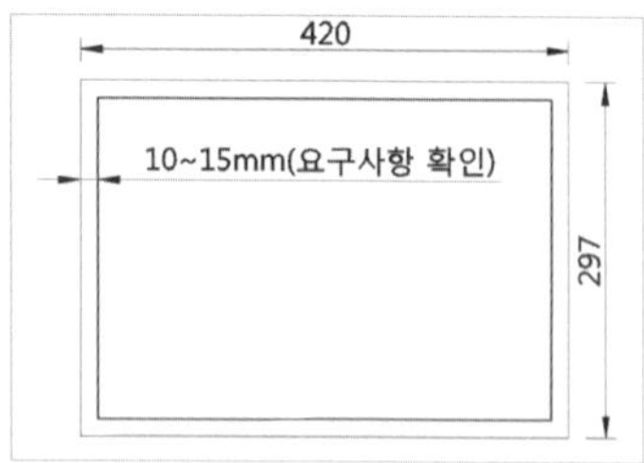

❸ 빈 곳에 Rectangle 명령과 Line 명령을 사용해 다음과 같은 표제란을 그립니다.

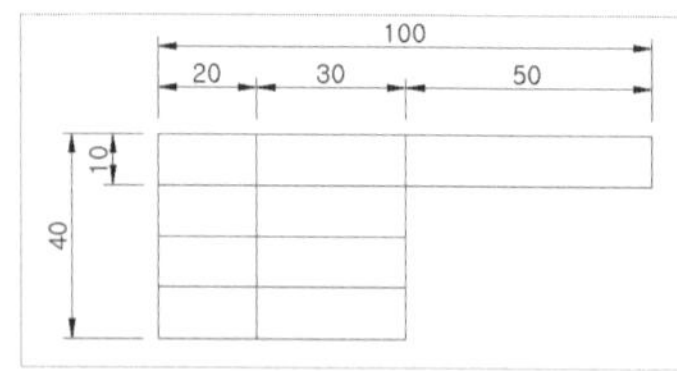

❹ 작성한 표제란을 Move(M) 명령으로 윤곽선 좌측 상단으로 이동합니다.

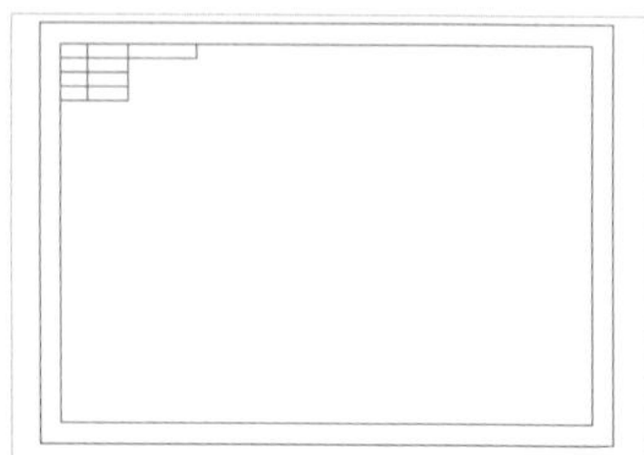

❺ SCALE(SC) 명령을 실행해 작성한 도면 양식을 40배 크게 합니다.
40배 크게 한 후 양식이 화면 밖으로 벗어나면 마우스 휠을 더블클릭합니다(작성 조건의 축척이 '1/40'인 경우는 '40배' 설정, '1/50'인 경우에는 '50배' 설정합니다).

마우스 휠 더블 클릭

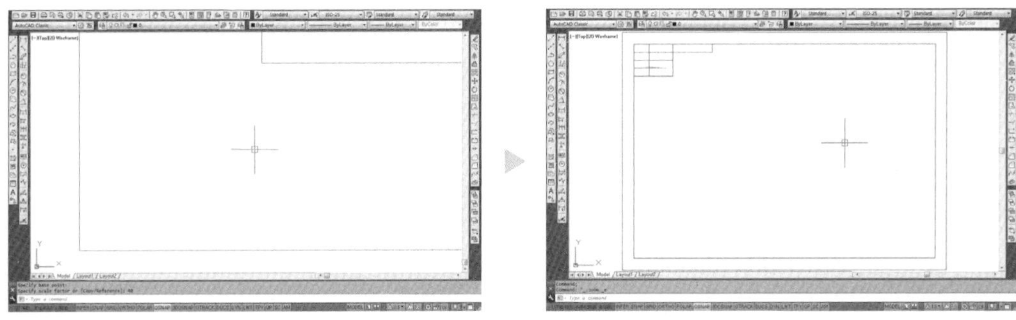

❻ 작성한 도면 양식을 모두 선택하여 '윤곽선' 도면층으로 변경합니다.

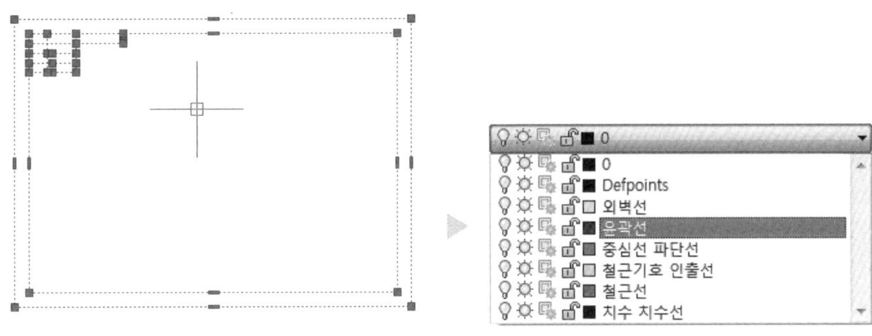

❼ DTEXT(DT) 명령을 실행해 다음과 같이 표제란 내용을 작성합니다.

문자높이: 120, 각도: 0

(작성 조건의 축척이 '1/40'인 경우 높이를 '120'으로 설정, '1/50'인 경우에는 '150'으로 설정합니다.)

문자 하나만 작성 후 Copy(CO)로 복사합니다(문자의 위치는 보기 좋으면 됩니다).

문자를 더블클릭하여 수정 후 MOVE(M) 명령으로 위치를 조정합니다.

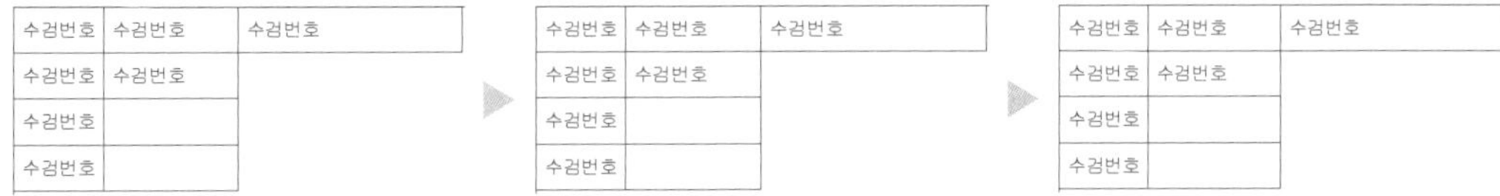

❽ 작성한 문자를 모두 선택하여 '철근기호, 인출선' 도면층으로 변경(실제 시험에서 '연장시간' 항목은 없습니다.)

09 치수 설정(DimStyle)

연습 도면인 도면(1)과 도면(2)는 A3 용지에 '1/40축척' 또는 '1/50축척'으로 출력해야 하므로 축척에 맞는 치수의 유형(DimStyle)을 설정합니다.

❶ DimStyle(D) 명령을 실행해 우측의 Modify 버튼을 클릭해 세부 설정 창을 띄웁니다.

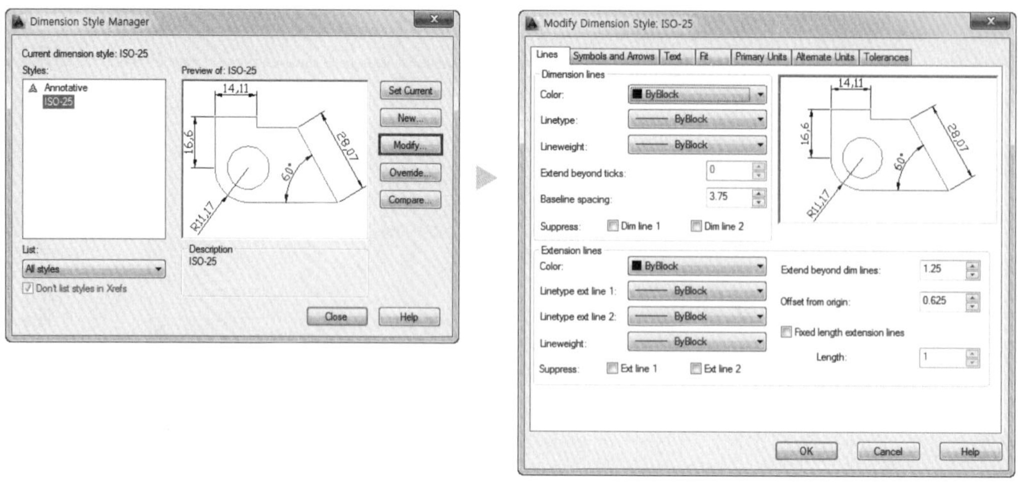

❷ 상단 첫 번째 탭인 Lines 탭을 클릭해 우측 하단의 Offset from origin(보조선의 시작 위치) 값을 '2'로 설정합니다.

❸ 네 번째 탭인 Fit 탭을 클릭해 우측의 scale(축척) 값을 '35'로 설정합니다(작성 조건의 축척이 '1/40'인 경우는 '35'로 설정, '1/50'인 경우에는 '45'로 설정합니다).

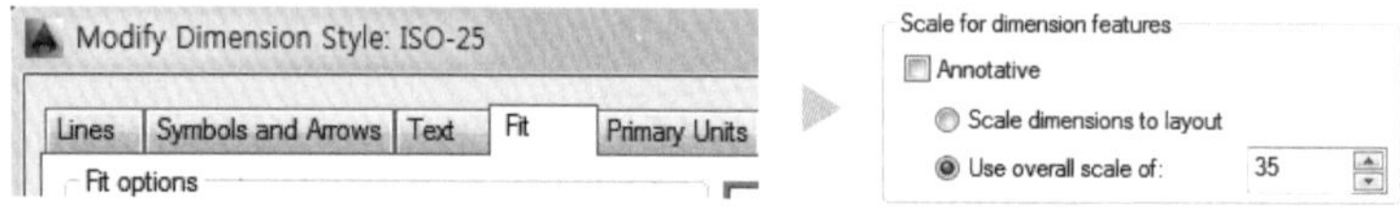

④ 이어서 다섯 번째 탭인 Primary Umits 탭을 클릭해 좌측 상단에서 단위와 정밀도를 다음과 같이 설정합니다. 해당 사항을 변경한 다음 아래의 OK 버튼을 클릭하고, 이어서 Close 버튼을 클릭해 설정을 종료합니다(작성 조건의 축척 상관 없이 동일).

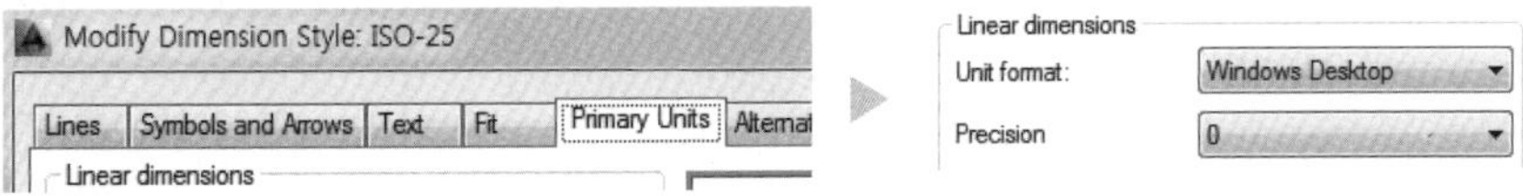

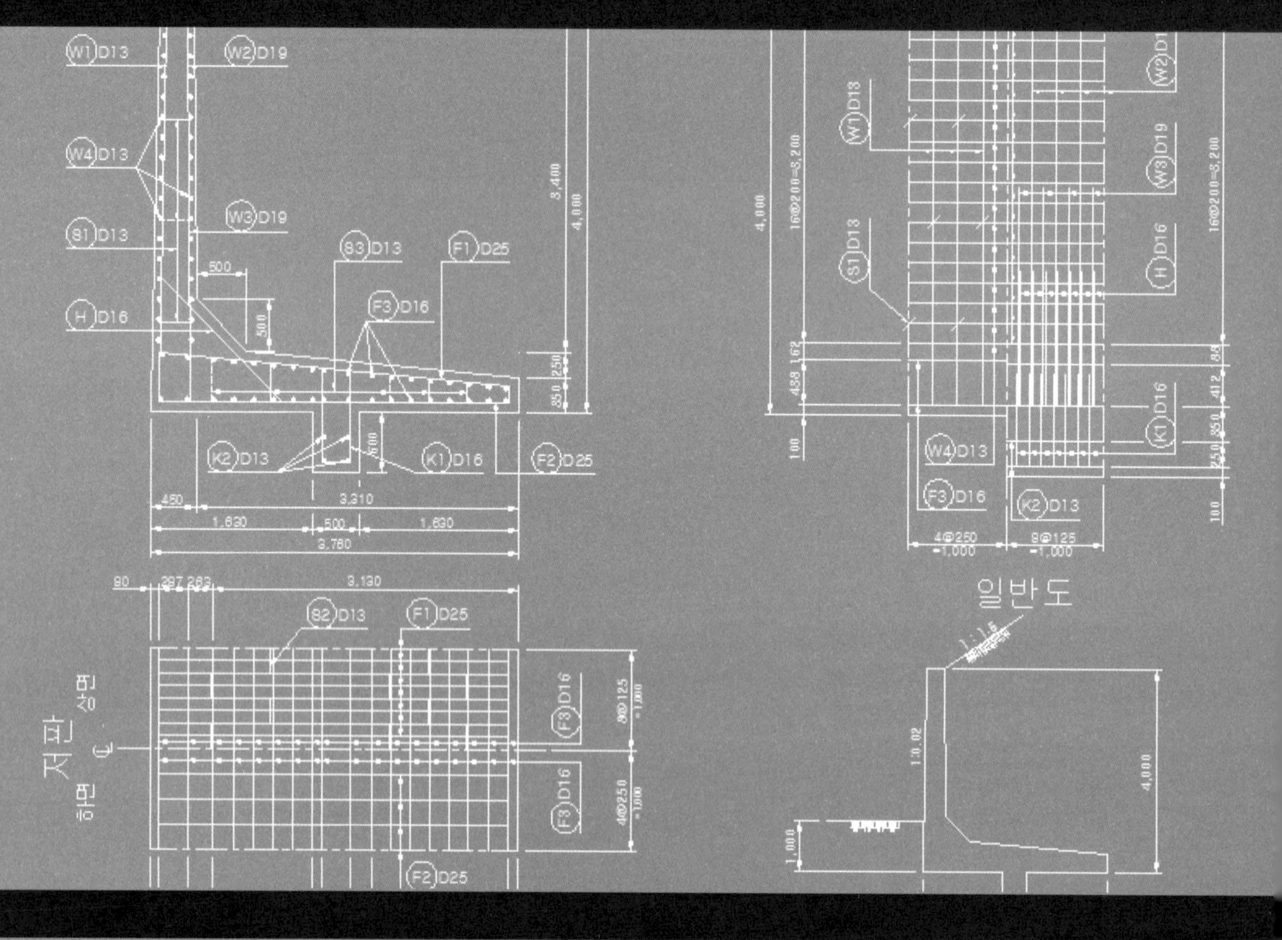

W1 D13
W2 D19
W4 D13
W3 D19
S1 D13
S3 D13
F1 D25
F3 D16
H D16
K2 D13
K1 D16
F2 D25
저판
하면
상면
S2 D13
W4 D13
F3 D16
K2 D13
일반도

PART

03

L형 옹벽 구조도

L형 옹벽 구조도에서 작성되는 단면도, 벽체, 저판, 일반도, 철근 상세도를 작성해 보면서 각 도면과의 관계와 작성 과정을 익힐 수 있도록 하겠습니다. 실제 시험에서는 단면도와 일반도 2개만 작성하나 옹벽 구조도의 이해를 돕기 위해 벽체와 저판, 철근 상세도까지 모두 연습합니다.

자 격 종 목	전산응용토목제도기능사	과 제 명	L형 옹벽 구조도	척도	N.S

도면(1)

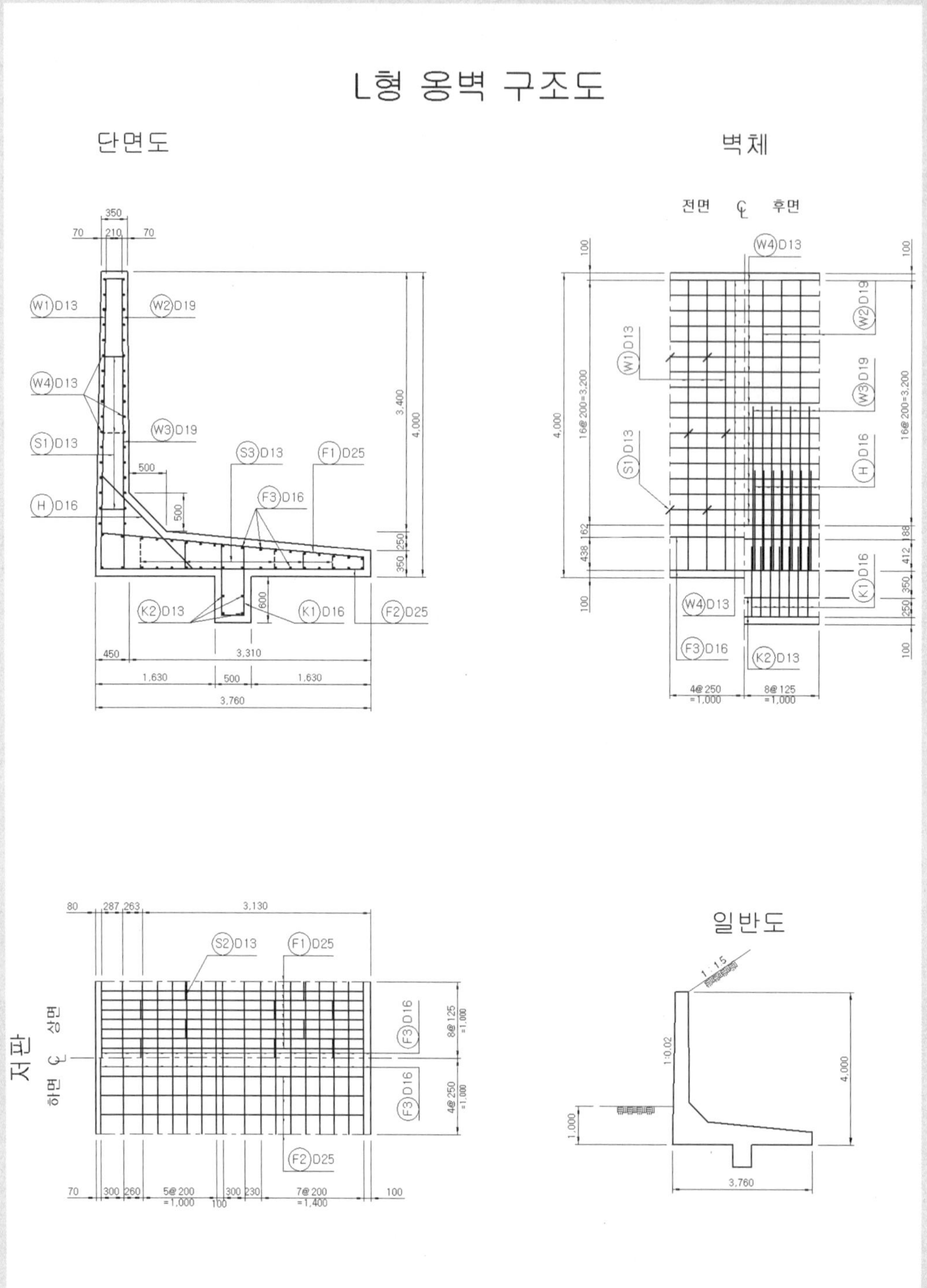

자 격 종 목	전산응용토목제도기능사	과 제 명	L형 옹벽 구조도	척도	N.S

도면(2)

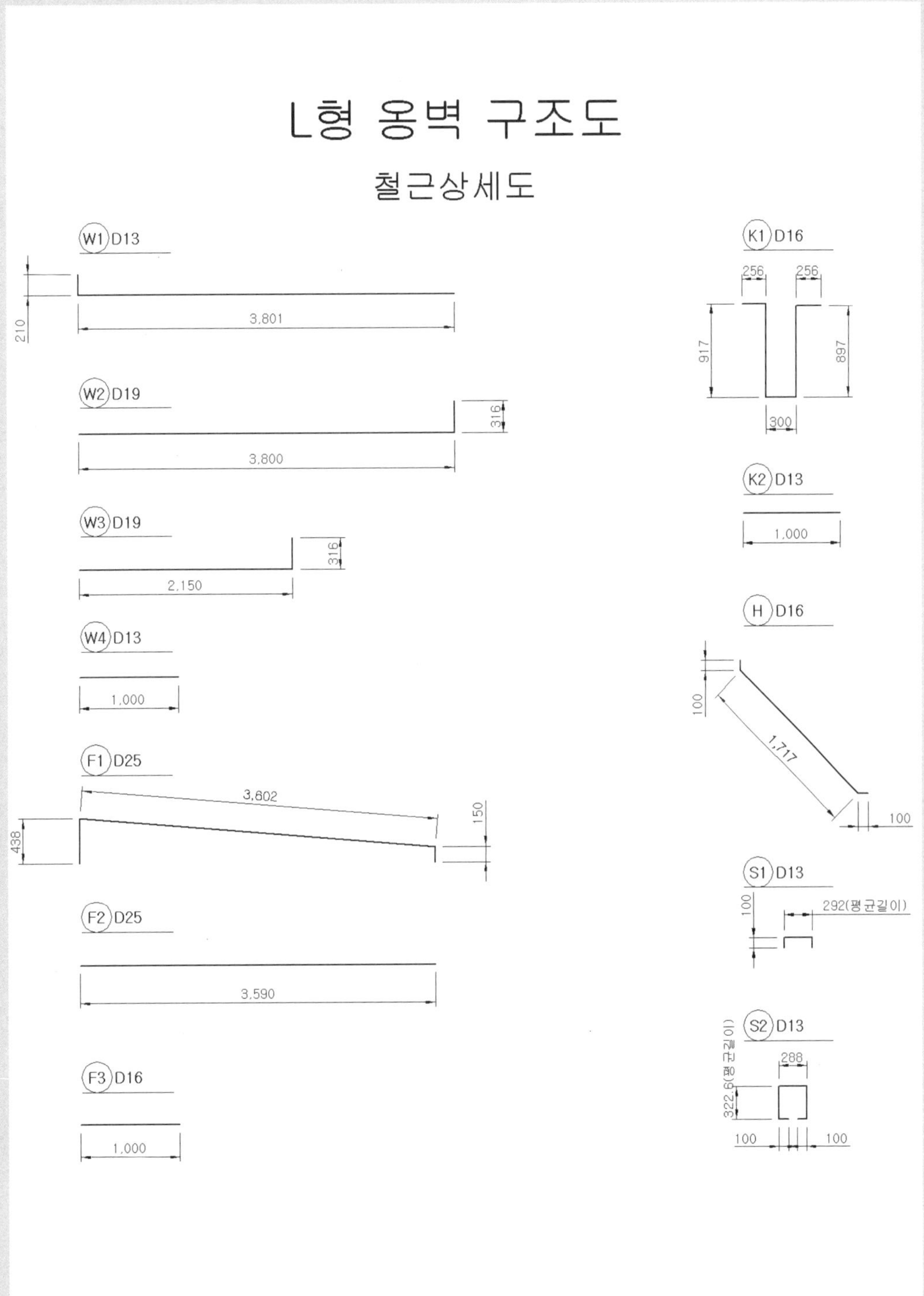

단면도와 벽체 배근도의 이해

다음 제시된 L형 옹벽의 단면도와 벽체 배근도를 작성하겠습니다. 단면도의 외형을 먼저 그리고 단면도와 벽체 배근도의 공통된 위치를 공유하면서 작성해 나갑니다.

완성파일 실습자료\완성파일\part03\단면도와 벽체.dwg

동영상강좌 P03-L형옹벽(단면도와 벽체).mp4

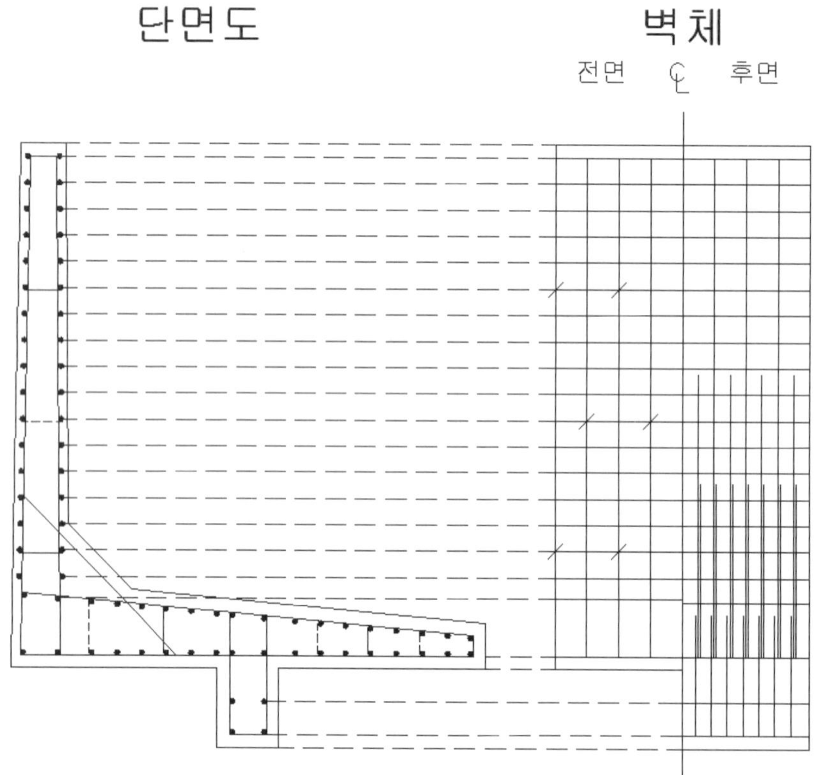

⊙ 문제 도면

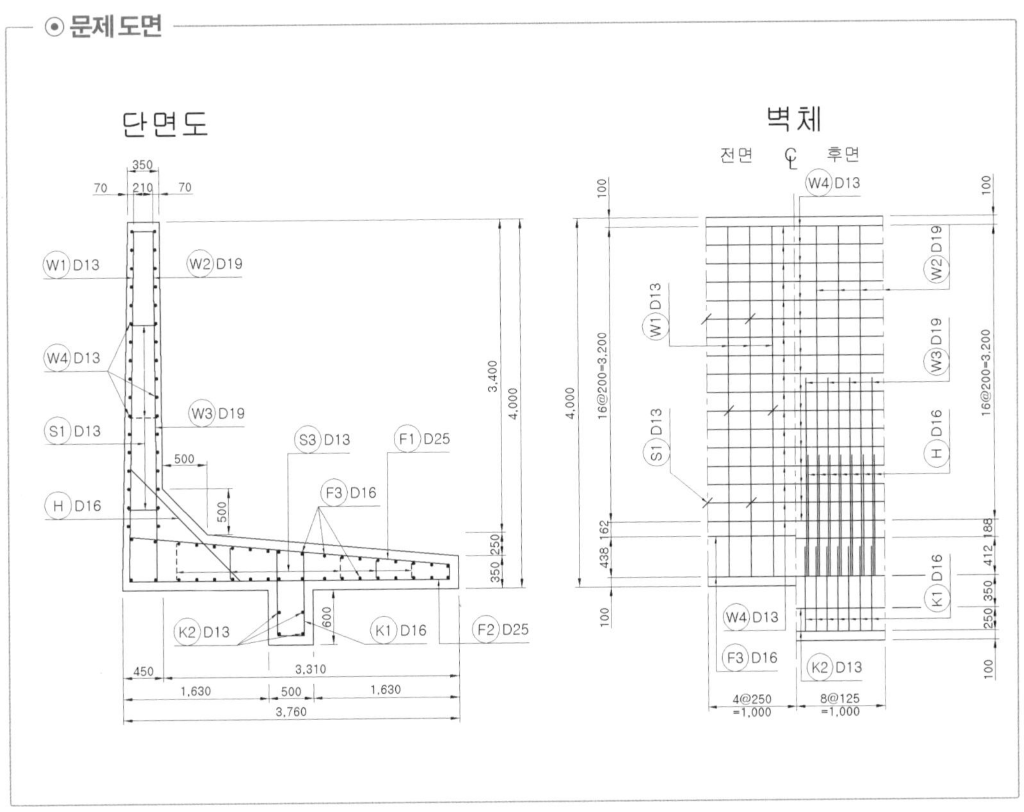

01 옹벽 외형 그리기

❶ 도면층(LAYER)과 표제란이 작성된 축척 1/40 도면 양식을 준비하고 다음과 같이 작도에 기준이 되는 가로, 세로 선을 그립니다. 가로 선은 양식의 중간 지점으로 하고, 세로 선은 그림과 유사한 위치면 됩니다(도면 양식 및 환경 설정은 Part 02를 참고).

완성파일 실습자료\완성파일\part03\도면양식.dwg

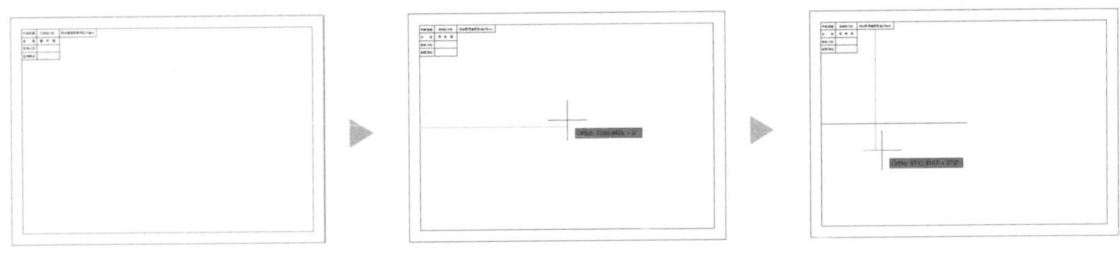

❷ 옹벽 하부의 저판을 문제 도면의 치수를 보고 그려나갑니다. 앞서 그린 기준선을 다음과 같이 Offset(O) 명령으로 전체 크기를 표시한 후 저판 부분을 Trim(TR)과 Fillet(F) 명령 등으로 편집합니다.

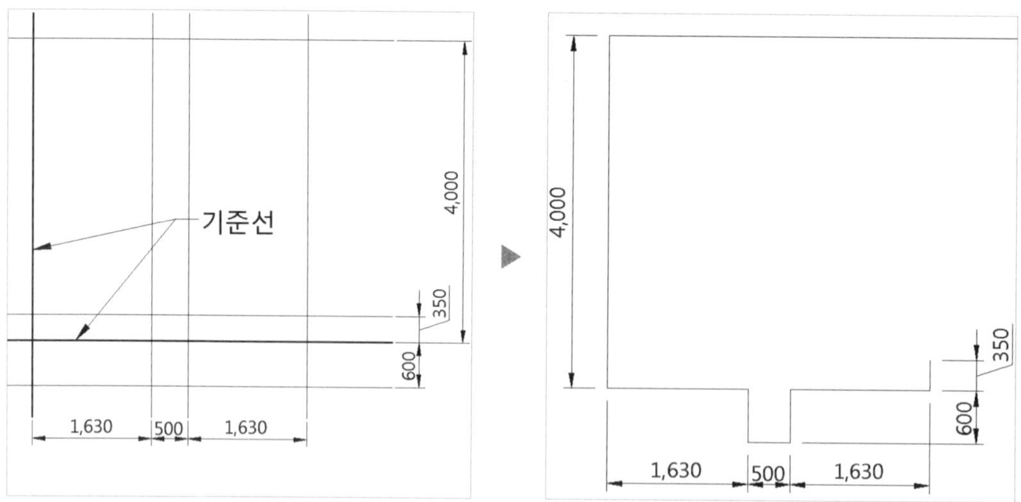

❸ 다음과 같이 일반도에서 경사도(1:0.02)를 확인합니다. Xline(XL) 명령을 실행 각도 옵션(A)를 입력하고 ①부분을 클릭 후 경사도 '@0.02,1'을 입력합니다. 경사 선이 생성되면 다시 ①위치를 클릭해 선분을 배치하고 옹벽 상단을 다음과 같이 편집합니다.

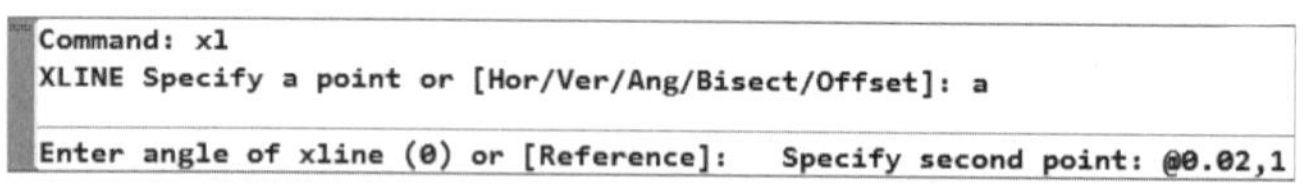

Command: xl
XLINE Specify a point or [Hor/Ver/Ang/Bisect/Offset]: a
Enter angle of xline (0) or [Reference]: Specify second point: @0.02,1

일반도의 경사도 표시

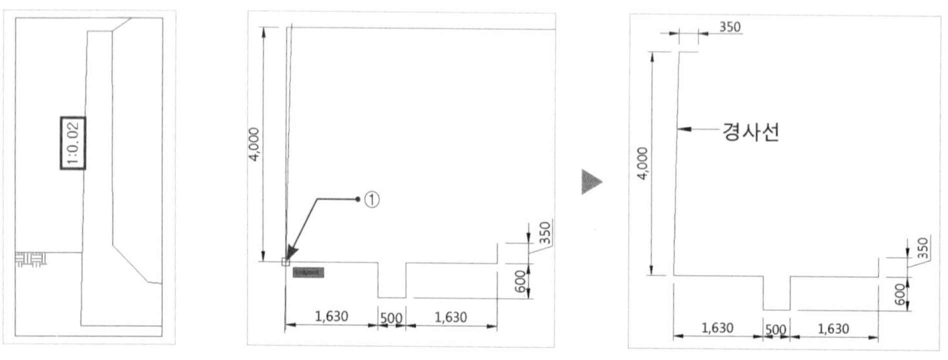

❹ 나머지 부분을 작도하는 데 필요한 보조선 ①, ②를 Line(L)으로 적당히 표시하고 Offset(O)을 사용해 다음과 같이 표시합니다.

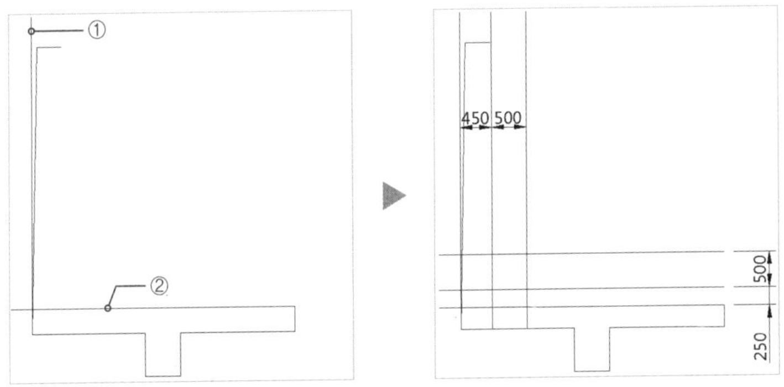

❺ 콘크리트의 외형을 Line(L)으로 마무리하고 불필요한 선분 ①~⑥을 Erase(E)로 삭제합니다. 완성된 외형을 '외벽선' 도면층(하늘색)으로 변경하고 치수를 다시 한 번 확인합니다.
(외형을 작성하는 방법과 과정은 개인마다 차이가 있을 수 있습니다. 어떤 방법이든 정확한 치수로 작성되면 됩니다.)

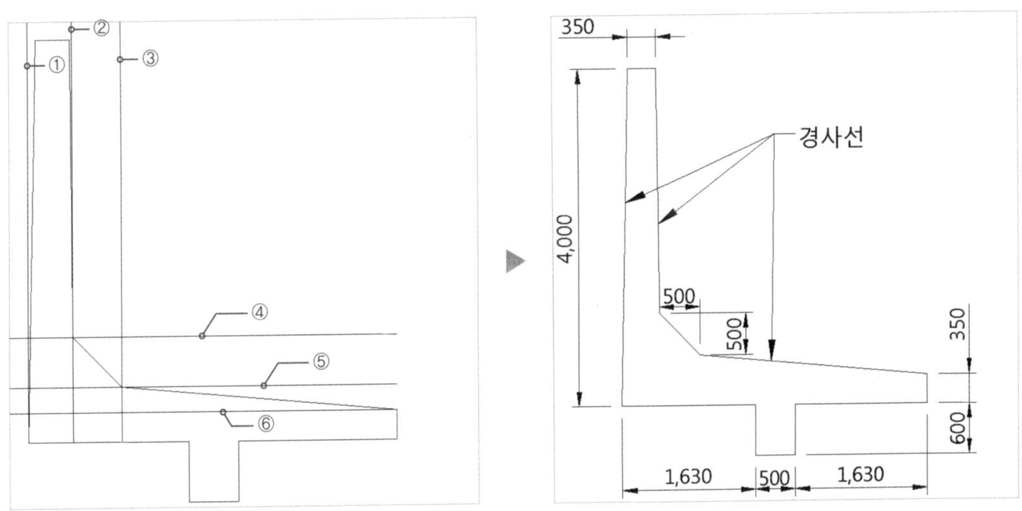

❻ 작성된 콘크리트 안에 선으로 표현되는 철근을 작성하도록 하겠습니다. 단면도와 벽체 도면의 치수를 확인해 다음과 같이 Offset(O)하여 Trim(TR)과 Erase(E)로 편집합니다. 원을 그릴 때는 반지름(R)과 지름(∅)을 구분하여 작성합니다.

단면도와 벽체 도면

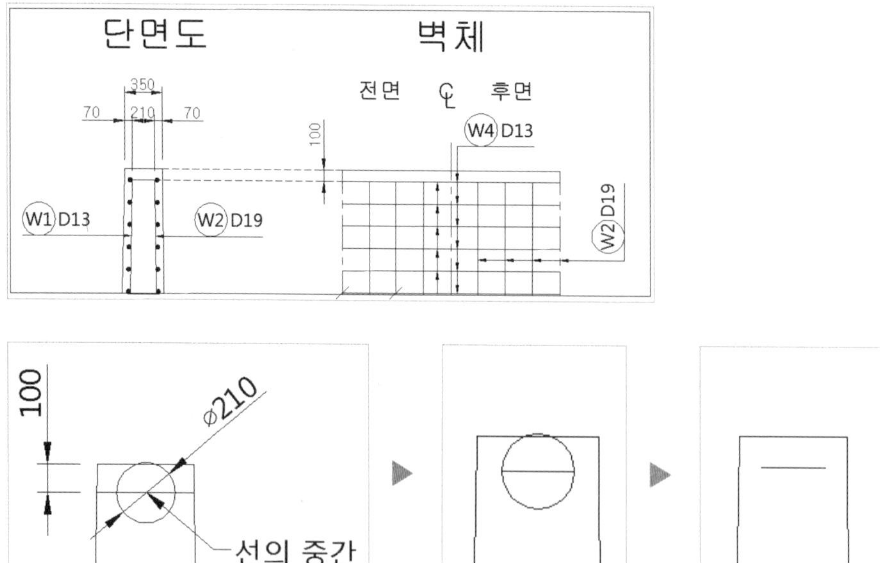

❼ Copy(CO) 명령으로 좌우에 사선 ①, ②를 편집한 선의 끝으로 복사합니다.

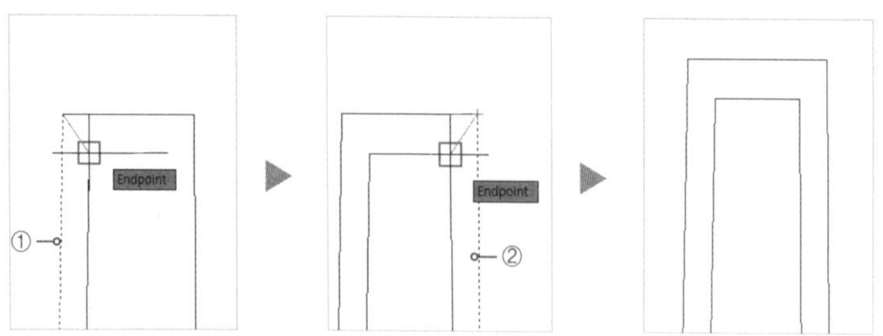

❽ 단면도와 벽체 도면의 치수를 참고하여 다음과 같이 Offset(O)으로 철근을 표시하고 Trim(TR), Extend(EX)로 편집합니다.

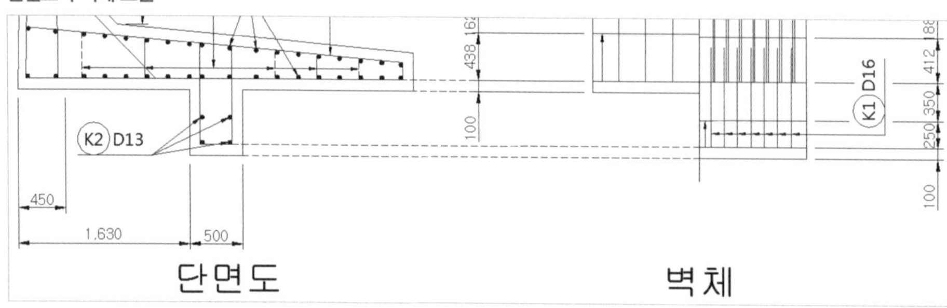

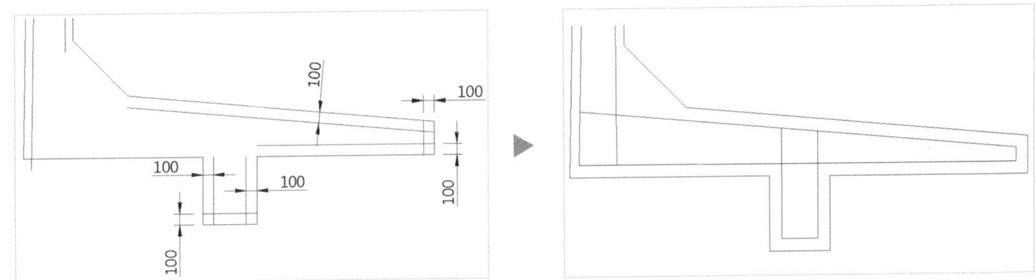

❾ ⒽD16 철근을 표현하기 위해 철근 상세도의 ⒽD16의 치수를 확인합니다.

단면도의 ⒽD16 철근의 위치

철근 상세도의 ⒽD16 철근 치수

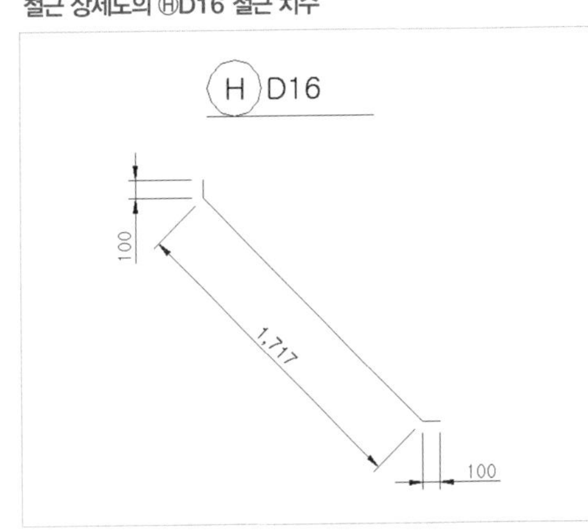

❿ ⒽD16의 철근을 길이(1717)를 135° 회전하여 작성합니다. Line(L) 명령을 실행해 빈 여백에 시작점을 클릭한 후 상대 극좌표 '@1717〈135'를 입력합니다.

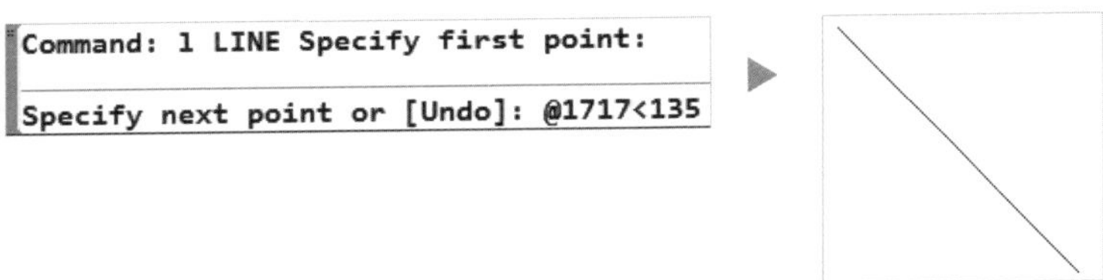

⓫ 작성된 ⒽD16 철근을 배치하기 위해 Move(M)를 사용해 다음과 같은 위치로 이동한 다음 Line(L)으로 수평인 선을 그려 철근이 교차하는 위치를 표시합니다. 철근과 선의 교차점으로 ⒽD16 철근을 Move(M)로 이동해 배치합니다.

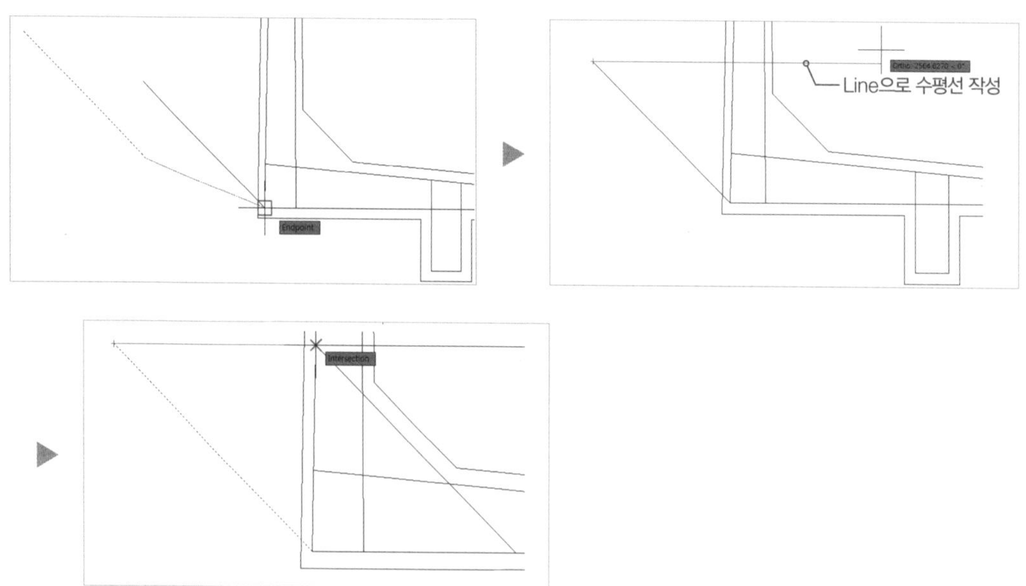

⓬ 위치를 표시한 수평선은 삭제하고 외형 안쪽으로 작성한 철근은 모두 빨간색인 '철근선' 도면층으로 변경합니다.

02 벽체의 전면과 후면 그리기

벽체 도면의 높이는 앞서 작성한 옹벽 외형의 높이를 그대로 이용하고 폭은 문제 도면의 벽체 도면을 확인해 작성합니다.

❶ 벽체 도면의 하부 치수를 확인합니다.

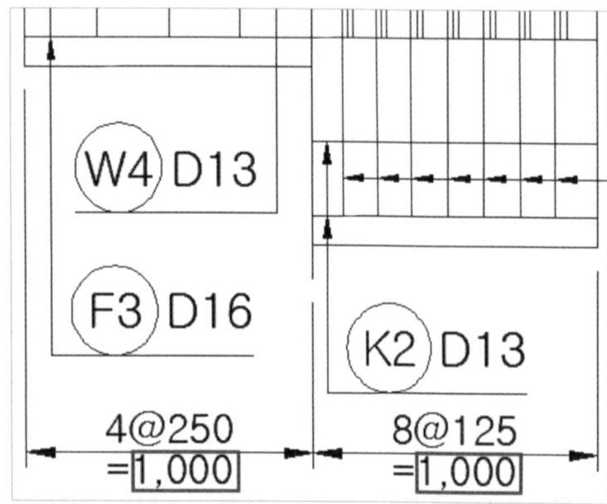

❷ 작성된 옹벽 외형에서 높이에 해당하는 부분을 Line(L)을 사용해 우측으로 길게 표시합니다.

❸ 다음과 같이 적당한 위치에 Line(L)으로 세로 선을 긋고 벽체 도면에 표시된 치수를 Offset(O)합니다. 편집 후 세로 선은 '중심선 파단선' 도면층으로, 가로 선은 '외형선' 도면층으로 변경합니다.

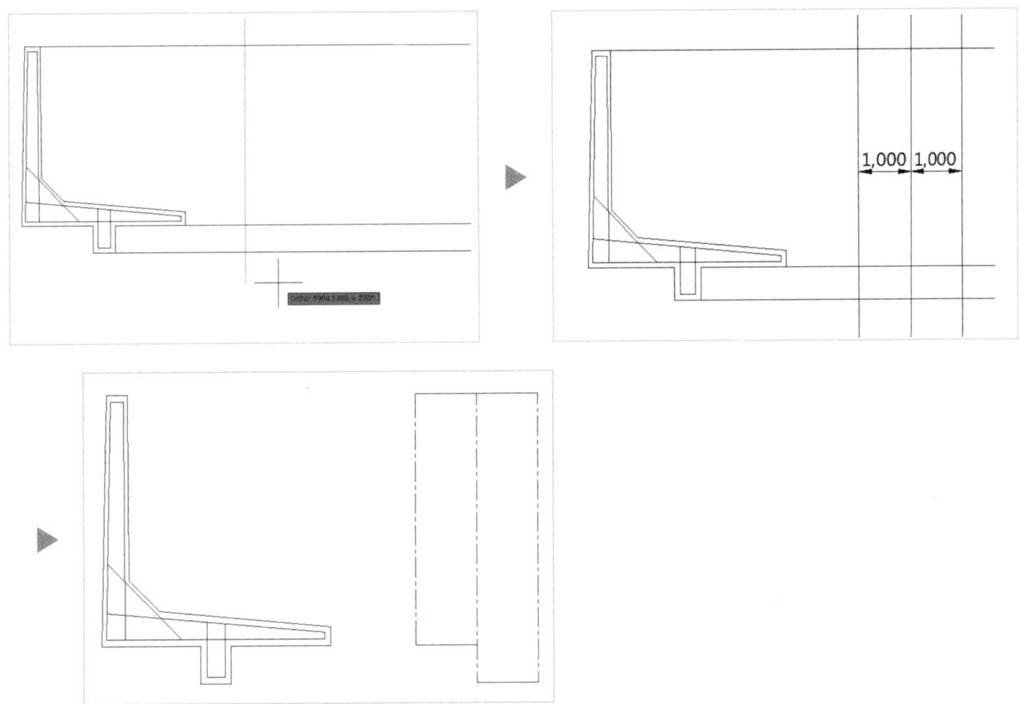

❹ 벽체에 철근을 배근하기 위해 문제 도면의 치수를 확인합니다.

벽체 도면의 철근 치수

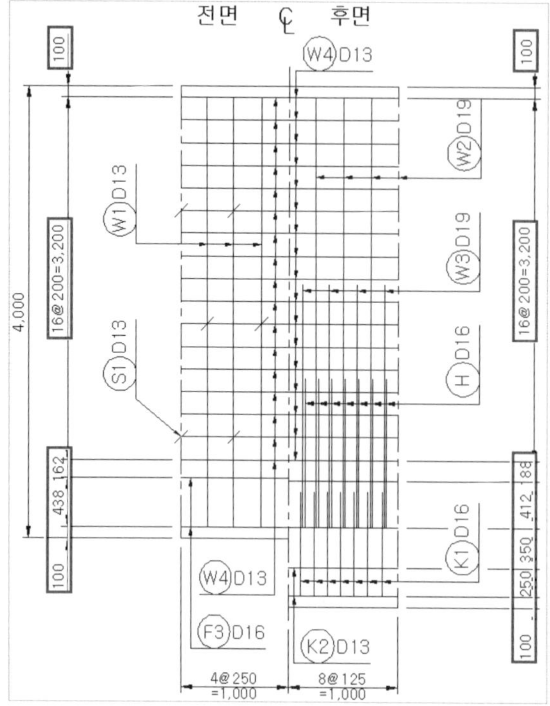

❺ 도면 좌측과 우측에 표시된 '16@200=3200'을 확인해 3200 구간 안에 200 간격으로 Offset(O) 하고 나머지는 표시된 치수로 가로 철근을 작성합니다.

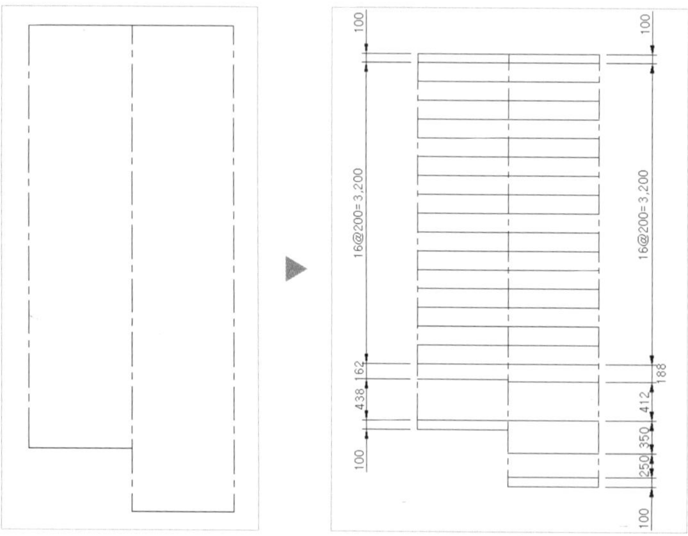

❻ 전면과 후면의 세로 철근을 작성하기 위해 벽체 하단의 세로 철근 치수를 확인합니다.

벽체 도면 하단 치수

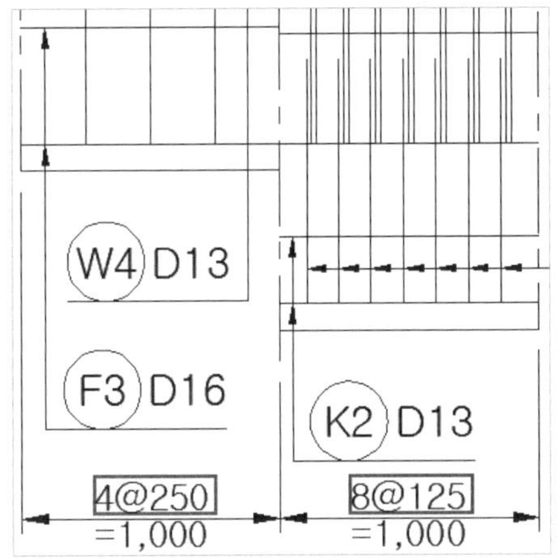

❼ 도면 하단에 표시된 '4@250=1000과 8@125=1000'을 확인해 1000 구간 안에 250 간격으로 Offset(O)하여 세로 철근을 작성하고 Trim(TR)으로 편집합니다.

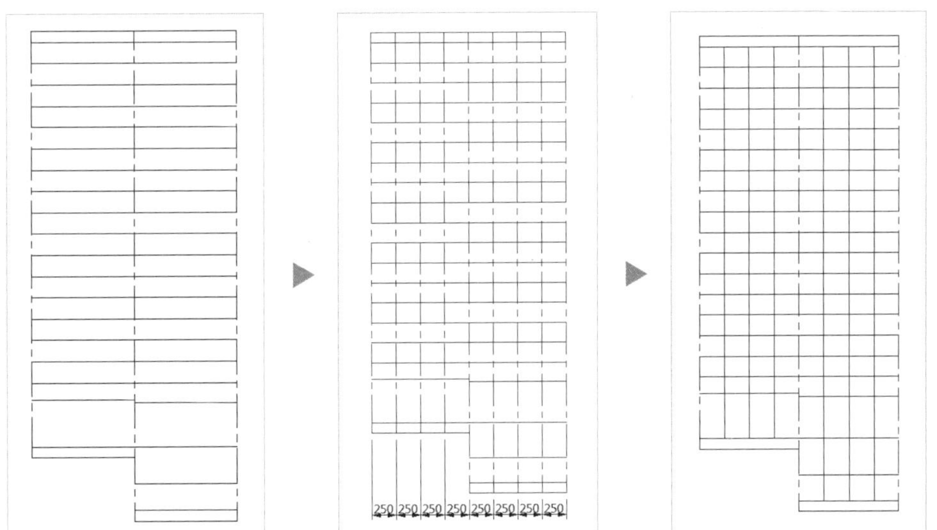

* 벽체 도면에 주어진 치수로도 그릴 수 있는 부분이지만 철근 상세도를 보고 작성해야 하는 철근(W1 D13, W2 D19)을 확인하는 것도 중요합니다.

철근 상세도의 W1 D13, W2 D19 철근

❽ 이어서 후면의 W3 D19 철근을 작성하기 위해 문제 도면의 철근 상세도에서 철근 규격을 확인합니다. W3 D19 철근의 길이인 2150만큼 Offset(O)으로 철근의 위치를 표시합니다.

철근 상세도의 W3 D19 철근

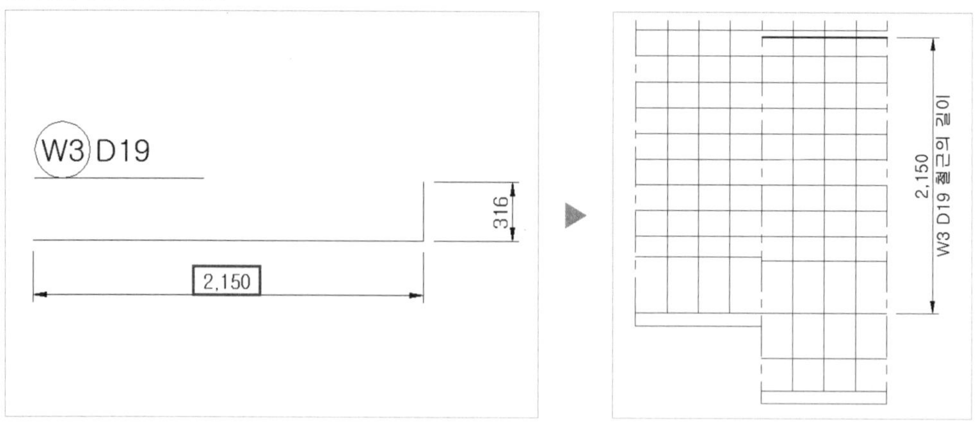

❾ 벽체 도면의 우측 하단 치수를 확인하고 다음과 같이 철근을 배열하고 편집합니다. 앞서 표시한 W3D19 철근의 길이인 2150 Offset한 선은 삭제합니다.

벽체도면 우측 하단 치수

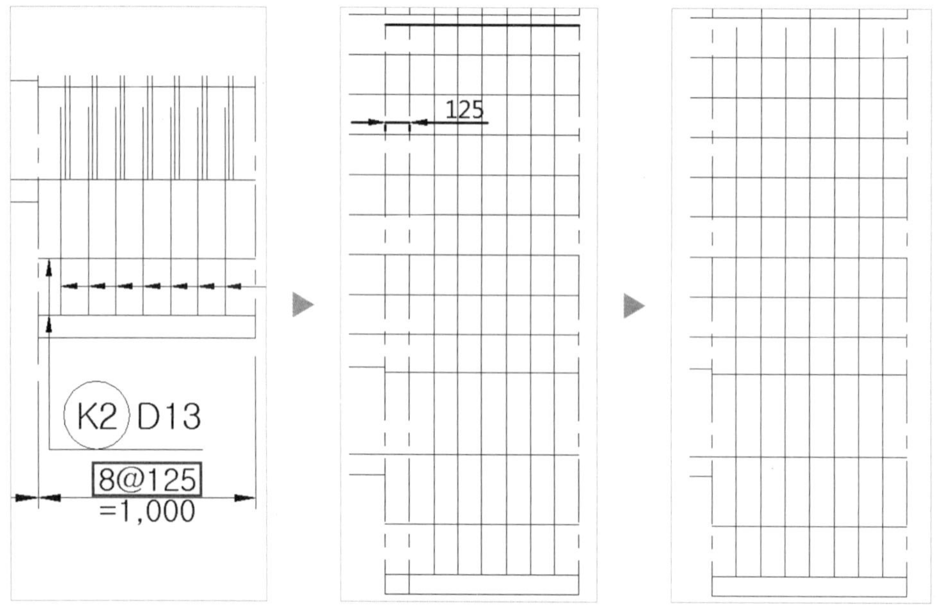

❿ 이어서 H D16 철근을 작성하기 위해 문제 도면의 철근 상세도에서 철근 규격을 확인합니다. 앞서 작성한 단면도의 H D16 철근을 수평으로 다음과 같은 위치에 복사해 철근 상세도의 치수대로 Line(L)을 사용해 수정합니다.

철근 상세도의 H D16 철근

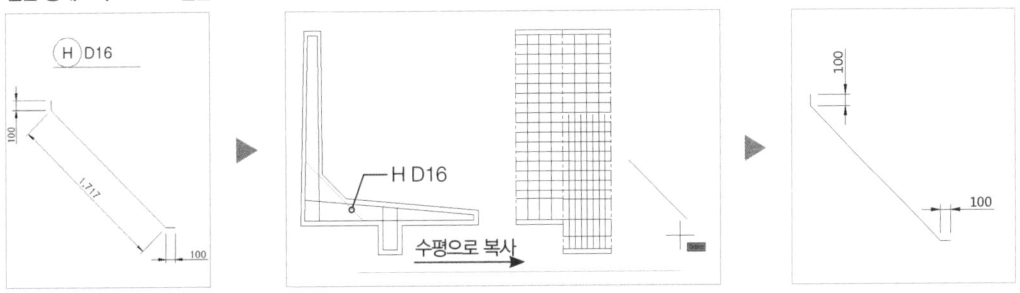

⓫ 수정된 H D16 철근의 높이에서 Line(L)을 그려 철근의 위치를 표시합니다.

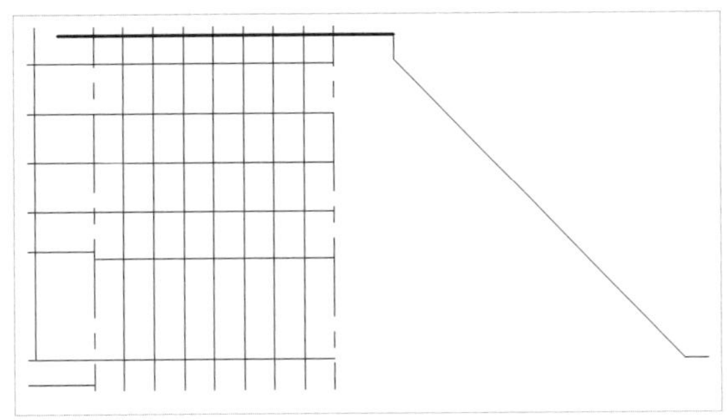

⓬ 다음과 같이 먼저 작성한 W2, W3 철근 우측으로 20 Offset(O)하여 H D16 철근을 표시하고 Trim(TR)으로 편집합니다.

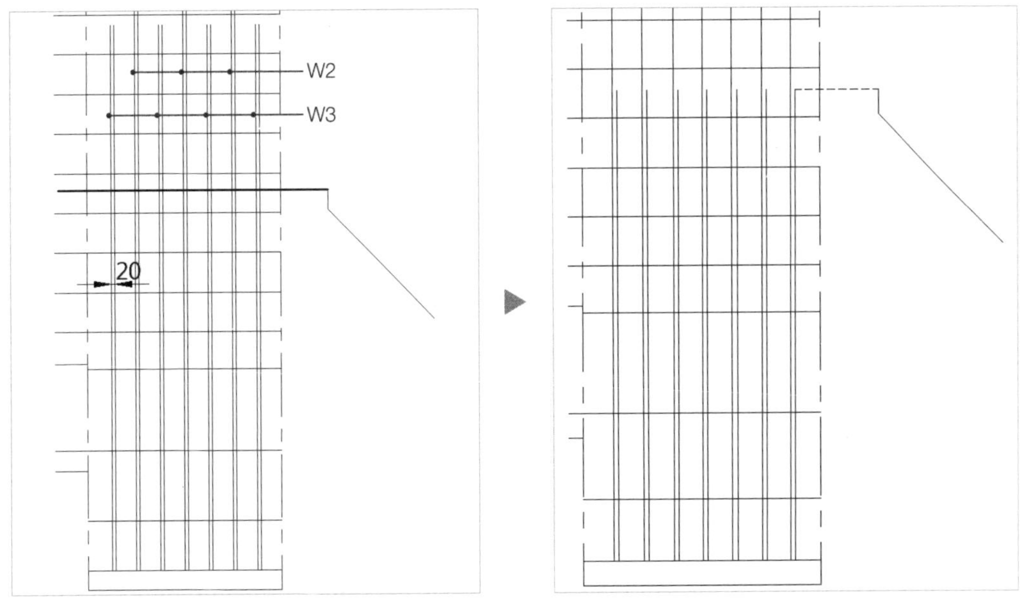

⑬ 이어서 K1 D16 철근을 작성하기 위해 문제 도면의 철근 상세도에서 철근 규격을 확인하고, 단면도에서는 K1 D16 철근의 위치를 확인합니다.

철근 상세도의 K1 D16 철근

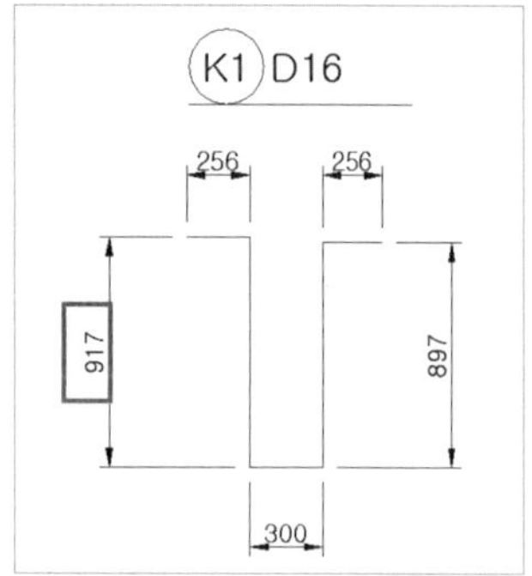

단면도의 K1 D16 철근

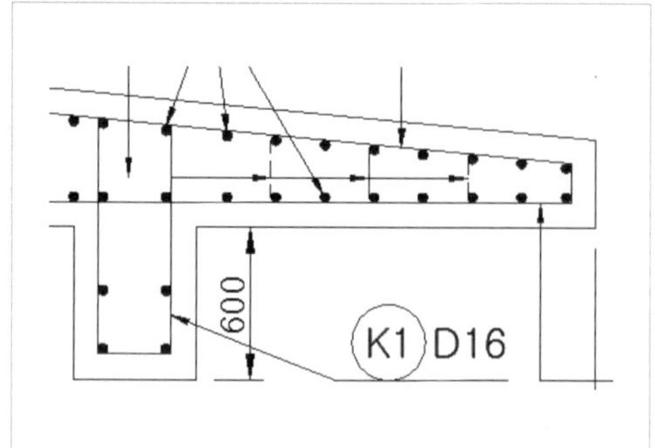

⑭ 확인된 K1 D16 철근의 길이 917 Offset(O)하여 철근의 위치를 표시합니다. 먼저 작성한 W2, W3 철근 좌측으로 20 Offset(O)하여 K1 D16 철근을 표시하고 Trim(TR)으로 편집합니다.

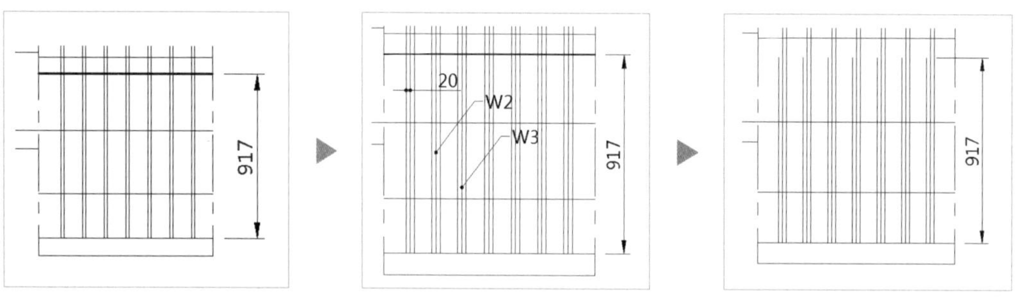

⑮ 앞서 작성한 W2, W3, H 철근의 길이를 다음과 같이 Trim(TR)으로 편집하고 '철근선' 도면층(빨강)으로 되었는지 확인합니다.

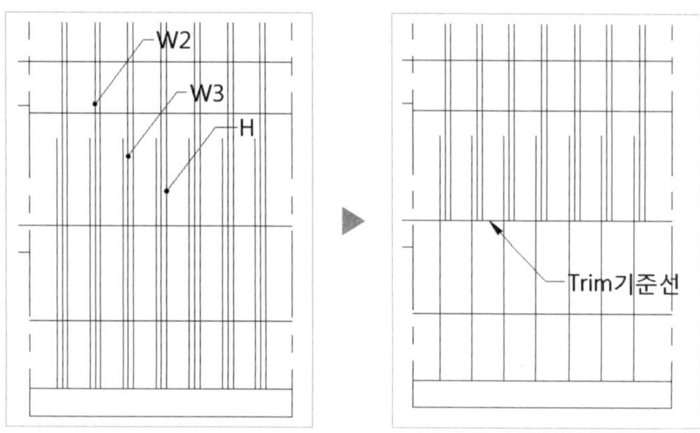

⑯ 계속해서 스트럽을 작성하겠습니다. 문제 도면의 벽체 도면에서 스트럽의 위치를 확인하고 다음 위치에 반지름이 80인 원을 그립니다. 이후 Xline(XL)으로 45° 스트럽을 작성합니다.

벽체 도면의 스트럽

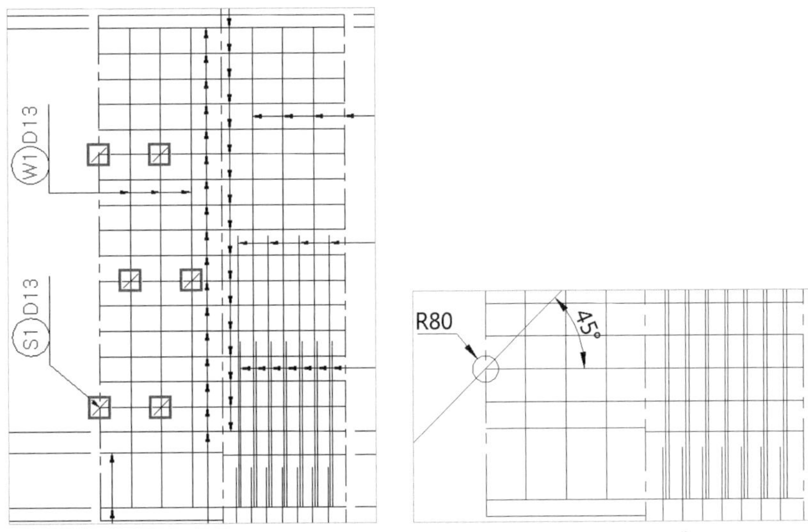

⑰ Trim(TR)으로 원 밖의 선을 잘라내고, 원을 삭제합니다. 작성된 스트럽 선이 '철근선' 도면층(빨강)으로 되었는지 확인하고, 벽체도면에 표시된 위치에 Copy(CO)로 복사해 벽체 도면을 완성합니다.

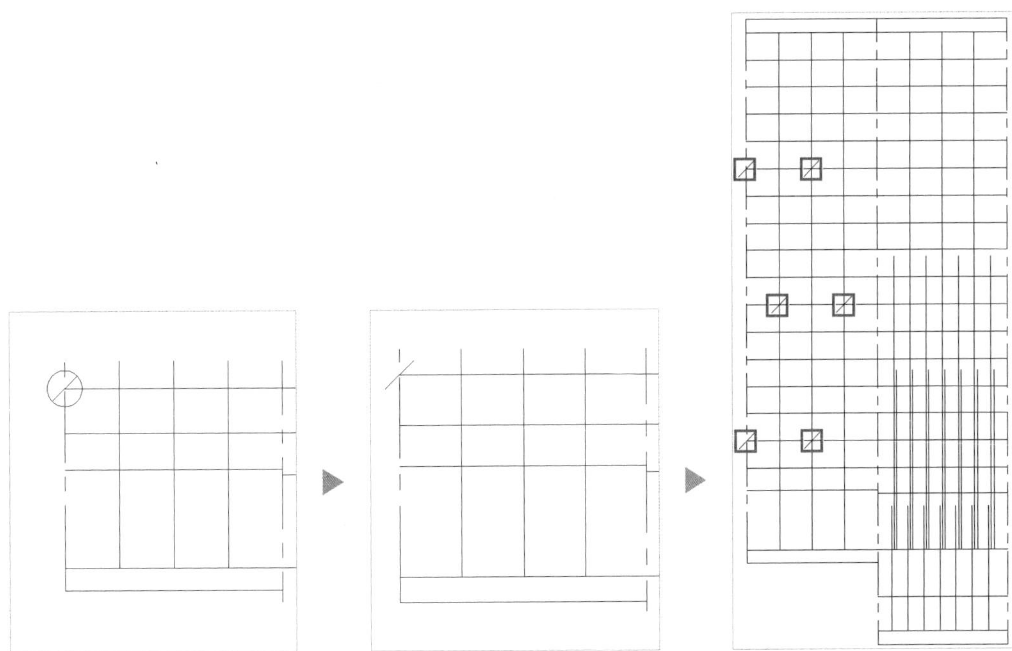

02 단면도와 저판 배근도의 이해

저판 도면도 벽체 도면과 같이 단면도를 활용해야 합니다. 단면도와 저판 배근도의 공통된 위치를 공유하면서 작성해 나갑니다.

완성파일 실습자료\완성파일\part03\단면도와 저판.dwg

동영상강좌 P03-L형옹벽(단면도와 저판).mp4

⊙ 문제 도면

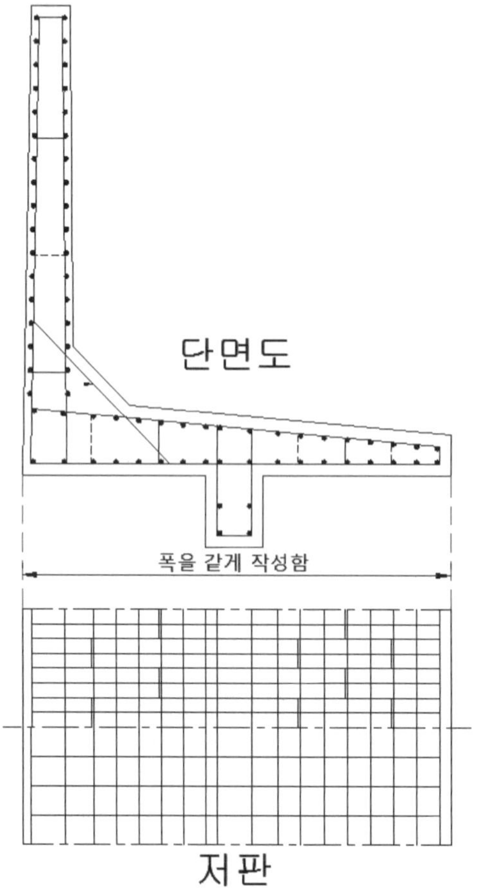

⊙ 문제 도면

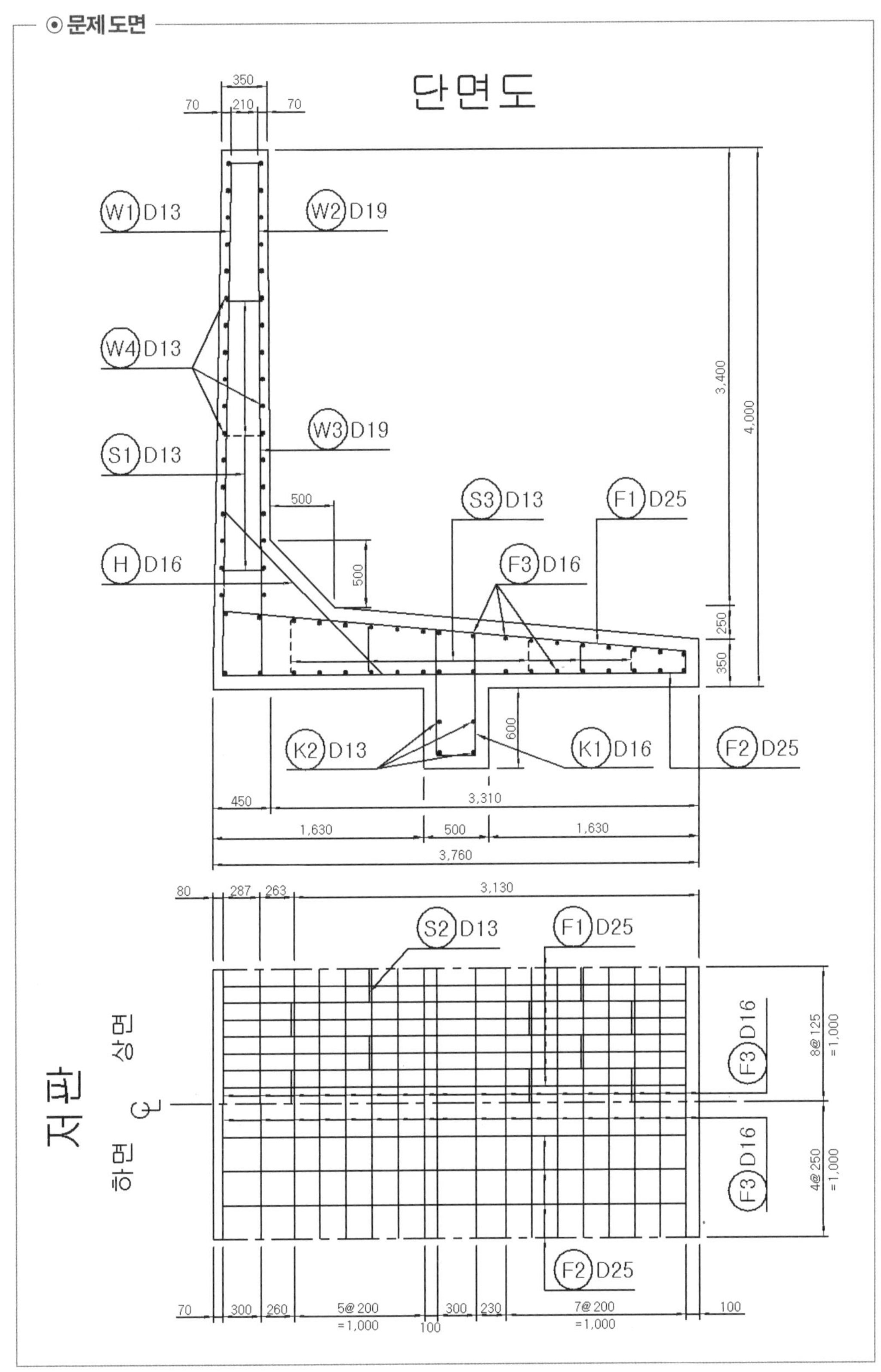

단면도
350
70
210
70
W1 D13
W2 D19
W4 D13
W3 D19
S1 D13
H D16
500
500
S3 D13
F1 D25
F3 D16
3,400
4,000
250
350
600
K2 D13
K1 D16
F2 D25
450
3,310
1,630
500
1,630
3,760
80
287
263
3,130
S2 D13
F1 D25
저판
상면
하면
F3 D16
8@125
=1,000
F3 D16
4@250
=1,000
F2 D25
70
300
260
5@200
=1,000
100
300
230
7@200
=1,000
100

01 저판의 상면과 하면 그리기

❶ 저판 도면의 우측 치수를 확인합니다.

저판 도면의 치수

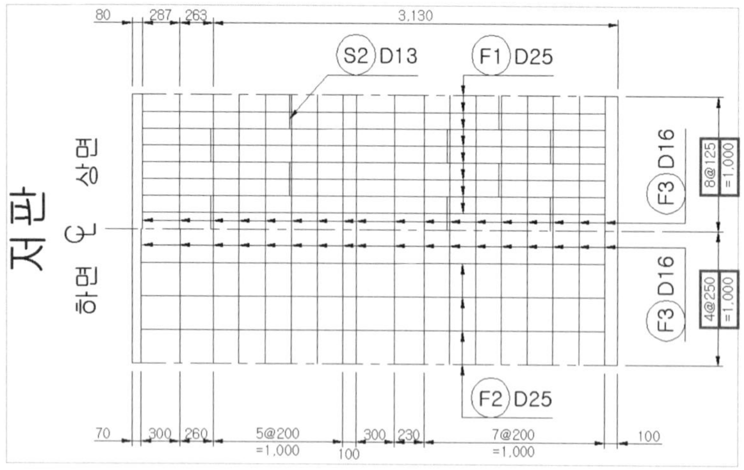

❷ 작성된 옹벽 외형에서 폭에 해당하는 부분에 Line(L)을 사용하여 하단으로 길게 표시합니다. 저판 도면의 우측 치수(1000, 1000)를 확인해 다음과 같이 선을 그려 Offset(O)으로 전체 크기를 작성하고 좌우의 선은 '외형선' 도면층, 가로 선은 '중심선 파단선' 도면층으로 변경합니다.

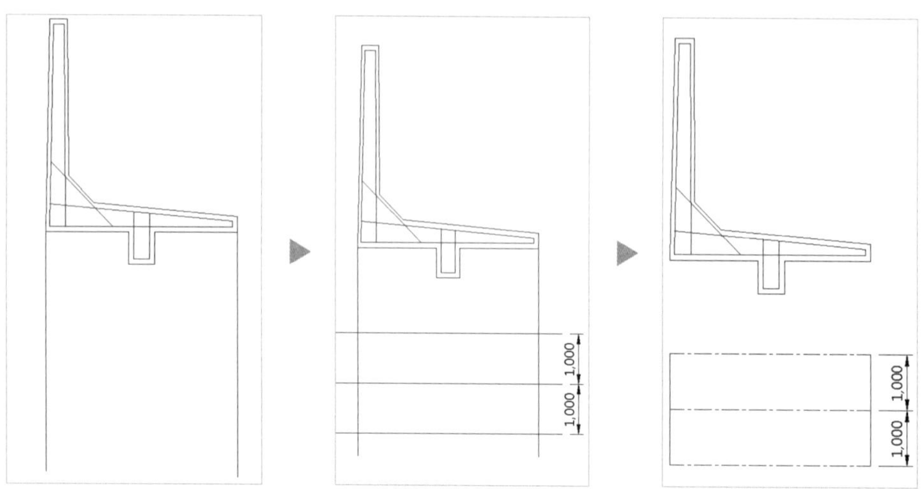

❸ F1 D25, F2 D25 철근을 배치하기 위해 저판 도면의 치수를 확인해 다음과 같은 치수로 철근을 작성합니다. 좌측과 우측은 Trim(TR)으로 편집하고 작성된 철근은 '철근선' 도면층으로 변경합니다.(8@125=1000, 4@250=1000)

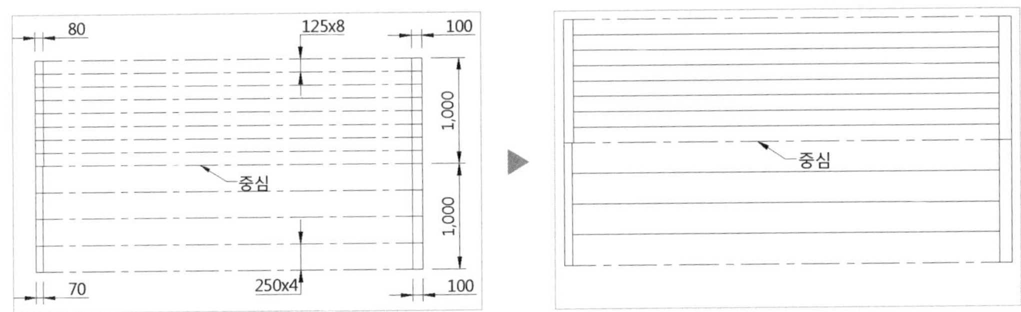

❹ 이어서 F3 D16 철근을 배치하기 위해 저판 도면의 치수를 확인하고 Offset(O)으로 철근을 작성합니다. 좌측은 상면과 하면의 치수가 다르므로 주의합니다.

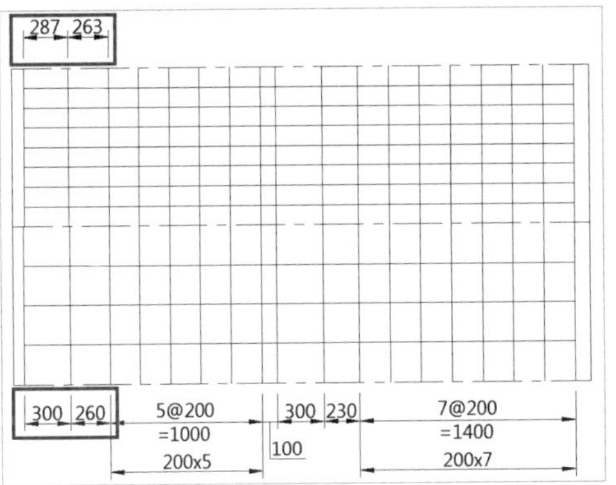

❺ 마지막으로 스트럽(S2 D13)을 작성하겠습니다. 스트럽의 간격은 도면에 표기되지 않았지만 20 간격으로 문제 도면과 같은 위치에 작성합니다. 저판 도면에서 스트럽(S2 D13)의 위치를 확인합니다.

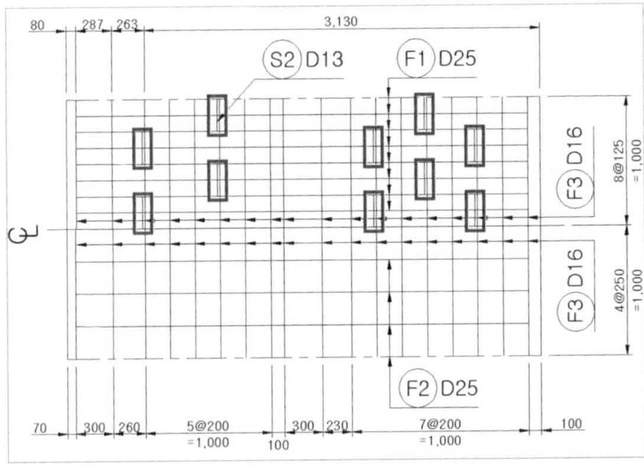

❻ 스트럽에 위치한 철근을 좌측으로 20만큼 Offset(O)하고 Trim(TR)으로 편집합니다. 나머지 스트럽도 동일한 방법으로 작성하거나 Copy(CO)로 복사합니다.

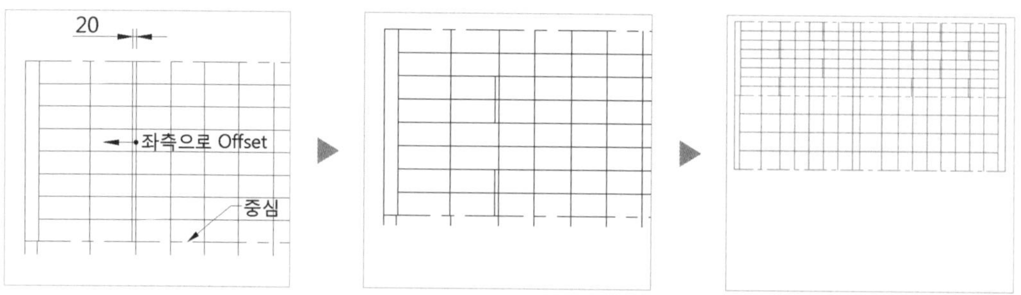

02 단면도의 철근 그리기

앞서 작성된 벽체와 저판 도면을 활용하여 단면도의 철근을 작성하며 절단된 철근(점철근)의 표현은 Donut(DO) 명령을 사용합니다. 도면 요구 사항에 따라 철근의 단면은 출력 결과물에 1mm 표시가 되어야 하므로 축척이 '1/40'인 경우는 Donut의 외부 지름을 '40', '1/50'인 경우는 외부 지름을 '50'으로 하여야 합니다.

❶ 단면도와 벽체 도면을 다음과 같이 화면에 배치합니다.

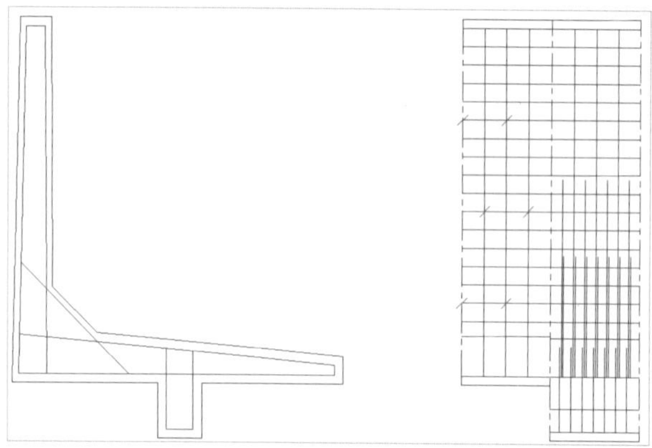

❷ 벽체 도면의 가로 철근이 단면도에서는 절단된 철근(점철근)이 되므로 벽체도면의 가로 철근선 끝에 Xline(XL)으로 위치를 표시합니다. 벽체 도면의 전면부 철근 먼저 표시합니다.

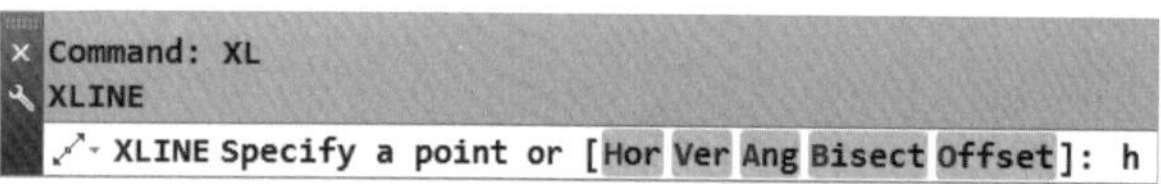

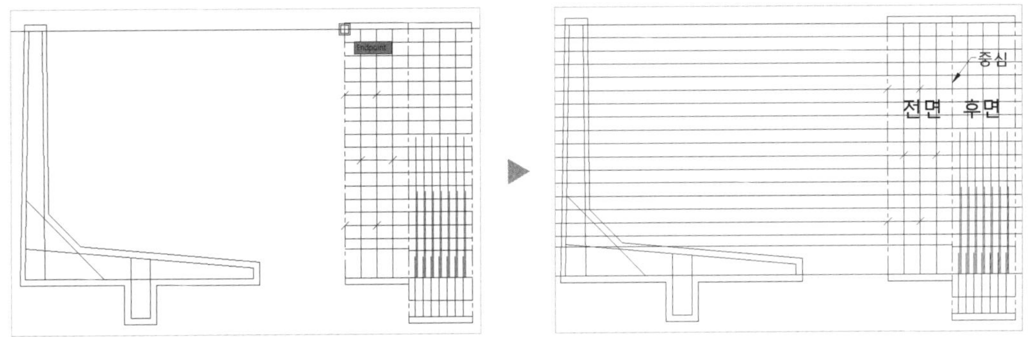
중심
전면
후면

❸ 철근을 배치하기 위해 Donut(DO) 명령을 실행해 다음과 같이 설정합니다(도면 요구 사항에 따라 철근의 단면은 출력 결과물에 1mm로 표시되어야 하므로 축척이 '1/40'인 경우는 Donut의 외부 지름을 '40', '1/50'인 경우는 외부 지름을 '50'으로 하여야 합니다).

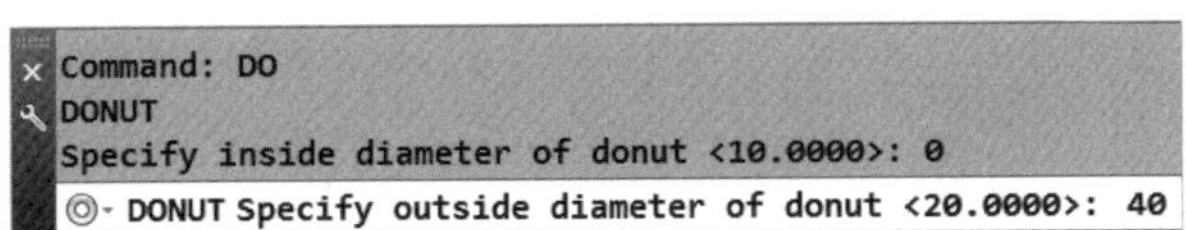
Command: DO
DONUT
Specify inside diameter of donut <10.0000>: 0
DONUT Specify outside diameter of donut <20.0000>: 40

❹ Xline으로 표시된 위치를 클릭해 점철근을 작성합니다. 작성된 점철근을 문제 도면의 위치와 같도록 하기 위해 하단의 2개를 제외한 나머지를 철근을 Move(M)로 20만큼 좌측으로 이동합니다(1/50 도면에서는 외부 지름을 50으로 하므로 25만큼 이동하면 됩니다).

문제 도면의 배치 상태

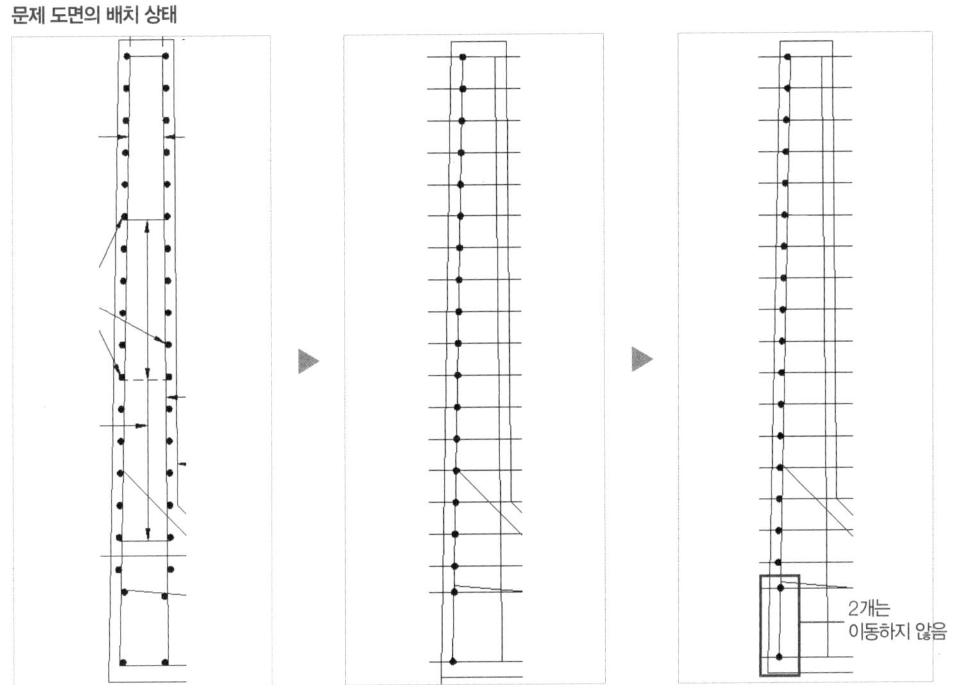
2개는
이동하지 않음

❺ 나머지 2개 철근은 작업 화면을 확대한 후 문제 도면과 유사하게 적당히 이동합니다(점철근의 중심이 선의 교차점에 있을 때는 이동 방향으로 20만큼 이동시켜도 됩니다).

20 이동값과 방향

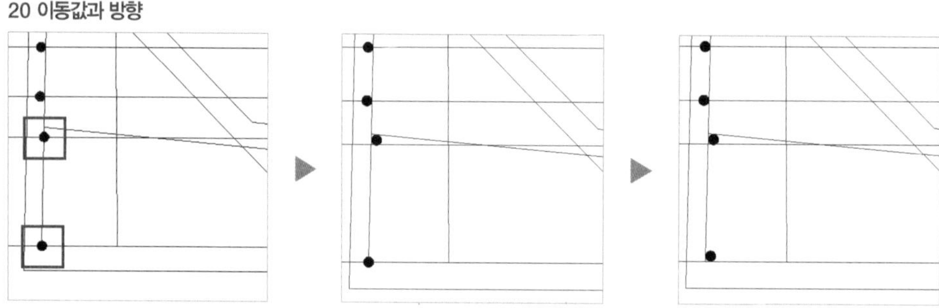

❻ 이어서 동일한 방법으로 후면의 점철근을 배치하겠습니다. 후면은 전면과 하부의 위치만 다르므로 아래서 두 번째 Xline을 삭제하고 다음과 같이 Xline(XL)을 3개 추가합니다.

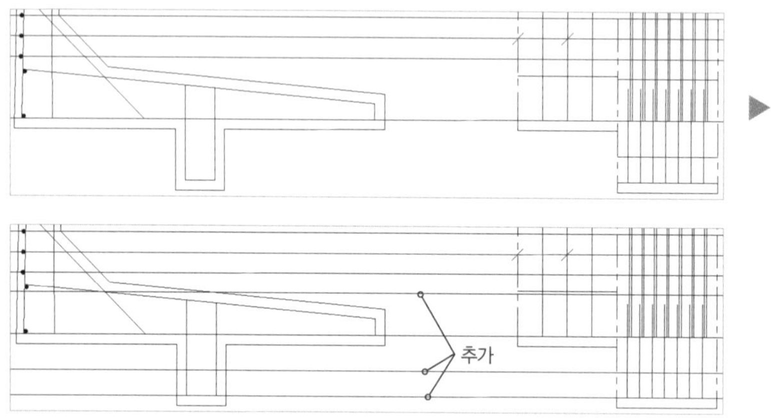

❼ Donut(DO) 명령을 실행하고 Xline으로 표시된 위치를 클릭해 점철근을 작성합니다. 작성된 점철근을 문제 도면의 위치와 같도록 하기 위해 하단의 6개를 제외한 나머지 철근을 Move(M)로 20만큼 우측으로 이동합니다.

문제 도면의 배치 상태

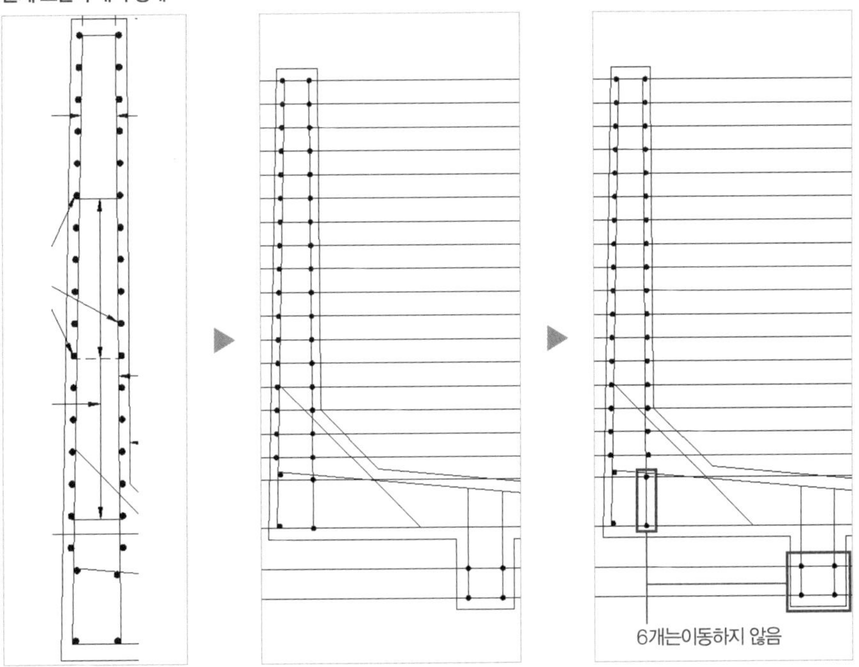

❽ 나머지 6개 철근은 작업 화면을 확대한 후 문제 도면과 유사하게 적당히 이동합니다. 위치 조정이 끝나면 모든 Xline은 삭제합니다(점철근의 중심이 선의 교차점에 있으므로 이동 방향으로 20만큼 이동시켜도 됩니다).

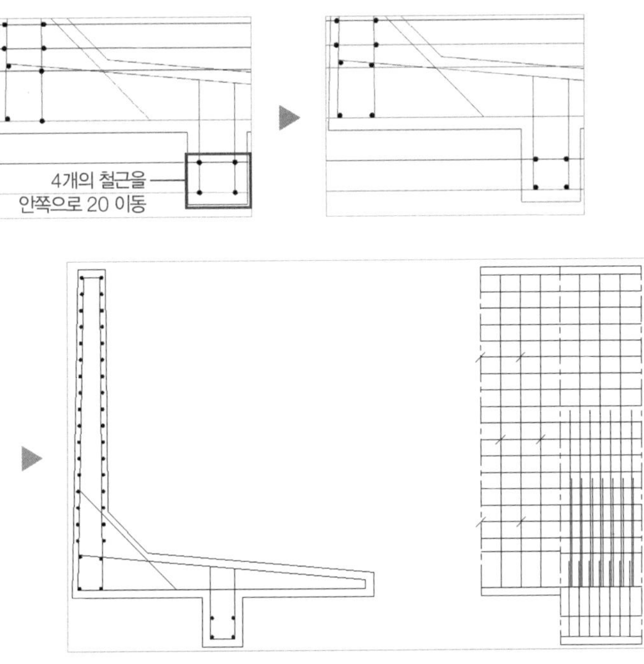

❾ 이어서 저판의 점철근을 작성하겠습니다. 지금까지 작업한 ①~⑧까지의 내용과 동일한 방법으로 작성합니다. 먼저 단면도와 벽체 도면을 다음과 같이 화면에 배치합니다.

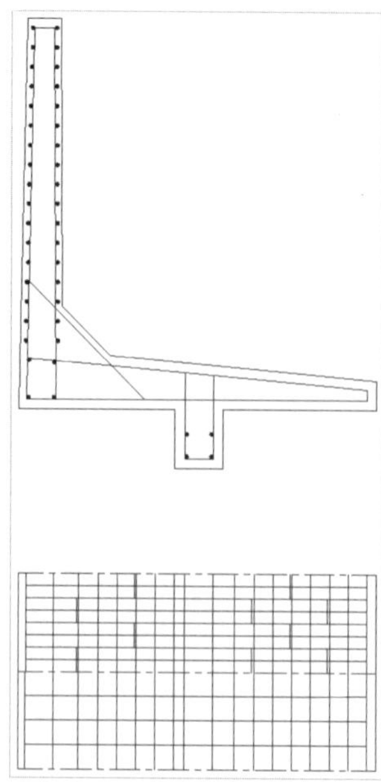

❿ 저판 도면의 세로 철근이 단면도에서는 절단된 철근(점철근)이 되므로 저판 도면의 세로 철근선 끝에 Xline(XL)으로 위치를 표시합니다.

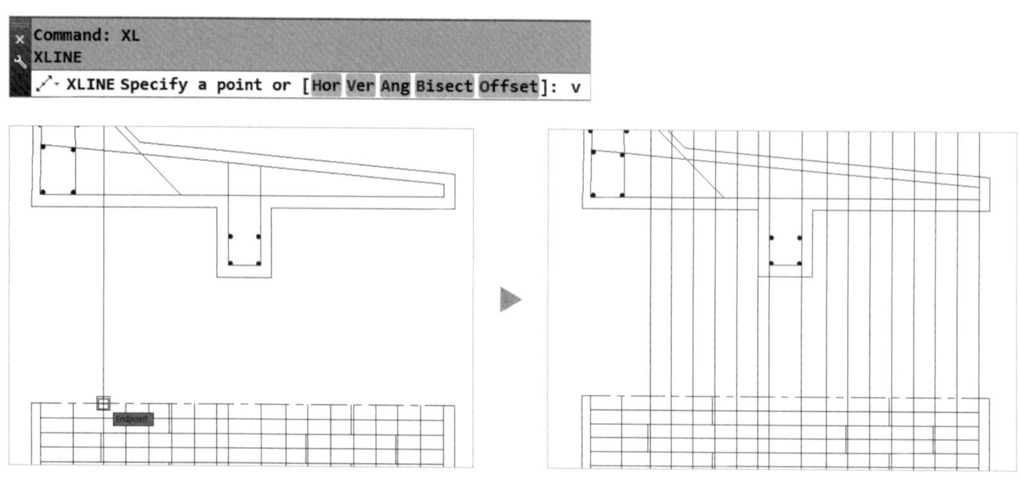

⓫ 철근을 배치하기 위해 Donut(DO) 명령을 실행해 다음과 같이 설정합니다(도면 요구 사항에 따라 철근의 단면은 출력 결과물에 1mm로 표시되어야 하므로 축척이 '1/40'인 경우는 Donut의 외부 지름을 '40', '1/50'인 경우는 외부 지름을 '50'으로 하여야 합니다).

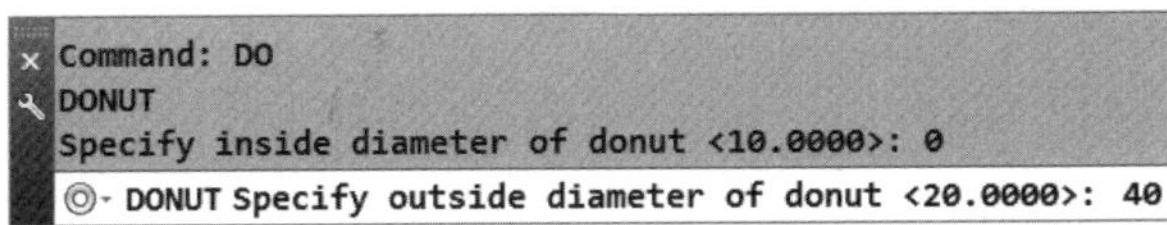
Command: DO
DONUT
Specify inside diameter of donut <10.0000>: 0
DONUT Specify outside diameter of donut <20.0000>: 40

⑫ Xline으로 표시된 위치를 클릭해 점철근을 작성합니다. 작성된 점철근을 문제 도면의 위치와 같도록 하기 위해 우측의 2개를 제외한 나머지를 철근을 Move(M)로 20만큼 안쪽으로 이동합니다.

문제 도면의 배치 상태

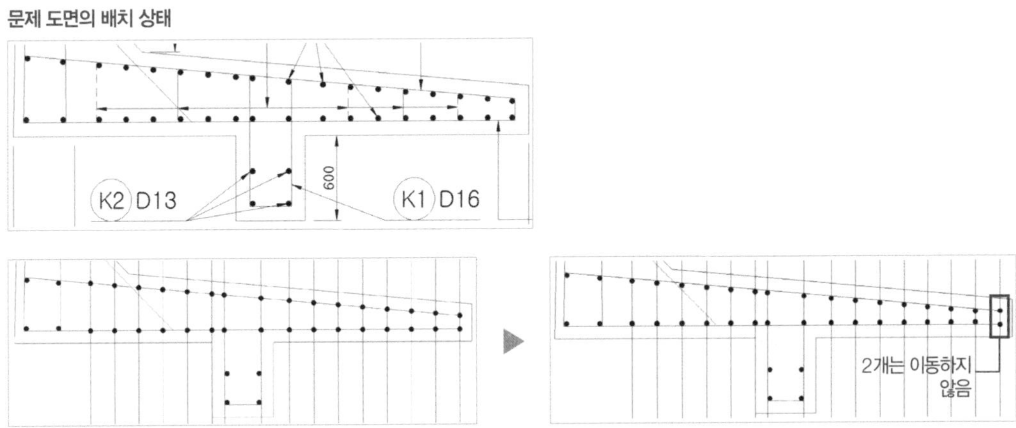
K2 D13
600
K1 D16
2개는 이동하지
않음

⑬ 중앙에 4개 철근은 작업 화면을 확대한 후 문제 도면과 유사하게 적당히 이동합니다(점철근의 중심이 선의 교차점에 있으므로 이동 방향으로 20만큼 이동시켜도 됩니다).

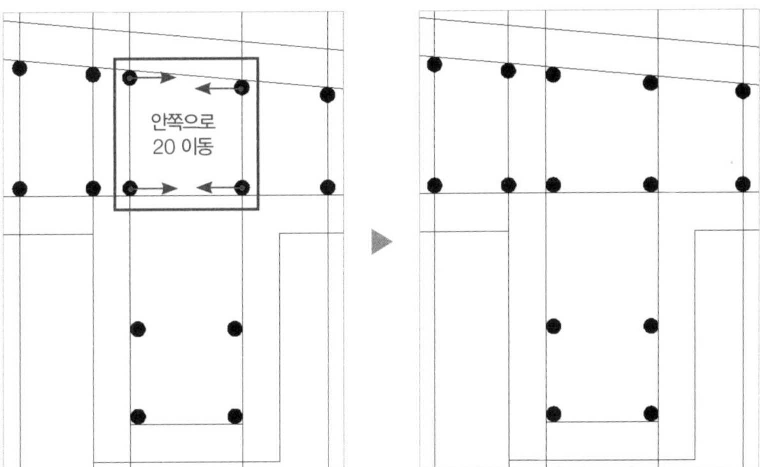
안쪽으로
20 이동

⑭ 우측의 나머지 2개 철근도 작업 화면을 확대한 후 문제 도면과 유사하게 적당히 이동합니다. 위치 조정이 끝나면 모든 Xline은 삭제합니다(점철근의 중심이 선의 교차점에 있으므로 이동 방향으로 20만큼 이동시켜도 됩니다).

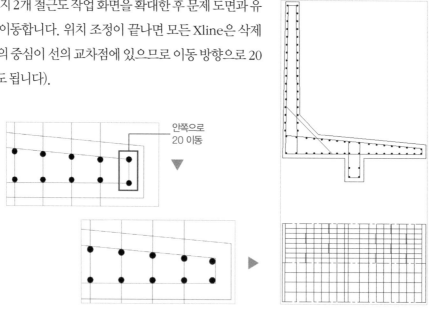

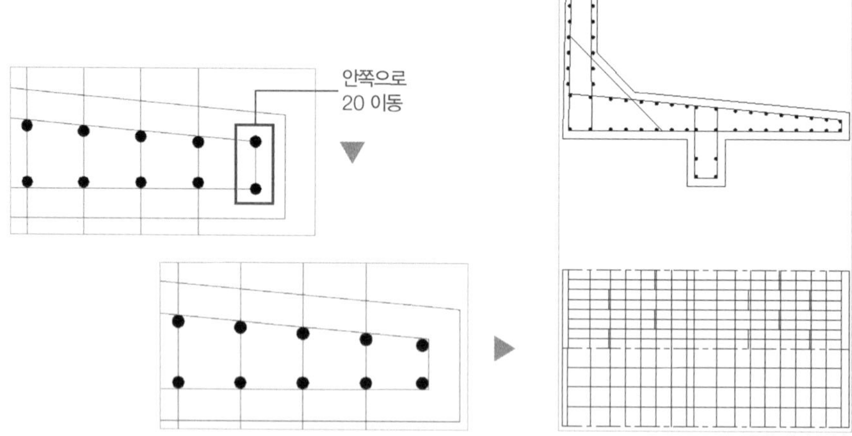

⑮ 마지막으로 스트럽을 작성합니다. 작성한 벽체 도면과 저판 도면에서 스트럽의 위치를 확인하고 스트럽의 위치와 같은 철근선의 끝에 Xline(XL)으로 위치를 표시합니다. 벽체 부분은 Xline(XL)의 H(수평) 옵션을 사용하고, 저판은 V(수직) 옵션을 사용합니다.

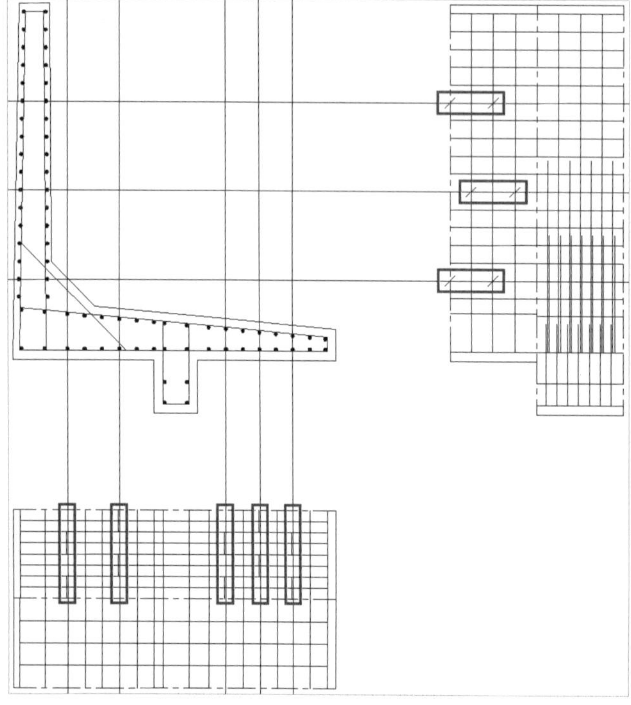

⑯ Xline으로 표시한 스트럽을 문제 도면의 단면도와 같게 편집해야 합니다. 문제 도면의 단면도를 확인합니다.

문제 도면의 단면도

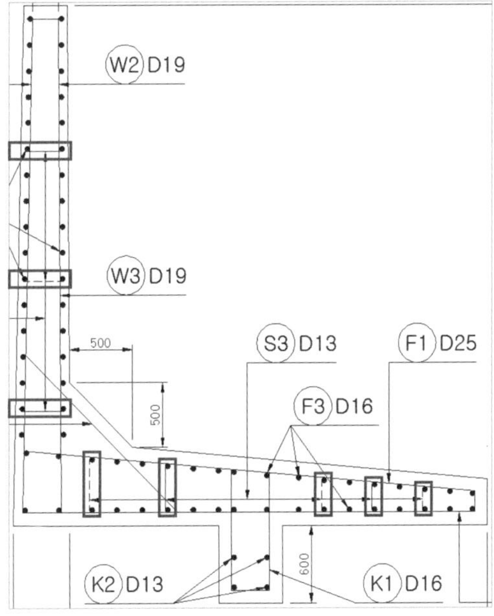

⑰ 다음과 같이 선의 유형을 실선에서 파선(Hidden)으로 변경하기 위해 선분 ①~④까지 대기 상태의 커서로 클릭합니다. 작업 화면 상단의 특성 도구에서 선의 유형 ⑤를 파선(Hidden) ⑥으로 클릭하고 Esc를 입력해 선택을 해제합니다.

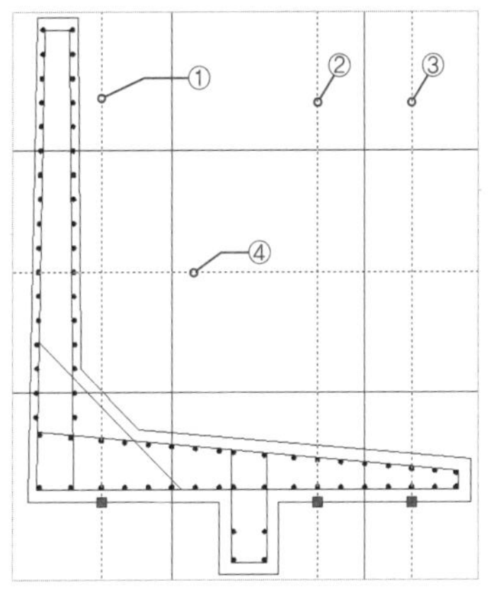

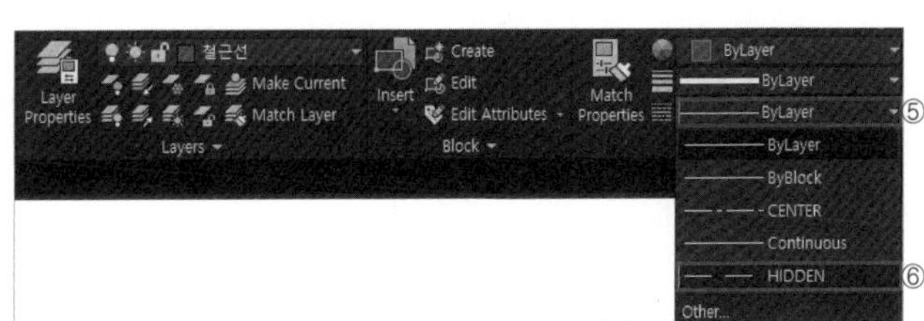

⑱ 문제 도면과 같이 선의 위치를 Move(M)로 조정하고 Trim(TR) 명령으로 선분을 편집합니다. Move로 이동 시 가로 철근은 아래로 20, 세로 철근은 좌측으로 20만큼 이동합니다.

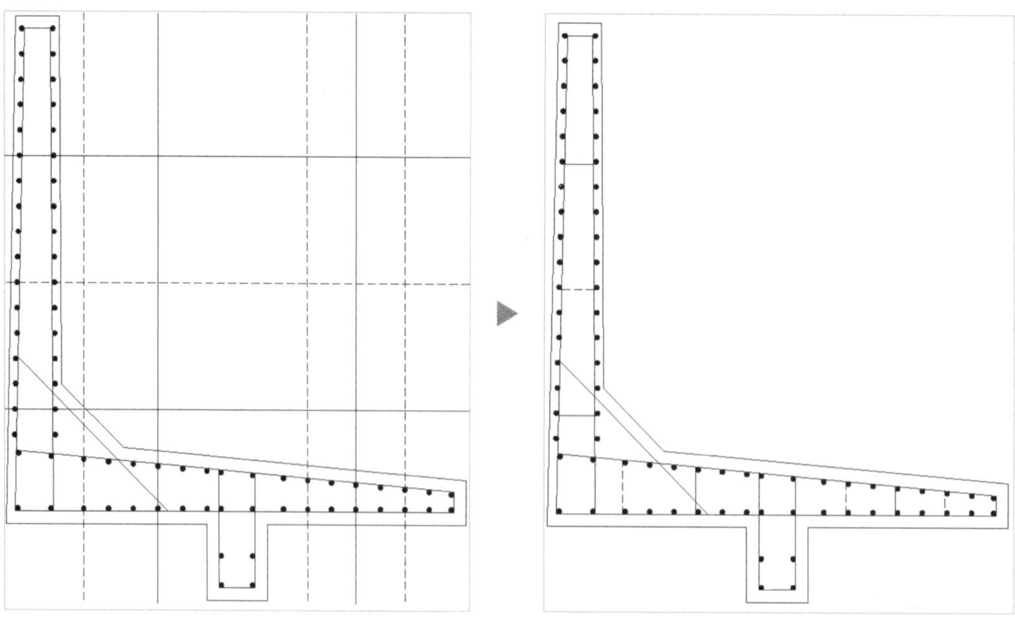

TIP Trim 위치

벽체는 선분 ①과 ②를 기준, 저판 부분은 선분 ③과 ④를 기준으로 자르기 합니다. 벽체의 선분은 약간 짧고 저판은 약간 길게 편집되나 문제되지는 않습니다. 좀 더 정확히 하고자 할 때에는 Grip으로 한 번 더 편집해야 합니다.

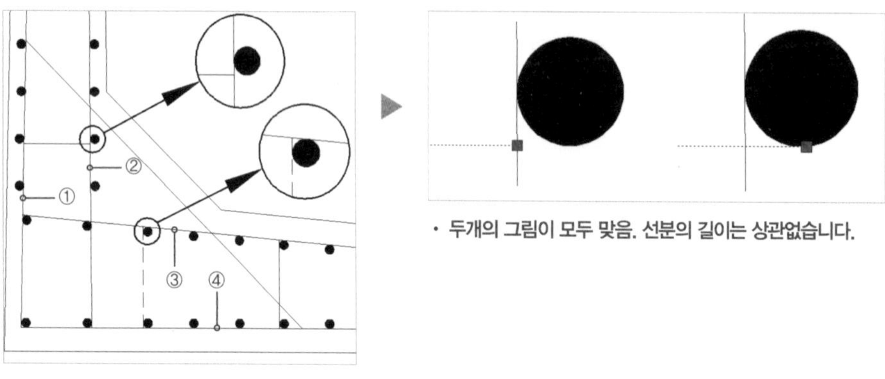

· 두개의 그림이 모두 맞음. 선분의 길이는 상관없습니다.

⑲ 완성된 단면도, 벽체, 저판을 문제 도면과 비교해 누락된 곳과 도면층을 확인합니다. 도면층(Layer)은 완성 파일을 참고합니다.

완성파일 실습자료\완성파일\part03\단면도 철근.dwg

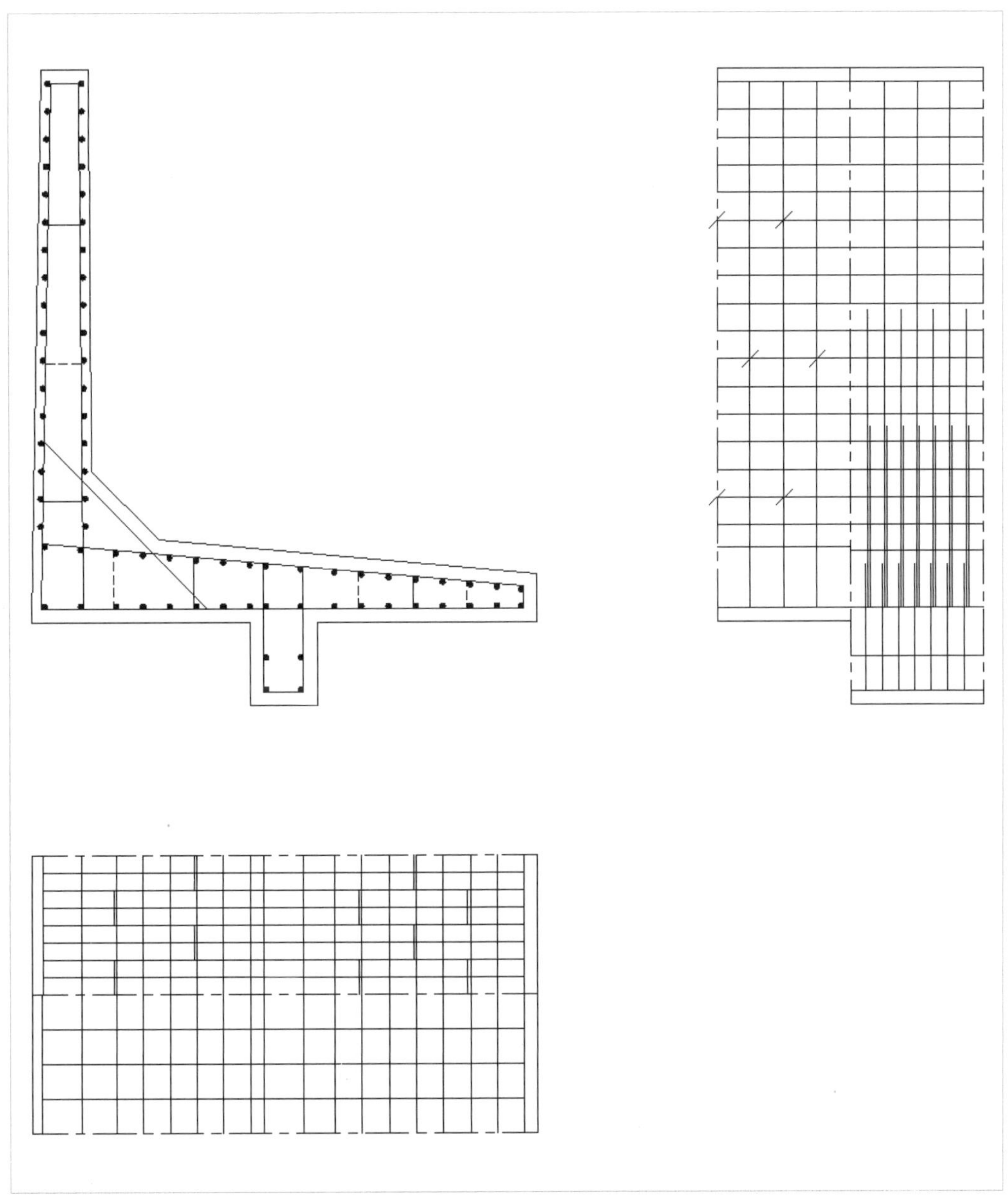

단면도와 일반도

일반도는 먼저 작성한 단면도를 지정된 축척(1/2)으로 조정한 다음 일부 내용을 추가하여 완성합니다.

완성파일 실습자료\완성파일\part03\일반도.dwg

동영상강좌 P03-L형옹벽(일반도와 철근상세도).mp4

01 단면도를 활용한 일반도 그리기

완성한 단면도의 외형선을 Copy(CO)로 복사한 다음 편집합니다.

문제 도면의 일반도

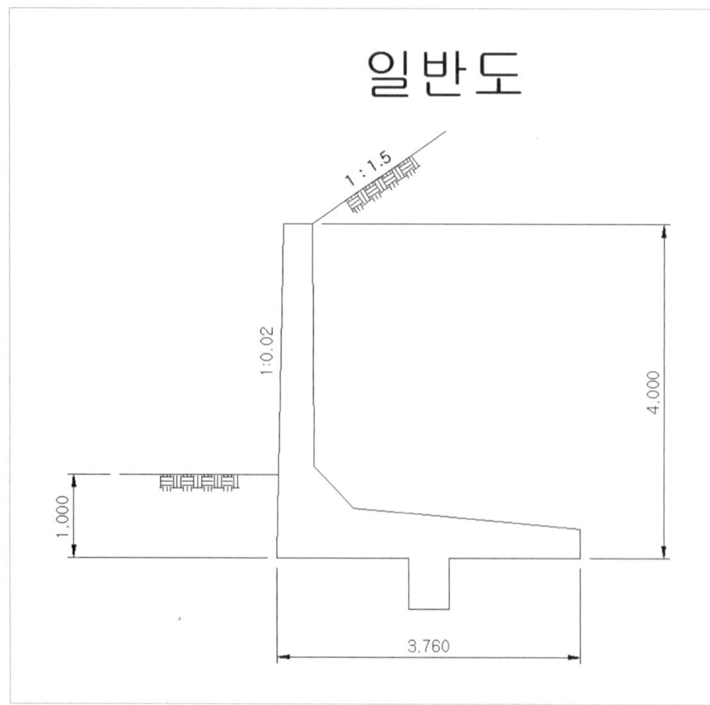

❶ 완성한 단면도의 외형선을 Copy(CO)로 우측 하단에 복사합니다.

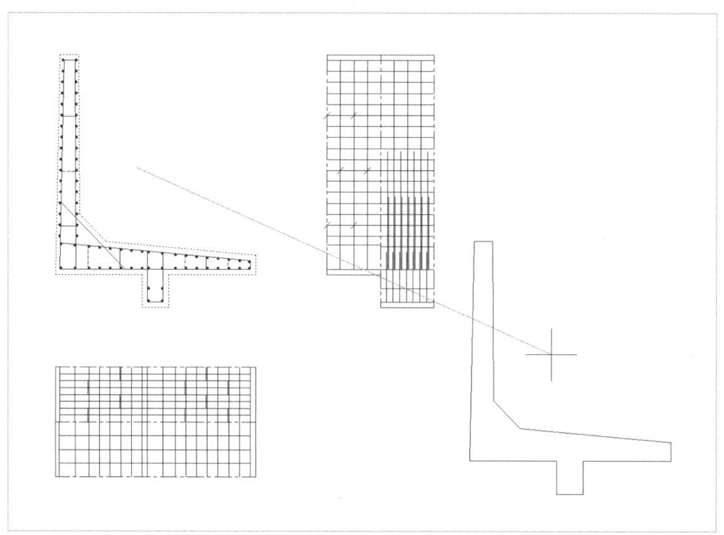

❷ 복사한 외형을 Scale(SC) 명령을 실행해 크기를 1/2로 축소합니다.

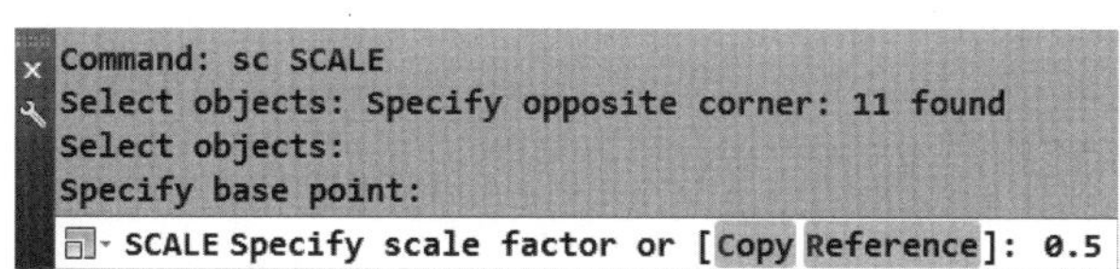

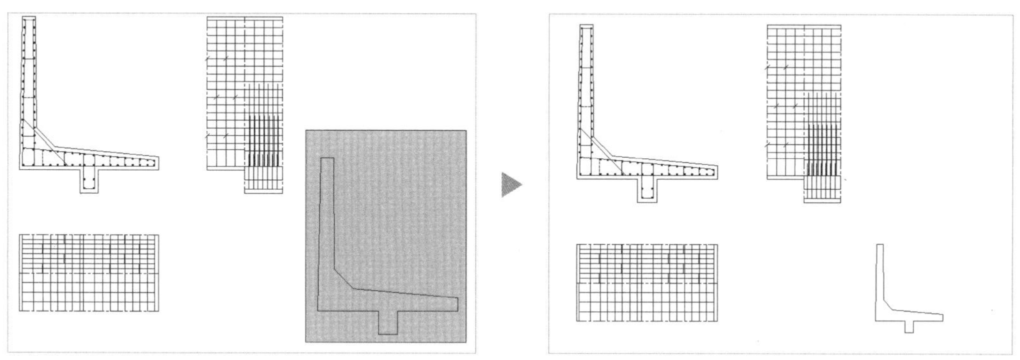

❸ 문제 도면에 제시된 경사로 지반선을 작성합니다. Line(L) 명령을 실행합니다. ① 위치에 시작점을 클릭하고 '@1500,1000'을 입력해 상대 좌표로 경사선을 작성합니다.

```
Command: L LINE
Specify first point:
LINE Specify next point or [Undo]: @1500,1000
```

문제 도면의 일반도 지반선

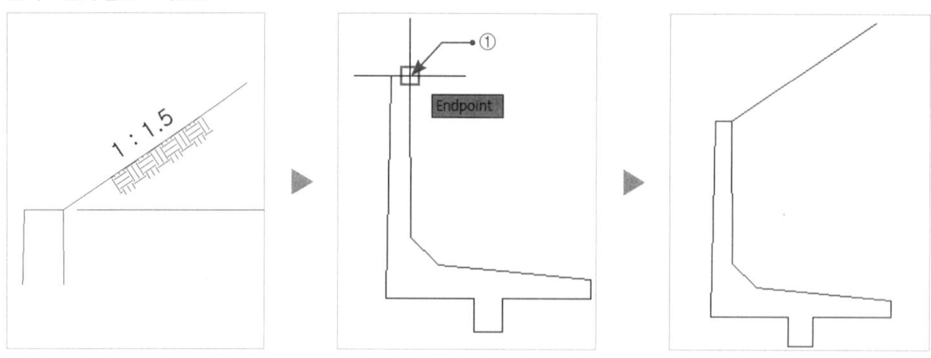

❹ 좌측의 지반선을 작도하겠습니다. ① 위치에서 좌측으로 길이가 1000 정도 되는 선을 작성하고 상단으로 500을 Offset(O)합니다. Offset으로 복사한 선을 선분 ②까지 Extexn(EX)로 연장하고 앞서 그린 선은 삭제합니다(문제 도면에는 1000으로 표기되어 있지만, 도면을 1/2로 축소하였기 때문에 치수도 1000의 1/2인 500으로 작업합니다).

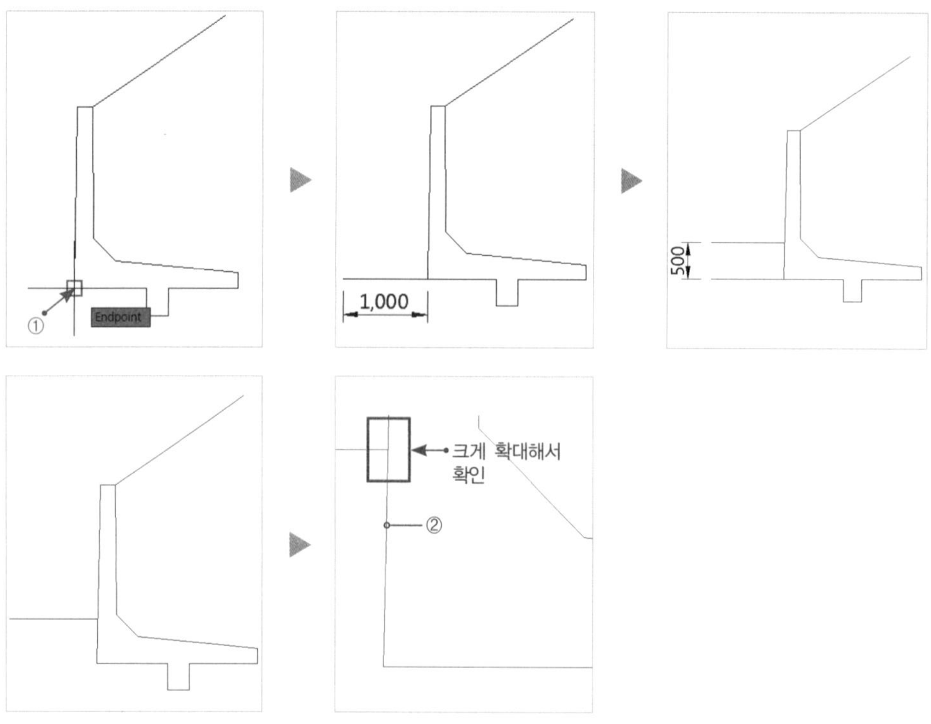

❺ Hatch를 넣기 위해 다음과 유사한 크기의 공간을 그려줍니다.

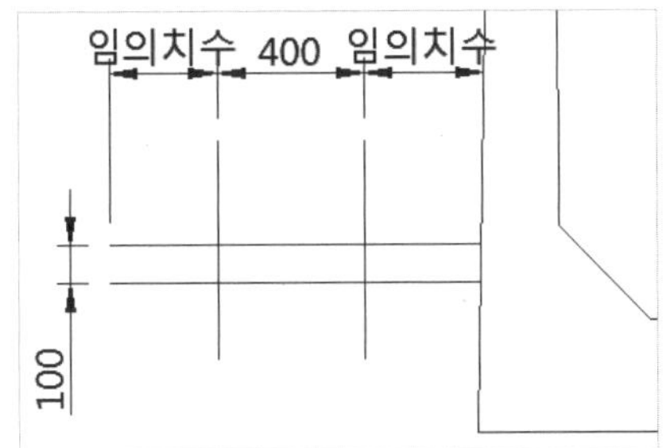

❻ Hatch(H) 명령을 실행해 지반 패턴(EARTH)과 축척(10)을 입력하고 설정 창 우측 상단의 Add: Pick point(점 선택) 아이콘을 클릭합니다.

Ⓐ 대화상자 설정

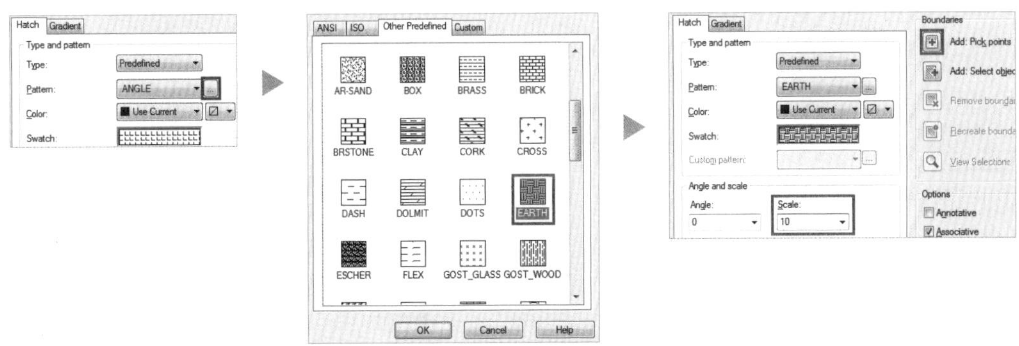

Ⓑ 리본 메뉴 설정

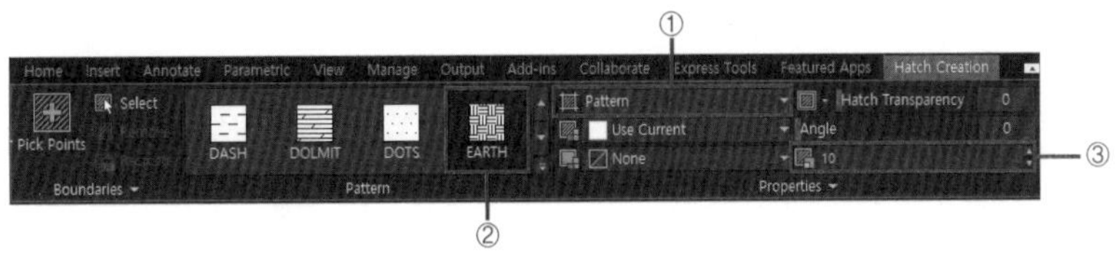

❼ 패턴을 넣고자 하는 ① 위치를 클릭해 지반 패턴을 넣고 보조선은 삭제합니다.

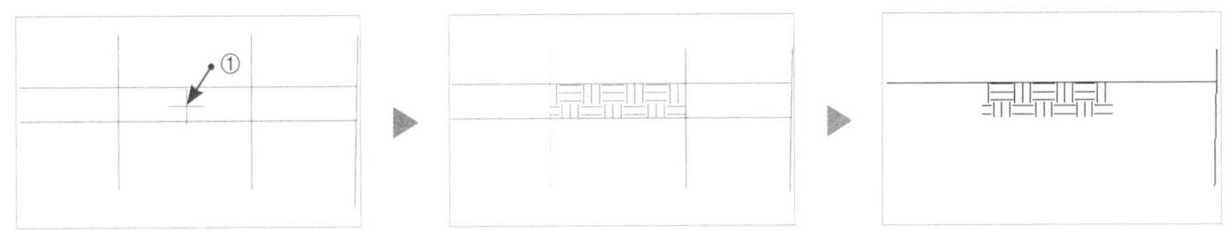

❽ Copy(CO) 명령을 실행해 작성된 지반 표시를 선택하고 기준점을 ① 부분을 클릭해 ② 부분으로 복사합니다.

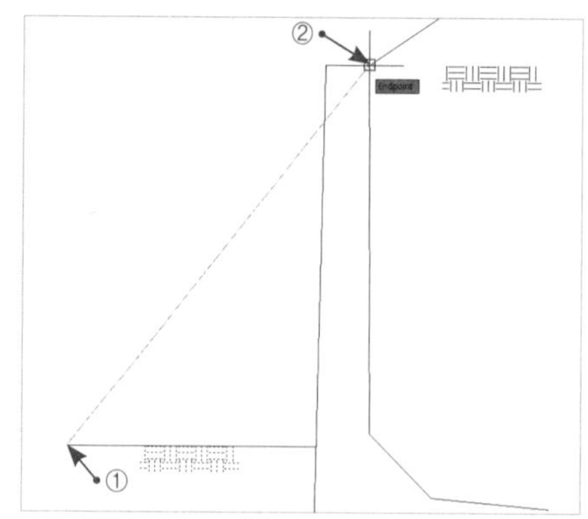

❾ Rotate(RO) 명령을 실행해 복사된 지반 표시를 선택하고 기준점을 ① 부분을 클릭합니다. 참조 옵션을 적용하기 위해 'R'을 입력하고 ② 부분과 ③ 부분을 차례로 클릭해 수평을 입력한 다음 회전각도 위치인 ④ 부분을 클릭합니다.
(③ 부분 클릭 시 직교(F8)는 ON으로 되어 있어야 하며 ④ 부분을 클릭할 때는 근처점(Nearest)으로 클릭해야 합니다.)

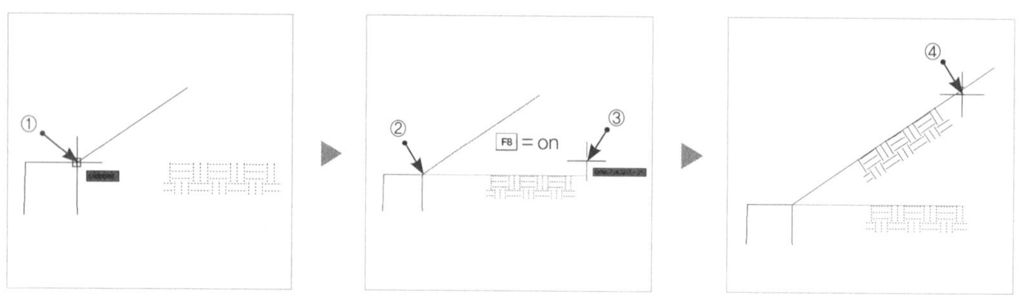

❿ 완성된 일반도의 지반 경사선 길이를 보기 좋게 조정하고, 문제 도면과 비교해 누락된 곳과 도면층을 확인합니다. 일반도의 외형은 '외형선' 도면층, 지반 표시는 '치수 치수선' 도면층으로 합니다. 정확한 도면층(Layer)은 완성 파일을 참고합니다.

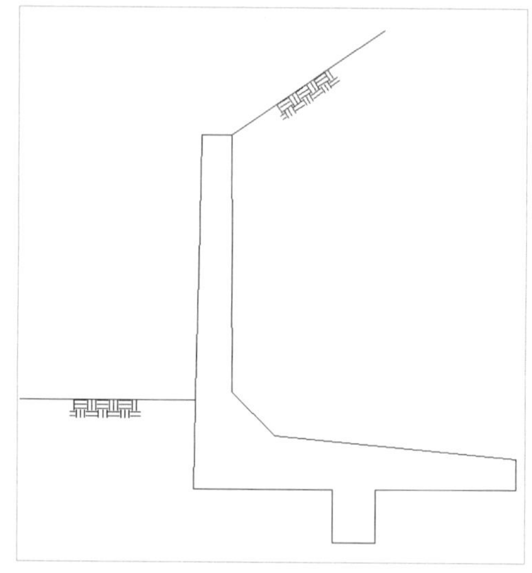

철근 상세도

철근 상세도는 다른 도면과 같이 단면도를 활용합니다. 단면도에서 복사해 작성하거나 문제 도면인 철근 상세도를 보고 치수에 맞게 작성하면 됩니다.

완성파일 실습자료\완성파일\part03\철근상세도.dwg

동영상강좌 P03-L형옹벽(일반도와 철근상세도).mp4

L형 옹벽 구조도

철근상세도

W1 D13
210
3,801

W2 D19
316
3,800

W3 D19
316
2,150

W4 D13
1,000

F1 D25
3,602
150
438

F2 D25
3,590

F3 D16
1,000

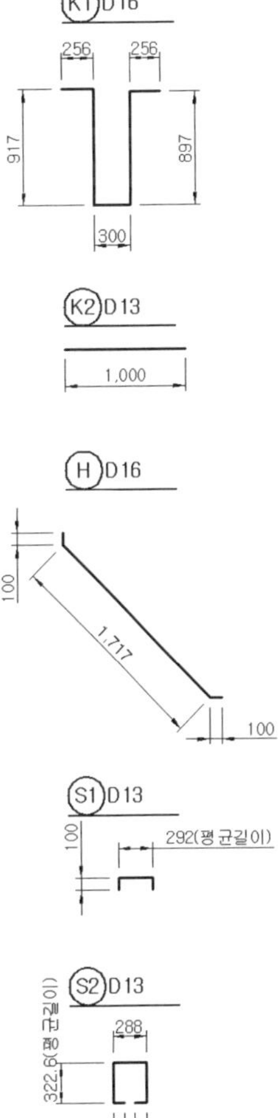

01 철근 상세도 그리기

이전 도면에서 복사할 수 있는 것은 Copy로 복사해 편집하고, 그렇지 않은 것은 문제 도면의 치수를 보면서 정확히 작성합니다.

❶ 지금까지 작성한 단면도의 도면 양식을 Copy(CO)로 복사합니다.

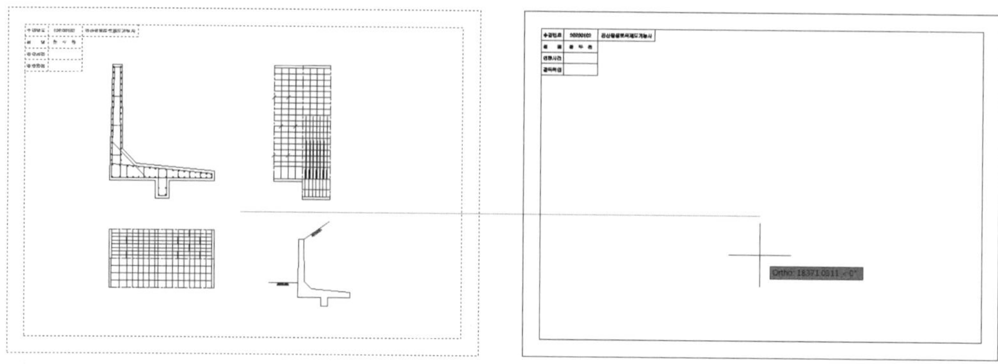

❷ 철근 상세도의 순서대로 하나씩 작성해 나갑니다. W1 D13 철근을 Line(L)으로 다음과 같이 작성합니다.

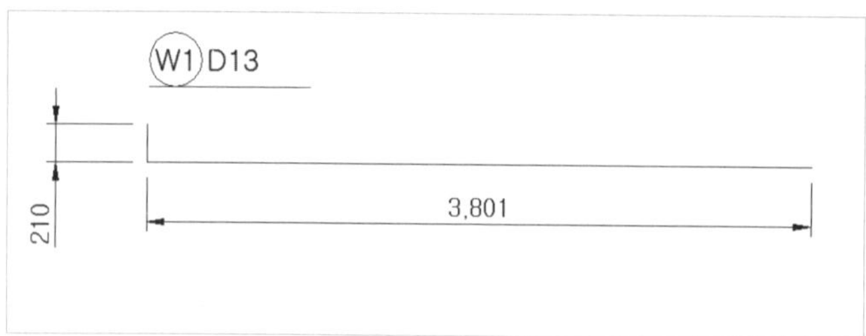

❸ W2 D19 철근입니다.

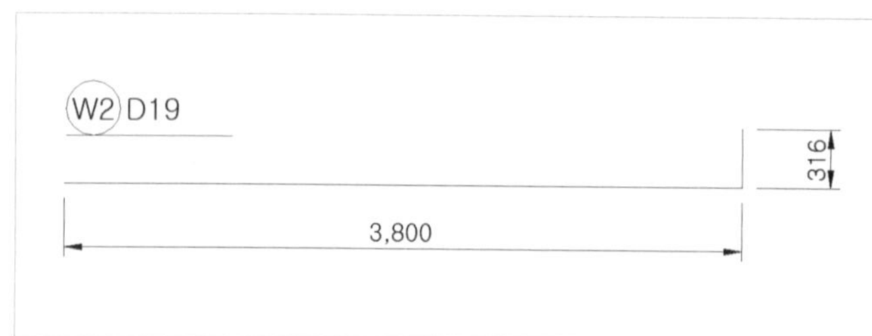

❹ W3 D19 철근입니다.

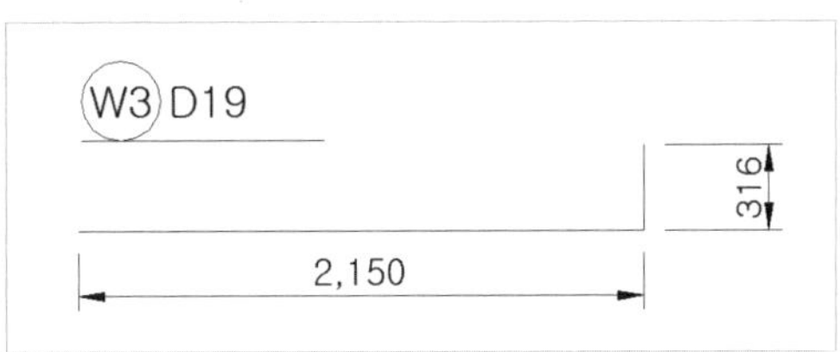

❺ W4 D13 철근입니다.

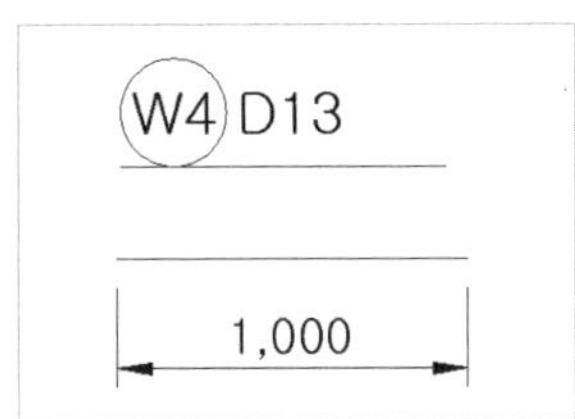

❻ F1 D25 철근입니다. F1 D25 철근을 작성하기 위해 저판 도면의 F1 D25 철근을 Copy(CO)로 복사합니다. 복사한 철근 선의 양 끝에 도면의 치수대로 Line을 사용해 선을 긋고 끝을 연결합니다(작성된 사선 철근의 실제 길이는 3602보다 작습니다. 이후 치수 기입 시 문자의 내용을 변경합니다).

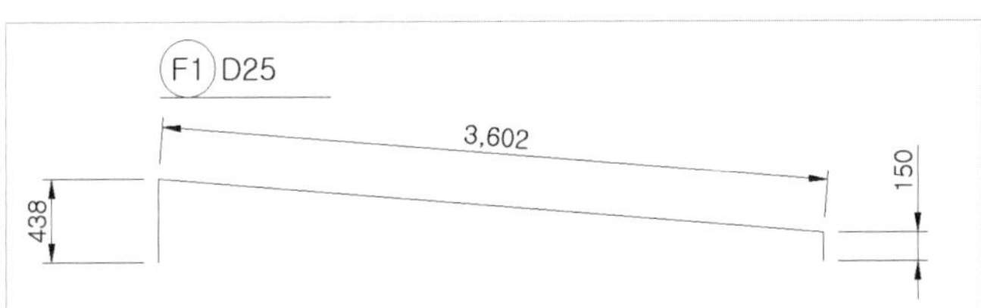

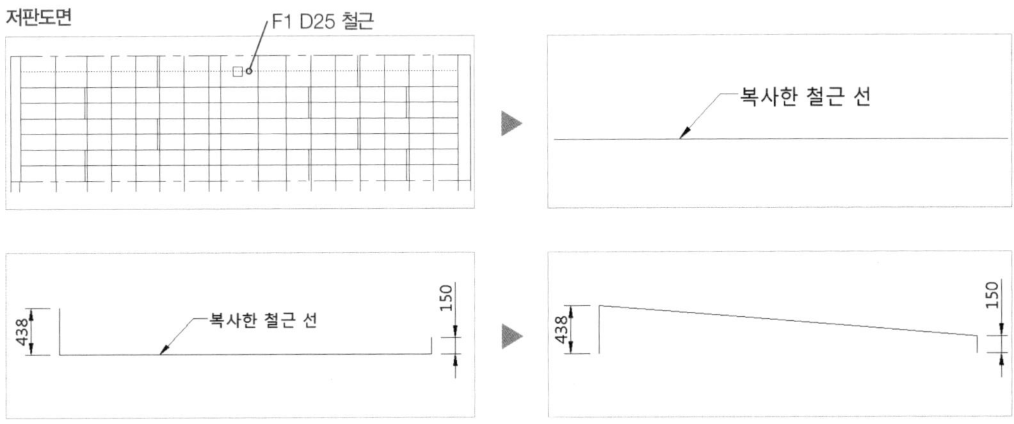

❼ F2 D25 철근입니다.

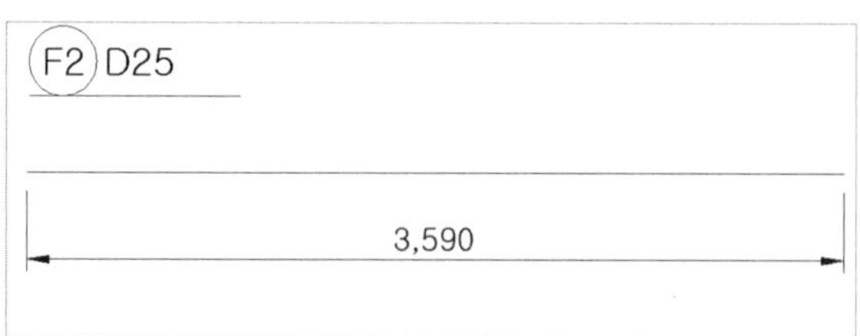

❽ F3 D16 철근입니다.

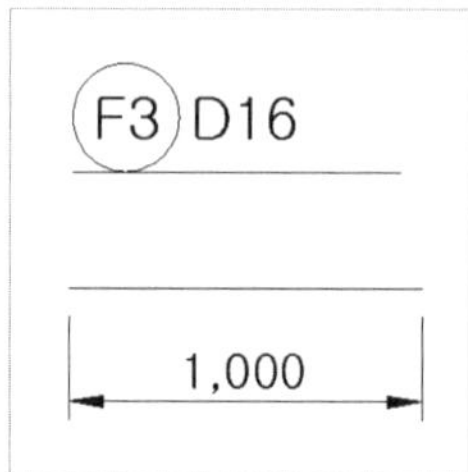

❾ K1 D16 철근입니다. 좌측과 우측의 길이가 다름을 주의합니다.

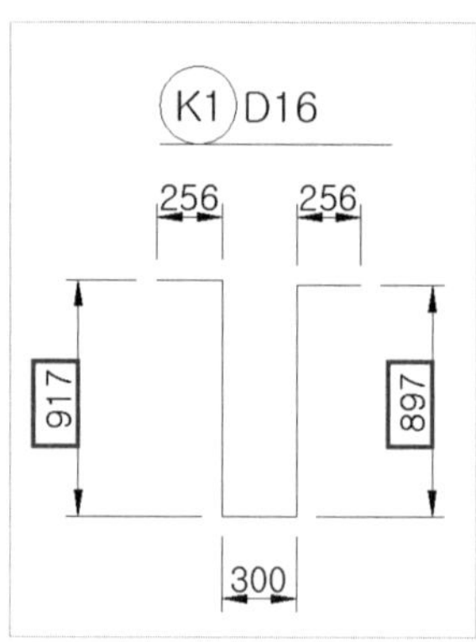

❿ K2 D13 철근입니다.

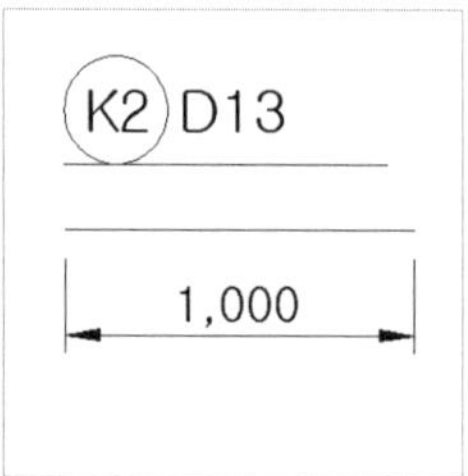

⑪ H D16 철근입니다. H D16 철근을 작성하기 위해 단면도의 H D16 철근을 Copy(CO)로 복사합니다. 복사한 철근 선의 양 끝에 문제 도면의 치수대로 Line을 사용해 선을 그려 작성합니다.

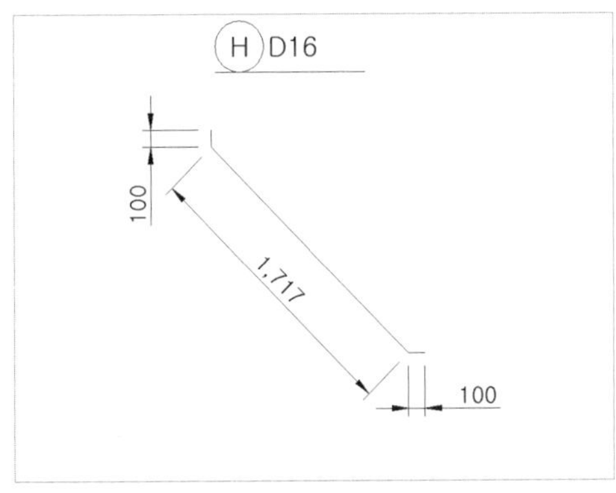

단면도

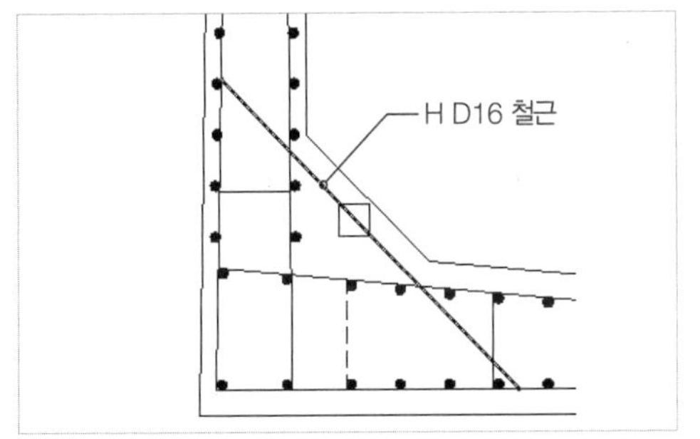

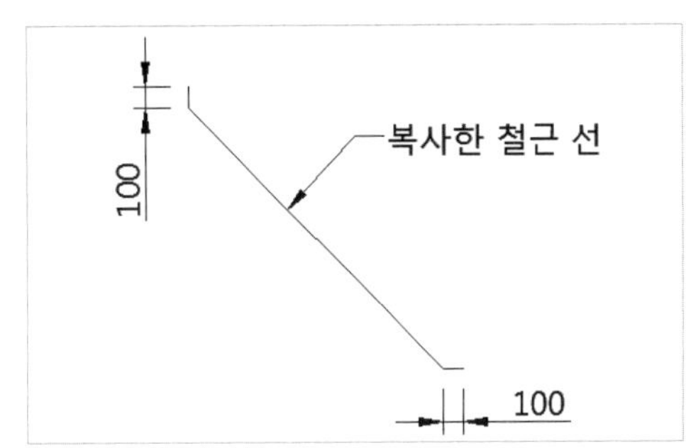

⑫ S1 D13 철근입니다.

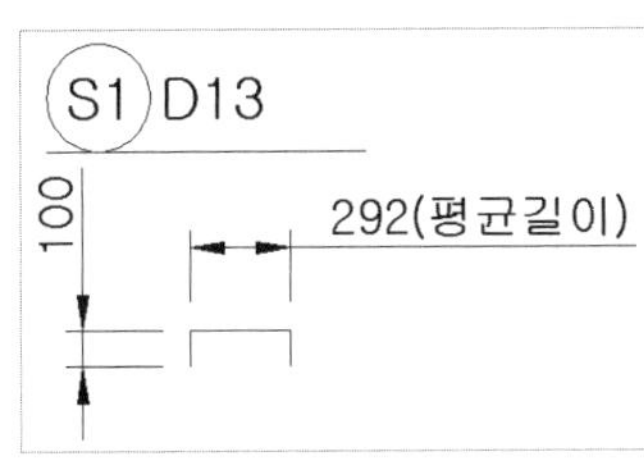

⑬ S2 D13 철근입니다.

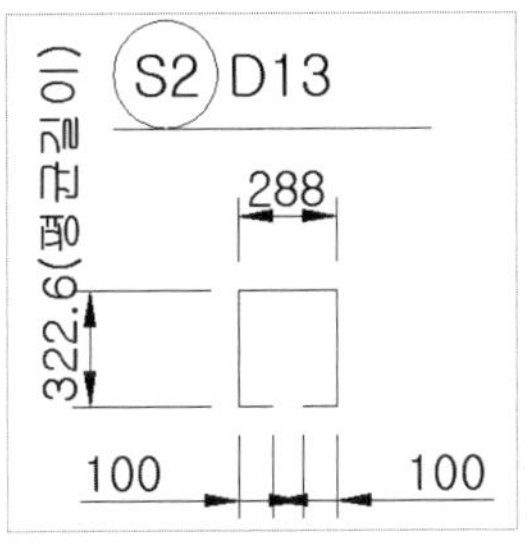

⑭ 작성된 모든 철근을 적당한 간격을 두어 배치하고 누락된 철근이 있는지 확인합니다.

문자와 치수의 기입

작성된 도면에 철근의 정보를 표시하는 철근 기호와 구조물의 크기를 표시하는 치수를 기입해 도면을 완성하고 도면 양식에 보기 좋게 배치합니다.

완성파일 실습자료\완성파일\Part03\문자와 치수.dwg

동영상강좌 P03-L형옹벽(문자와 치수기입).mp4

01 단면도의 문자와 치수

철근 기호는 Circle(C), Dtext(DT) 명령으로 작성하고, 인출선은 Qleader(LE) 명령을 사용합니다. 치수는 Dimlinear(DLI), Quickdim(QDIM) 명령 등을 사용해 치수를 기입합니다.

❶ 작성한 단면도를 화면에 준비하고 TextStyle(ST), DimStyle(D)설정을 확인합니다(문자와 치수에 대한 자세한 설정은 Part 02의 chapter 02를 참고합니다).

TextStyle: 글꼴을 굴림 또는 굴림체로 변경(실제 문제도면은 굴림보다 굴림체에 더 가깝습니다.)

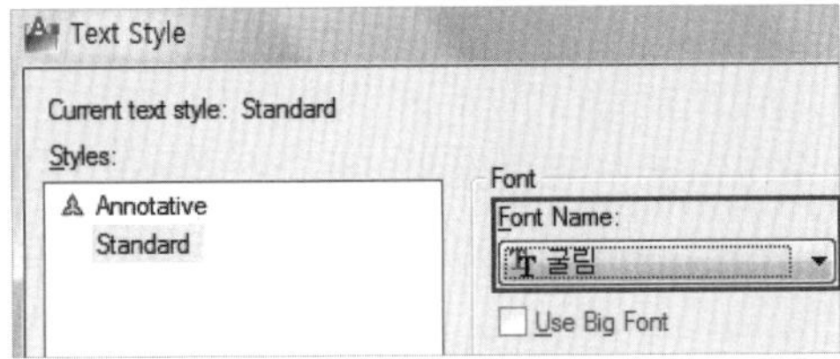

DimStyle: 치수의 축척과 단위 및 정밀도를 변경

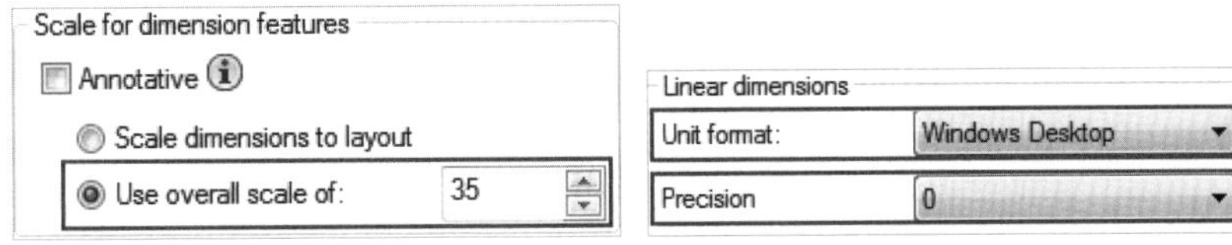

❷ 현재 도면층을 '철근기호 인출선'으로 변경한 다음 단면도 주변 빈 곳에 철근 기호와 인출선을 작성하겠습니다. 먼저 반지름이 150인 원을 다음과 같이 작성합니다.

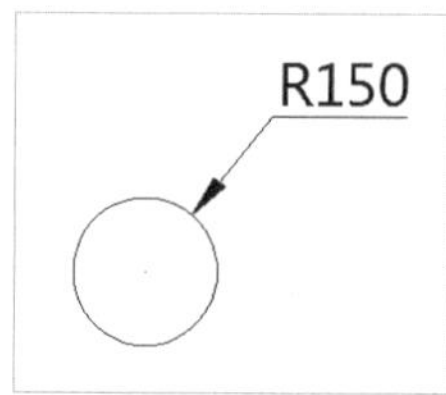

R150

❸ 작성된 원 안에 'W1'을 작성하기 위해 Dtext(DT) 명령을 실행합니다. 옵션 'J'를 입력하고 중간 정렬인 'M'을 적용합니다. 정렬 위치는 원의 중심인 ① 부분을 클릭해 높이 120, 각도를 0으로 설정해 'W1'을 기입합니다.

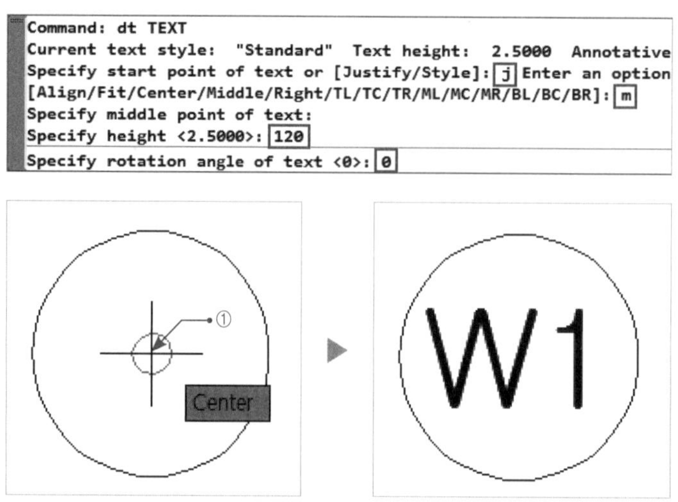

Command: dt TEXT
Current text style: "Standard" Text height: 2.5000 Annotative
Specify start point of text or [Justify/Style]: j Enter an option
[Align/Fit/Center/Middle/Right/TL/TC/TR/ML/MC/MR/BL/BC/BR]: m
Specify middle point of text:
Specify height <2.5000>: 120
Specify rotation angle of text <0>: 0
①
Center
W1

❹ 이어서 인출선을 그리기 위해 Qleader(LE) 명령을 실행합니다. 빈 곳에 화살표가 시작되는 위치를 클릭하고 직교(F8)를 ON으로 한 상태에서 좌측으로 커서를 이동해 1000을 입력하고 Esc 로 종료합니다.

Command: le QLEADER
Specify first leader point, or [Settings] <Settings>:
Specify next point: 1000
화살표의 위치 클릭
F8 = on
좌측에서 커서 이동
Ortho: 470.4509 < 180°

TIP 문제 도면에 표시되는 지시선의 유형

도면에 표시되는 지시선의 유형은 닫힌 화살표(Closed filled)와 틱(Tick) 등 여러 가지입니다. 문제에 표시된 지시선의 모양을 확인해 동일한 것으로 작성합니다.

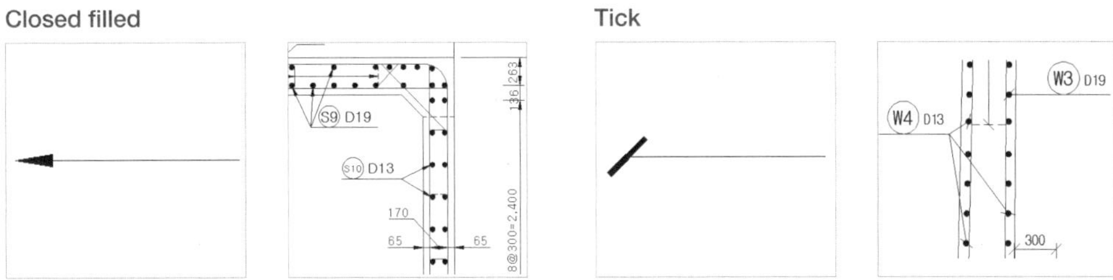

* 지시선의 유형 설정

Qleader(LE) 명령을 실행해 〈Setting〉 옵션을 적용하기 위해 한 번 더 Enter를 입력합니다.

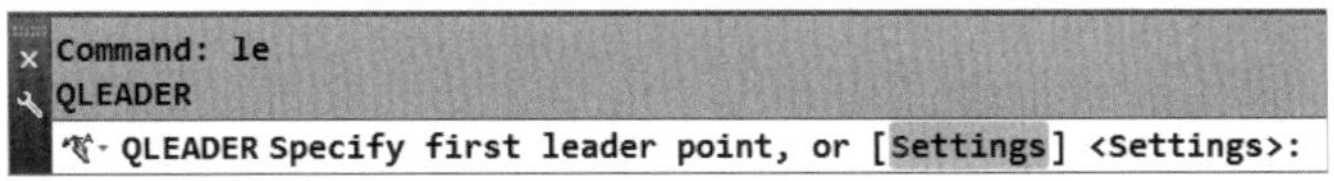

두 번째 탭(Leader Line & Arrow)에서 그림과 같이 화살표의 모양을 설정합니다.

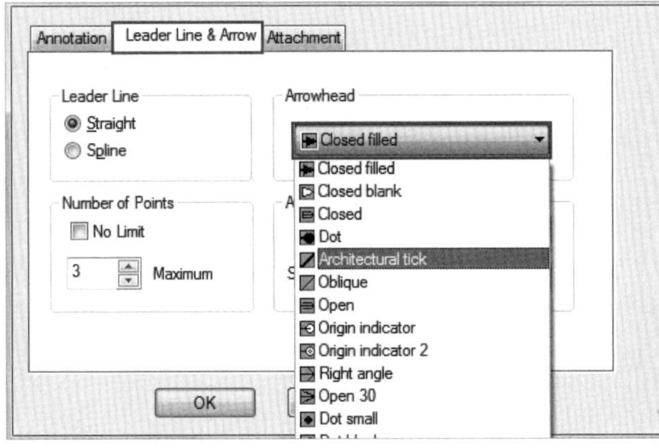

❺ Move(M)를 사용해 원의 하단을 인출선 위로 보기 좋게 이동합니다.

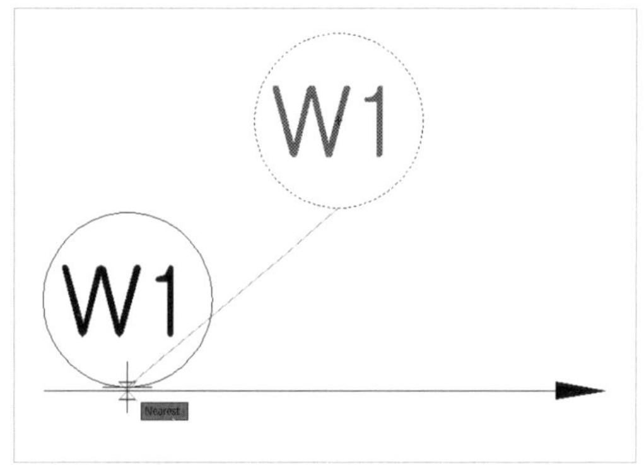

❻ 작성한 W1을 Copy(CO)로 우측에 복사하고, 문자를 더블클릭해 D13으로 수정합니다.

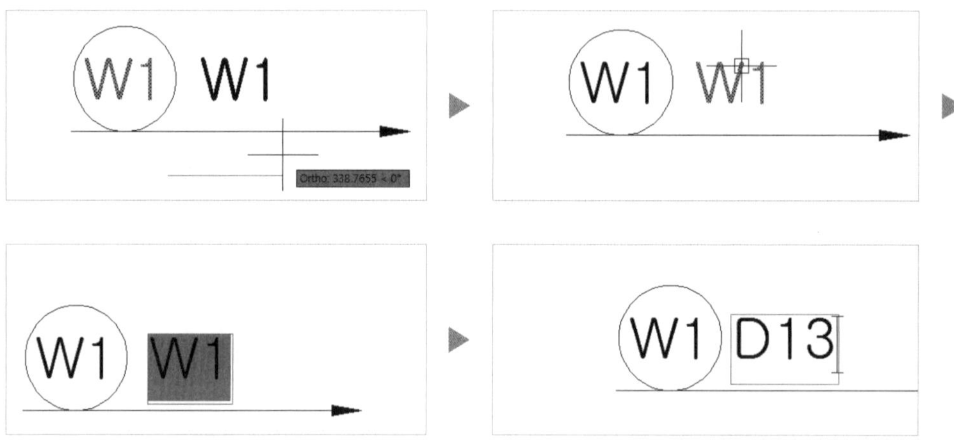

❼ 작성한 철근 기호와 인출선을 다음과 같이 Move(M)로 이동하고 도면층이 '철근기호 인출선'으로 되어 있는지 확인합니다(인출선의 끝점은 Endpoint로 추적을 할 수 없으므로 적당히 배치하면 됩니다. 인출선을 Explode(X)로 분해하면 Endpoint로 추적할 수 있습니다).

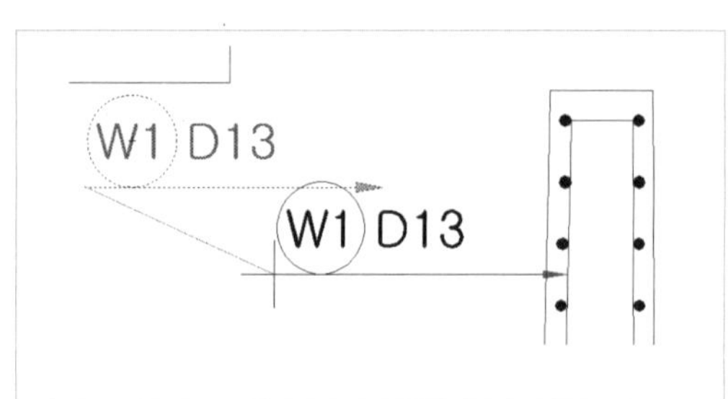

❽ 반대편의 인출선은 Mirror(MI)로 대칭 복사한 다음 철근 기호는 Copy(CO)로 보기 좋게 복사합니다. 복사한 기호의 내용을 더블클릭해 W1을 W2로 D13을 D19로 수정합니다.

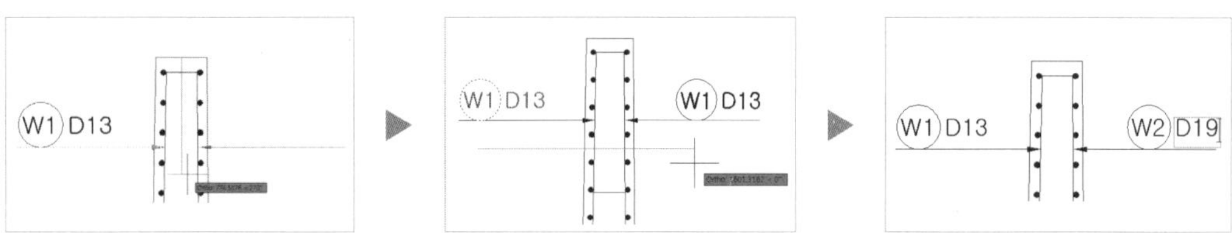

❾ W3, H는 W1과 W2를 Copy(CO)로 복사해 다음과 같이 내용을 수정합니다. H는 화살표의 위치를 연장해야 하므로 대기상태의 커서로 화살표를 클릭해 Grip(조절점)으로 길이를 조정합니다(화살표 길이 연장 시 정확히 하려고 하면 인출선이 수평이 되지 않으니 경사선 근처에서 적당히 늘려줍니다).

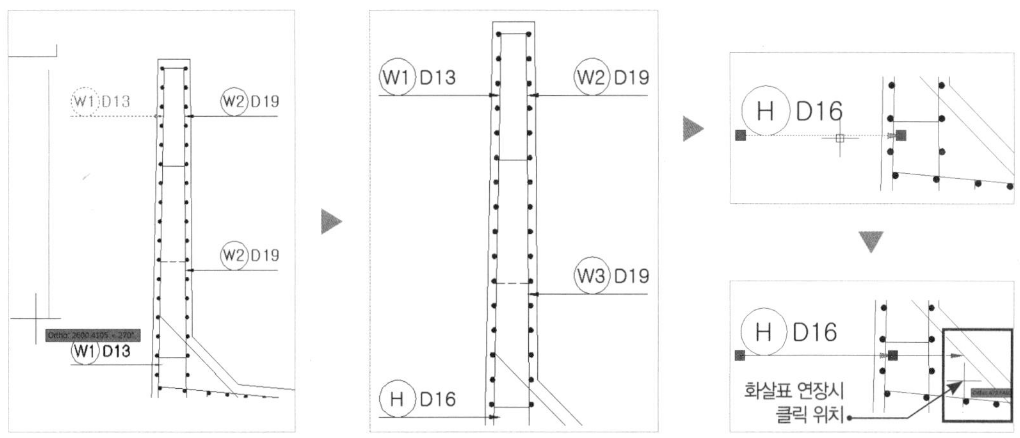

❿ W4 D13과 같은 다중 인출선의 형태를 작성하겠습니다. 먼저 작성한 W1 D13을 도면과 같은 위치로 복사하고 Explode(X)로 분해하여 화살표만 삭제합니다.

문제 도면 단면도의 인출선

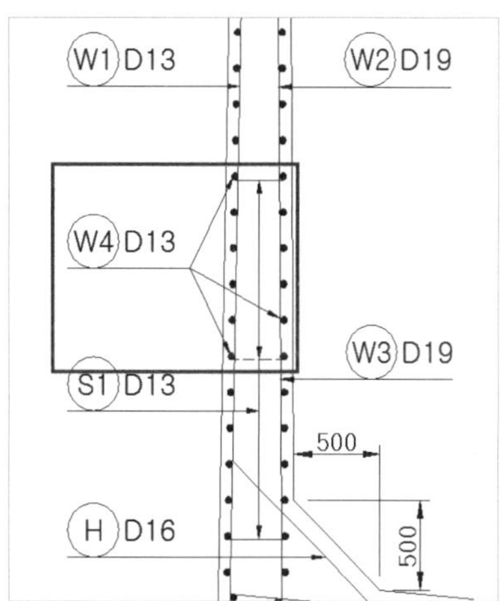

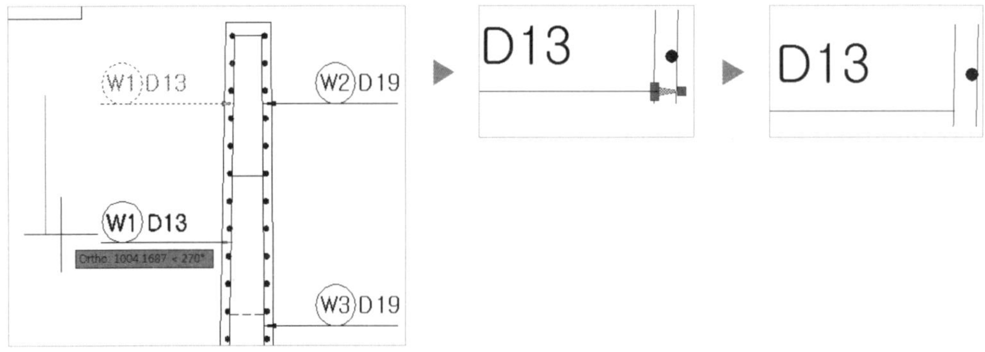

⓫ 인출선을 추가하기 위해 Qleader(LE) 명령을 실행해 ①, ② 부분을 차례로 클릭하고 Esc로 종료합니다. 이어서 명령을 반복해 ③, ④ 부분을 차례로 클릭하고 Esc로 종료, 다시 명령을 실행해 ⑤, ⑥ 부분을 차례로 클릭하고 Esc로 종료합니다(다음 그림처럼 인출선이 사선으로 되지 않으면 직교(F8)의 ON, OFF를 확인합니다).

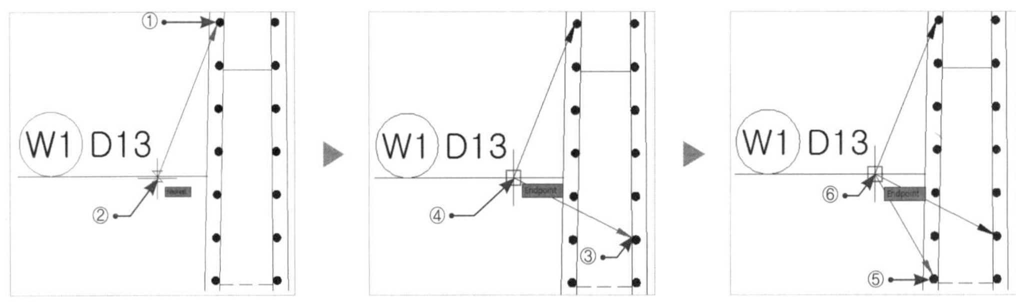

⓬ 문자의 내용을 W4 D13으로 수정하고 불필요한 인출선을 Trim(TR)으로 잘라냅니다.

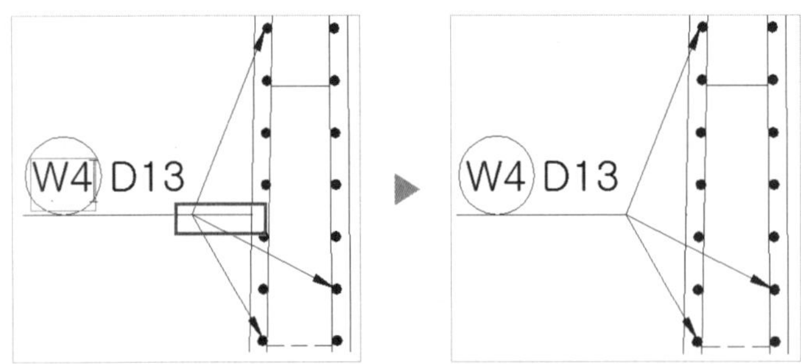

⓭ S1 D13과 같은 다중 인출선의 형태를 작성하겠습니다. 먼저 작성한 H D16을 도면과 같은 위치로 복사하고 내용을 S1 D13으로 수정합니다.

문제 도면 단면도의 인출선

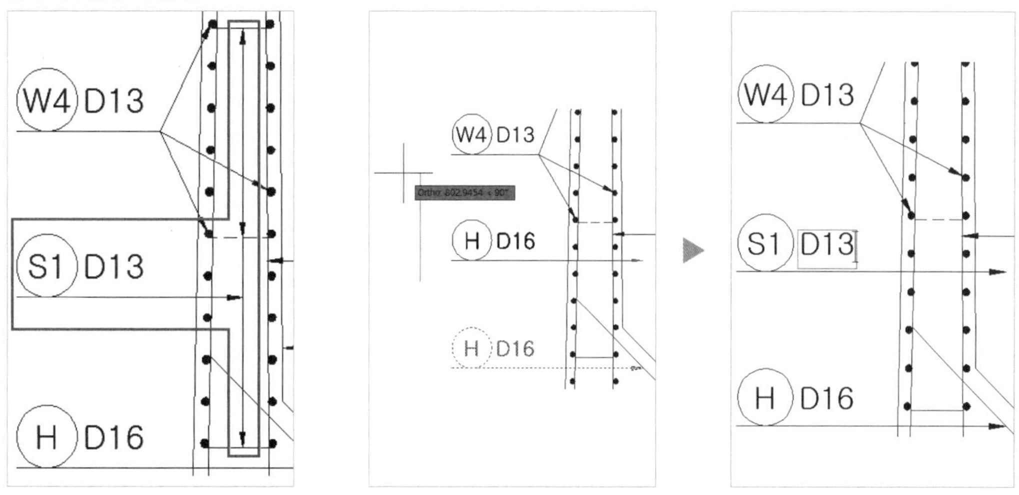

⑭ 인출선을 추가하기 위해 Qleader(LE) 명령을 실행해 ①, ② 부분을 차례로 클릭하고 Esc로 종료합니다. 이어서 명령을 반복해 ③, ④ 부분을 차례로 클릭하고 Esc로 종료, 다시 명령을 실행해 ⑤, ⑥ 부분을 차례로 클릭하고 Esc로 종료합니다.

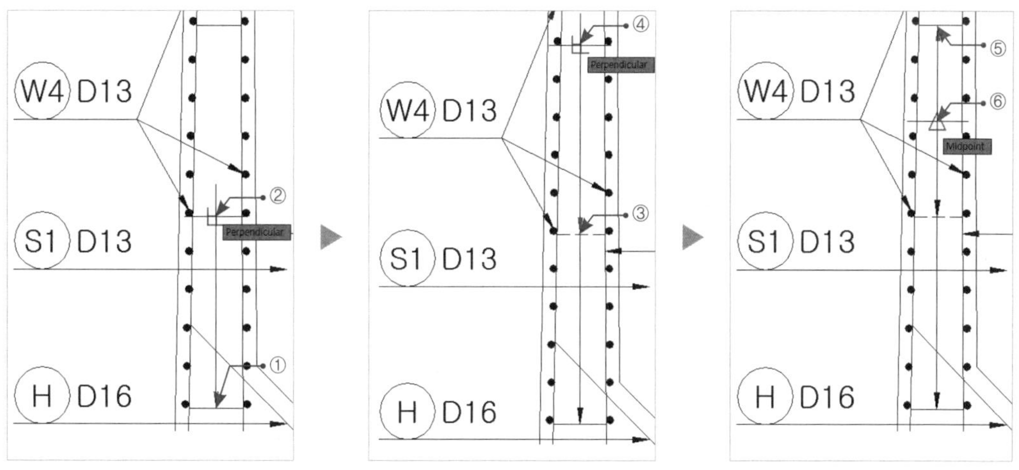

⑮ S1의 인출선을 대기 상태의 커서로 클릭해 Grip(조절점)으로 길이를 조정합니다.

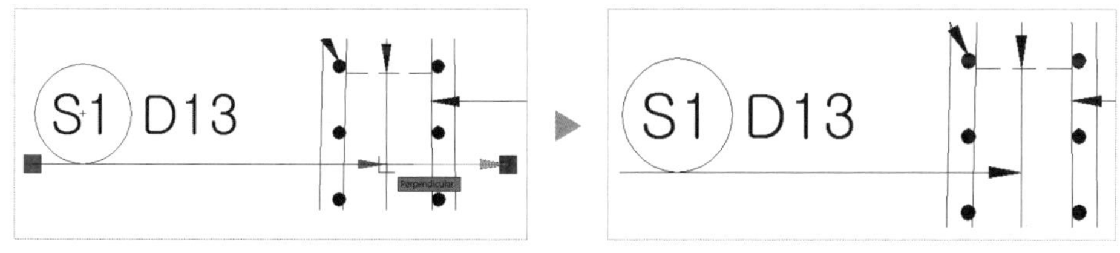

⑯ 다음은 직각으로 꺾여있는 F1을 작성하겠습니다. Qleader(LE) 명령을 실행해 직교(F8)가 ON인 상태로 ①, ② 부분을 차례로 클릭합니다. 이어서 커서를 ③ 부분으로 이동해 700을 입력하고 Esc로 종료합니다.

문제 도면 단면도의 지시선

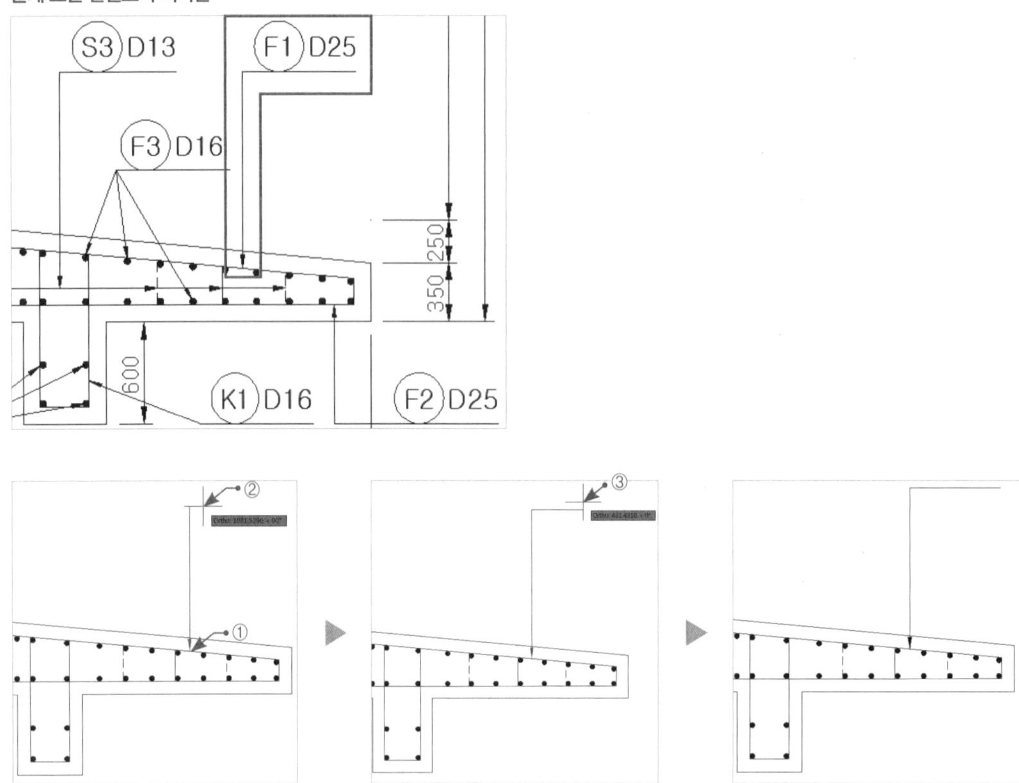

⑰ 앞서 작성한 철근 기호를 Copy(CO)로 복사해 다음과 같이 보기 좋게 배치합니다. 복사한 철근 기호를 더블클릭해 F1 D25로 수정합니다.

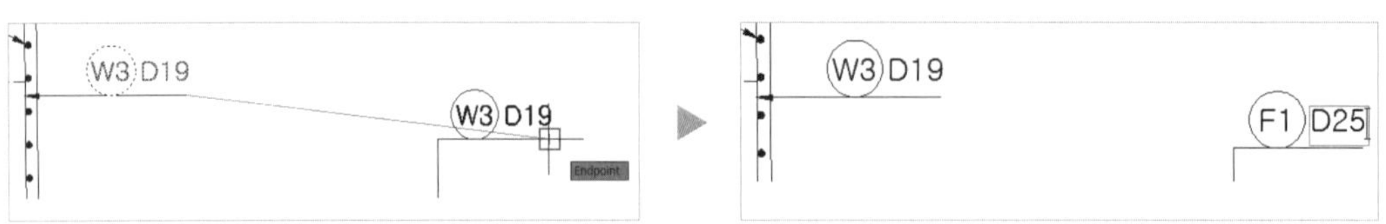

⑱ 남은 S3, F3, K1, K2 철근 기호와 인출선은 지금까지와 동일한 방법으로 다음과 같이 작성합니다.

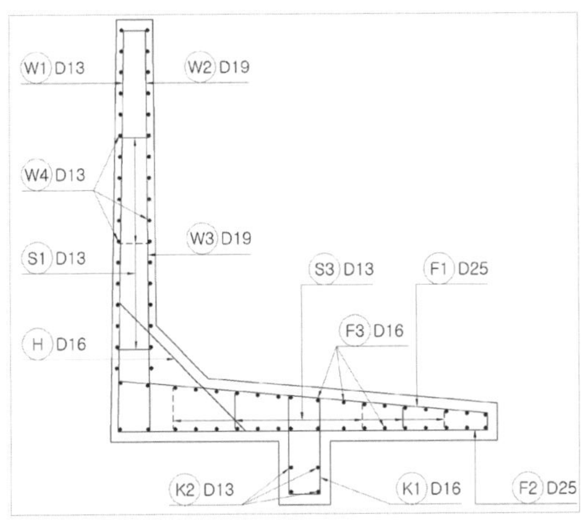

⑲ 계속해서 치수를 기입하기 위해 단면도의 상단 부분을 확대하고 현재 도면층을 '치수 치수선'으로 변경합니다. Dimlinear(DLI) 명령을 실행해 ①, ② 부분을 차례로 클릭하고 커서를 이동해 ③ 부분을 클릭합니다. 문자를 가운데로 이동하기 위해 대기 상태의 커서로 치수문자를 클릭하고 ④ 부분을 클릭해 다시 ⑤ 부분에 클릭합니다. 작업 후 Grip 상태를 Esc로 종료합니다.

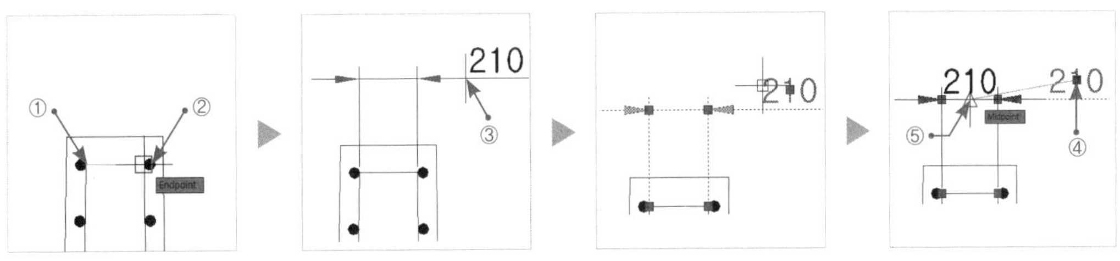

* 치수의 편집이 까다로운 경우 Explode(X)로 분해하여 Move(M)나 Trim(TR)으로 문자 이동이나 보조선 등을 수정하는 것도 좋은 방법이 될 수 있습니다.

⑳ Dimlinear(DLI) 명령을 실행해 ①, ② 부분을 차례로 클릭하고 커서를 이동해 ③ 부분을 클릭합니다. 다시 명령을 반복해 ④, ⑤ 부분을 차례로 클릭하고 커서를 이동해 ⑥ 부분을 클릭합니다.

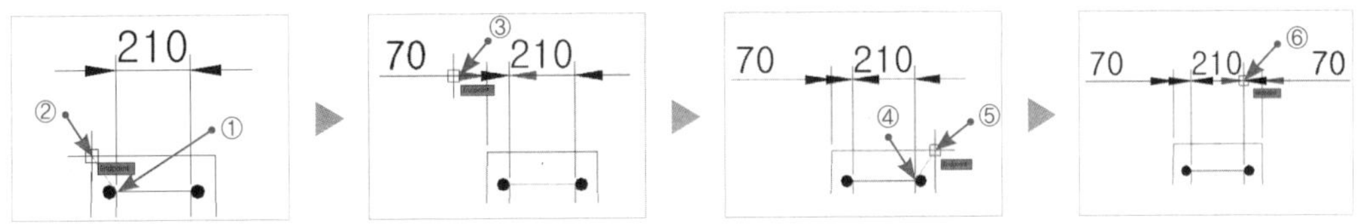

㉑ Dimlinear(DLI) 명령을 실행하고 Enter 를 한 번 더 입력합니다. 치수 기입할 선분 ①을 클릭하고

② 부분을 클릭합니다(Dimlinear(DLI)로 치수를 기입하는 방법은 2point로 구간을 지정하는 방법과 명령 실행 후 Enter 를 한 번 더 입력하여 대상을 선택하는 방법이 있습니다).

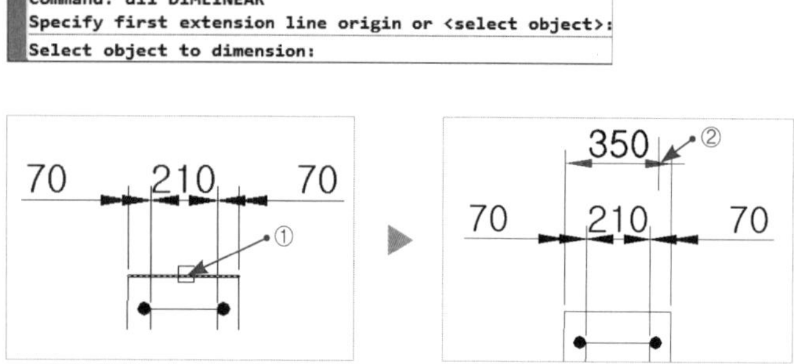

㉒ 현재 기입 상태를 유지해도 문제가 되지는 않지만 210치수의 화살표를 안쪽으로 하여 좀 더 보기 좋게 수정하겠습니다. 대기 상태의 커서로 210 치수의 좌측 ① 부분을 클릭하고 마우스 오른쪽 버튼을 클릭해 메뉴에서 Flip Arrow를 클릭합니다. ② 부분을 클릭해 한 번 더 작업합니다(AUTOCAD의 버전이 낮은 경우 기능이 없으므로 현재 상태를 유지합니다).

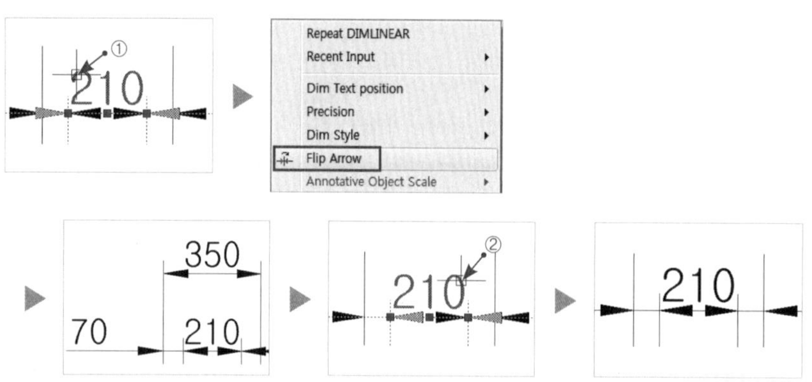

㉓ 계속해서 단면도의 헌치 부분을 확대합니다. Dimlinear(DLI) 명령을 실행하고 Enter 를 한 번 더 입력합니다. 치수 기입할 선분 ①을 클릭하고 ② 부분을 클릭합니다. 명령을 반복해 다시 ③을 클릭하고 ④ 부분을 클릭합니다.

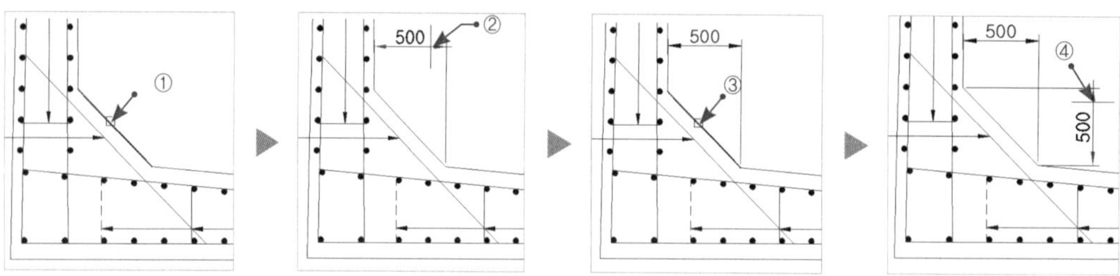

㉔ 우측 부분을 기입하겠습니다. 먼저 350을 기입하고 Dimlinear(DLI) 명령을 다시 실행합니다. 시작 위치인 ①을 클릭하고 커서를 ② 부분으로 이동한 상태에서 '250'을 입력한 후 ③을 클릭해 위치를 지정합니다. 다시 명령을 반복해 ④, ⑤ 부분을 차례로 클릭하고 커서를 이동해 ⑥ 부분을 클릭합니다. DLI 명령으로 4000 치수까지 기입합니다.

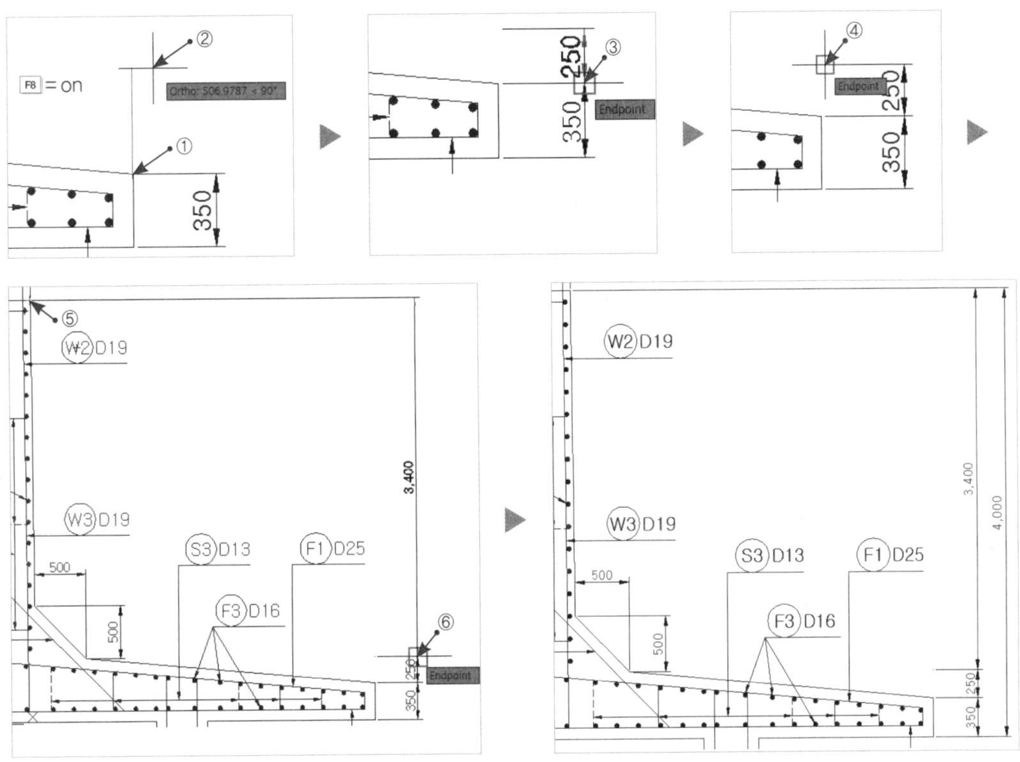

㉕ 지금까지의 치수 기입과 동일한 방법으로 단면도의 하부를 다음과 같이 치수를 기입합니다.

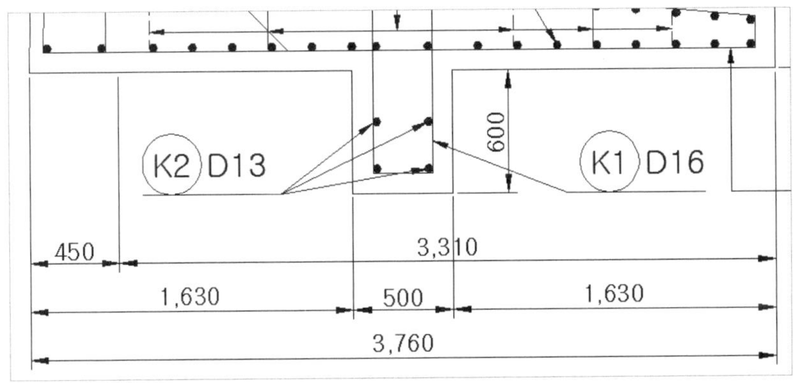

㉖ 현재 기입 상태를 유지해도 문제가 되지는 않지만 3310 치수의 문자가 500 치수와 1630 치수의 보조선에 교차됩니다. 이를 DimBreak 명령으로 좀 더 보기 좋게 수정하겠습니다. 단축키가 없으므로 명령어 'dimbreak'를 모두 입력해 명령을 실행하거나 치수 도구 막대의 아이콘 을 클릭합니다. 옵션 M을 적용하고 끊고자 하는 치수 보조선 ①, ②, ③을 클릭해 적용하고 한 번 더 Enter를 입력합니다.

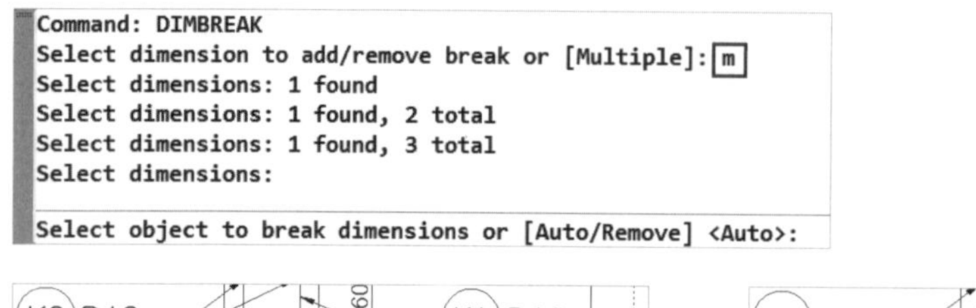

```
Command: DIMBREAK
Select dimension to add/remove break or [Multiple]: m
Select dimensions: 1 found
Select dimensions: 1 found, 2 total
Select dimensions: 1 found, 3 total
Select dimensions:

Select object to break dimensions or [Auto/Remove] <Auto>:
```

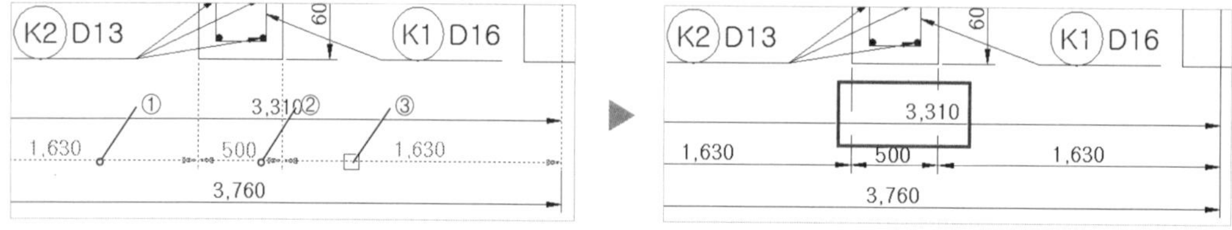

02 저판 도면의 문자와 치수

단면도의 문자, 치수 기입 과정과 동일하게 진행합니다.

❶ 작성한 저판 도면을 화면에 준비하고 도면 중앙의 중심선 길이를 조정하겠습니다. 대기 상태의 커서로 중심선 ①을 클릭합니다. 조정할 방향의 Grip(조절점) ②를 클릭하고 커서를 늘릴 방향으로 이동해 적절한 위치해서 클릭합니다. 반대편도 동일하게 연장합니다(조정 시 직교(F8)는 ON이 되어야 하며 주변의 Osnap 표식을 피해 클릭합니다).

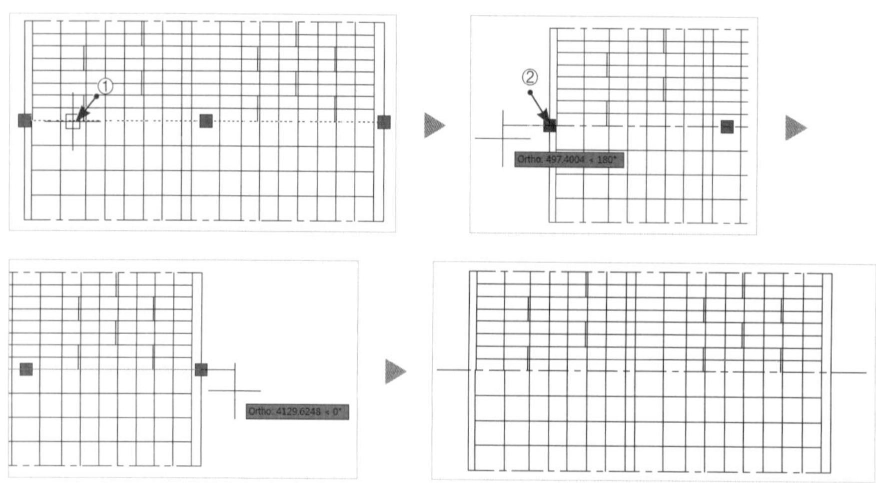

❷ 단면도와 같은 방법으로 철근 기호와 인출선을 다음과 같이 작성합니다(다수의 인출선은 Copy(CO) 명령을 사용하고, 사선으로 된 인출선 작도 시 직교(F8)의 ON, OFF를 확인합니다. 인출선의 길이는 문제 도면과 유사한 길이로 보기 좋게 작성하고 90°회전된 철근 기호 문자는 Copy(CO) 후 Rotate(RO)로 회전시켜 배치합니다).

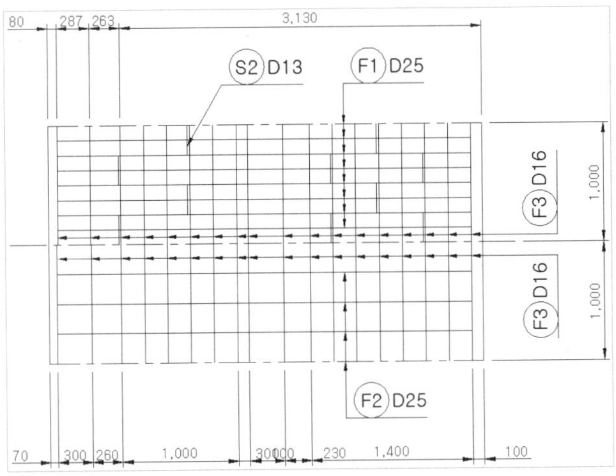

* F1, F2의 인출선을 작성할 때 Qleader(LE) 명령 실행 후 첫 번째 클릭 위치와 두 번째 클릭 위치가 가까워 화살표가 나오지 않으므로 첫 번째 클릭 후 두 번째 클릭 위치를 좀 더 멀리 클릭해야 화살표를 만들 수 있습니다. 작성된 화살표를 Copy(CO)로 복사합니다.

클릭 거리가 가까운 경우

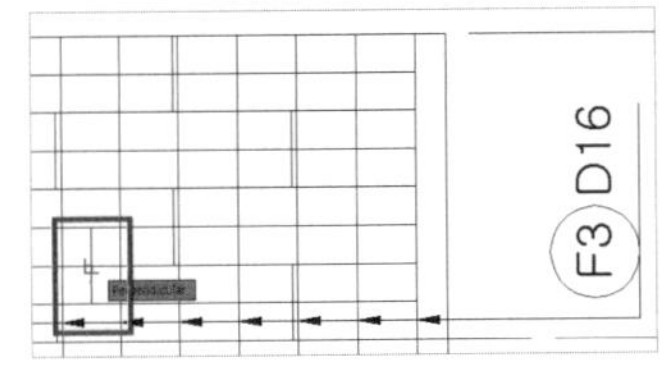

클릭 거리가 먼 경우

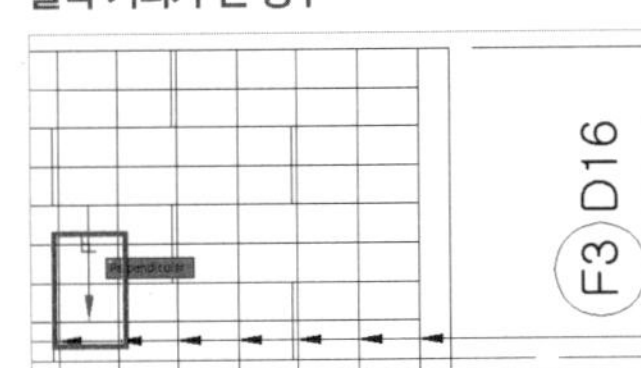

작성 후 Copy로 복사

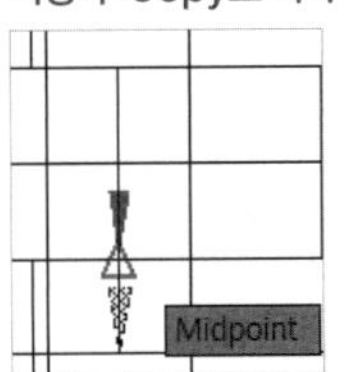

❸ 작성된 치수를 문제 도면과 같도록 편집하겠습니다. 우측을 확대하고 문자 수정을 하기 위해 Ddedit(ED) 명령을 실행해 수정해야 할 치수 ①을 클릭합니다. 활성화되면 우측 방향키(→)를 입력하고 Backspacebar(←)를 입력합니다. 문자의 내용을 수정하고 빈 곳을 클릭하거나 Enter 를 입력합니다. 명령이 실행 상태이므로 치수 ②를 클릭해 다음과 같이 수정합니다(AUTOCAD 버전이 2012 이상이면 명령 실행 없이 더블클릭으로도 바로 치수 문자 수정이 가능합니다).

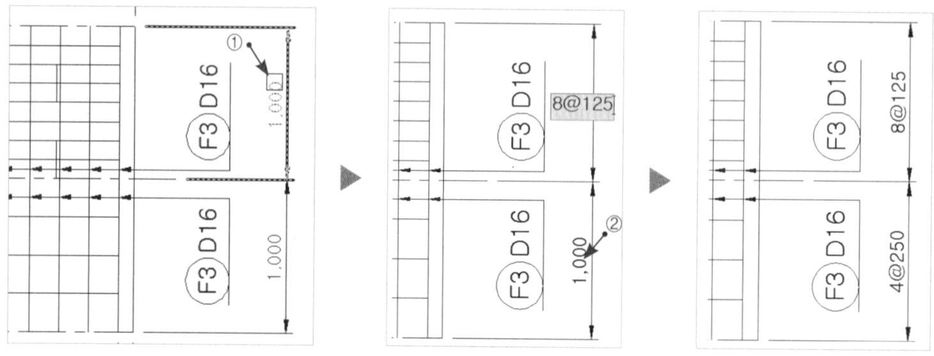

❹ 기입된 치수 ①, ②를 Explode(X)로 분해한 다음 치수 문자만 우측으로 Copy(CO)합니다. 복사된 문자를 대기 상태의 커서로 더블클릭해 다음과 같이 수정합니다.

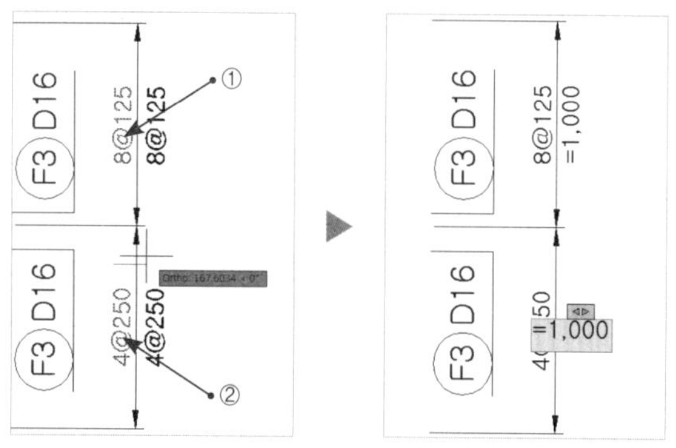

❺ 저판 도면의 하면 치수를 확대하고 기입된 치수 ①, ②, ③을 Explode(X)로 분해한 다음 치수 문자 ①, ③만 아래로 Copy(CO)합니다.

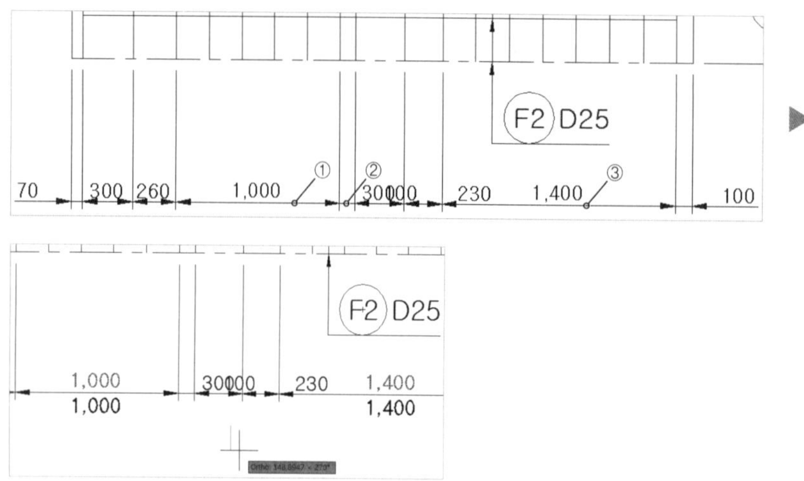

❻ 수정해야 할 문자 ①~④를 대기 상태의 커서로 더블클릭해 다음과 같이 수정합니다.

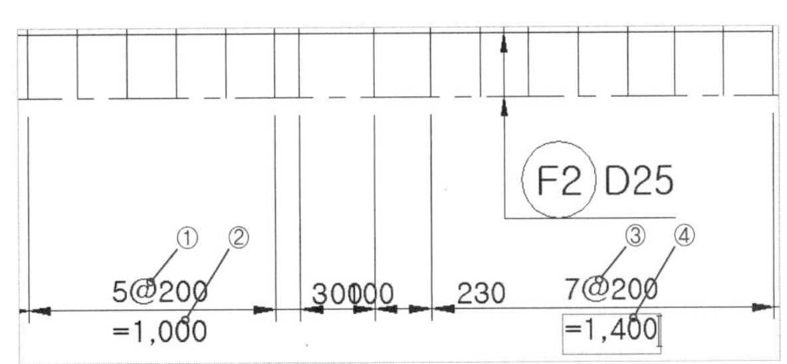

❼ 100과 230으로 기입된 치수는 공간이 협소하여 옆으로 벗어났습니다. 분해한 100 문자는 Move(M)를 실행해 아래로 이동하고, 230 문자는 Grip(조절점)을 사용해 다음과 같이 이동합니다(치수를 분해하면 객체가 문자, 화살표, 선으로 분리되어 따로 편집할 수 있습니다).

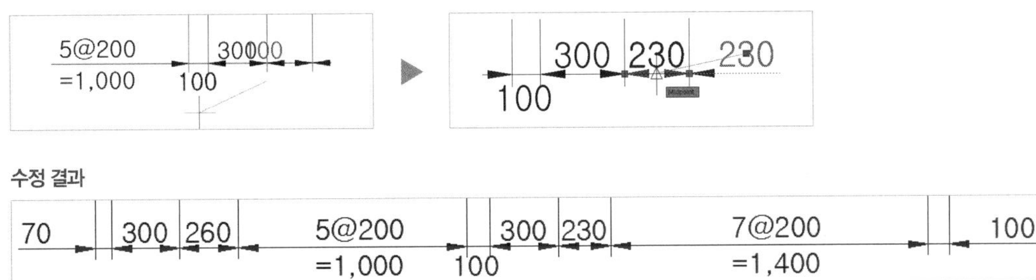

03 일반도의 문자와 치수

❶ 일반도의 치수를 기입하겠습니다. 일반도를 확대하고 Dimlinear(DLI) 명령을 실행해 ①, ② 부분을 차례로 클릭하고 커서를 이동해 ③ 부분을 클릭합니다. 다시 명령을 반복해 ④, ⑤ 부분을 차례로 클릭하고 커서를 이동해 ⑥ 부분을 클릭, 한 번 더 명령을 반복하고 ⑦, ⑧ 부분을 차례로 클릭하고 커서를 이동해 ⑨ 부분을 클릭해 치수를 기입합니다.

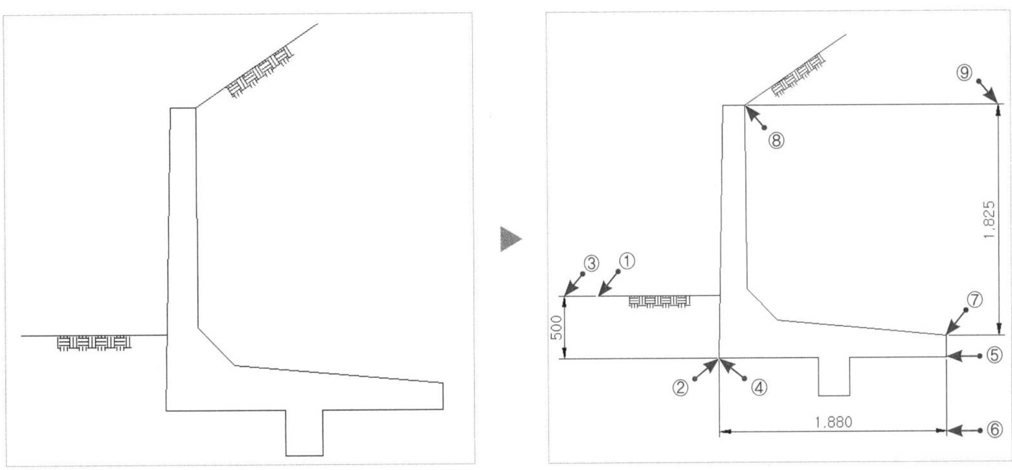

❷ 일반도는 단면도를 복사해 1/2 크기로 줄였기 때문에 치수가 올바르지 못합니다. Ddedit(ED) 명령을 실행해 수정해야 할 치수 ①을 클릭합니다. 활성화되면 우측 방향키(→)를 입력하고 Backspacebar(←)를 입력합니다. 문자의 내용을 수정하고 빈 곳을 클릭하거나 Enter를 입력합니다. 명령이 실행 상태이므로 치수 ②와 ③을 하나씩 클릭해 다음과 같이 수정합니다(AUTOCAD 버전이 2012 이상이면 명령 실행 없이 더블클릭으로도 바로 치수 문자 수정이 가능하고 치수를 Explode(X)로 분해한 경우도 더블클릭 수정이 가능합니다).

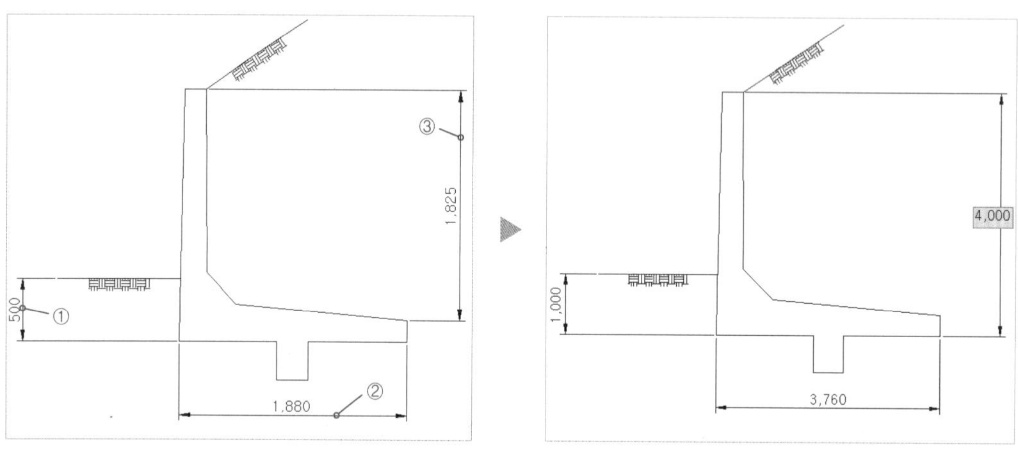

TIP 치수 문자를 하나하나 변경해도 되지만 치수 기입 후 문자의 내용을 변경할 치수를 대기 상태의 커서로 모두 선택한 후 특성(Ctrl+1)에서 'Dim scale linear' 항목을 2로 변경하고 Enter를 입력하면 좀 더 신속하게 작업할 수 있습니다.

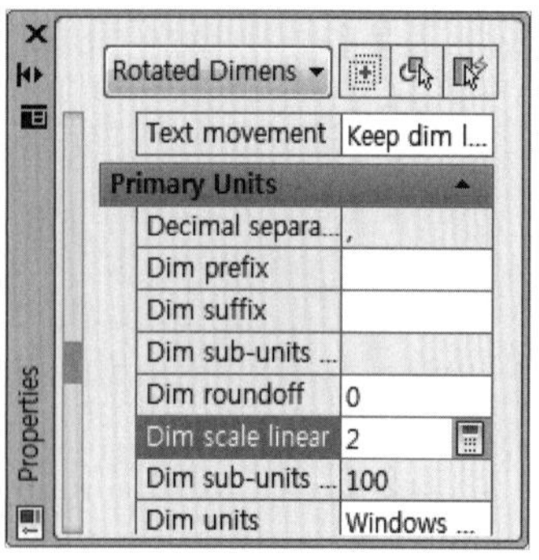

❸ 옹벽과 지반의 경사도를 표시하겠습니다. 좌측의 치수(1,000)를 Explode(X)로 분해하고 Copy(CO)로 치수 문자 1,000을 ① 부분과 ② 부분에 복사합니다. 복사한 문자를 문제 도면에 표시

된 내용으로 다음과 같이 더블클릭으로 수정합니다.

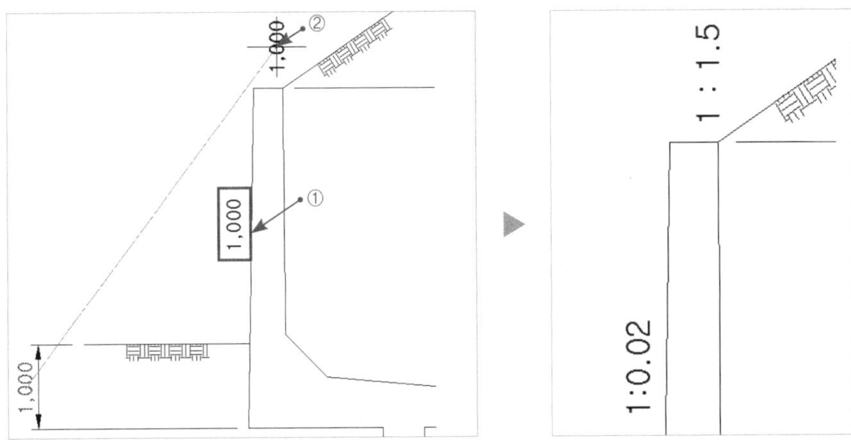

❹ 지반의 문자를 지반선의 경사와 나란히 맞추겠습니다. Rotate(RO) 명령을 실행해 기준점을 문자의 중앙 ① 부분을 클릭합니다. 커서를 움직여 경사선과 비슷해질 때 클릭하거나 그림과 같이 경사 부분에 직각으로 맞추어 줍니다. 회전된 문자를 Move(M)로 경사선 위에 보기 좋게 이동합니다.

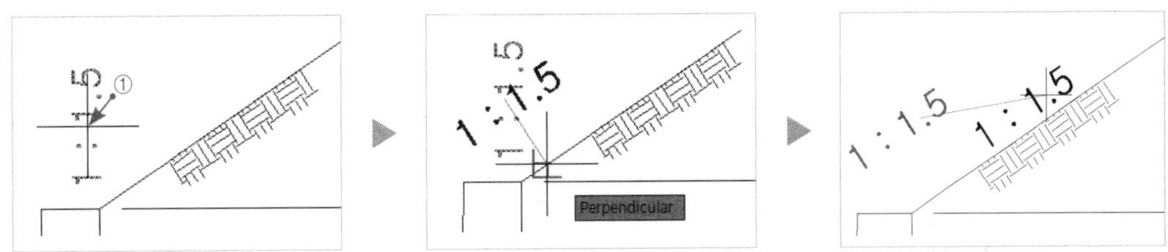

04 벽체 도면의 문자와 치수

저판 도면과 일반도의 문자, 치수 기입 과정과 동일하게 진행합니다.

❶ 작성한 벽체 도면을 화면에 준비하고 도면 중앙의 중심선 길이를 조정하겠습니다. 대기 상태의 커서로 중심선을 클릭합니다. 조정할 방향의 Grip(조절점) ①을 클릭하고 커서를 늘릴 방향으로 이동해 적절한 위치에서 클릭합니다. 반대편도 동일한게 연장합니다(조정 시 직교(F8)는 ON으로 되어야 하며 주변의 Osnap 표식을 피해 클릭합니다).

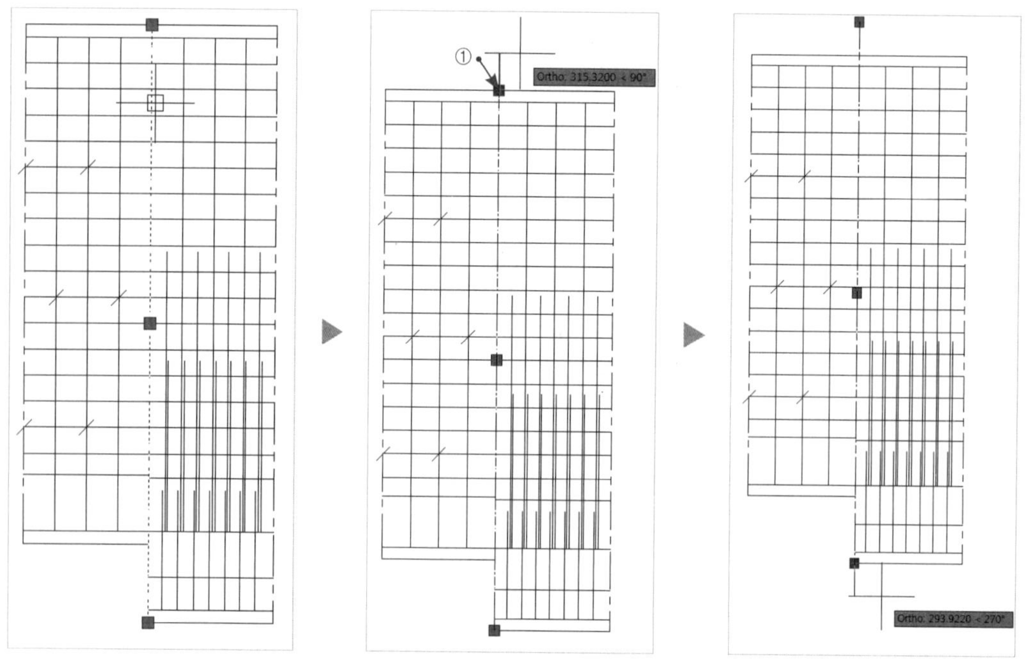

❷ 앞서 작성한 저판 도면과 동일한 방법으로 다음과 같이 문자, 치수 기입을 합니다.

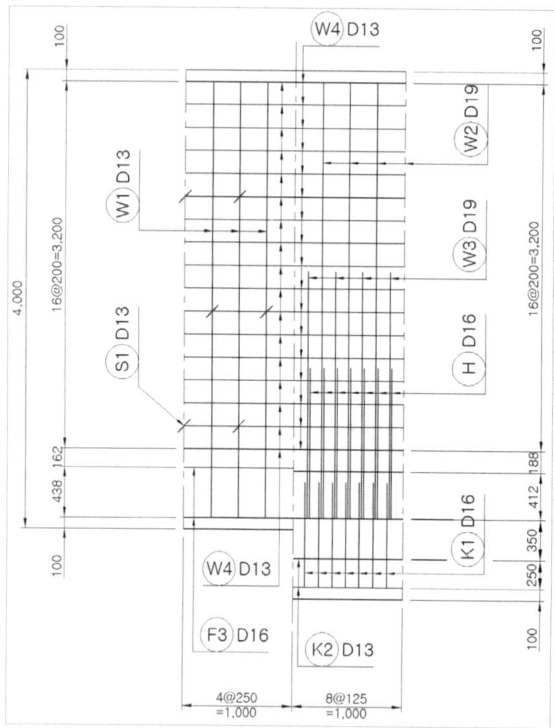

05 철근 상세도의 문자와 치수

철근 기호를 Copy로 복사하면서 진행되므로 철근 기호의 내용이 맞는지 확인하면서 작성합니다. 치수의 편집이 까다로운 경우 Explode(X)로 분해하여 Move(M)나 Trim(TR)으로 문자 이동이나 보조선 등을 수정하는 것도 좋은 방법이 될 수 있습니다.

❶ 작성한 철근 상세도를 화면에 준비하고 저판 도면이나 벽체 도면에서 사용한 철근 기호를 철근 상세도 도면으로 Copy(CO)합니다.

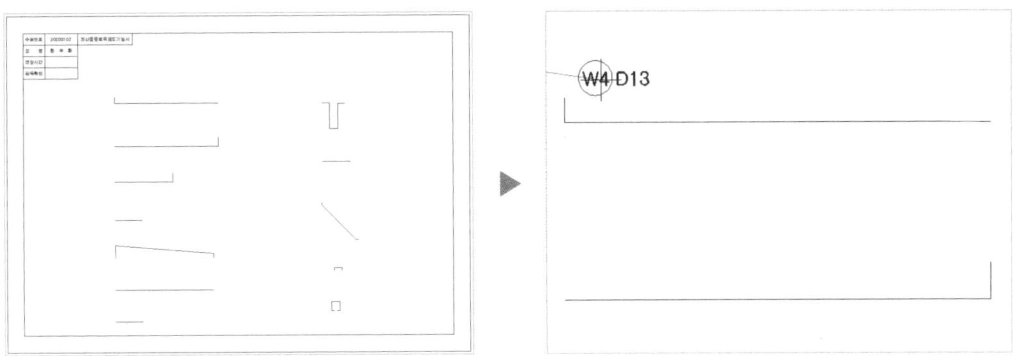

❷ Line(L) 명령을 실행해 시작점을 ① 부분(좌측 사분점)을 클릭해 우측 방향으로 1000인 선분을 작성합니다. 작성된 선분을 Move(M)를 사용해 아래로 150 이동합니다.

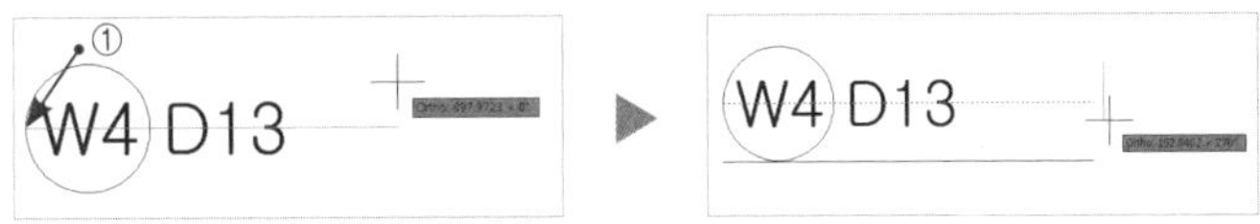

❸ 철근 기호의 내용을 더블클릭으로 다음과 같이 수정합니다. 문제 도면의 철근 기호 위치를 확인해 보기 좋게 배치하고 선형 치수 기입(DLI) 명령으로 치수를 기입합니다.

* 좌측의 210 치수를 기입할 때 클릭 순서에 따라 문자의 위치가 달라질 수 있습니다. DLI 실행 후 두 점에 대한 클릭 순서가 위를 먼저 클릭하고 아래를 클릭해야 문자가 아래로 내려오게 됩니다.

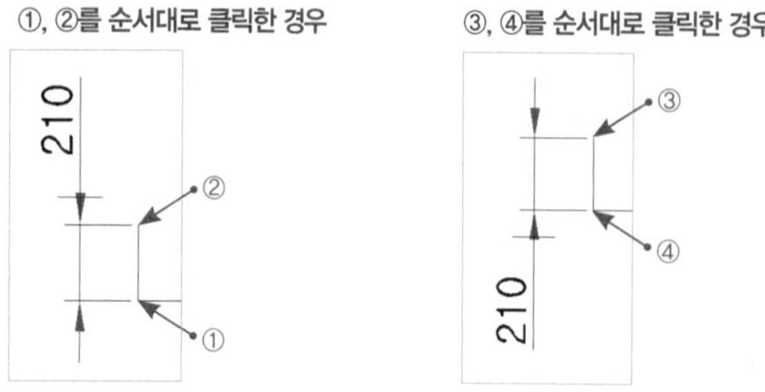

❹ 다른 철근의 기호는 앞서 작성한 철근 기호를 Copy(CO)로 복사해 보기 좋게 배치하고 철근 기호의 내용을 더블클릭으로 문제 도면을 확인하면서 다음과 같이 수정합니다.

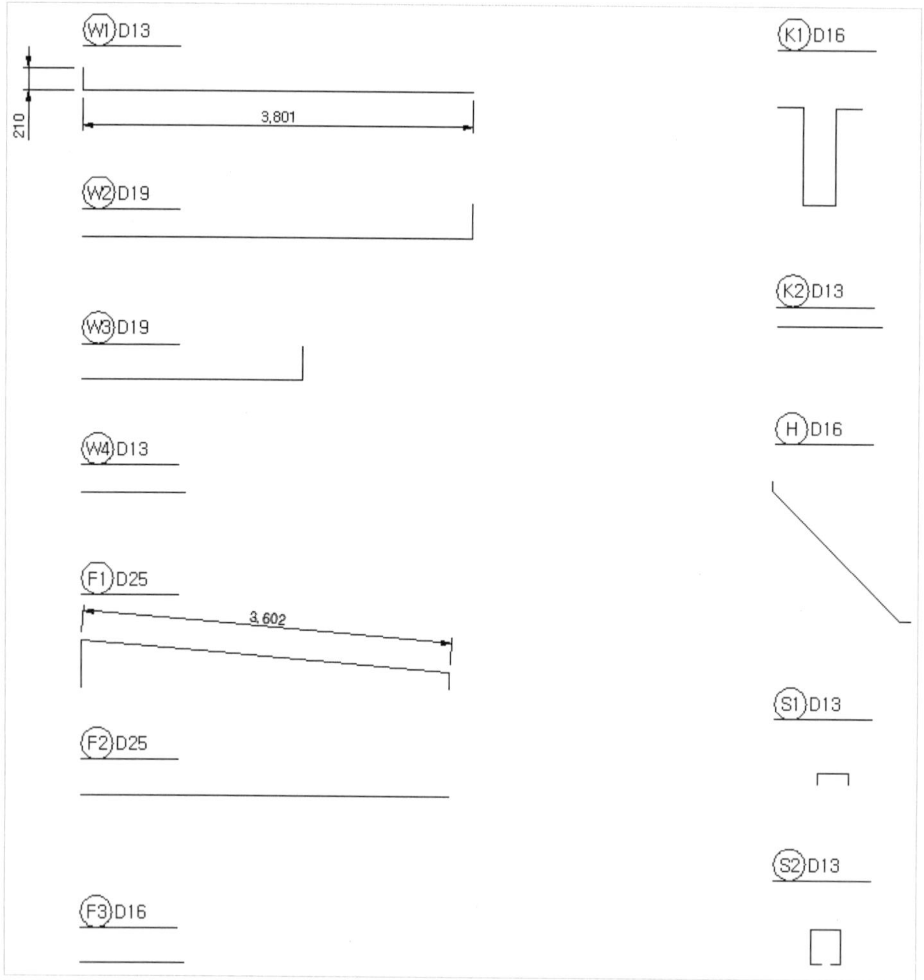

❺ 이어서 W2 D19 철근부터 선형 치수(DLI) 명령을 실행해 다음과 같이 치수를 기입합니다.

W2, W3, W4의 치수

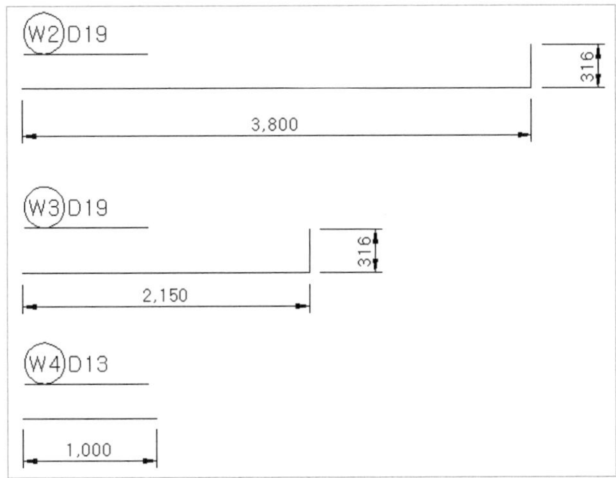

❻ 이어서 F1 D25 철근부터 선형 치수(DLI)와 정렬 치수(DAL) 명령을 실행해 다음과 같이 치수를 기입합니다(치수표기 후 치수의 값이 그림과 다른 경우 ED 명령을 실행해 치수를 수정합니다).

F1, F2, F3의 치수

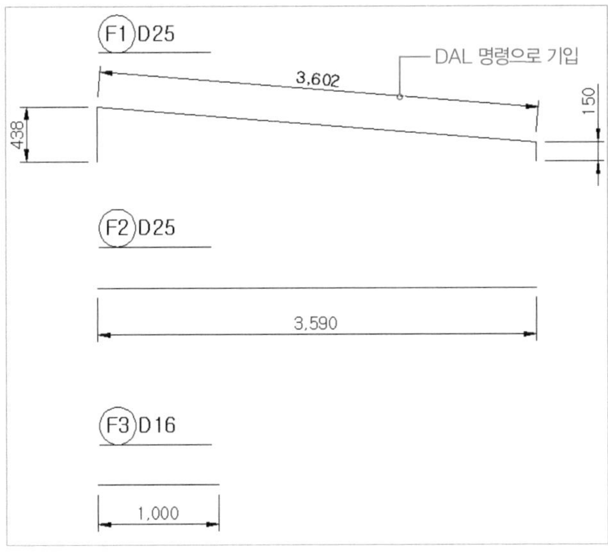

❼ 이어서 K1 D16 철근부터 선형 치수(DLI)와 정렬 치수(DAL) 명령을 실행해 다음과 같이 치수를 기입합니다.

K1, K2, H의 치수

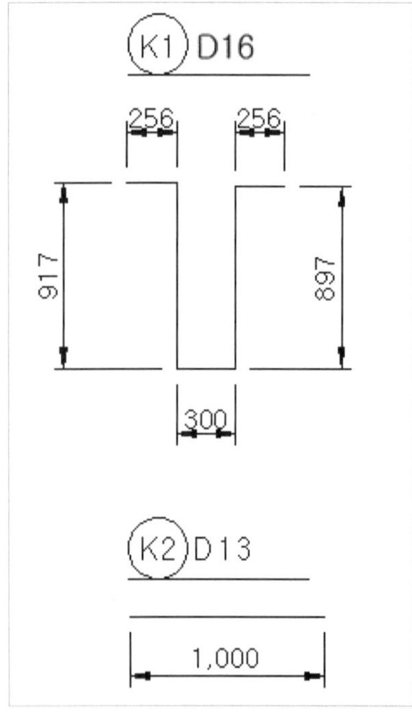

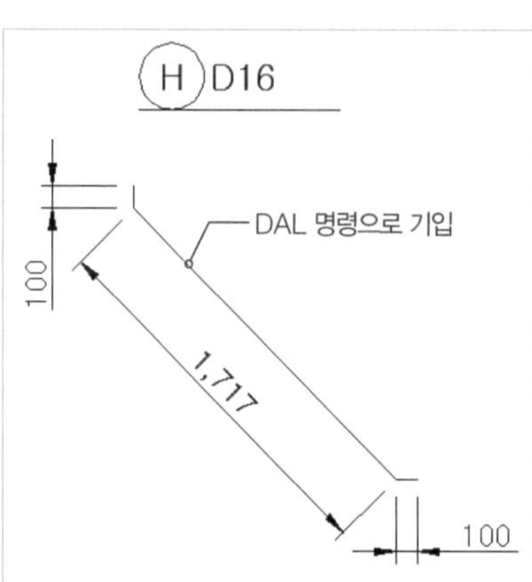

❽ 이어서 S1 D13 철근부터 선형 치수(DLI) 명령을 실행해 다음과 같이 치수를 기입합니다. S1의 292치수와 S2의 322.6 치수는 기입 후 Ddedit(ED) 명령으로 문자의 내용을 수정합니다.

S1, S2의 치수

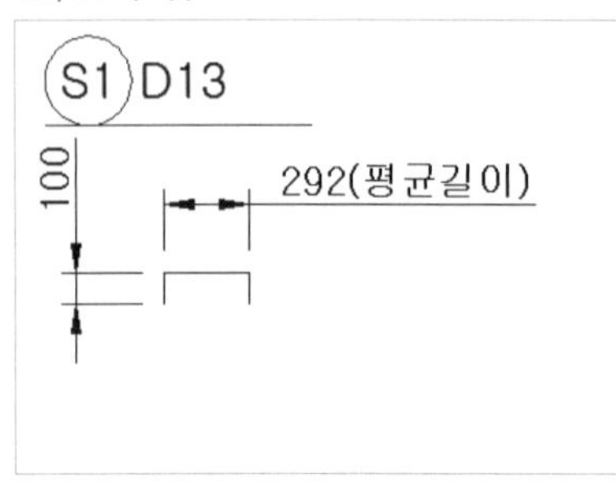

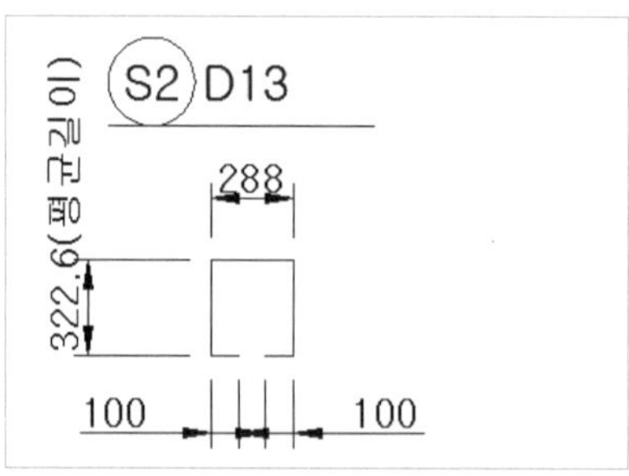

＊ S2의 322.6(평균 길이)의 문자 내용을 수정하면 문자의 내용이 벗어납니다. 기입된 치수를 Explode(X)로 분해하여 편집하는 방법과 다음과 같이 Grip(조절점)을 이용한 방법이 있습니다(Grip 메뉴가 나타나지 않는 버전은 Explode(X)로 분해하여 문자를 Move(M)로 이동하고 Erase(E)로 불필요한 부분을 삭제합니다).

S2의 수정 과정

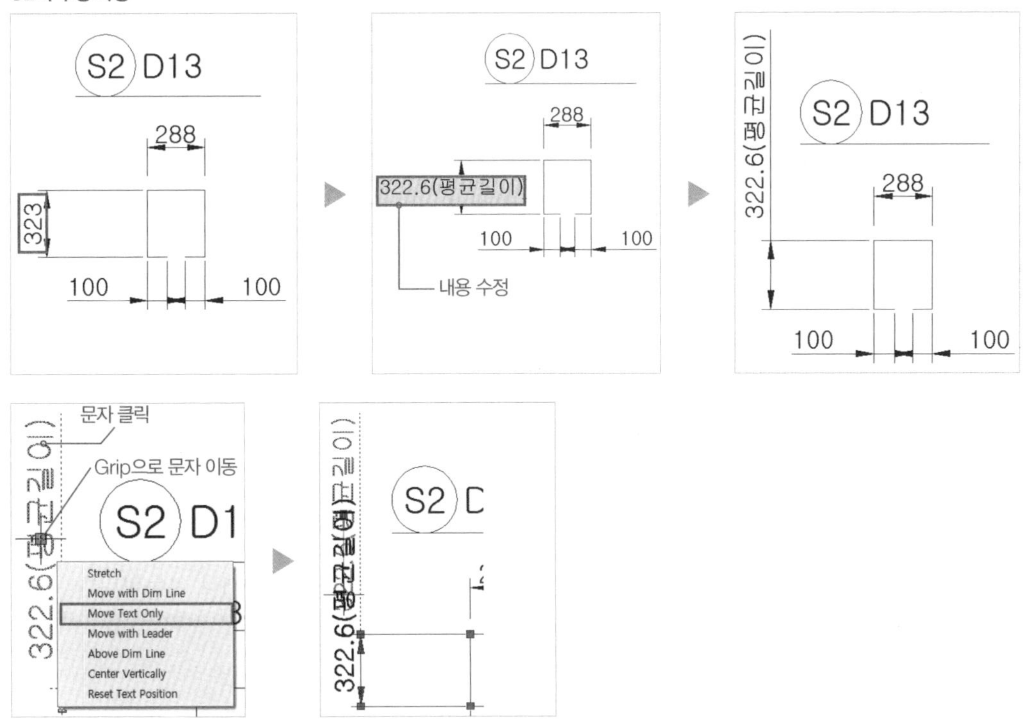

06 도면 제목 작성과 완성 도면의 배치

완성된 도면의 명칭을 표기하고 제시된 양식에 보기 좋게 배치합니다. 도면 배치 시 좌우상하 여백을 주어 도면이 중앙에 올 수 있도록 조정합니다.

❶ 작성한 단면도, 벽체, 저판, 일반도를 준비합니다. 단면도 상단을 확대하고 Dtext(DT) 명령을 실행해 다음과 같이 빈 공간에 높이 250으로 '단면도'를 표기합니다.

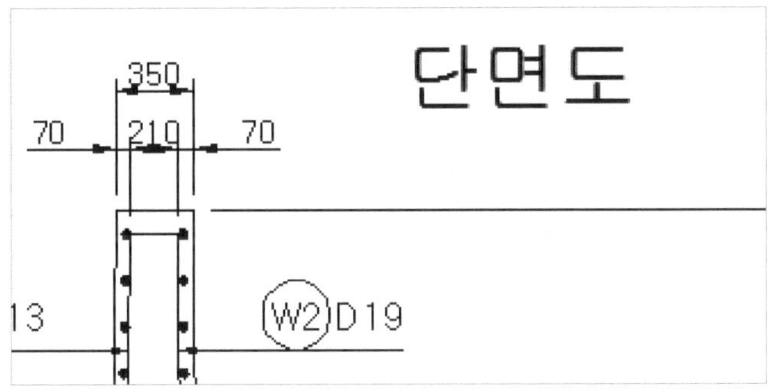

❷ 작성된 단면도와 문자를 Move(M) 명령을 실행해 다음과 같은 위치에 배치합니다. Line(L) 명령을 실행해 단면도 상단 ① 부분에서 우측으로 선을 길게 그려 벽체 도면의 위치를 표시합니다(좌측 상단에 있는 표제란의 위치를 참고하여 비슷하게 배치하면 됩니다).

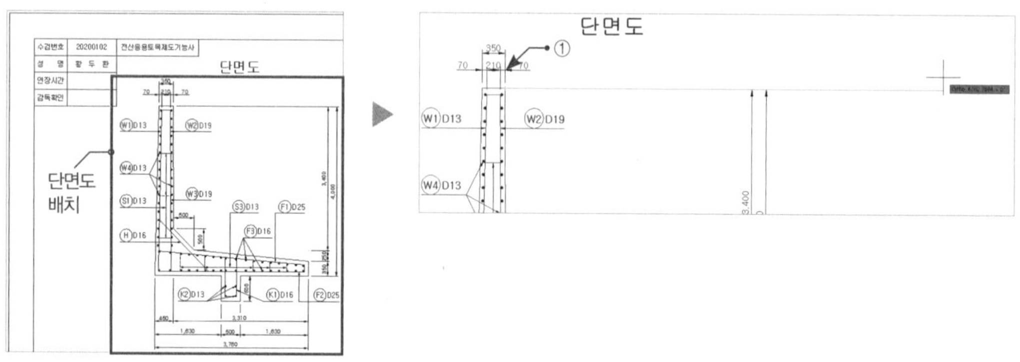

❸ 단면도 상단을 표시한 선분에 벽체 도면의 상단이 나란해지도록 Move(M)로 이동합니다. 이동 시 여백을 고려하고, 위치를 표시한 선분은 삭제합니다.

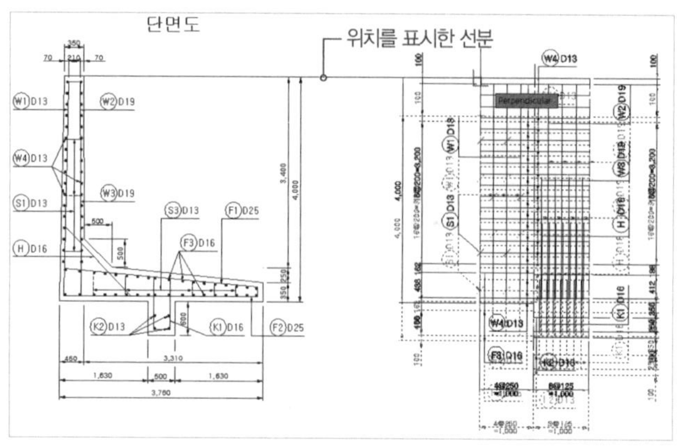

❹ Copy(CO)로 단면도 문자를 우측으로 복사합니다. 복사된 문자를 더블클릭해 '벽체'로 수정하고 도면의 가운데에 올 수 있도록 위치를 조정합니다.

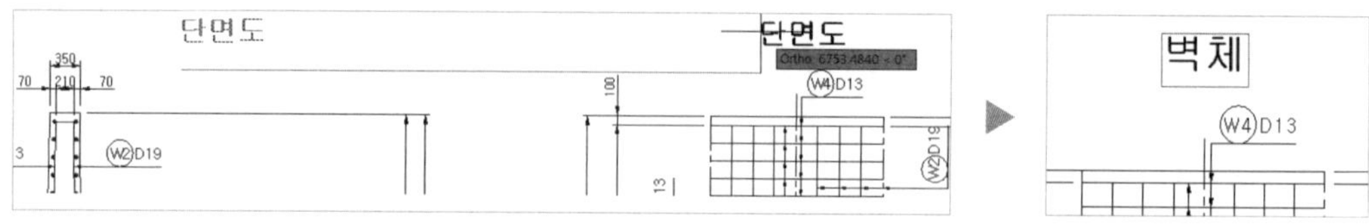

❺ 단면도와 벽체 도면 상단을 확대하고 Dtext(DT) 명령을 실행해 다음과 같이 빈 곳에 높이 350으로 'L형 옹벽 구조도(1)', 높이를 150으로 '축척:1/40'을 표기합니다.

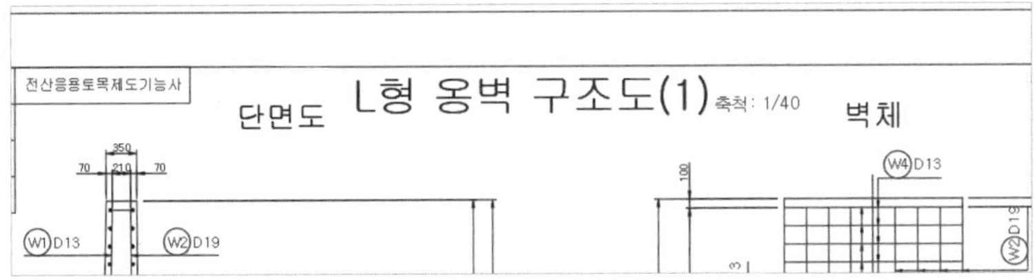

❻ 벽체 도면 상단을 확대하고 Dtext(DT) 명령을 실행해 다음과 같은 위치에 높이 150으로 '전면'을 표기합니다. 작성된 전면 문자를 우측에 복사한 다음 더블클릭해 '후면'으로 수정합니다.

❼ 이어서 Dtext(DT) 명령을 실행하고 전면과 후면 문자 사이에 C와 L을 높이 150으로 따로 작성합니다. 다음과 같이 Move(M)로 이동해 Center Line을 표시합니다.

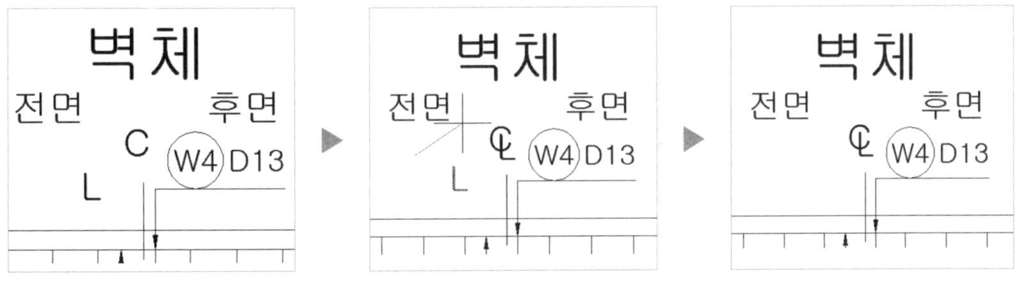

❽ 저판을 배치하겠습니다. Line(L) 명령을 실행해 단면도 좌측 하단 ① 부분에서 아래로 선을 길게 그려 저판 도면의 위치를 표시합니다. 표시한 선분에 저판 도면의 좌측면이 나란해지도록 Move(M)로 이동하고 위치를 표시한 선분은 삭제합니다(도면이 양식에 들어가지 않으면 앞서 배치한 단면도와 벽체 도면의 위치를 상단으로 조정하고 치수 보조선의 길이를 줄여 모든 도면이 양식 안에 들어가게 합니다).

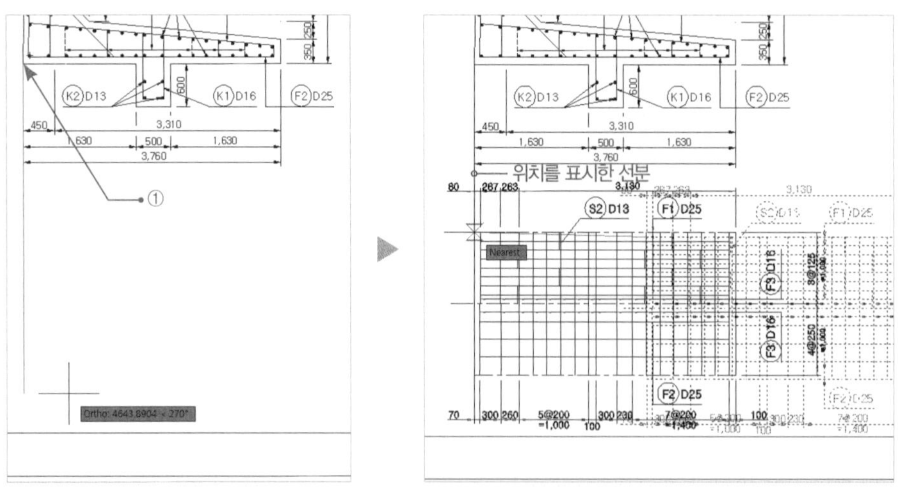

⑨ 벽체 도면의 문자와 Center Line(CL) 표시를 다음과 같이 Copy(CO)로 저판 좌측으로 복사합니다. 복사한 문자와 표시를 Rotate(RO)로 90° 회전합니다.

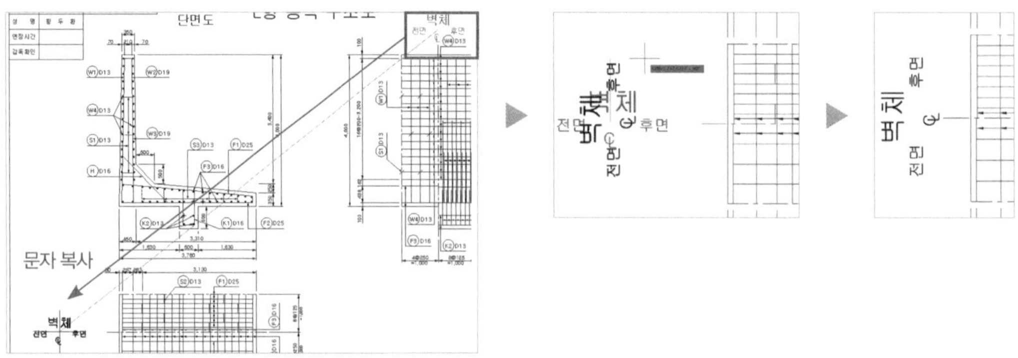

⑩ 회전된 문자를 더블 클릭해 저판도면에 맞는 명칭으로 다음과 같이 수정합니다. 일반도의 문자도 벽체 도면의 벽체 문자를 복사해 '일반도'로 수정하고 일반도를 보기 좋게 배치합니다.

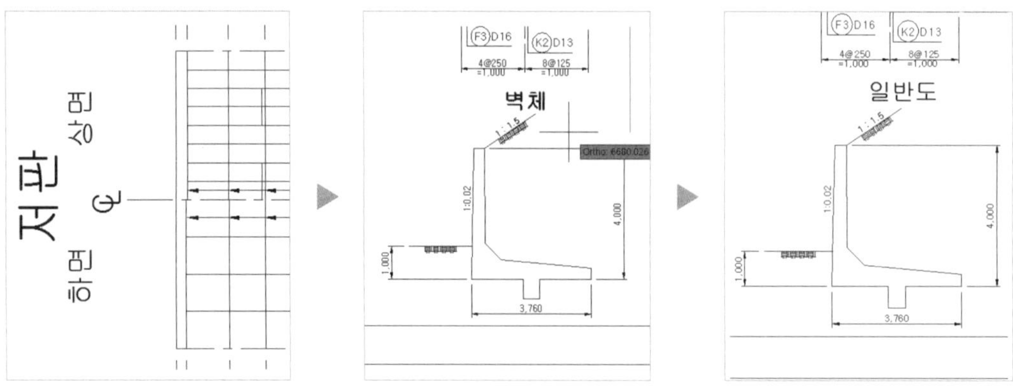

⓫ 누락된 사항과 전체 배치를 다시 한 번 확인해 도면(1)을 마무리합니다(실제 시험에서는 벽체와 저판은 참고 용도이며, 단면도와 일반도만 작성합니다).

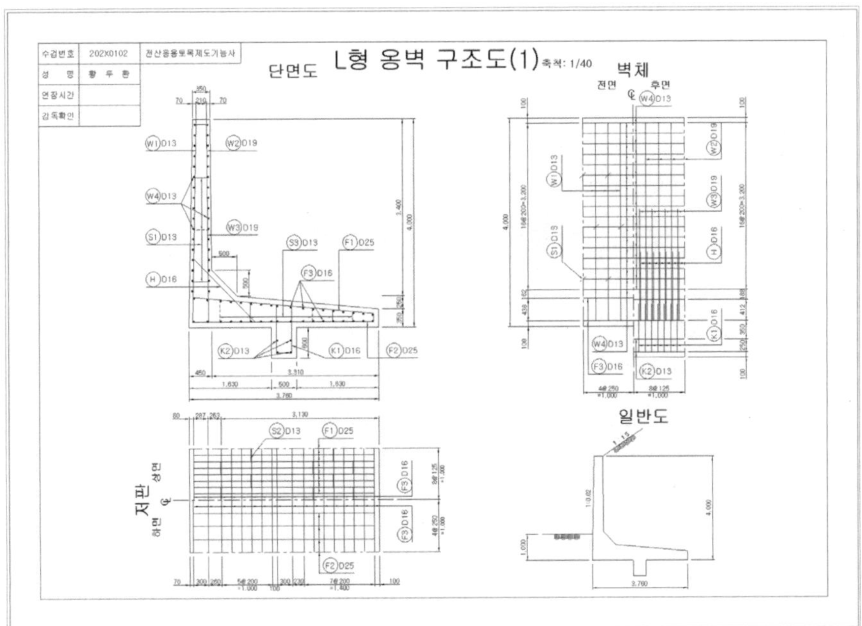

⓬ 철근 상세도의 문자와 도면 배치도를 앞서 작성한 방법과 동일한 과정으로 다음과 같이 문자를 Copy(CO) 후 수정하여 도면을 완성합니다(실제 시험에서는 철근 상세도를 작성하지 않습니다).

완성파일 실습자료\완성파일\part03\문자와 치수.dwg

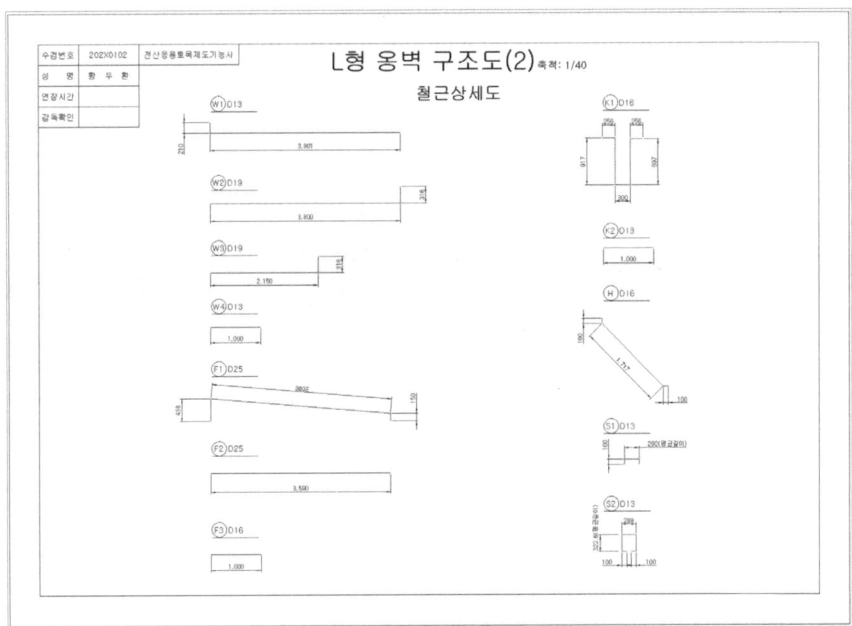

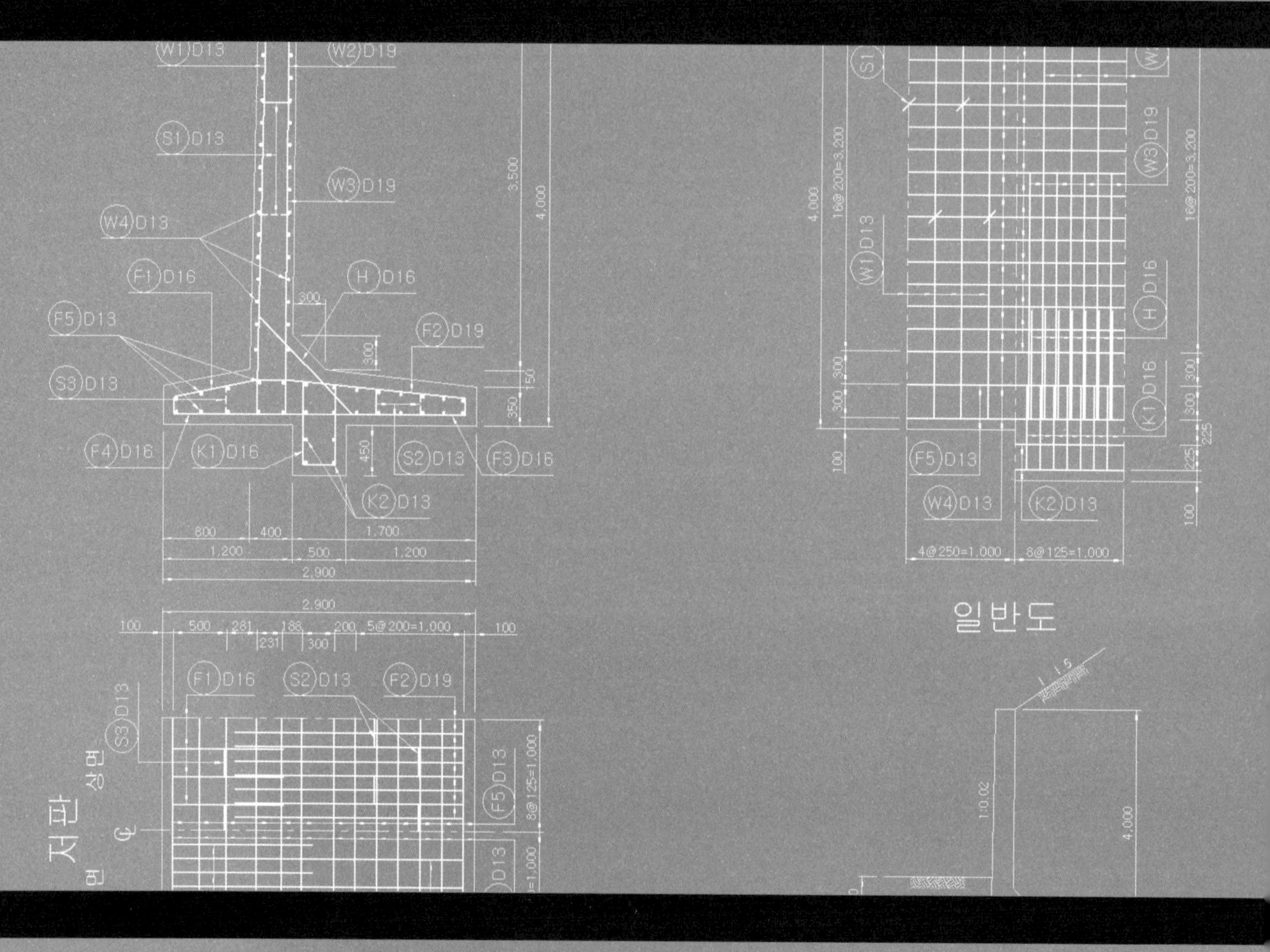

W1 D13
W2 D19
S1 D13
W3 D19
W4 D13
F1 D16
H D16
F5 D13
F2 D19
S3 D13
F4 D16
K1 D16
S2 D13
F3 D16
K2 D13
3,500
4,000
300
350
450
800
400
1,700
1,200
500
2,900
100
281
188
200
5@200=1,000
231
저판 상면
8@125=1,000
4@250=1,000
16@200=3,200
225
일반도
1:0.02
1:1.5

PART

04

역T형 옹벽 구조도

역T형 옹벽 구조도에서 작성되는 단면도, 벽체, 저판, 일반도, 철근 상세도를 작성해 보면서 각 도면과의 관계와 작성 과정을 익힐 수 있도록 하겠습니다. L형 옹벽 구조도와 작성 과정 및 방법이 같습니다.

자 격 종 목	전산응용토목제도기능사	과 제 명	역T형 옹벽 구조도	척도	N.S

도면(1)

역T형 옹벽 구조도

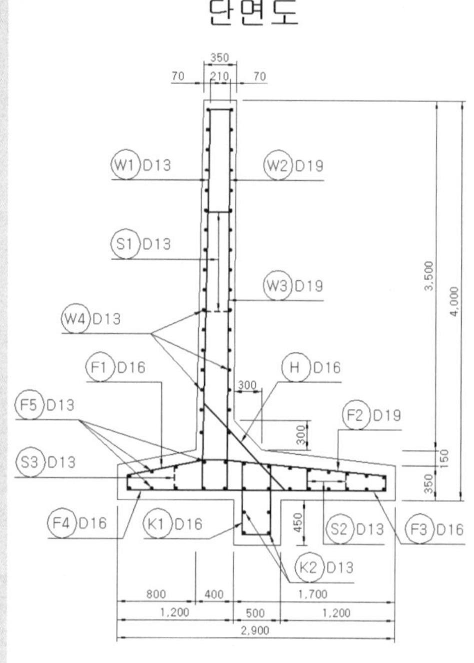

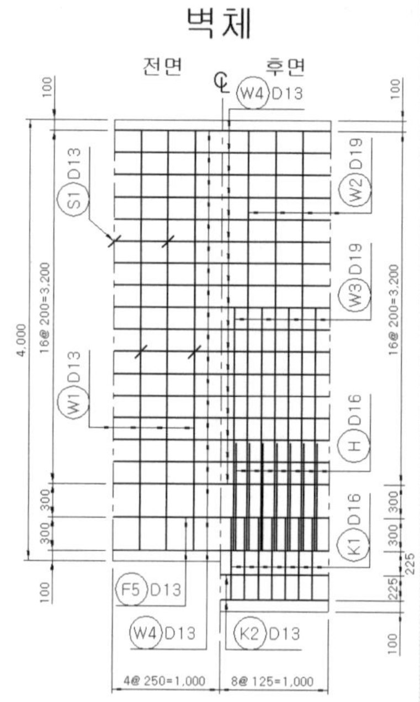

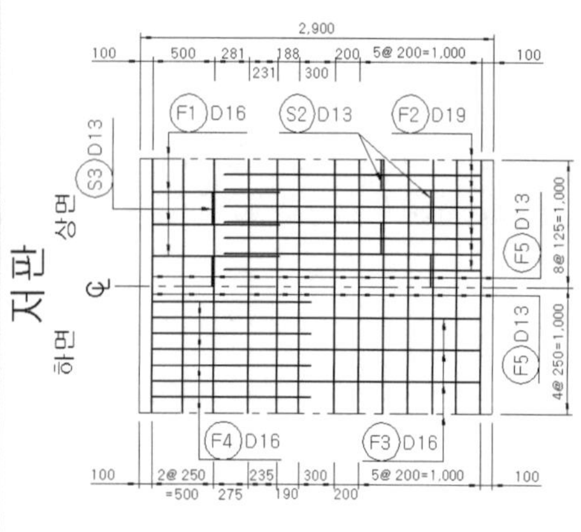

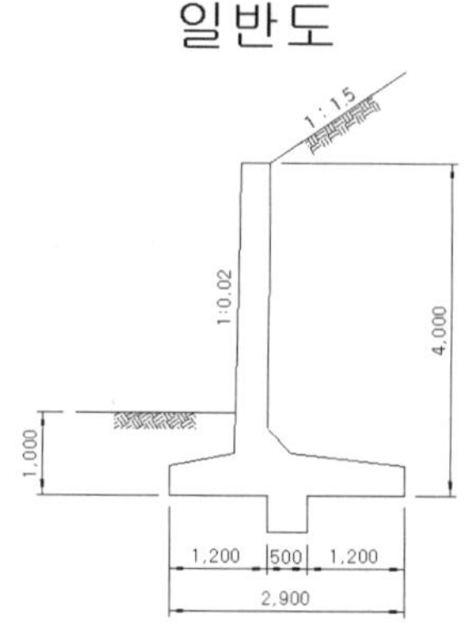

자 격 종 목	전산응용토목제도기능사	과 제 명	역T형 옹벽 구조도	척도	N.S

도면(2)

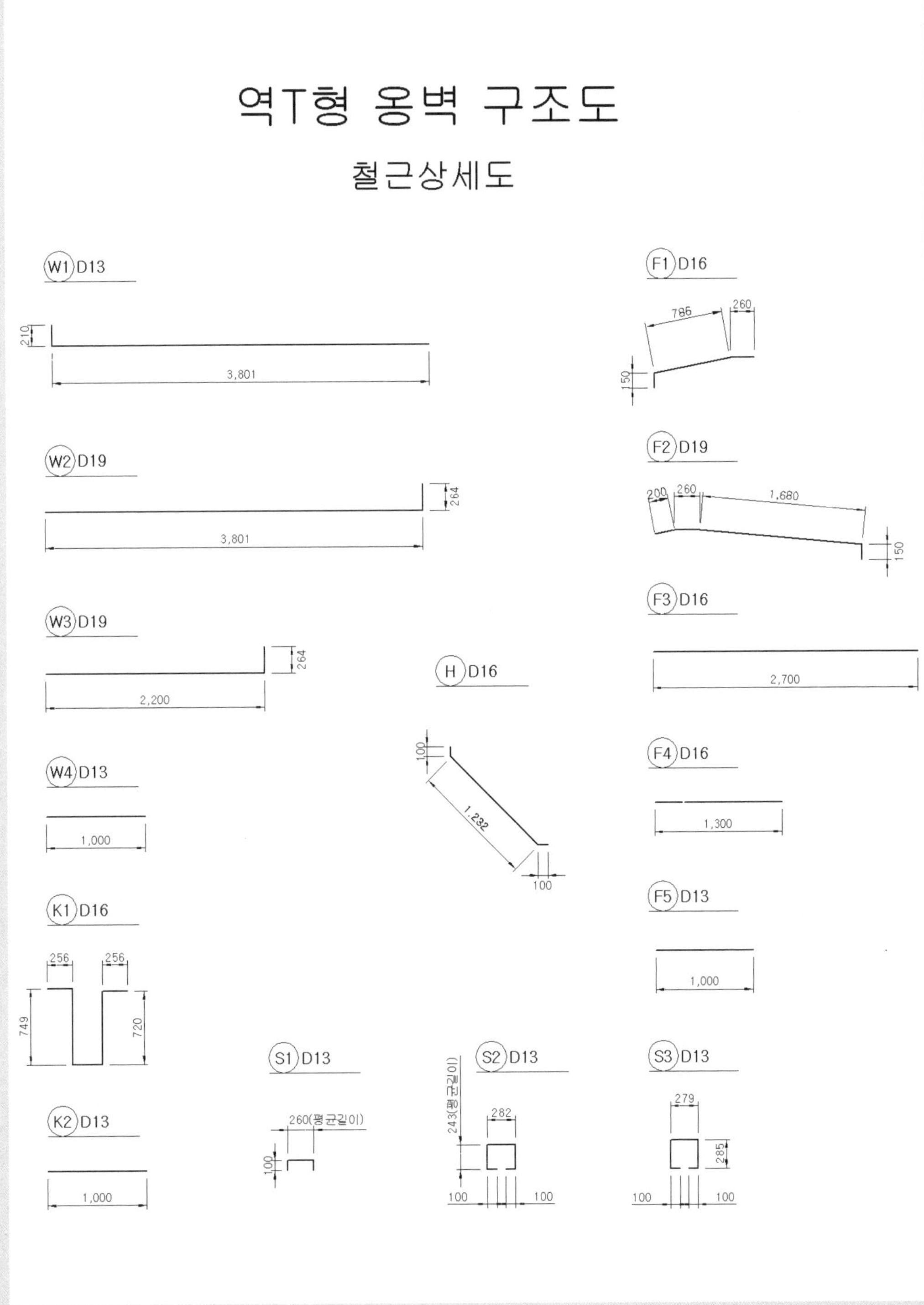

단면도와 벽체 배근도의 이해

다음 제시된 역T형 옹벽의 단면도와 벽체 배근도를 작성하겠습니다. 단면도의 외형을 먼저 그리고 단면도와 벽체 배근도의 공통된 위치를 공유하면서 작성해 나갑니다.

완성파일 실습자료\완성파일\part04\단면도와 벽체.dwg

동영상강좌 P04-역T형옹벽(단면도와 벽체).mp4

⊙ 문제 도면

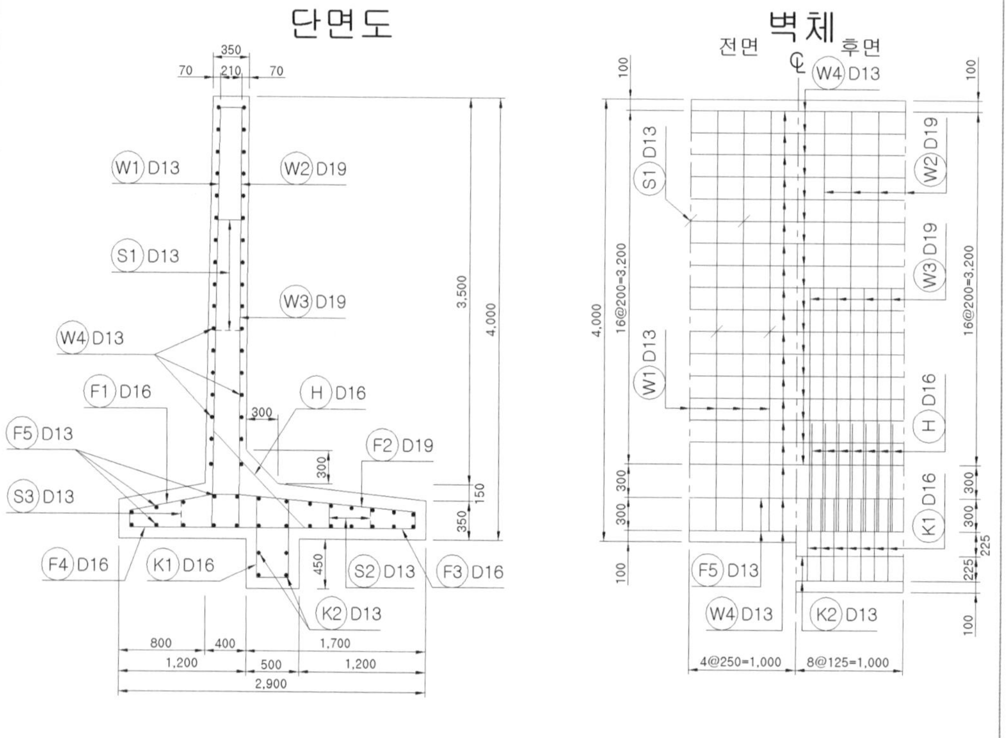

단면도

벽체

01 옹벽 외형 그리기

역T형 옹벽의 작성과정은 L형 옹벽과 유사합니다.

❶ 도면층(LAYER)과 표제란이 작성된 축척 1/40 도면 양식을 준비합니다. 이전 Part03의 L형 옹벽과는 다른 방법으로 작성해 보겠습니다(도면 양식 및 환경 설정은 Part 02를 참고합니다).

완성파일 실습자료\완성파일\part04\도면양식.dwg

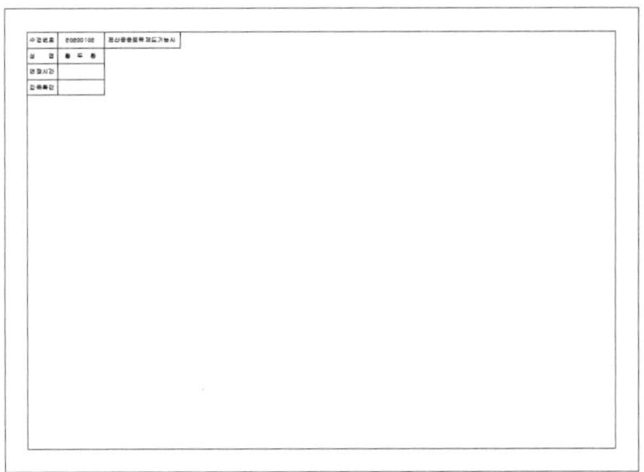

❷ 준비된 양식의 안쪽이나 바깥쪽에 옹벽 하부의 저판을 문제 도면의 치수를 보고 Line(L)으로 그려 나갑니다. 작성 후 선분 ①과 ②는 삭제하고 치수 1400인 부분은 문제 도면에 치수로 기입되지 않았지만 아래 내용을 참고합니다.

1400 치수 참고 도면

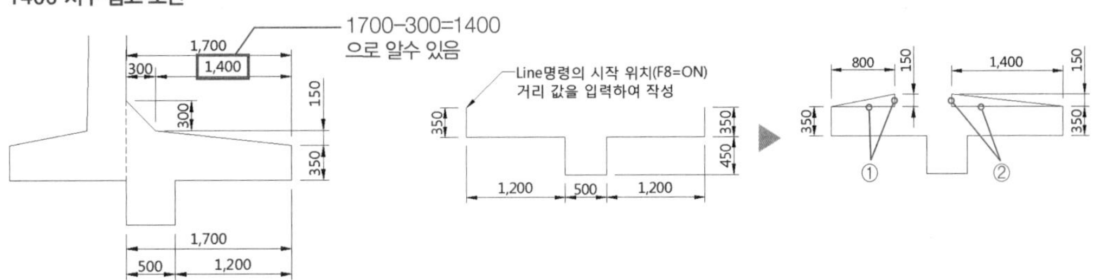

❸ 동일한 방법으로 헌치 부분을 작성하고 벽의 높이를 표시합니다.

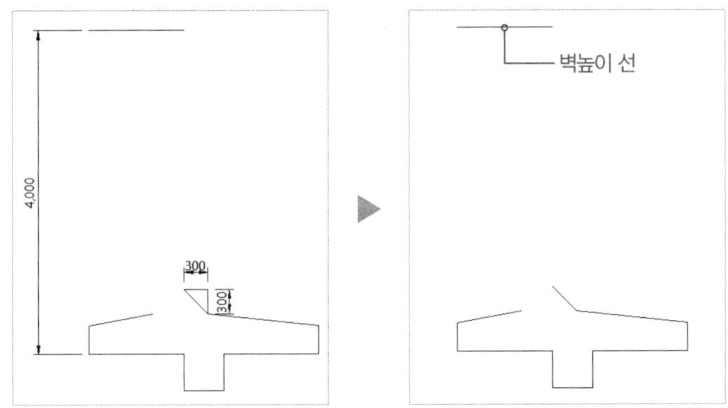

❹ 다음과 같이 일반도에서 경사도(1:0.02)를 확인합니다. Xline(XL) 명령을 실행하고 각도 옵션(A)을 입력한 다음 ① 부분을 클릭한 후 경사도 '@0.02,1'을 입력합니다. 경사 선이 생성되면 다시 ① 위치를 클릭해 선분을 배치하고 옹벽 상단을 다음과 같이 편집합니다.

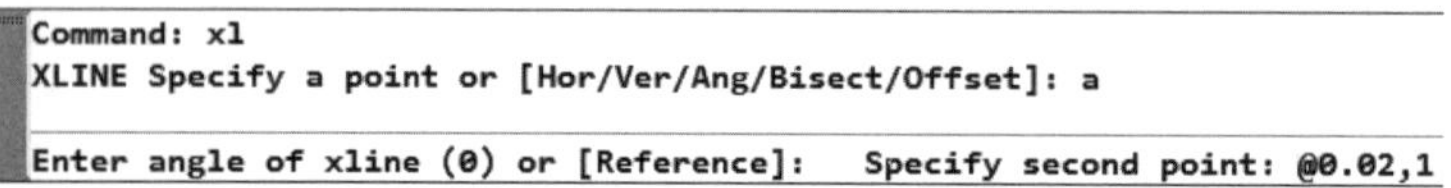

```
Command: xl
XLINE Specify a point or [Hor/Ver/Ang/Bisect/Offset]: a
Enter angle of xline (0) or [Reference]:   Specify second point: @0.02,1
```

일반도의 경사도 표시

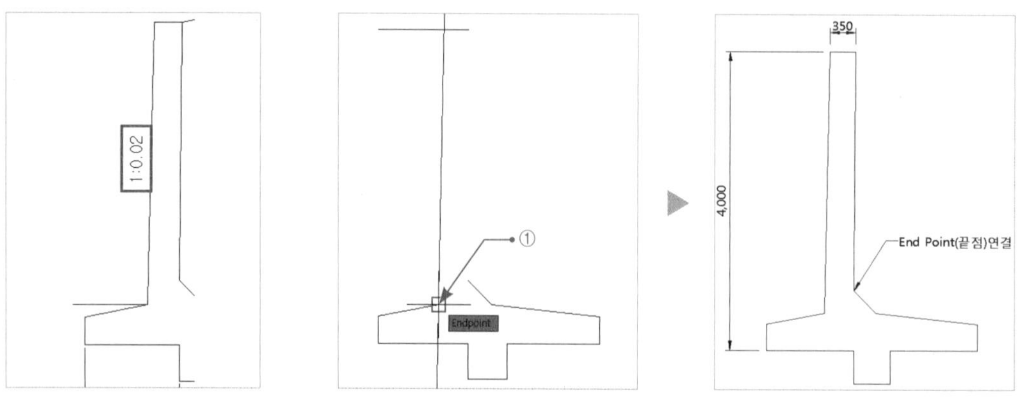

❺ 작성된 콘크리트 안에 선으로 표현되는 철근을 작성하도록 하겠습니다. 단면도와 벽체 도면의 치수를 확인해 다음과 같이 Offset(O)하여 Trim(TR)과 Erase(E)로 편집합니다.

단면도와 벽체 도면

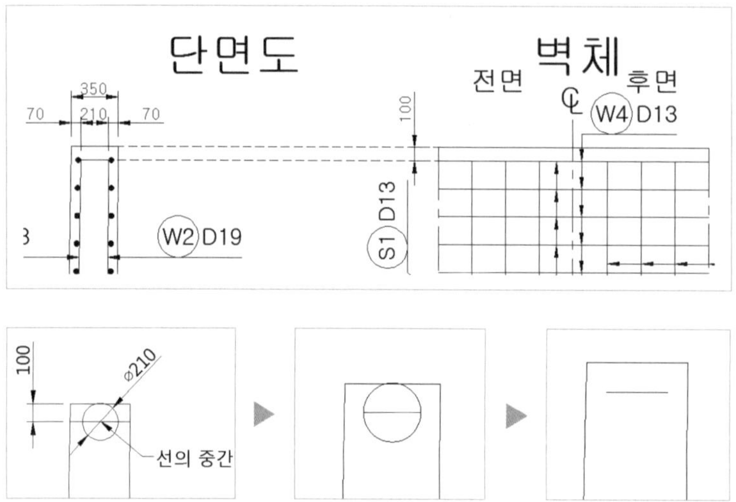

❻ Copy(CO) 명령으로 좌우에 사선 ①, ②를 편집한 선의 끝으로 복사합니다.

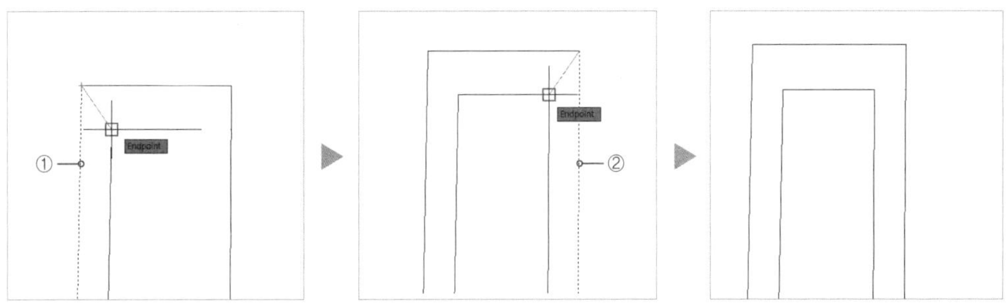

❼ 단면도와 벽체 도면의 치수를 참고하여 다음과 같이 Offset(O)으로 철근을 표시하고 Trim(TR), Etend(EX)로 편집합니다.

단면도와 벽체 도면

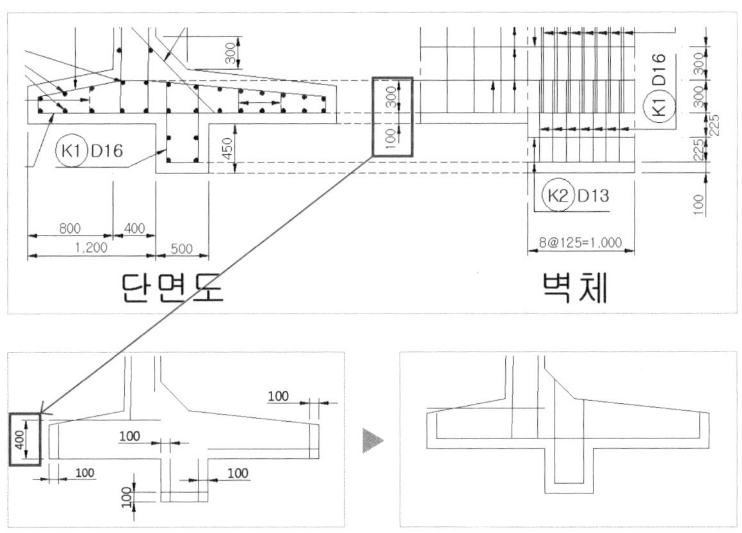

❽ 저판 상단에 사선으로 들어간 철근의 위치를 표시하겠습니다. Mirror(MI) 명령을 실행해 철근 선 ①을 선택합니다. 대칭축을 ② 부분과 ③ 부분을 클릭해 상단에 대칭으로 복사합니다.

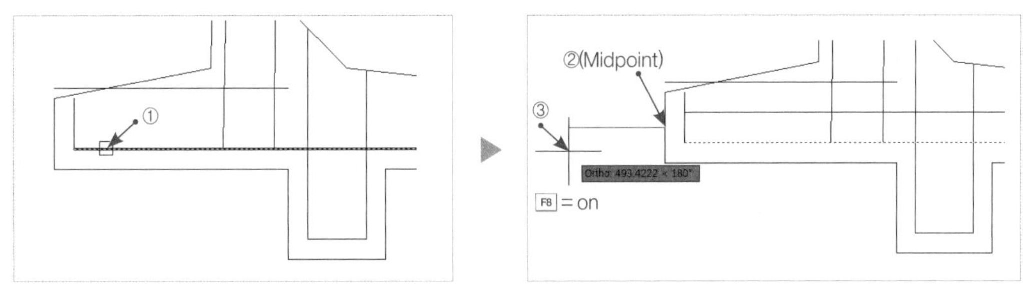

⑨ 표시된 위치에 Line(L)으로 철근 선을 그려줍니다. 대칭 복사한 선은 삭제하고 다음과 같이 편집합니다.

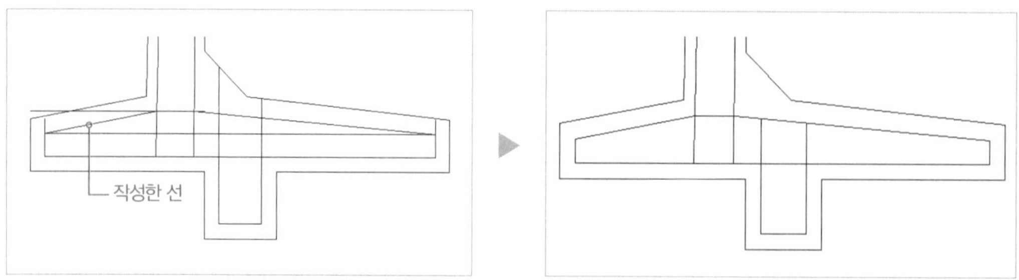

⑩ Ⓗ D16 철근을 표현하기 위해 철근 상세도의 Ⓗ D 16의 치수를 확인합니다.

단면도의 Ⓗ D16 철근의 위치

철근 상세도의 Ⓗ D16 철근 치수

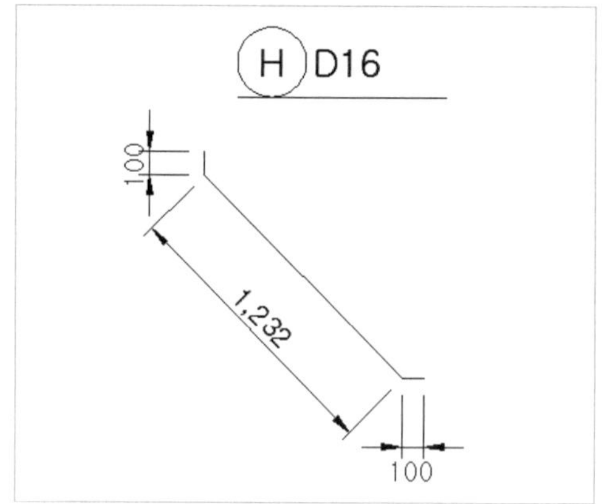

⑪ Ⓗ D16의 철근을 길이(1232)를 135° 회전하여 작성합니다. Line(L) 명령을 실행해 빈 여백에 시작점을 클릭한 후 상대극좌표 '@1232<135'를 입력합니다.

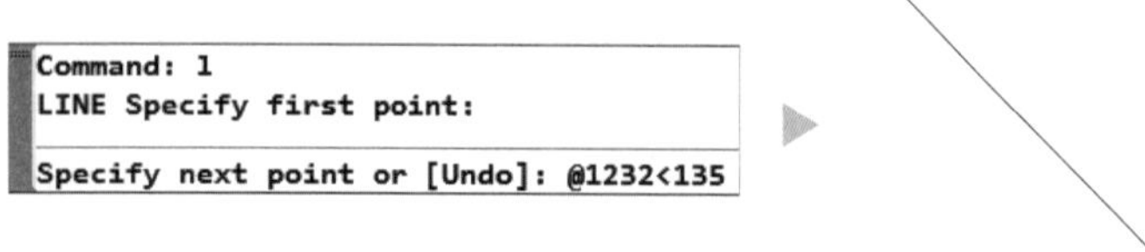

⑫ 작성된 Ⓗ D16 철근을 배치하기 위해 Move(M)를 사용해 다음과 같은 위치로 이동한 다음 Line(L)으로 수평인 선을 그려 철근이 교차하는 위치를 표시합니다. 철근과 선의 교차점으로 Ⓗ D16 철근을 Move(M)로 이동해 배치합니다.

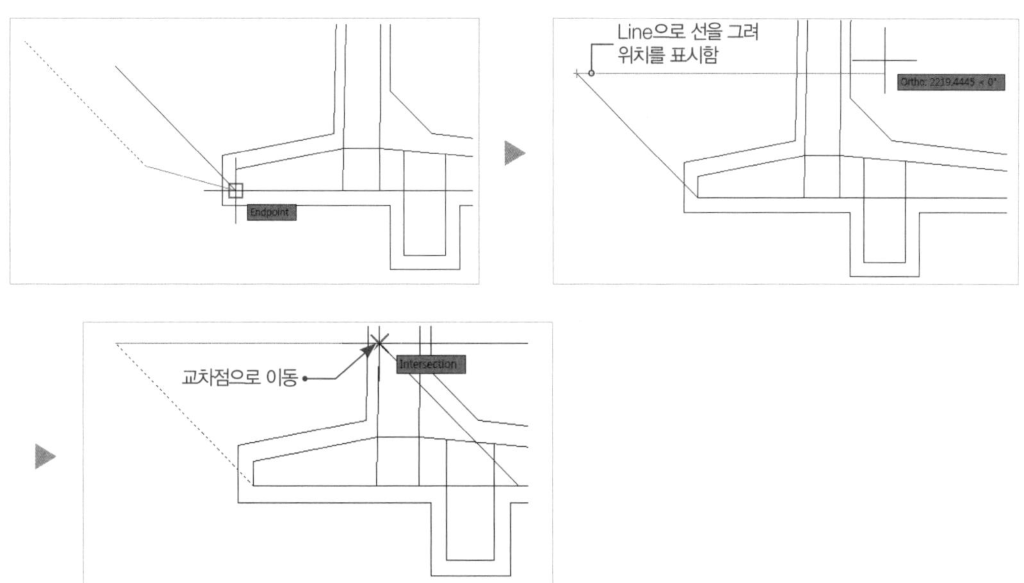

⓭ 위치를 표시한 수평선은 삭제하고 외형 안쪽으로 작성한 철근은 모두 빨간색인 '철근선' 도면층으로 변경합니다.

02 벽체의 전면과 후면 그리기

벽체 도면의 높이는 앞서 작성한 옹벽 외형의 높이를 그대로 이용하고 폭은 문제 도면의 벽체 도면을 확인해 작성합니다.

❶ 벽체 도면의 하부 치수를 확인합니다.

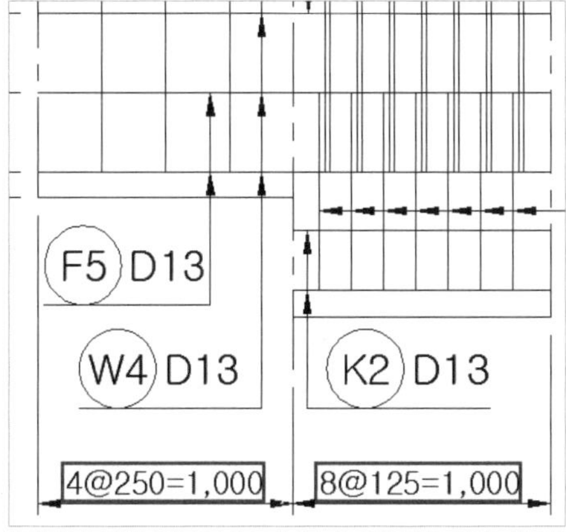

❷ 작성된 옹벽 외형에서 높이에 해당하는 ①, ②부분을 Line(L)을 사용해 우측으로 길게 표시합니다.

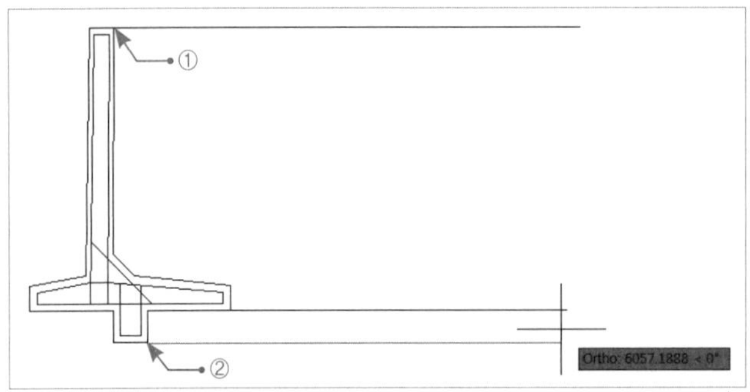

❸ 다음과 같이 적당한 위치에 Line(L)으로 세로 선을 긋고 벽체 도면에 표시된 치수를 Offset(O) 합니다. 편집 후 세로 선은 '중심선 파단선' 도면층으로, 가로 선은 '외형선' 도면층으로 변경합니다.

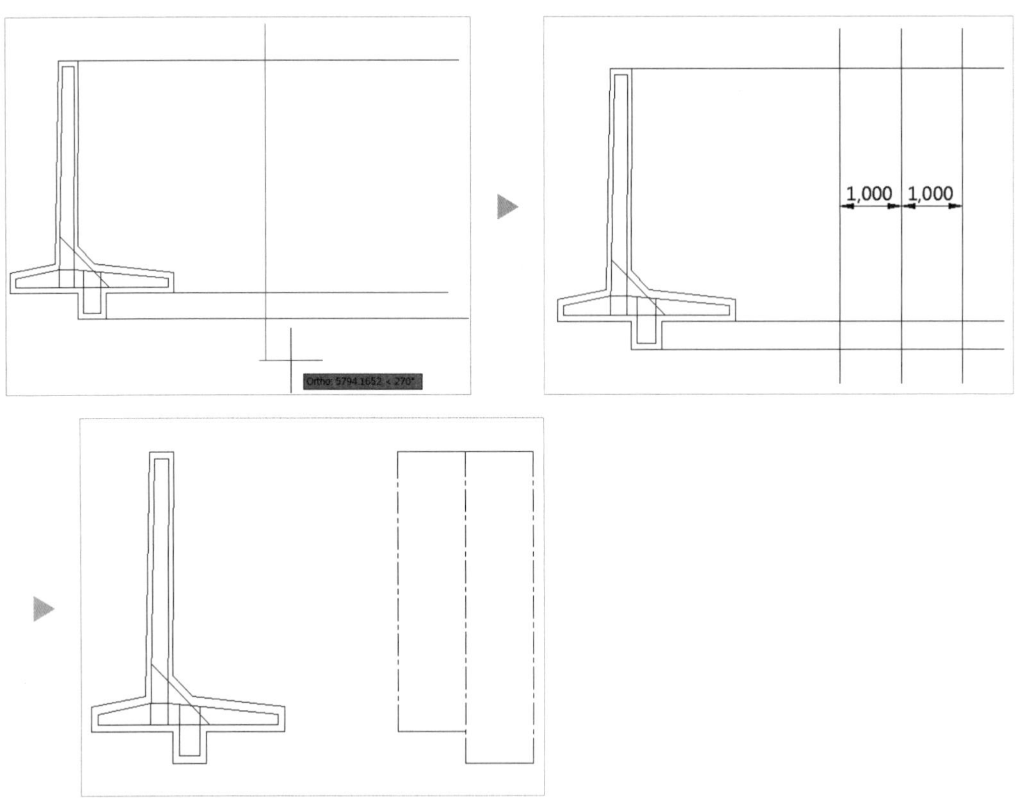

❹ 벽체에 철근을 배근하기 위해 문제 도면의 치수를 확인합니다.

벽체 도면의 철근 치수

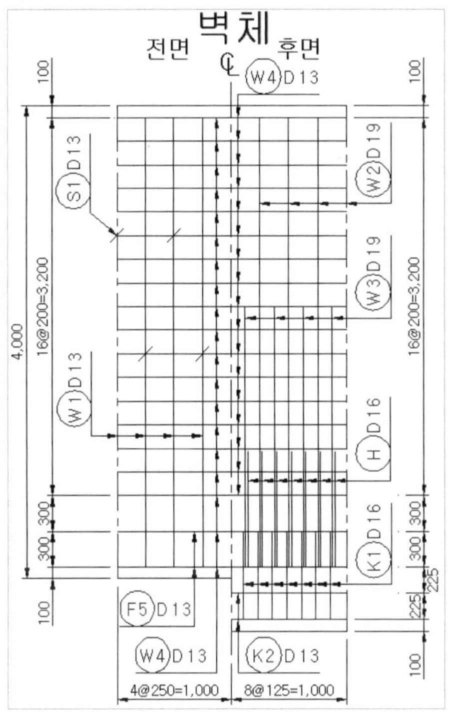

❺ 도면 좌측과 우측에 표시된 '16@200=3200'을 확인해 3200 구간 안에 200 간격으로 Offset(O)하고 나머지는 표시된 치수로 가로 철근을 작성합니다.

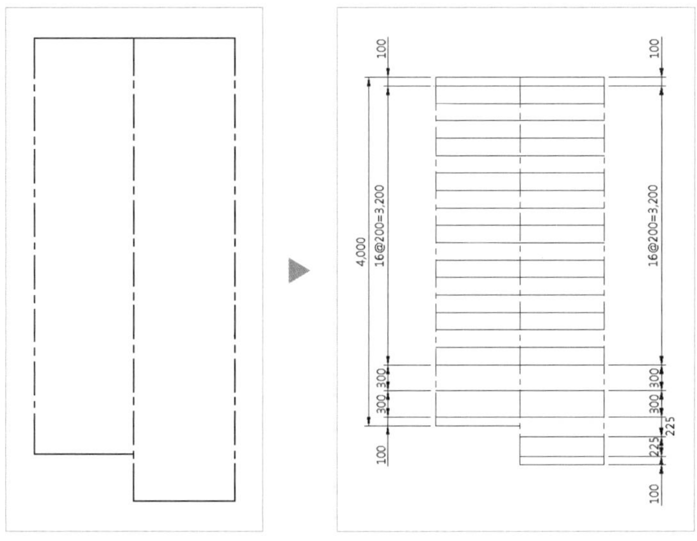

❻ 전면과 후면의 세로 철근을 작성하기 위해 벽체 하단의 세로 철근 치수를 확인합니다.

벽체 도면 하단 치수

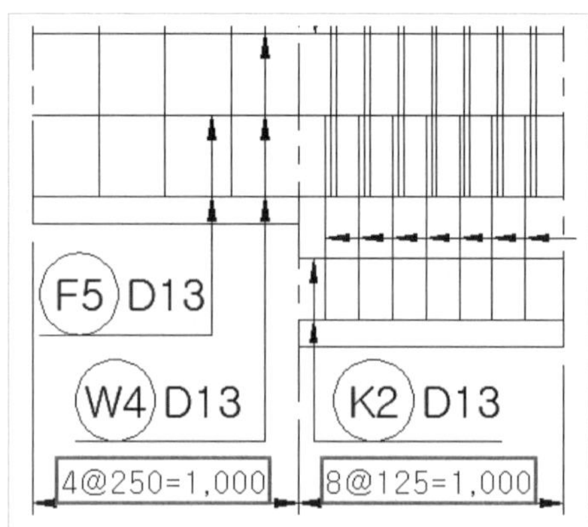

❼ 도면 좌측과 하단에 표시된 '4@250=1000과 8@125=1000'을 확인해 1000 구간 안에 250 간격으로 Offset(O) 하여 세로 철근을 작성하고 편집합니다.

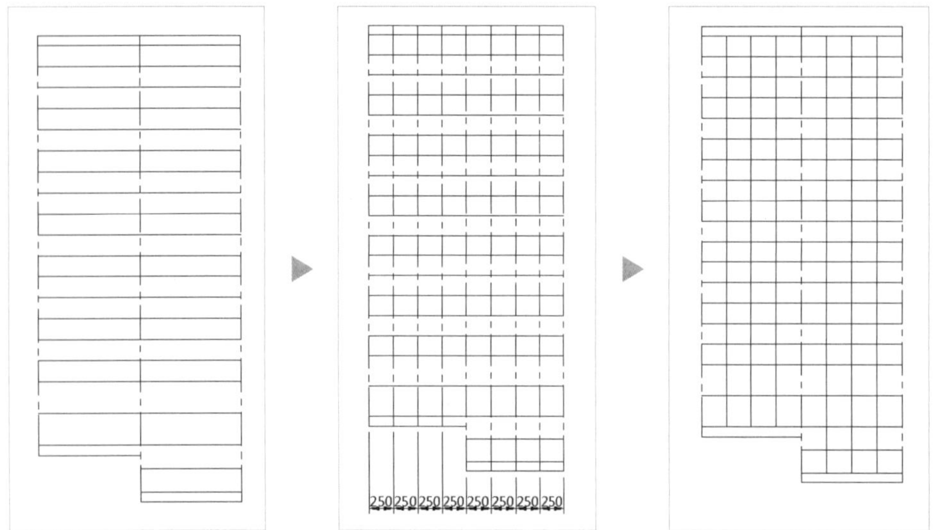

TIP 벽체 도면에 주어진 치수로도 그릴 수 있는 부분이지만 철근 상세도를 보고 작성해야 하는 철근(W1 D13, W2 D19)을 확인하는 것도 중요합니다.

철근 상세도의 W1 D13, W2 D19 철근

❽ 이어서 후면의 W3 D19 철근을 작성하기 위해 철근 상세도에서 철근 규격을 확인합니다. W3 D19 철근의 길이인 2200만큼 Offset(O)이나 Line(L) 명령 등으로 철근의 위치를 표시합니다.

철근 상세도의 W3 D19 철근

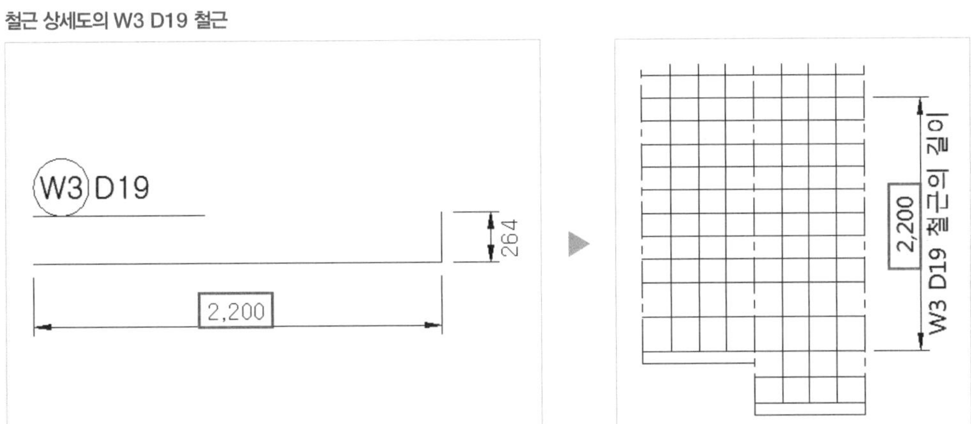

❾ 벽체 도면의 우측 하단 치수를 확인하고 다음과 같이 철근을 배열하고 편집합니다.

벽체 도면 우측 하단 치수

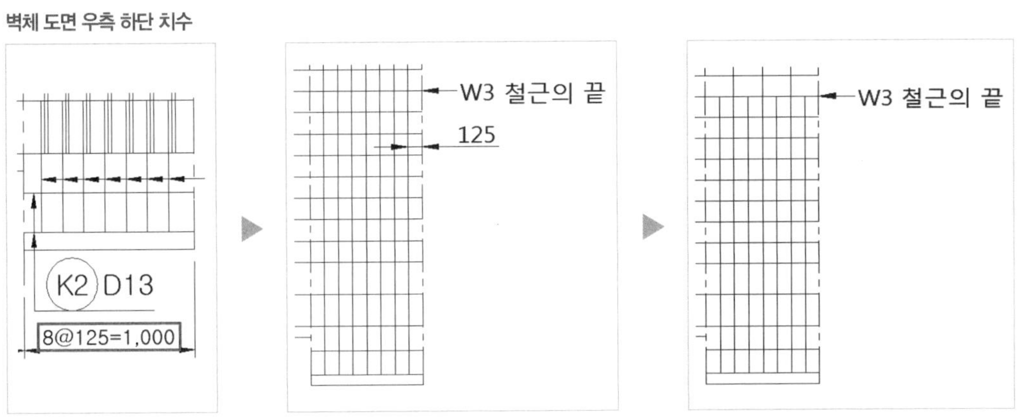

❿ 이어서 H D16 철근을 작성하기 위해 철근 상세도에서 철근 규격을 확인합니다. 앞서 작성한 단면도의 H D16 철근을 수평으로 다음과 같은 위치에 복사해 철근 상세도의 치수대로 Line(L)을 사용해 수정합니다.

철근 상세도의 H D16 철근

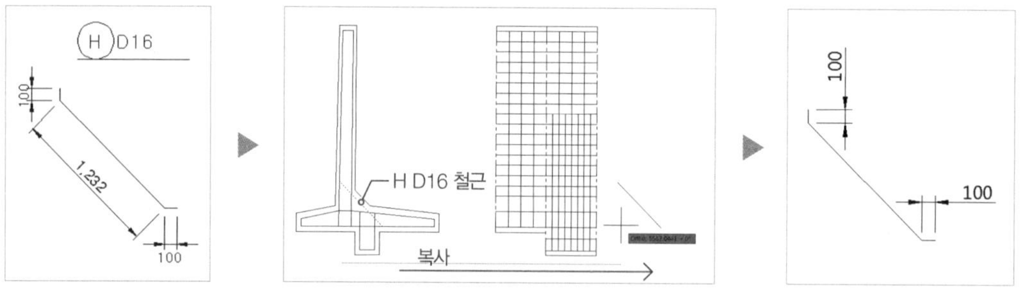

⓫ 수정된 H D16 철근의 높이에서 Line(L)을 그려 철근의 위치를 표시합니다.

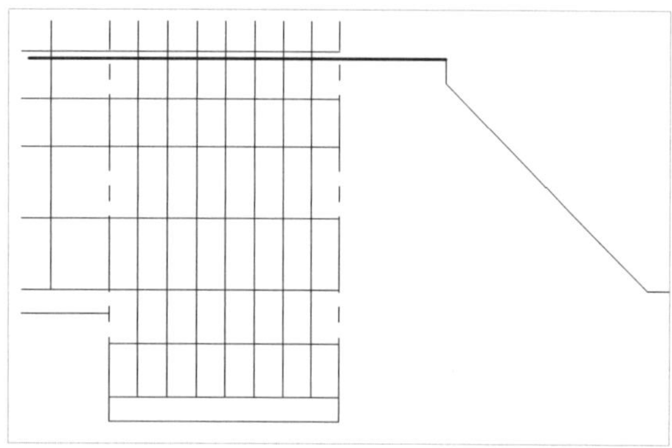

⓬ 다음과 같이 먼저 작성한 W2, W3 철근 우측으로 20 Offset(O)하여 H D16 철근을 표시하고 Trim(TR)으로 편집합니다.

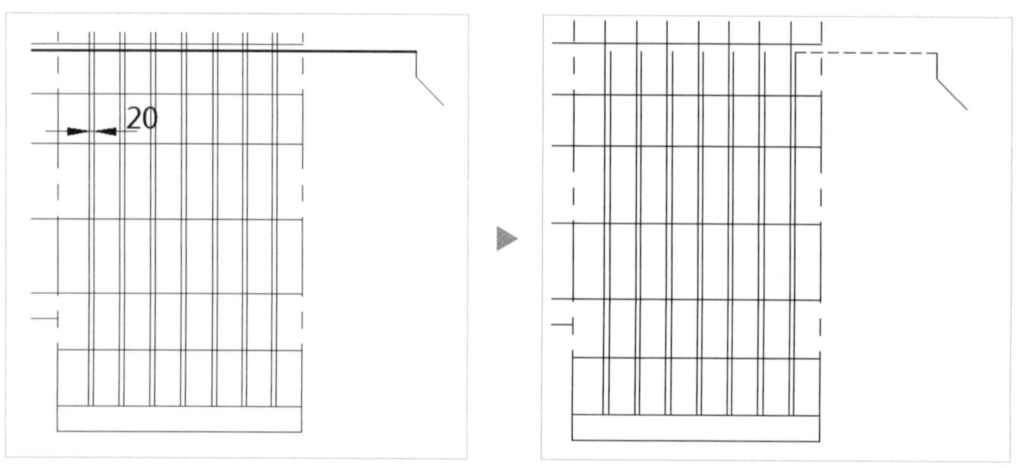

⓭ 이어서 K1 D16 철근을 작성하기 위해 철근 상세도에서 철근 규격을 확인하고, 단면도에서는 K1

D16 철근의 위치를 확인합니다.

철근 상세도의 K1 D16 철근

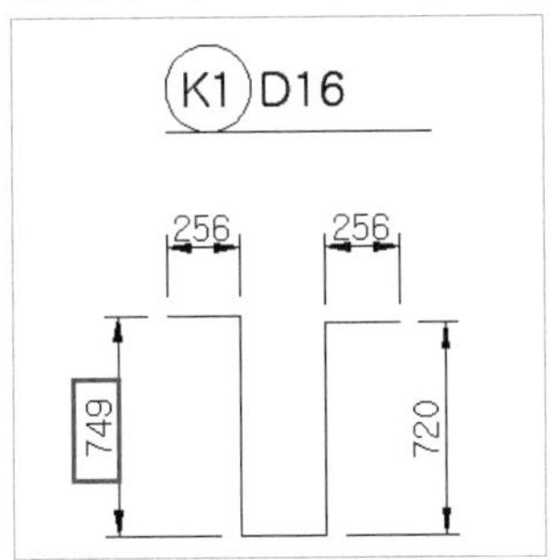

단면도의 K1 D16 철근

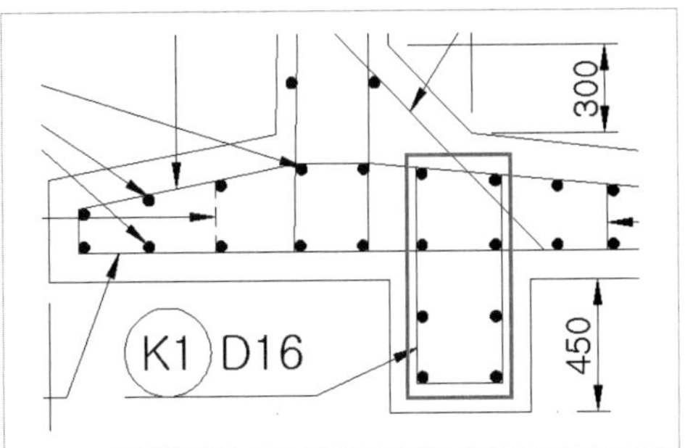

⑭ 확인된 K1 D16 철근의 길이 749 Offset(O)하여 철근의 위치를 표시합니다. 먼저 작성한 W2, W3 철근 좌측으로 20 Offset(O)하여 K1 D16 철근을 표시하고 Trim(TR)으로 편집합니다(Offset한 선분은 거리 값 1차이로 겹치게 보이므로 충분히 확대하여 편집하고 749 Offset한 선은 삭제합니다).

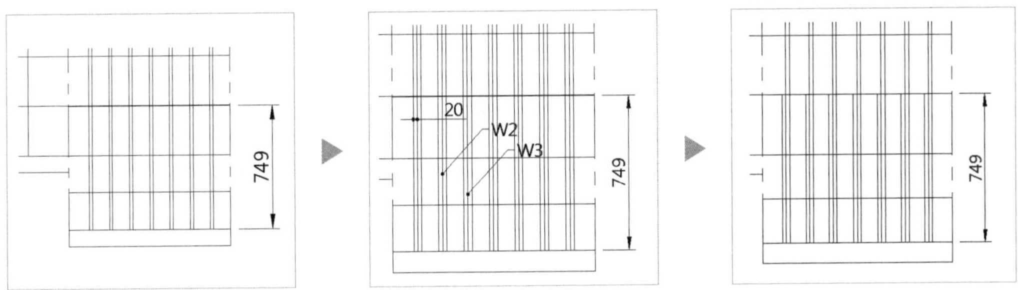

⑮ 앞서 작성한 W2, W3, H 철근의 길이를 다음과 같이 Trim(TR)으로 편집하고 '철근선' 도면층(빨강)으로 되었는지 확인합니다.

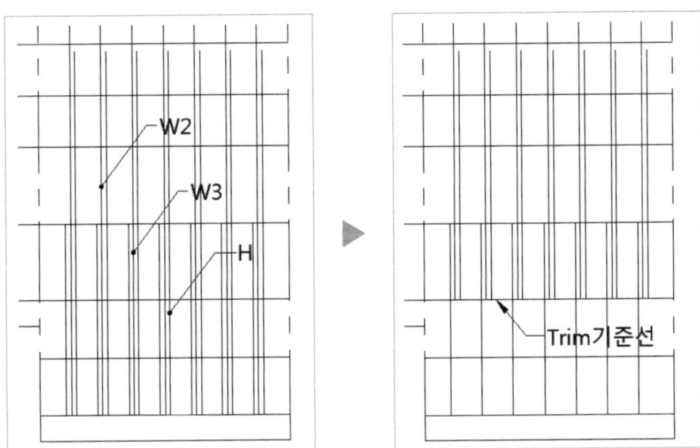

⓰ 계속해서 스트럽을 작성하겠습니다. 벽체 도면에서 스트럽의 위치를 확인하고 다음 위치에 반지름이 80인 원을 그립니다. 이후 Xline(XL)으로 45° 스트럽을 작성합니다.

벽체 도면의 스트럽

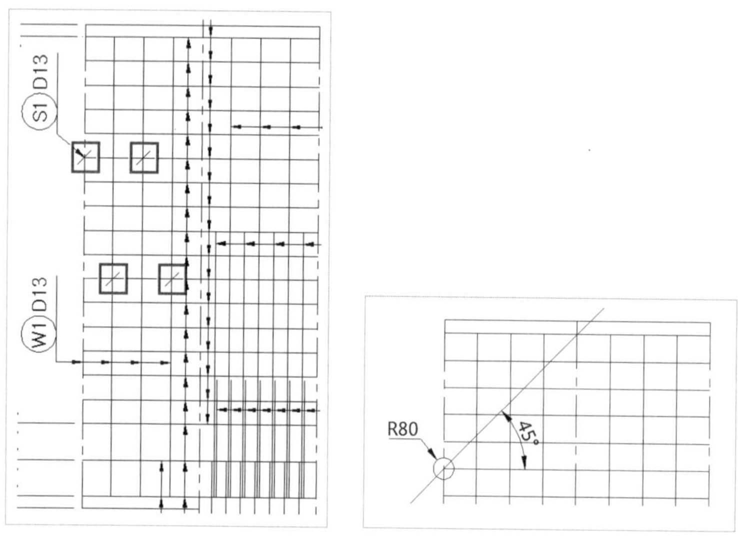

⓱ Trim(TR)으로 원 밖의 선을 잘라내고, 원을 삭제합니다. 작성된 스트럽 선이 '철근선' 도면층(빨강)으로 되었는지 확인하고, 벽체 도면에 표시된 위치에 Copy(CO)로 복사해 벽체 도면을 완성합니다.

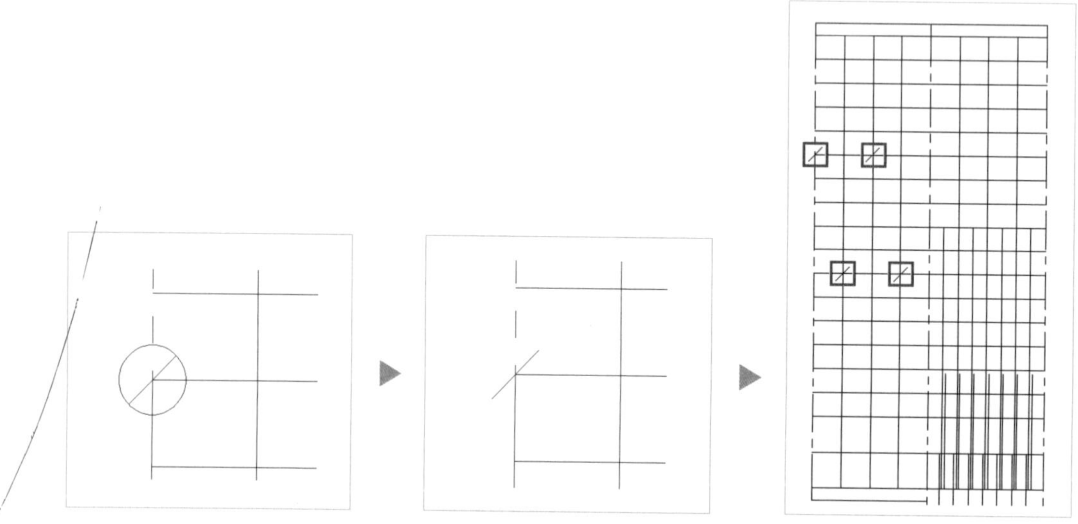

단면도와 저판 배근도의 이해

저판 도면도 벽체 도면과 같이 단면도를 활용해야 합니다. 단면도와 저판 배근도의 공통된 위치를 공유하면서 작성해 나갑니다.

완성파일 실습자료\완성파일\part04\단면도와 저판.dwg

동영상강좌 P04-역T형옹벽(단면도와 저판).mp4

⊙ 문제 도면

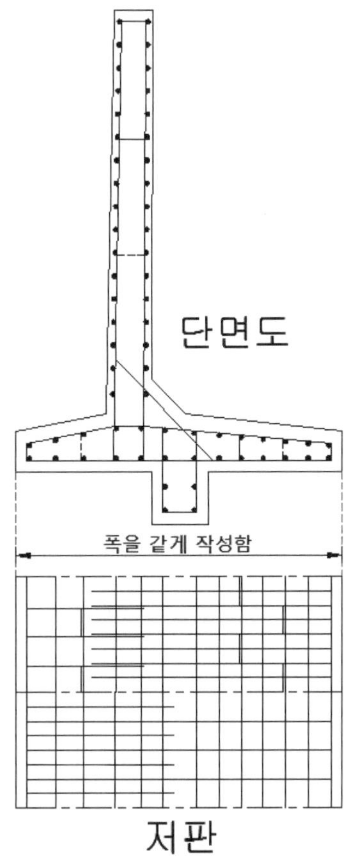

단면도

폭을 같게 작성함

저판

⊙ 문제도면

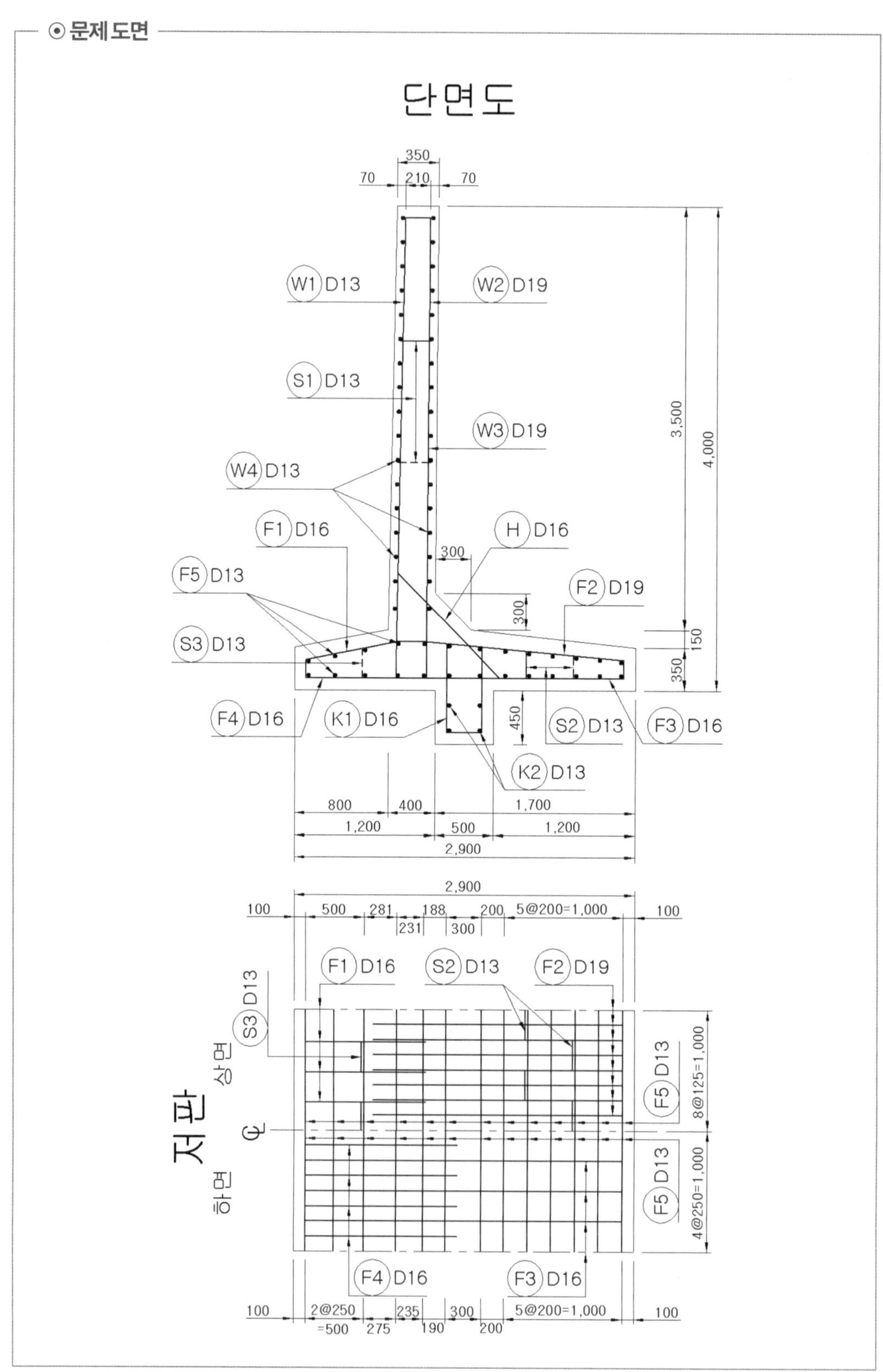

단면도
350
70
210
70
W1 D13
W2 D19
S1 D13
W3 D19
W4 D13
F1 D16
H D16
F5 D13
300
300
F2 D19
S3 D13
3,500
4,000
150
350
F4 D16
K1 D16
450
S2 D13
F3 D16
K2 D13
800
400
1,700
1,200
500
1,200
2,900
2,900
100
500
281
188
200
5@200=1,000
100
231
300
F1 D16
S2 D13
F2 D19
S3 D13
상면
저판
하면
F5 D13
8@125=1,000
F5 D13
4@250=1,000
F4 D16
F3 D16
100
2@250 =500
275
235
190
300
200
5@200=1,000
100

01 저판의 상면과 하면 그리기

❶ 저판 도면의 우측 치수를 확인합니다.

저판 도면의 치수

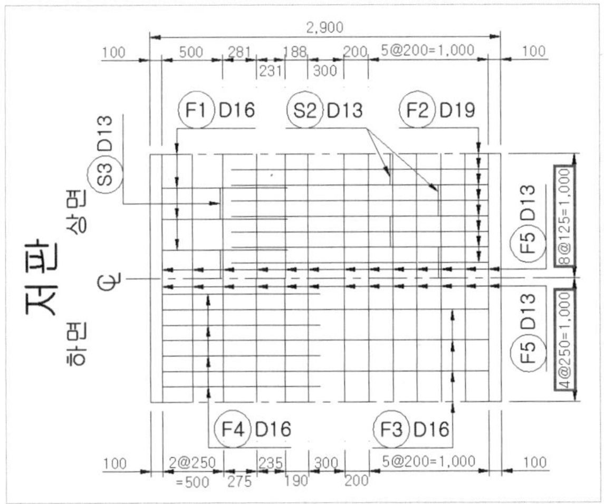

❷ 작성된 옹벽 외형에서 폭에 해당하는 부분을 Line(L)을 사용해 하단으로 길게 표시합니다. 저판 도면의 우측 치수(1000, 1000)를 확인해 다음과 같이 선을 그려 Offset(O)으로 전체 크기를 작성하고 좌우의 선은 '외형선' 도면층, 가로선은 '중심선 파단선' 도면층으로 변경합니다.

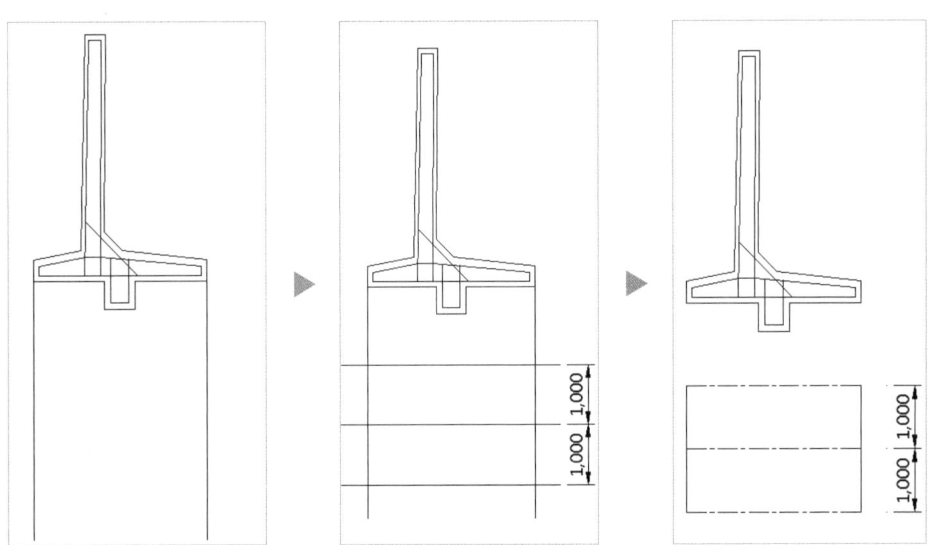

❸ F2 D19, F3 D16 철근을 배치하기 위해 저판 도면의 우측 치수를 확인해 다음과 같은 치수로 철

근을 작성합니다. 좌측 우측은 Trim(TR)으로 편집하고 작성된 철근은 '철근선' 도면층으로 변경합니다.(8@125=1000, 4@250=1000)

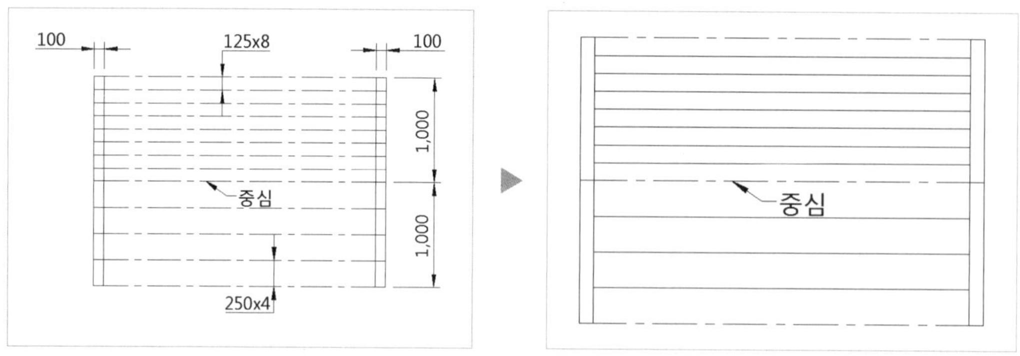

❹ 작성된 F2 D19 철근의 길이를 편집하겠습니다. 길이를 측정하기 위해 앞서 작성한 단면도에서 F2 D19 철근인 선분 ①, ②, ③을 Copy(CO)로 수직(F8=ON) 아래로 복사합니다.

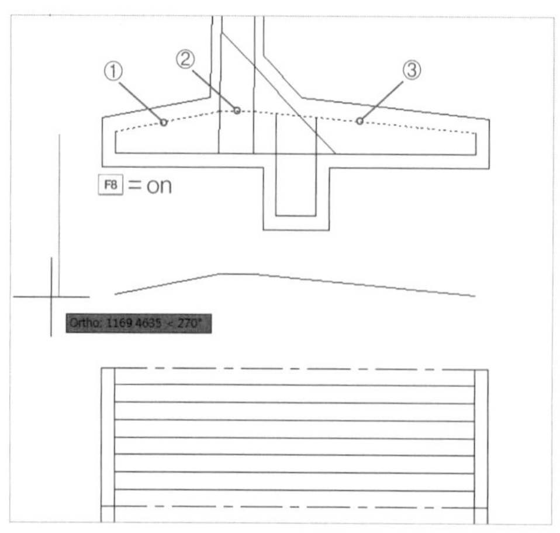

❺ 문제 도면인 철근 상세도에서 F2 D19 철근의 길이를 확인합니다. 단면도에서 복사해온 철근의 좌측의 길이(200)을 맞추기 위해 Xline(XL)을 실행합니다. 각도 옵션(A)을 입력하고 다시 참조 옵션 R을 입력합니다. 참조할 선분 ①을 클릭한 후 90을 입력해 ② 위치에 클릭합니다.

철근 상세도의 F2 D19 철근

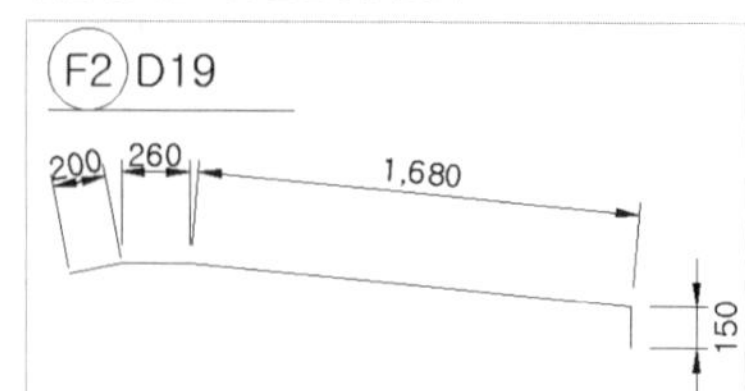

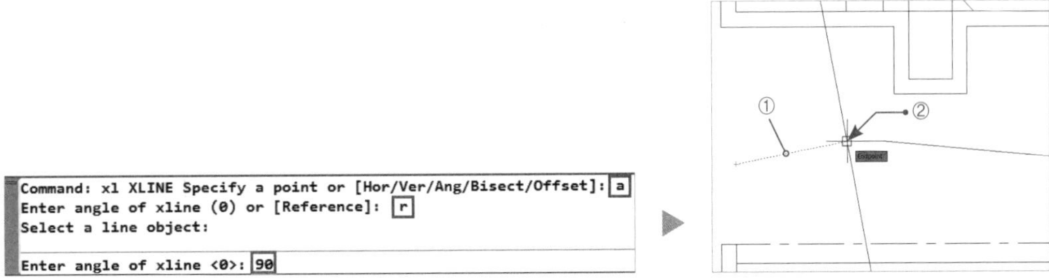

⑥ Xline으로 작성한 선분을 F2 D19 철근의 좌측 길이 200만큼 Offset(O)하고 Trim(TR)으로 다음과 같이 편집합니다.

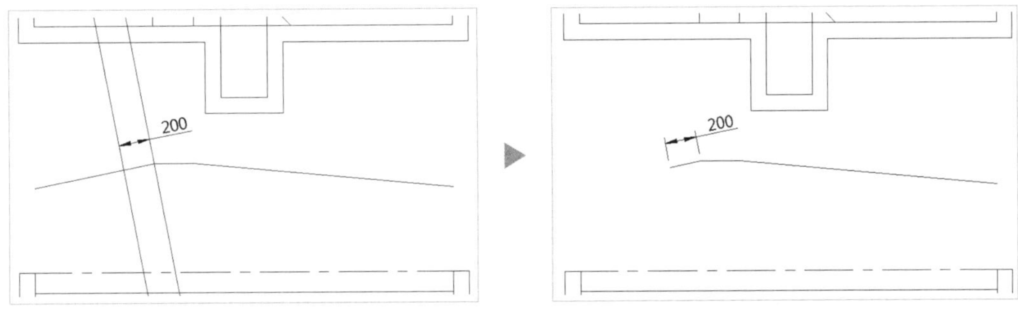

⑦ Line(L)으로 편집된 선분의 끝점에서 수직 아래로 선분을 다음과 같이 내려그어 F2 D19 철근의 위치를 표시합니다. 표시된 위치를 기준으로 Trim(TR)을 사용해 편집합니다(Xline을 사용해 작성한 F2 D19 철근은 나중에 철근 상세도에 그대로 사용합니다).

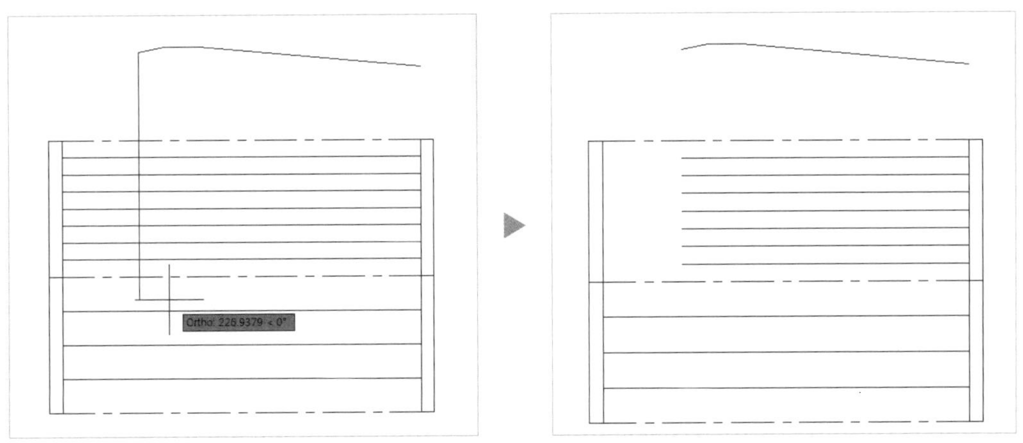

⑧ 앞서 작성한 F2 D19 철근과 동일한 방법으로 F1 D16 철근의 길이를 편집하겠습니다. 길이를 측

정하기 위해 단면도에서 F1 D16 철근인 선분 ①을 Copy(CO)로 수직(F8=ON) 아래로 복사합니다.

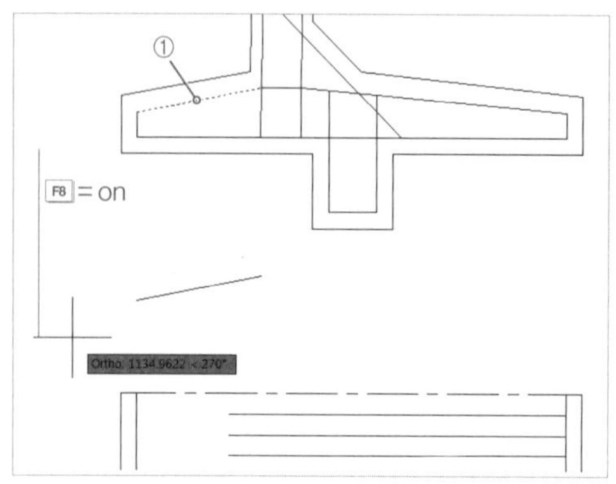

❾ 문제 도면인 철근 상세도에서 F1 D16 철근의 길이를 확인합니다. 우측의 길이(260)을 맞추기 위해 Lne(L)으로 길이가 260인 선을 우측으로 작성합니다.

철근 상세도의 F1 D16 철근

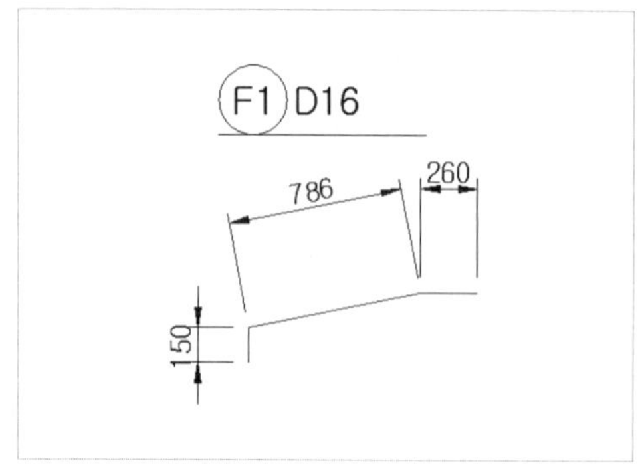

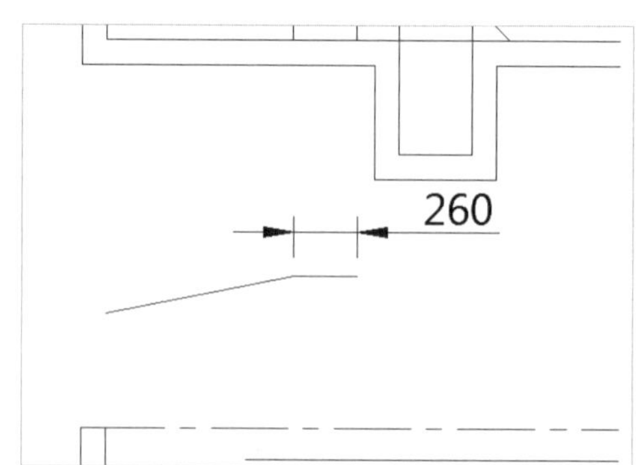

❿ Line(L)으로 편집된 선분의 끝점에서 수직 아래로 선분을 다음과 같이 내려그어 F1 D16 철근의 위치를 표시합니다. 선분 ①, ②, ③을 아래로 20 Offset(O)합니다.

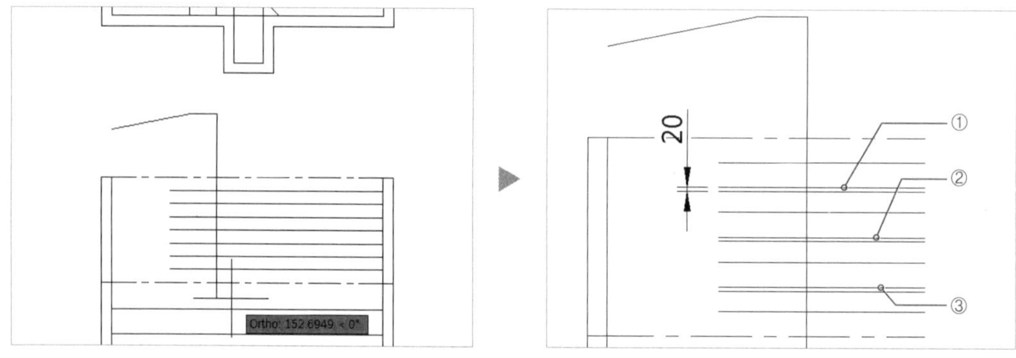

⑪ 표시된 위치를 기준으로 Trim(TR)과 Extend(EX)를 사용해 다음과 같이 편집합니다(단면도를 활용해 작성한 F1 D16 철근도 이후 철근 상세도에 그대로 사용합니다).

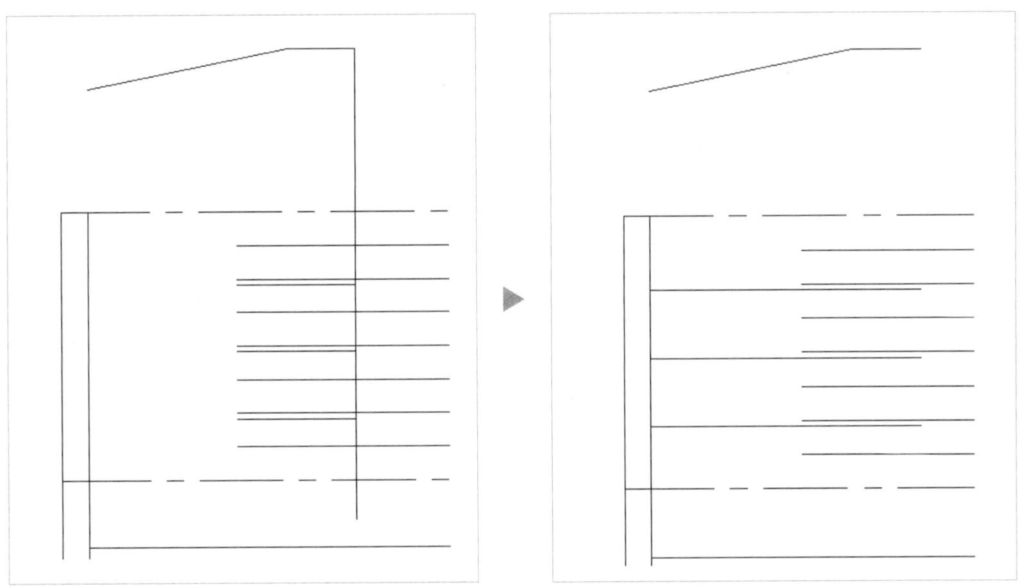

⑫ 계속해서 F4 D16 철근을 작성하기 위해 길이를 표시하겠습니다. 문제 도면인 철근 상세도에서 F4 D16 철근의 길이(1300)를 확인합니다. 저판 도면의 선분 ①을 F4 D16 철근의 길이(1300)로 Offset(O)합니다.

철근 상세도의 F4 D16 철근

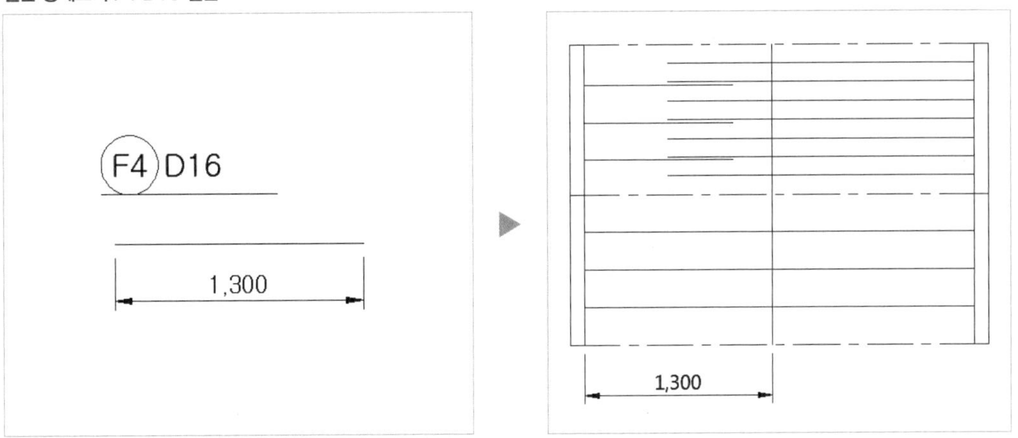

⓭ 선분 ①~④까지를 상단으로 125 간격 Offset(O)하고, 앞서 표시한 1300 선을 기준으로 Trim(TR) 명령을 실행해 편집합니다.

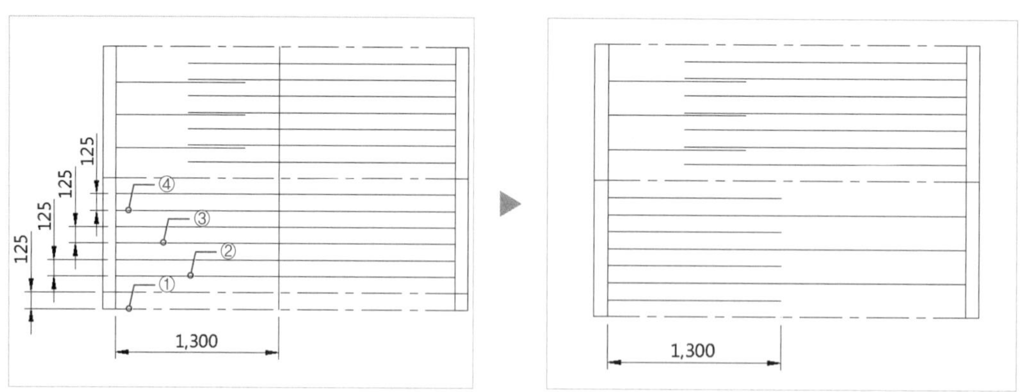

⓮ 이어서 F5 D13 철근을 배치하기 위해 저판 도면의 상면과 하면의 치수를 확인하고 Offset(O)으로 철근을 작성합니다(좌측은 상면과 하면의 치수가 다르므로 주의합니다).

저판 도면의 상면과 하면 치수

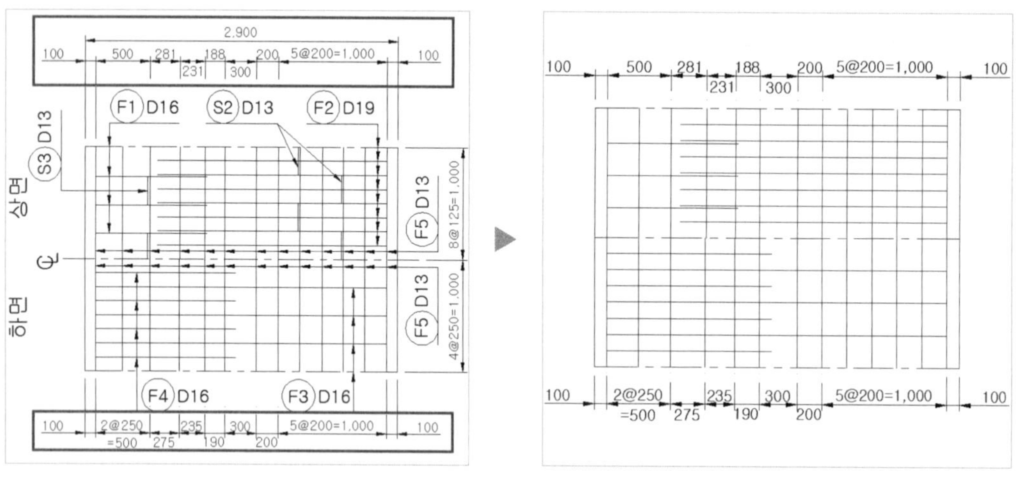

⓯ 마지막으로 스트럽(S2 D13)을 작성하겠습니다. 스트럽의 간격은 도면에 표기되지 않았지만 20 간격으로 문제 도면과 같은 위치에 작성합니다. 문제 도면인 저판 도면에서 스트럽(S2 D13)의 위치를 확인합니다.

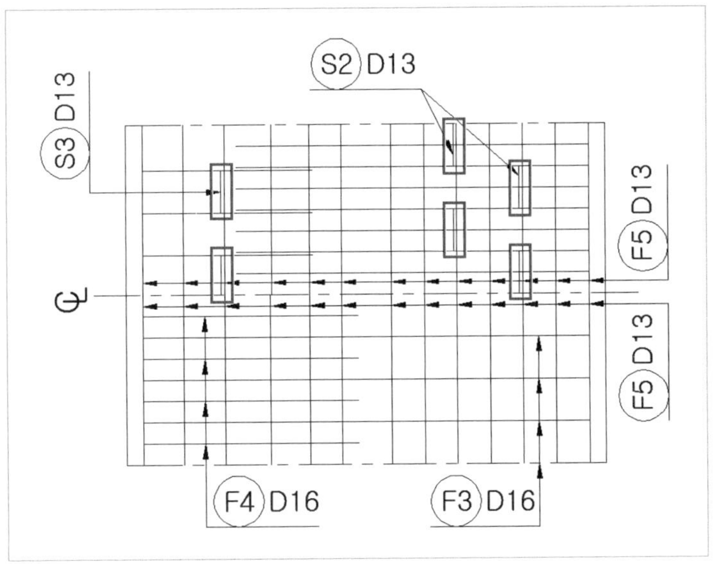

⓰ 스트럽에 위치한 철근을 좌측으로 20만큼 Offset(O)하고 Trim(TR)으로 편집합니다. 나머지 스트럽도 동일한 방법으로 작성하거나 Copy(CO)로 복사합니다.

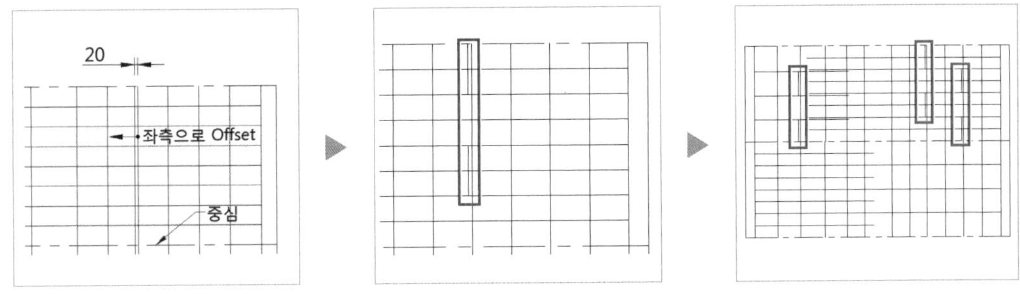

02 단면도의 철근 그리기

앞서 작성된 벽체와 저판 도면을 활용하여 단면도의 철근을 작성하며 절단된 철근(점철근)의 표현은 Donut(DO) 명령을 사용합니다. 도면 요구사항에 따라 철근의 단면은 출력 결과물에 1mm 표시가 되어야 하므로 축척이 '1/40'인 경우는 Donut의 외부 지름을 '40', '1/50'인 경우는 외부 지름을 '50'으로 하여야 합니다.

❶ 단면도와 벽체 도면을 다음과 같이 화면에 배치합니다.

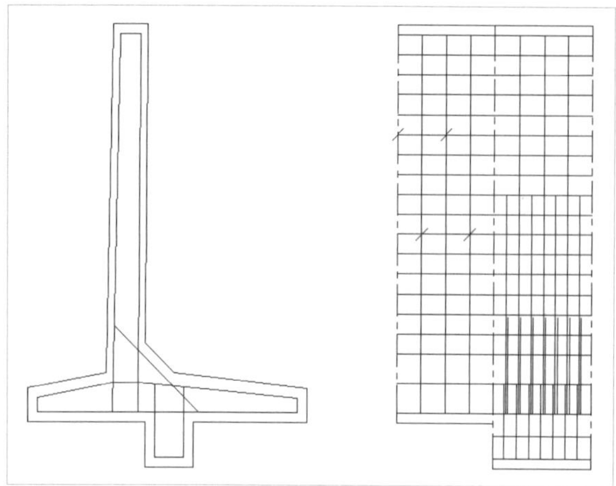

❷ 벽체 도면의 가로 철근이 단면도에서는 절단된 철근(점철근)이 되므로 벽체 도면의 가로 철근 선 끝에 Xline(XL)으로 위치를 표시합니다. 벽체 도면의 전면부 철근을 먼저 표시합니다.

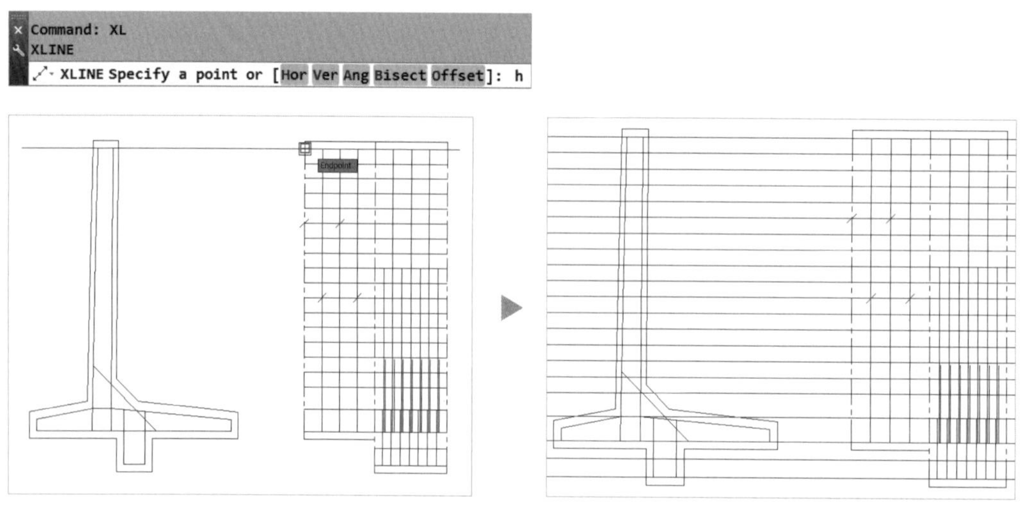
Command: XL
XLINE
XLINE Specify a point or [Hor Ver Ang Bisect Offset]: h
Endpoint

❸ 철근을 배치하기 위해 Donut(DO) 명령을 실행해 다음과 같이 설정합니다(도면 요구 사항에 따라 철근의 단면은 출력 결과물에 1mm로 표시되어야 하므로 축척이 '1/40'인 경우는 Donut의 외부 지름을 '40', '1/50'인 경우는 외부 지름을 '50'으로 하여야 합니다).

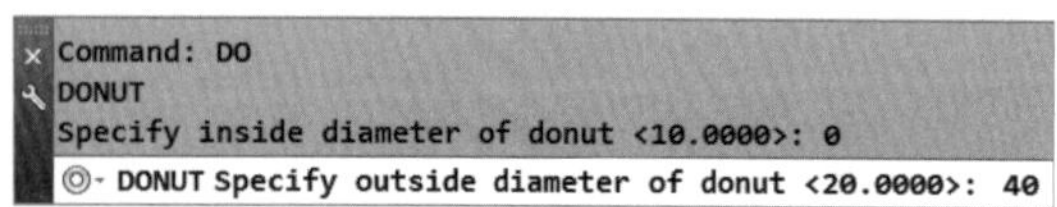
Command: DO
DONUT
Specify inside diameter of donut <10.0000>: 0
DONUT Specify outside diameter of donut <20.0000>: 40

❹ Xline으로 표시된 위치를 클릭해 점철근을 작성합니다. 작성된 점철근을 문제 도면의 위치와 같도록 하기 위해 하단의 13개를 제외한 나머지를 철근을 Move(M)로 20만큼 좌측과 우측으로 이동합니다.

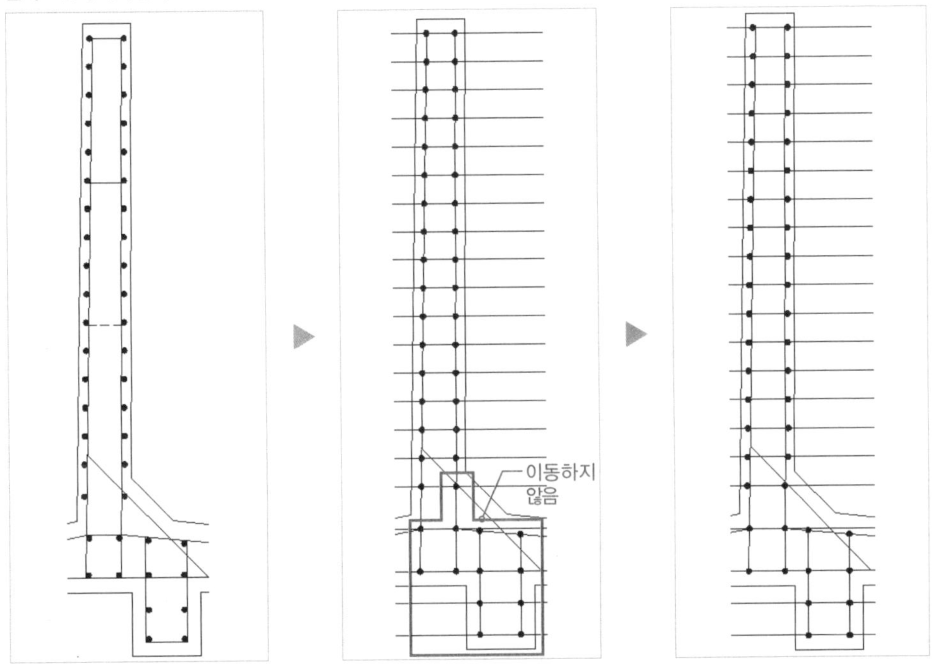

❺ 나머지 13개 철근과 ①번 철근은 작업 화면을 확대한 후 문제 도면과 유사하게 적당히 이동합니다. 위치 조정이 끝나면 모든 Xline은 삭제합니다(점철근의 중심이 선의 교차점에 있을 경우에는 이동 방향으로 20만큼 이동시켜도 됩니다).

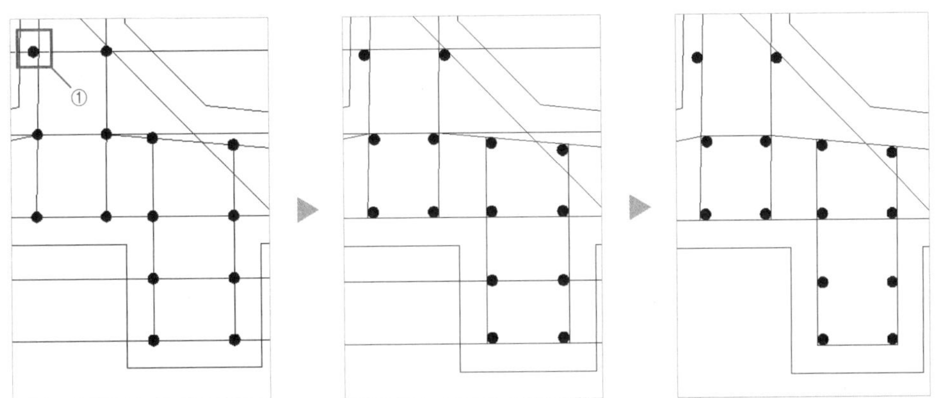

❻ 이어서 저판의 점철근을 작성하겠습니다. 지금까지 작업한 ①~⑤까지의 내용과 동일한 방법으로 작성합니다. 먼저 단면도와 벽체 도면을 다음과 같이 화면에 배치합니다.

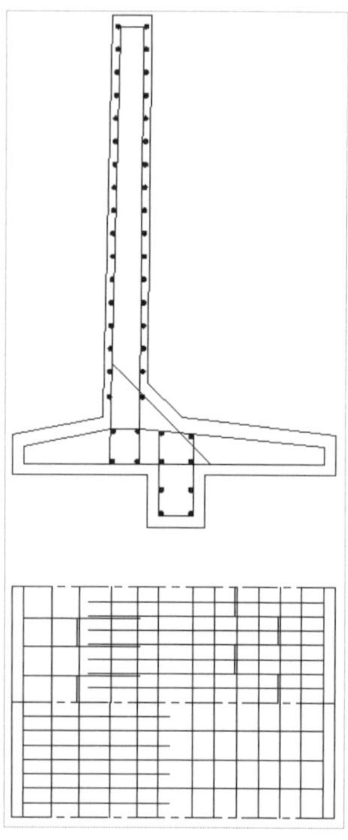

❼ 저판 도면의 세로 철근이 단면도에서는 절단된 철근(점철근)이 되므로 저판 도면의 가로 철근선 끝에 Xline(XL)으로 위치를 표시합니다.

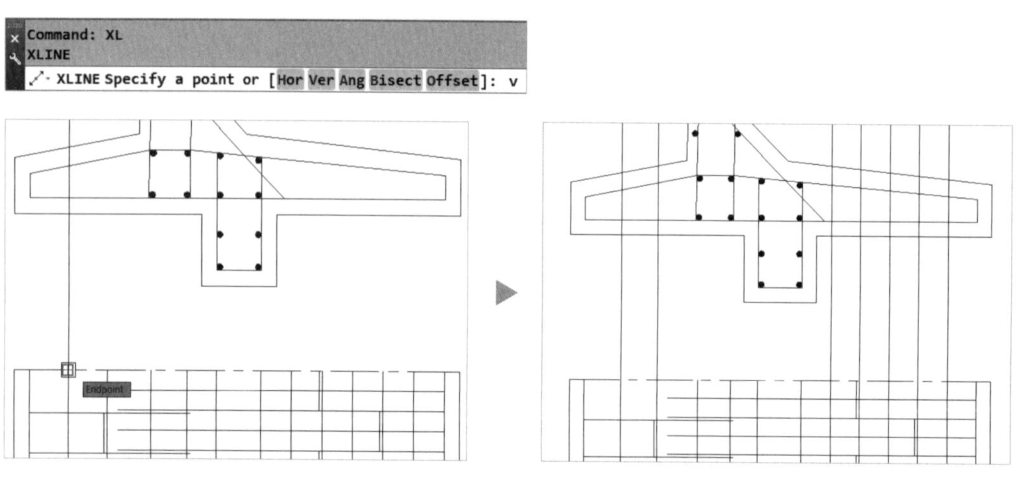

❽ 철근을 배치하기 위해 Donut(DO) 명령을 실행해 다음과 같이 설정합니다(도면 요구사항에 따라 철근의 단면은 출력 결과물에 1mm로 표시되어야 하므로 축척이 '1/40'인 경우는 Donut의 외부 지름을 '40', '1/50'인 경우는 외부 지름을 '50'으로 하여야 합니다).

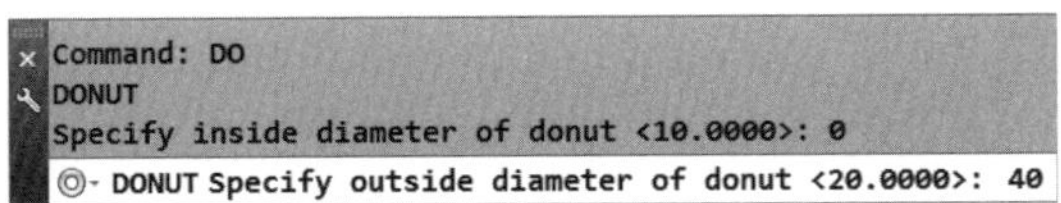
Command: DO
DONUT
Specify inside diameter of donut <10.0000>: 0
DONUT Specify outside diameter of donut <20.0000>: 40

❾ Donut(DO) 명령으로 Xline으로 표시된 위치를 클릭해 점철근을 작성합니다. 작성된 점철근을 문제 도면의 위치와 같도록 하기 위해 철근을 Move(M)로 20만큼 안쪽으로 이동합니다(좌측 2개 철근은 우측 방향으로, 우측 2개 철근은 좌측 방향으로 한 번씩 더 이동해야 합니다).

문제 도면의 배치 상태

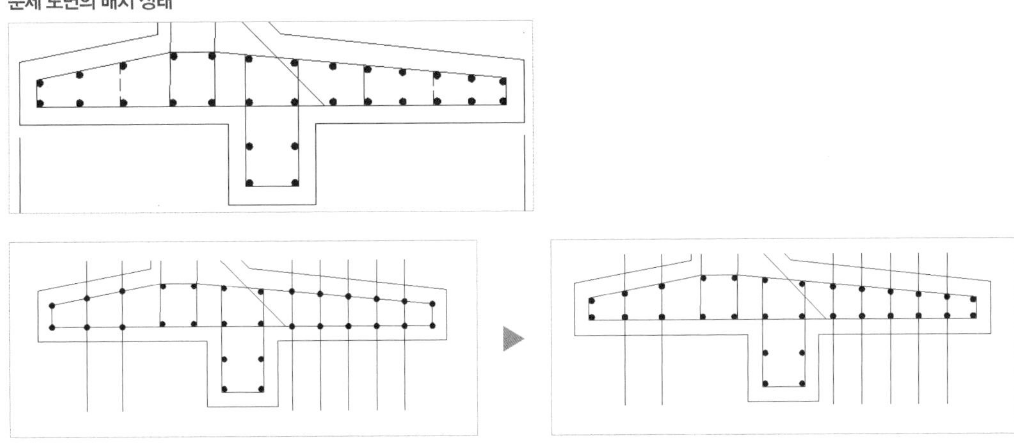

❿ 마지막으로 스트럽을 작성합니다. 작성한 벽체 도면과 저판 도면에서 스트럽의 위치를 확인하고 스트럽의 위치와 같은 철근선의 끝에 Xline(XL)으로 위치를 표시합니다. 벽체 부분은 Xline(XL)의 H(수평) 옵션을 사용하고, 저판은 V(수직) 옵션을 사용합니다.

스트럽 위치

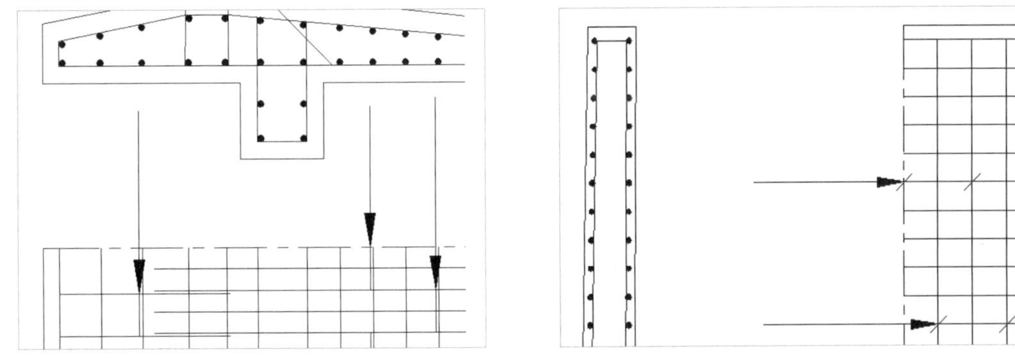

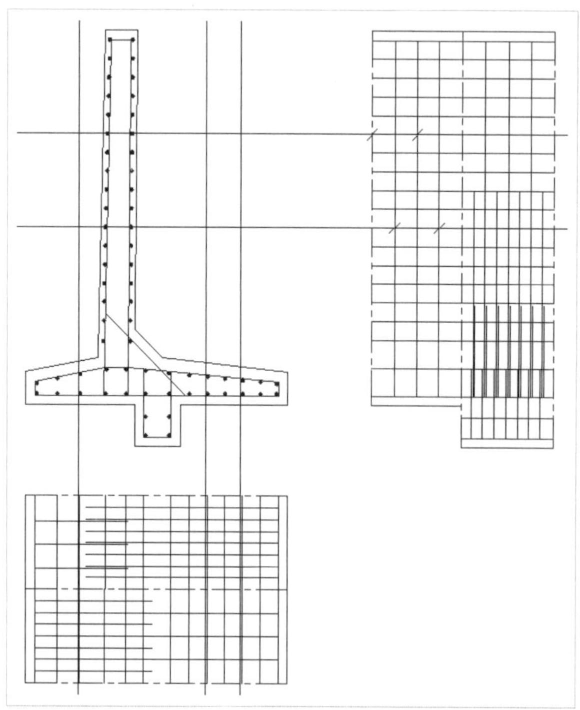

⓫ Xline으로 표시한 스트럽을 문제 도면의 단면도와 같게 편집해야 합니다(문제 도면의 단면도를 확인해 스트럽이 점철근의 위, 아래, 좌, 우 어디에 있는지 확인합니다).

문제 도면의 단면도

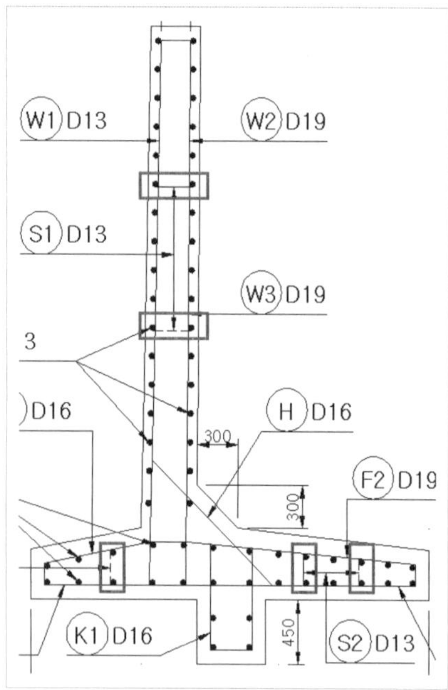

⑫ 다음과 같이 선의 유형을 실선에서 파선(Hidden)으로 변경하기 위해 선분 ①~③까지 대기 상태의 커서로 클릭합니다. 작업 화면 상단의 특성 도구에서 선의 유형 ④를 파선(Hidden) ⑤로 설정하고 Esc 를 입력해 선택을 해제합니다.

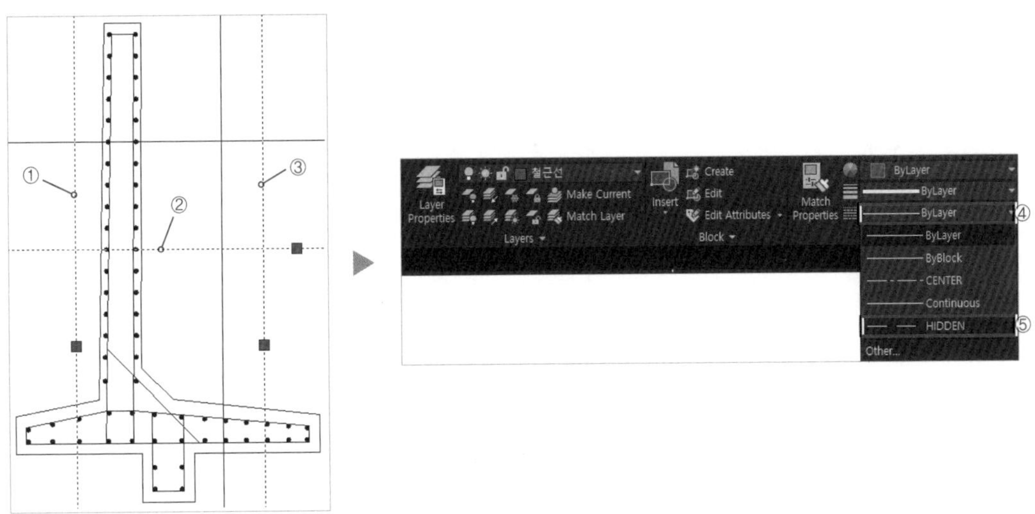

⑬ 수평으로 작성된 철근선 ①, ②는 아래로 20만큼 이동하고 Trim(TR) 명령으로 선분을 편집합니다.

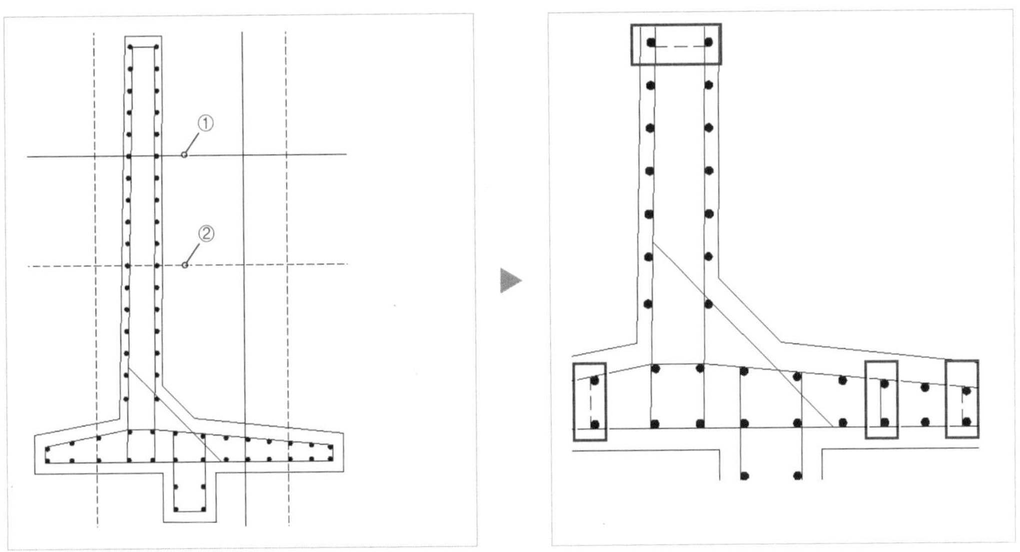

⑭ 완성된 단면도, 벽체, 저판을 문제 도면과 비교해 누락된 곳과 도면층을 확인합니다. 도면층(Layer)은 완성 파일을 참고합니다.

완성파일 실습자료\완성파일\part04\단면도 철근.dwg

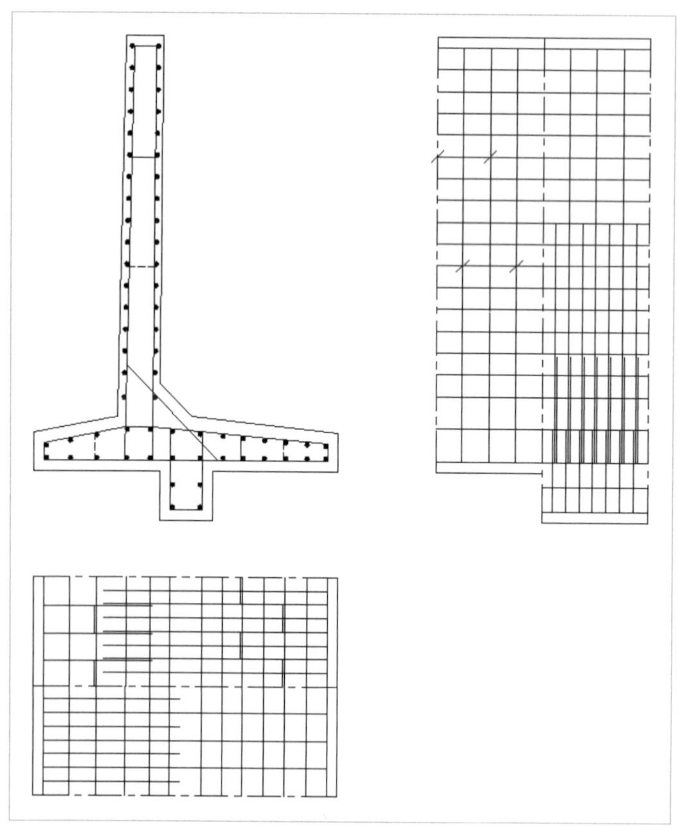

단면도와 일반도

일반도는 먼저 작성한 단면도를 적절한 축척(1/2, 2/3 등)으로 조정한 다음 일부 내용을 추가하여 완성합니다.

완성파일 실습자료\완성파일\part04\일반도.dwg

동영상강좌 P04-역T형옹벽(일반도와 철근상세도).mp4

01 단면도를 활용한 일반도 그리기

완성한 단면도의 외형선을 Copy(CO)로 복사한 다음 편집합니다.

문제 도면의 일반도

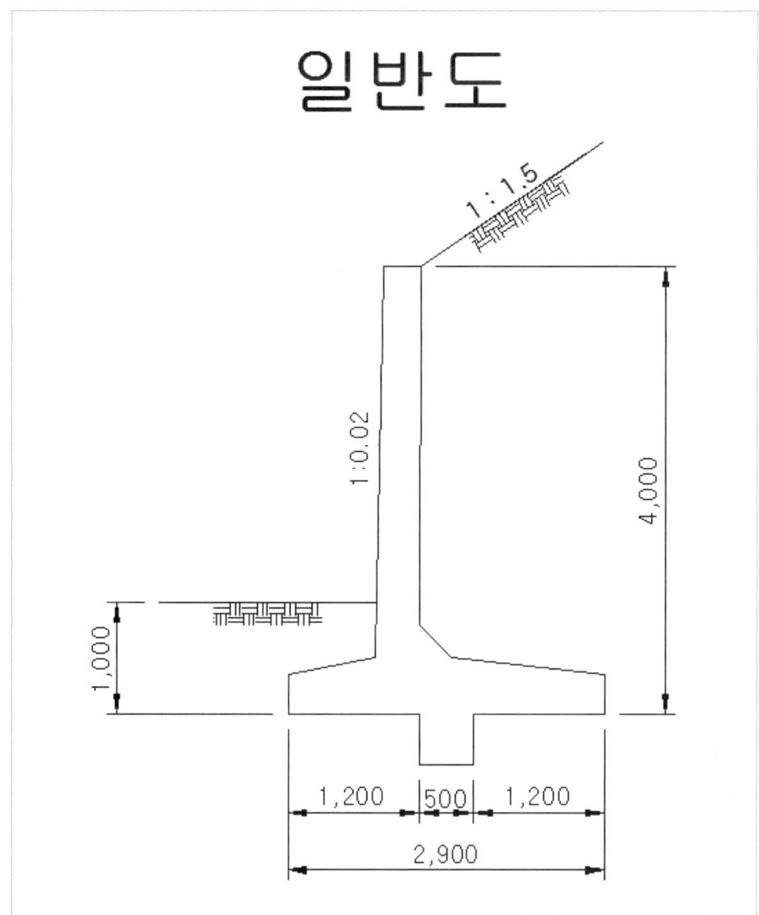

❶ 완성한 단면도의 외형선을 Copy(CO)로 우측 하단에 복사합니다.

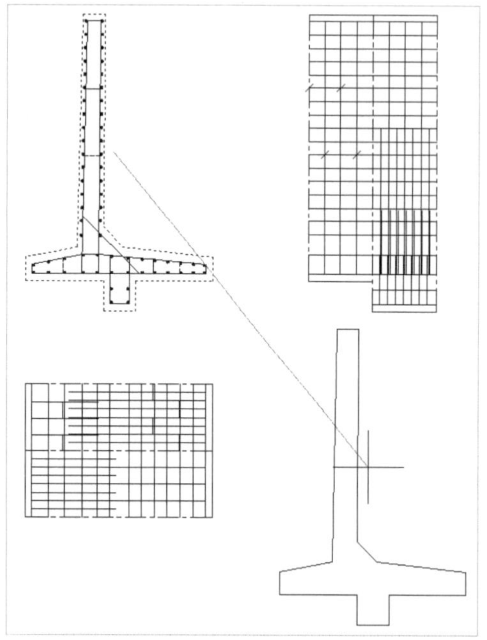

❷ 복사한 외형을 Scale(SC) 명령을 실행해 크기를 1/2로 축소합니다.

```
Command:  SCALE
Select objects: Specify opposite corner: 13 found
Select objects:
Specify base point:
Specify scale factor or [Copy/Reference]: 0.5
```

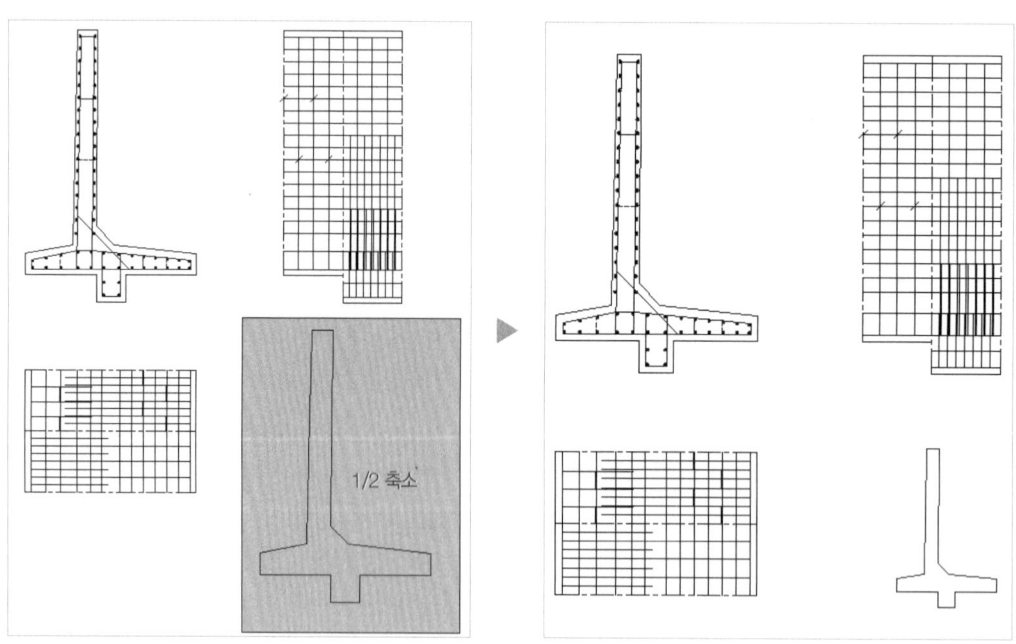

❸ 문제 도면에 제시된 경사로 지반선을 작성합니다. Line(L) 명령을 실행합니다. ① 위치에 시작점을 클릭하고 '@1500,1000'을 입력해 상대좌표로 경사선을 작성합니다.

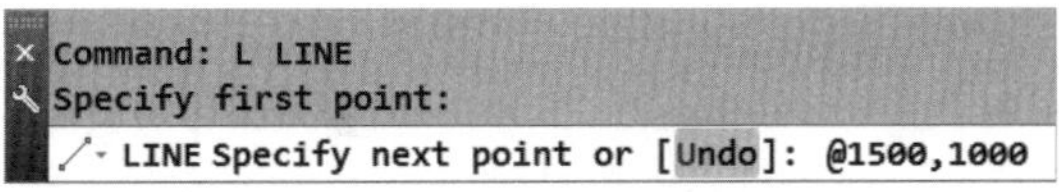

```
Command: L LINE
Specify first point:
LINE Specify next point or [Undo]: @1500,1000
```

문제 도면의 일반도 지반선

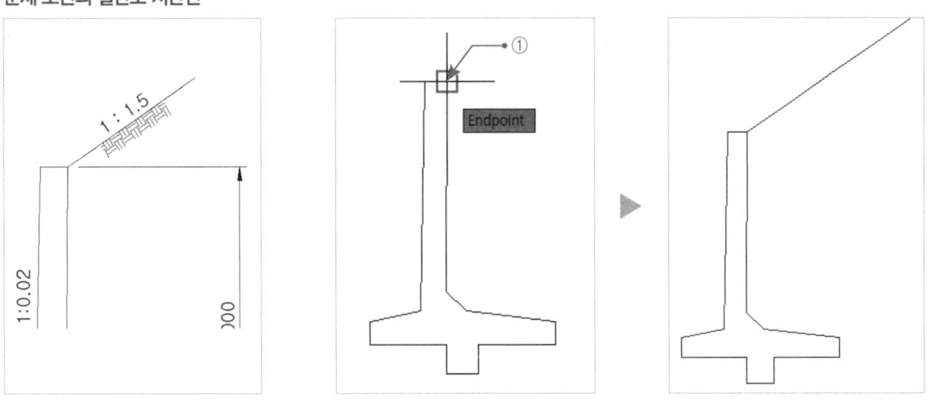

❹ 좌측의 지반선을 작도하겠습니다. ① 위치에서 좌측으로 길이가 1000 정도 되는 선을 작성하고 상단으로 500을 Offset(O)합니다. Offset으로 복사한 선을 선분 ②까지 Extend(EX)로 연장하고 앞서 그린 선은 삭제합니다(문제 도면에는 1000으로 표기되어 있지만, 도면을 1/2로 축소하였기 때문에 치수도 1000의 1/2인 500으로 작업합니다).

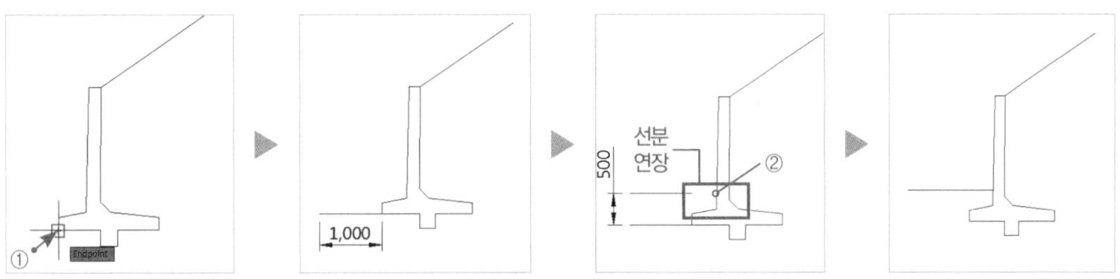

❺ Hatch를 넣기 위해 다음과 유사한 크기의 공간을 그려줍니다.

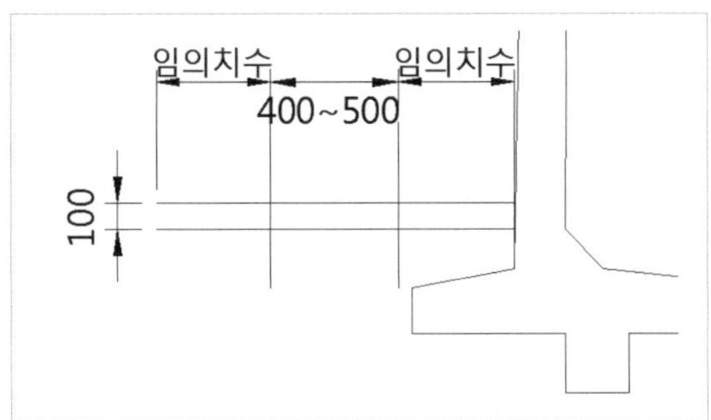

❻ Hatch(H) 명령을 실행해 지반 패턴(EARTH)과 축척(10)을 입력하고 설정 창 우측 상단의 Add: Pick point(점 선택) 아이콘을 클릭합니다.

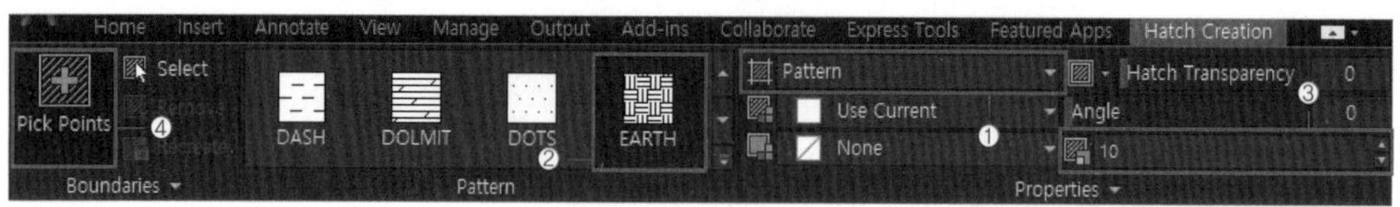

❼ 패턴을 넣고자 하는 ① 위치를 클릭해 지반 패턴을 넣고 보조선은 삭제합니다.

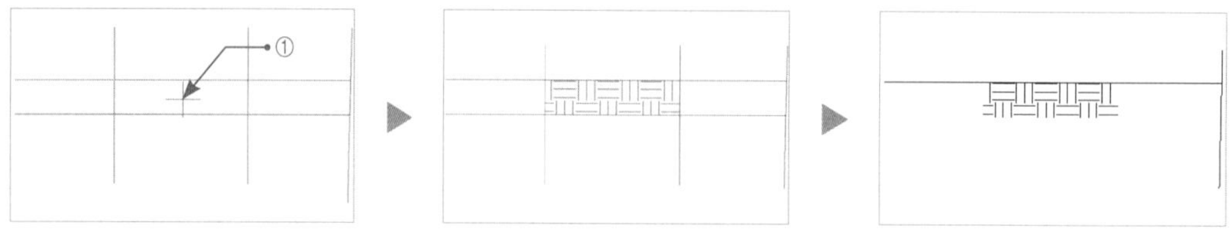

❽ Copy(CO) 명령을 실행해 작성된 지반표시를 선택하고 기준점을 ① 부분을 클릭해 ② 부분으로 복사합니다.

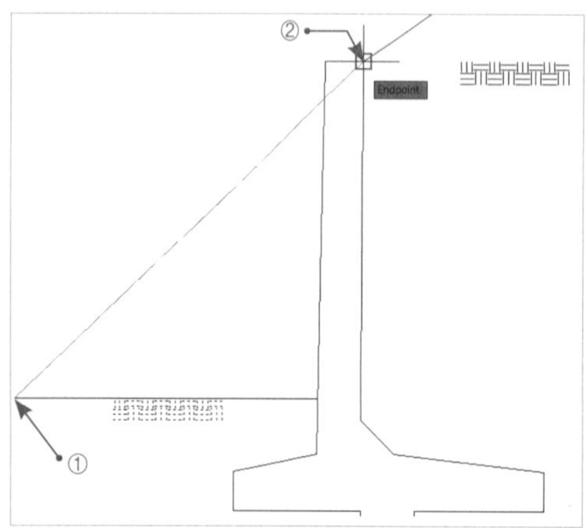

❾ Rotate(RO) 명령을 실행해 복사된 지반 표시를 선택하고 기준점을 ① 부분을 클릭합니다. 참조 옵션을 적용하기 위해 'R'을 입력하고 ① 부분과 ② 부분을 차례로 클릭해 수평을 입력한 다음 회전 각도 위치인 ③ 부분을 클릭합니다(② 부분 클릭 시 직교(F8)는 ON으로 되어 있어야 하며 ③ 부분을 클릭할 때는 근처점(Nearest)으로 클릭해야 합니다).

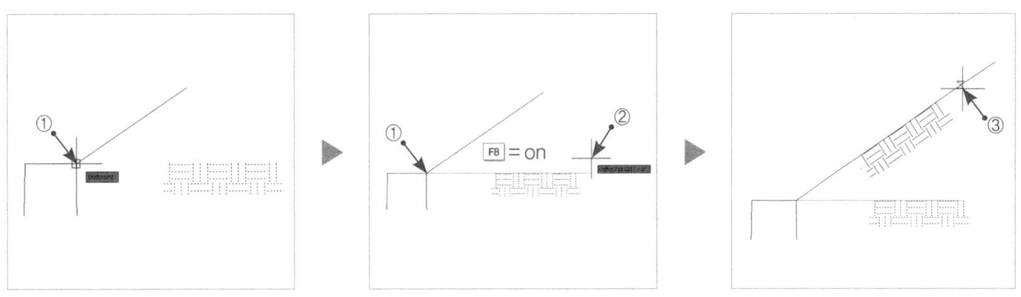

❿ 완성된 일반도의 지반 경사선 길이를 보기 좋게 조정하고, 문제 도면과 비교해 누락된 곳과 도면층을 확인합니다. 일반도의 외형은 '외형선' 도면층, 지반 표시는 '치수 치수선' 도면층으로 합니다. 정확한 도면층(Layer)은 완성 파일을 참고합니다.

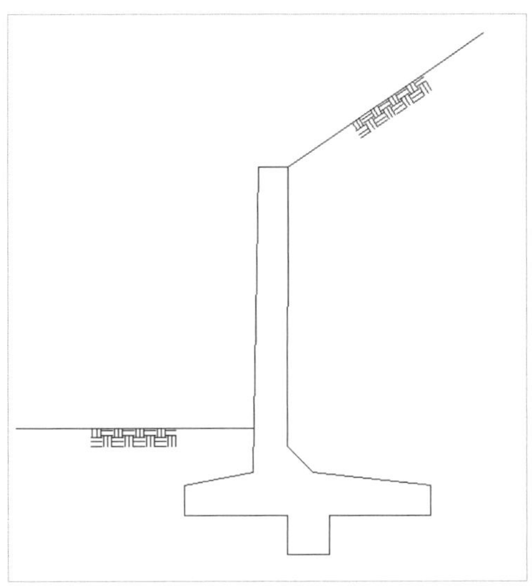

철근 상세도

철근 상세도는 다른 도면과 같이 단면도를 활용합니다. 단면도에서 복사해 작성하거나 문제 도면인 철근 상세도를 보고 치수에 맞게 작성하면 됩니다.

완성파일 실습자료\완성파일\part04\철근 상세도.dwg

동영상강좌 P04-역T형옹벽(일반도와 철근상세도).mp4

역T형 옹벽 구조도

철근상세도

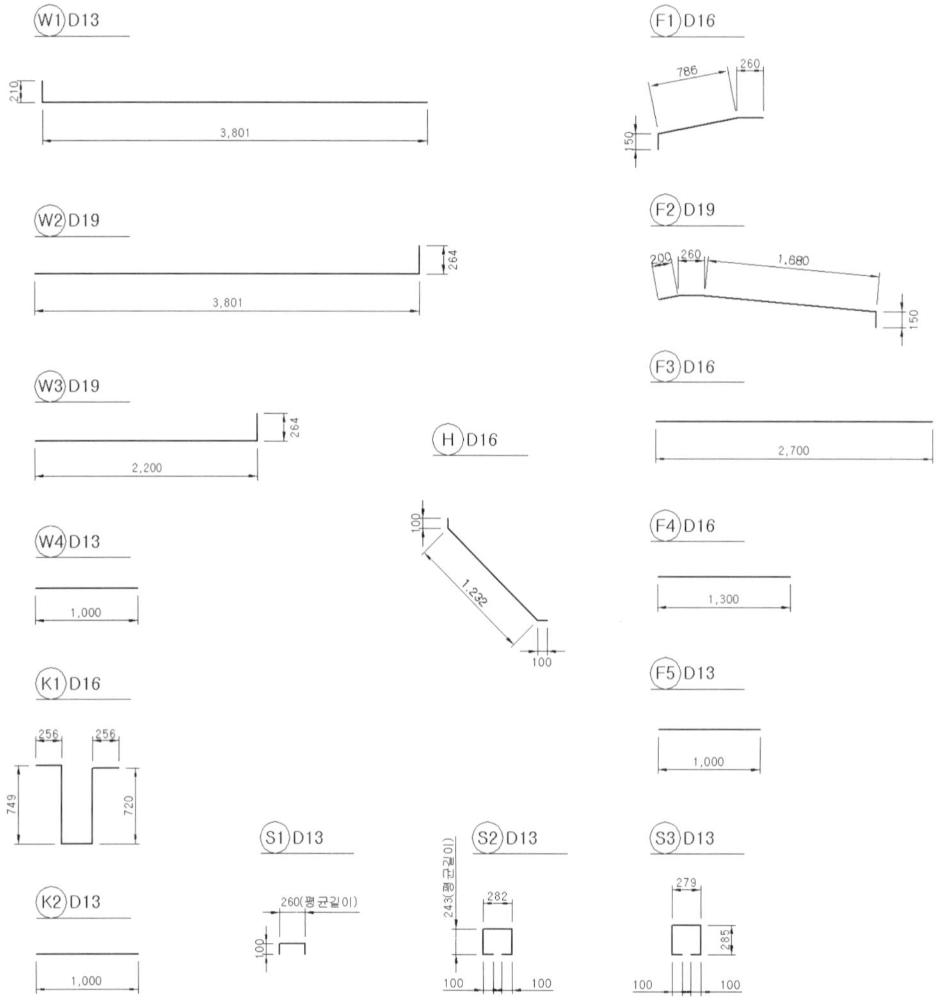

W1 D13
210
3,801

W2 D19
264
3,801

W3 D19
264
2,200

W4 D13
1,000

K1 D16
256 256
749 720

K2 D13
1,000

H D16
100
1,232
100

S1 D13
260(평균길이)
100

S2 D13
243(평균길이)
282
100 100

S3 D13
279
285
100 100

F1 D16
786 260
150

F2 D19
200 260 1,680
150

F3 D16
2,700

F4 D16
1,300

F5 D13
1,000

01 철근 상세도 그리기

이전 도면에서 복사할 수 있는 것은 Copy로 복사해 편집하고, 그렇지 않은 것은 문제 도면의 치수를 보면서 정확히 작성합니다.

❶ 지금까지 작성한 단면도의 도면 양식을 Copy(CO)로 복사합니다.

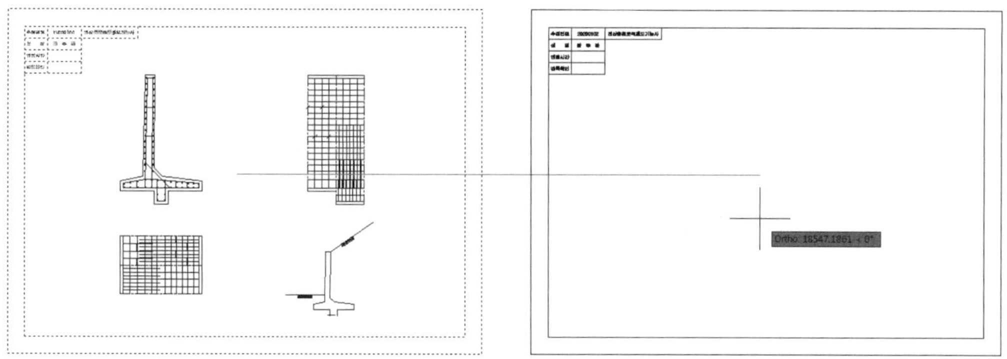

❷ 문제 도면인 철근 상세도의 순서대로 하나씩 작성해 나갑니다. W1 D13 철근을 Line(L)으로 다음과 같이 작성합니다.

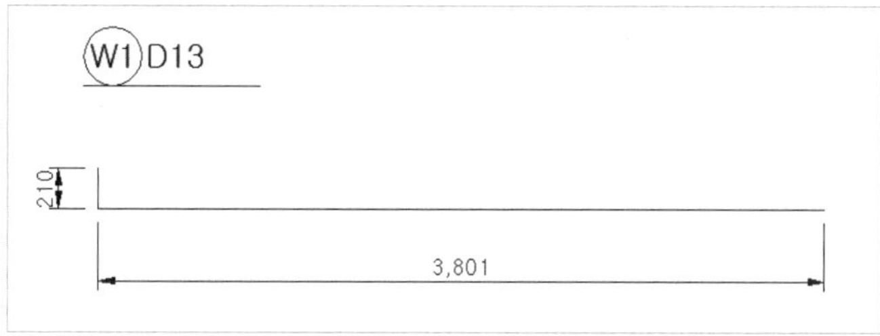

❸ W2 D19 철근입니다.

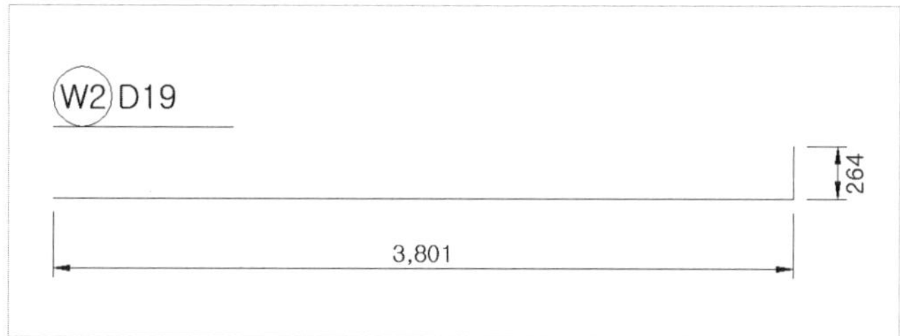

❹ W3 D19 철근입니다.

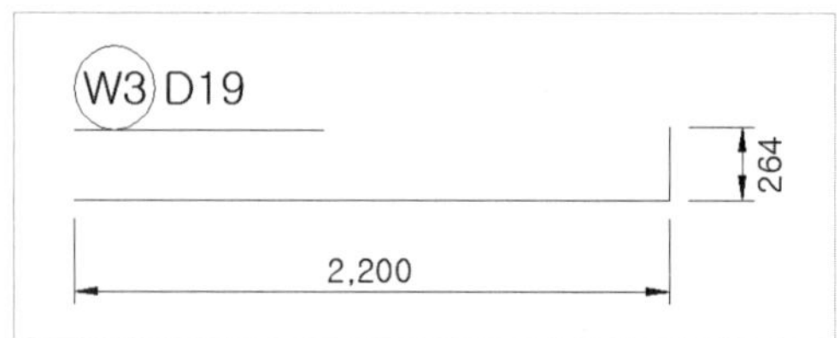

❺ W4 D13 철근입니다.

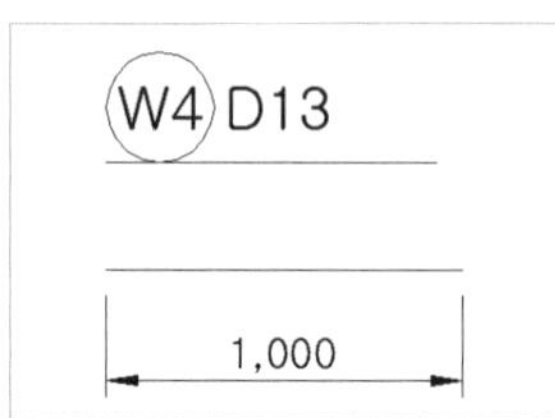

❻ K1 D16 철근입니다.

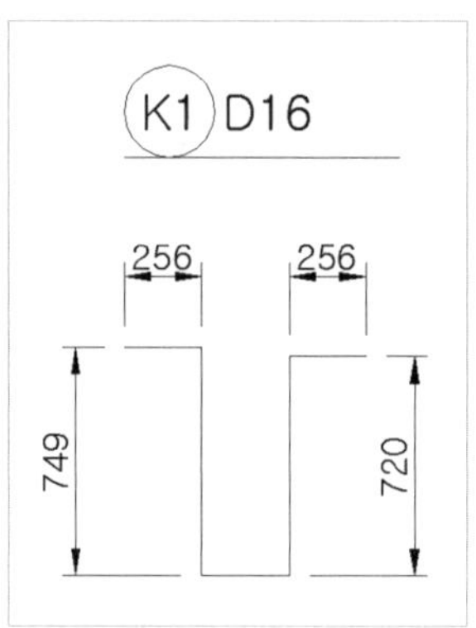

❼ K2 D13 철근입니다.

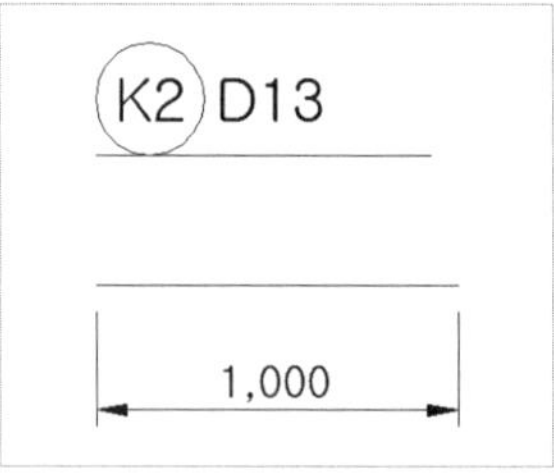

❽ S1 D13 철근입니다.

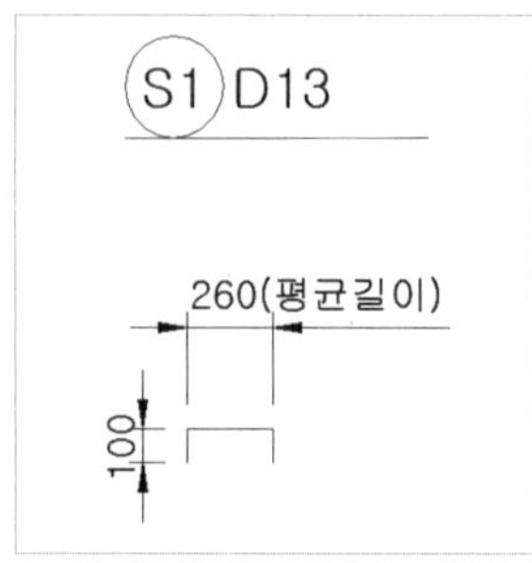

❾ S2 D13 철근입니다.

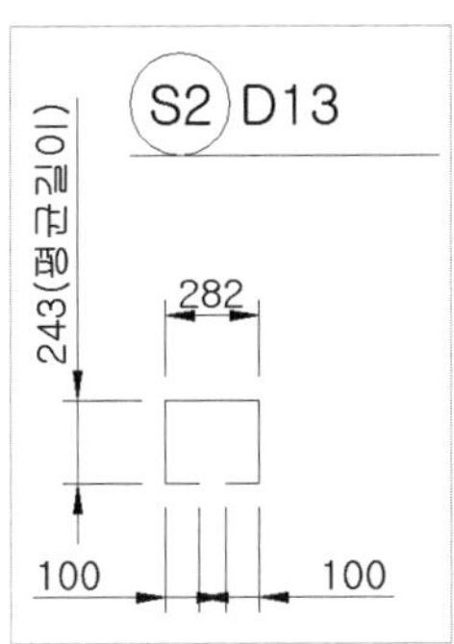

❿ S3 D13 철근입니다.

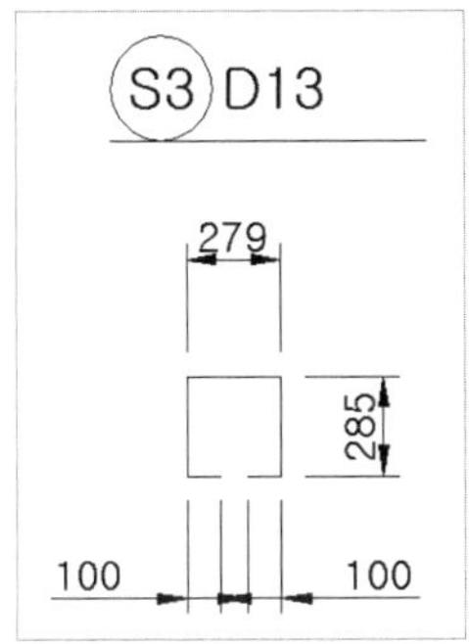

⓫ F5 D13 철근입니다.

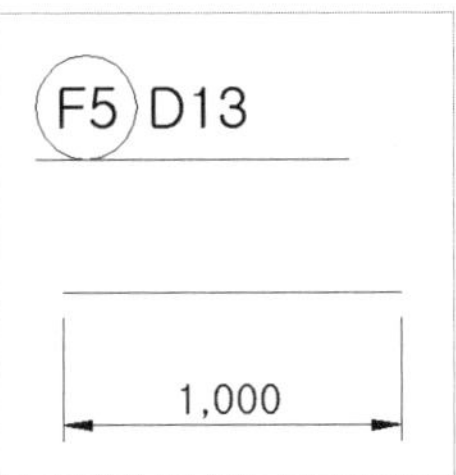

⓬ F4 D16 철근입니다.

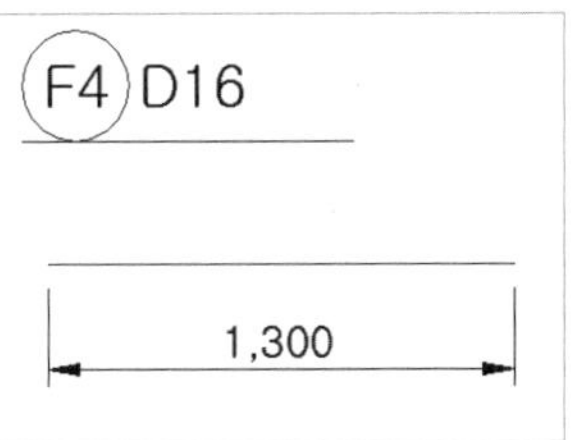

⓭ F3 D16 철근입니다.

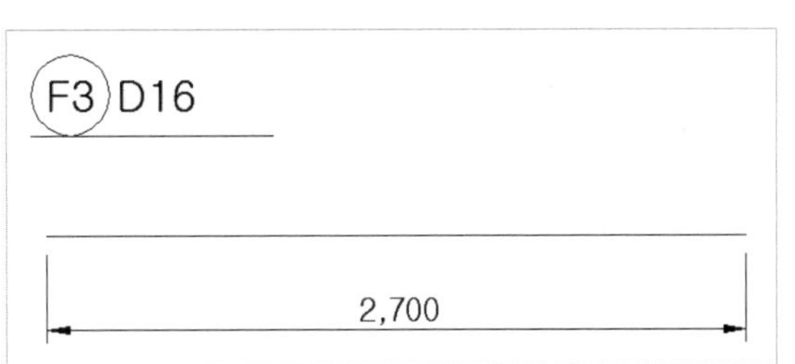

⓮ F2 D19 철근입니다. F2 D19 철근은 저판 도면 작성 시 단면도에서 복사해 편집한 철근을 배치합니다.

저판 도면에서의 F2 D19 철근 작성 과정

❶ 작성된 F2 D19 철근의 길이를 편집하겠습니다. 길이를 측정하기 위해 앞서 작성한 단면도에서 F2 D19 철근인 선분 ①, ②, ③을 Copy(CO)로 수직(F8=ON) 아래로 복사합니다.

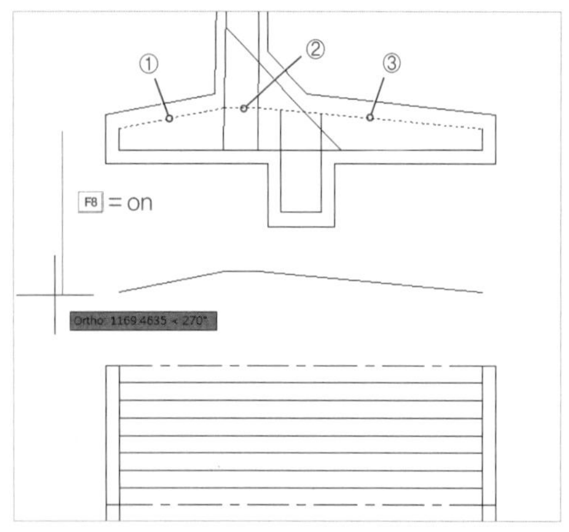

❷ 철근 상세도에서 F2 D19 철근의 길이를 확인합니다. 단면도에서 복사해온 철근의 좌측 길이(200)를 맞추기 위해 Xline(XL)을 실행합니다. 각도 옵션 A를 입력하고 다시 참조 옵션 R을 입력합니다. 참조할 선분 ①을 클릭한 후 90을 입력해 ② 위치에 클릭합니다.

철근 상세도의 F2D19 철근

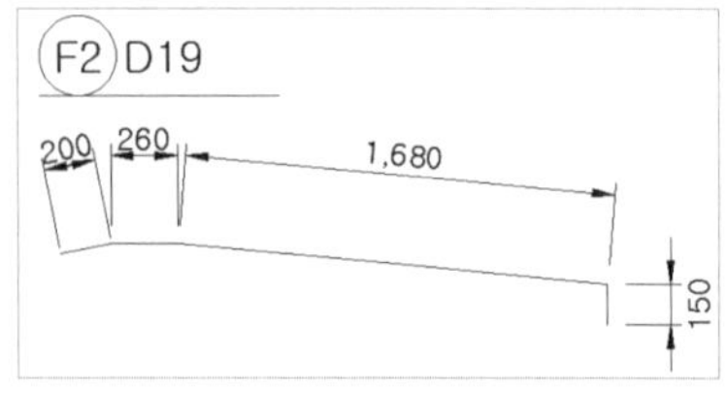

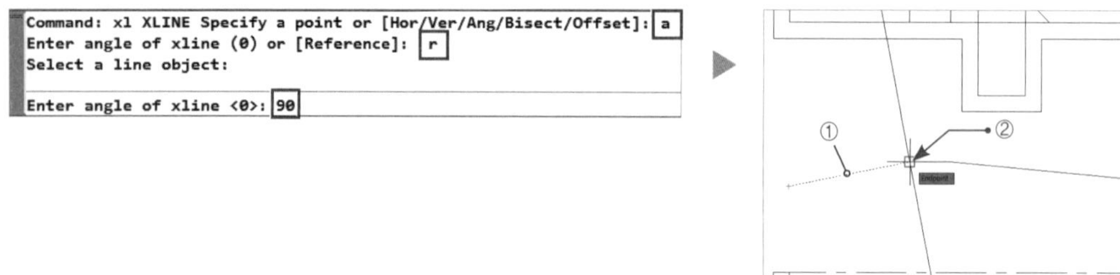

```
Command: xl XLINE Specify a point or [Hor/Ver/Ang/Bisect/Offset]: a
Enter angle of xline (0) or [Reference]: r
Select a line object:
Enter angle of xline <0>: 90
```

❸ Xline으로 작성한 선분을 F2 D19 철근의 좌측 길이 200만큼 Offset(O)하고 Trim(TR)으로 다음과 같이 편집합니다.

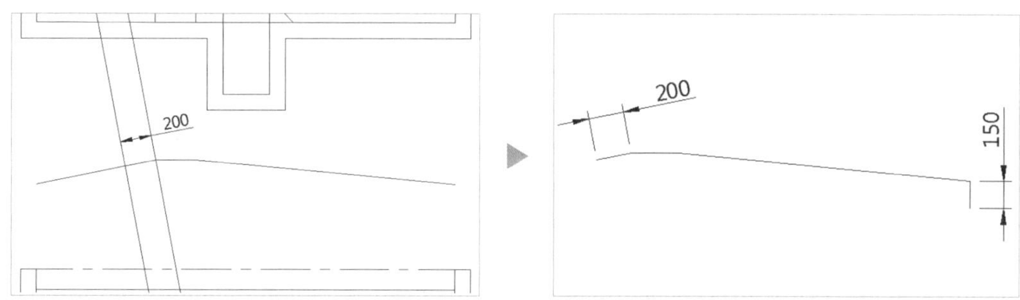

⓯ F1 D16 철근입니다. F2 D19 철근은 저판 도면 작성 시 단면도에서 복사해 편집한 철근을 배치합니다.

저판 도면에서의 F2 D19 철근 작성 과정

❶ 단면도에서 F1 D16 철근인 선분 ①을 Copy(CO)로 수직(F8=ON) 아래로 복사합니다.

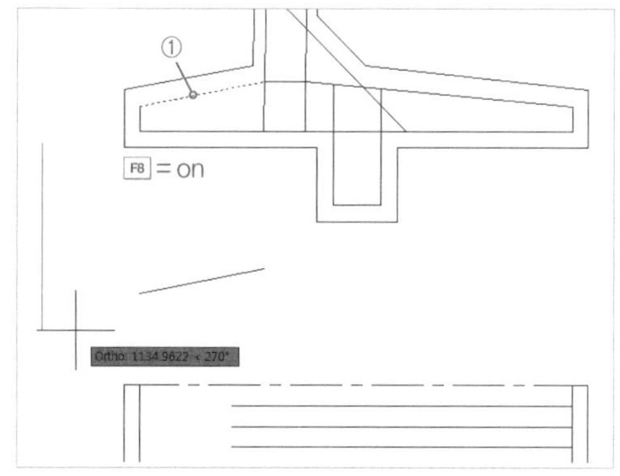

❷ 철근 상세도에서 F1 D16 철근의 길이를 확인합니다. 우측의 길이(260)을 맞추기 위해 Lne(L)으로 길이가 260인 선을 우측으로 작성합니다.

철근 상세도의 F1 D16 철근

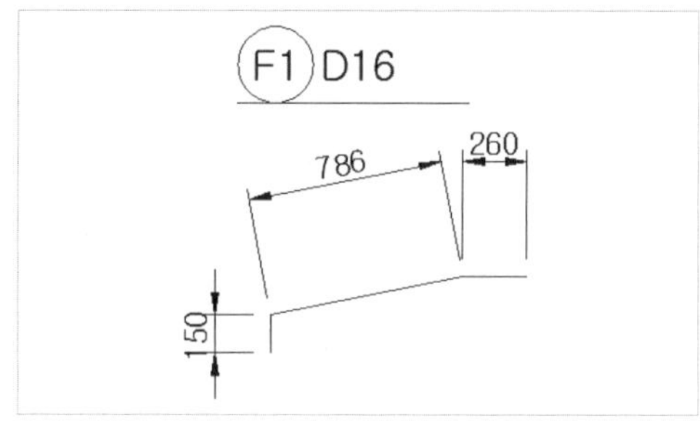

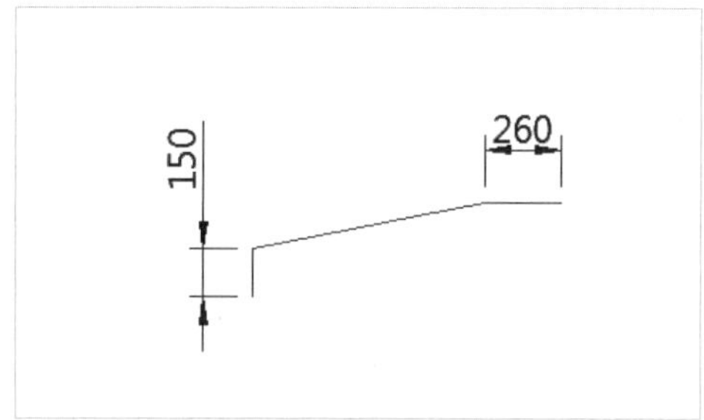

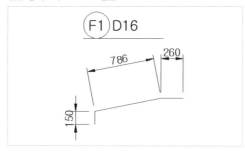

⑯ H D16 철근입니다. H D16 철근을 작성하기 위해 단면도의 H D16 철근을 Copy(CO)로 복사합니다. 복사한 철근 선의 양 끝에 문제 도면의 치수대로 Line을 사용해 선을 그려 작성합니다.

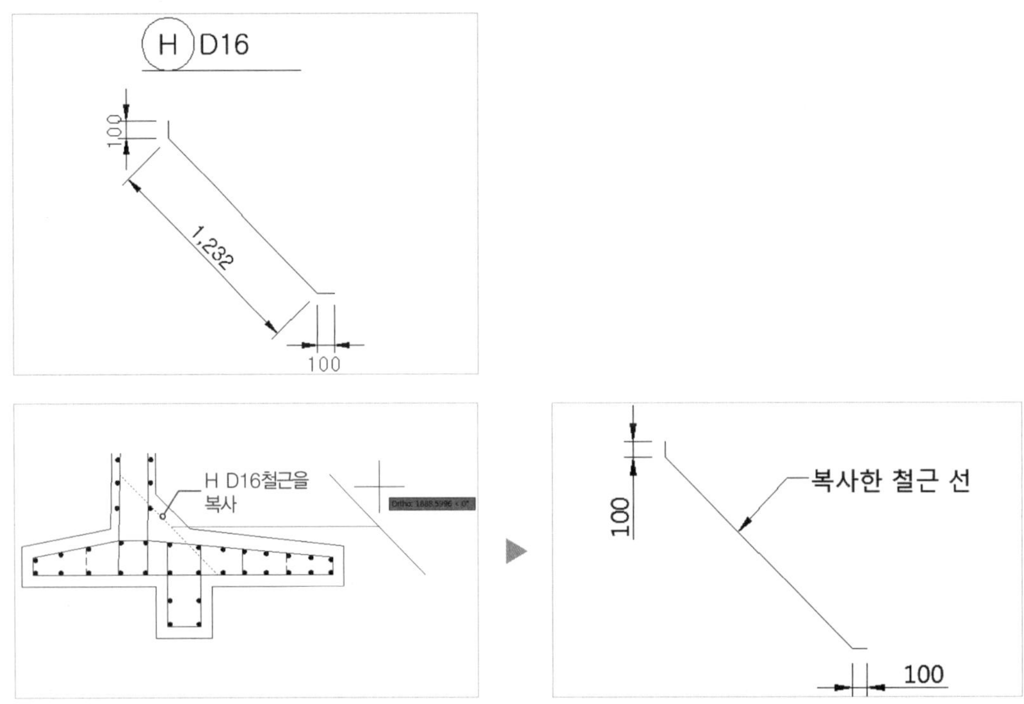

작성된 모든 철근을 적당한 간격을 두어 배치하고 누락된 철근이 있는지 확인합니다.

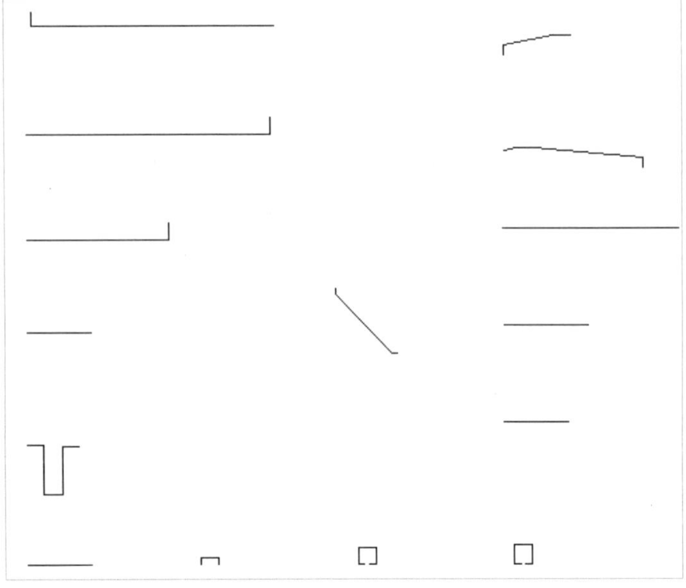

문자와 치수의 기입

작성된 도면에 철근의 정보를 표시하는 철근 기호와 구조물의 크기를 표시하는 치수를 기입해 도면을 완성하고 도면 양식에 보기 좋게 배치합니다.

01 단면도의 문자와 치수

철근 기호는 Circle(C), Dtext(DT) 명령으로 작성하고, 인출선은 Qleader(LE) 명령을 사용합니다. 치수는 Dimlinear(DLI), Quickdim(QDIM) 명령 등을 사용해 기입합니다.

❶ 작성한 단면도를 화면에 준비하고 TextStyle(ST), DimStyle(D) 설정을 확인합니다(문자와 치수에 대한 자세한 설정은 Part 02의 chapter 02를 참고합니다).

TextStyle: 글꼴을 굴림 또는 굴림체로 변경(실제 문제 도면은 굴림보다 굴림체에 더 가깝습니다.)

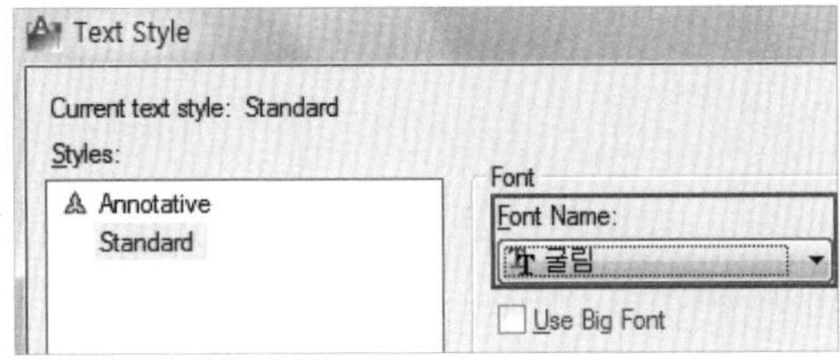

DimStyle: 치수의 축척과 단위 및 정밀도를 변경

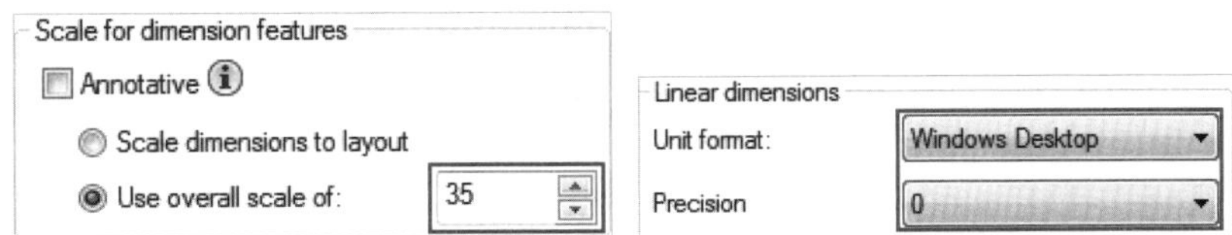

❷ 현재 도면층을 '철근기호 인출선'으로 변경한 다음 단면도 주변 빈 곳에 철근 기호와 인출선을 작성하겠습니다. 먼저 반지름이 150인 원을 다음과 같이 작성합니다. (Part 03의 L형 옹벽 작성에서도 원을 150으로 하였으나 공간이 협소할 것이라 판단되면 크기를 줄여 반지름을 100으로 작성해도 좋습니다.)

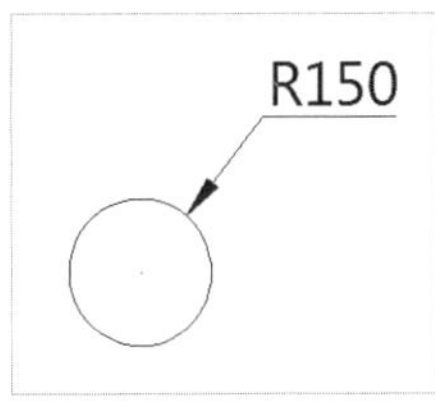

❸ 작성된 원 안에 'W1'을 작성하기 위해 Dtext(DT) 명령을 실행합니다. 옵션 'J'를 입력하고 중간 정렬인 'M'을 적용합니다. 정렬 위치는 원의 중심인 ① 부분을 클릭해 높이 120, 각도를 0으로 설정해 'W1'을 기입합니다(위의 ②번 작업에서 원의 크기를 100으로 하였다면 문자의 크기도 줄여 100으로 작성합니다).

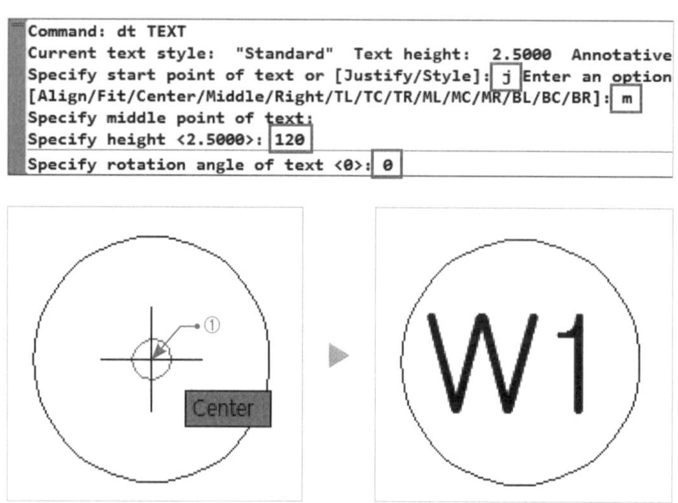
Command: dt TEXT
Current text style: "Standard" Text height: 2.5000 Annotative
Specify start point of text or [Justify/Style]: j Enter an option
[Align/Fit/Center/Middle/Right/TL/TC/TR/ML/MC/MR/BL/BC/BR]: m
Specify middle point of text:
Specify height <2.5000>: 120
Specify rotation angle of text <0>: 0
①
Center
W1

❹ 이어서 인출선을 그리기 위해 Qleader(LE) 명령을 실행합니다. 빈 곳에 화살표가 시작되는 위치를 클릭하고 직교(F8)를 ON으로 한 상태에서 좌측으로 커서를 이동해 1000을 입력하고 Esc로 종료합니다.

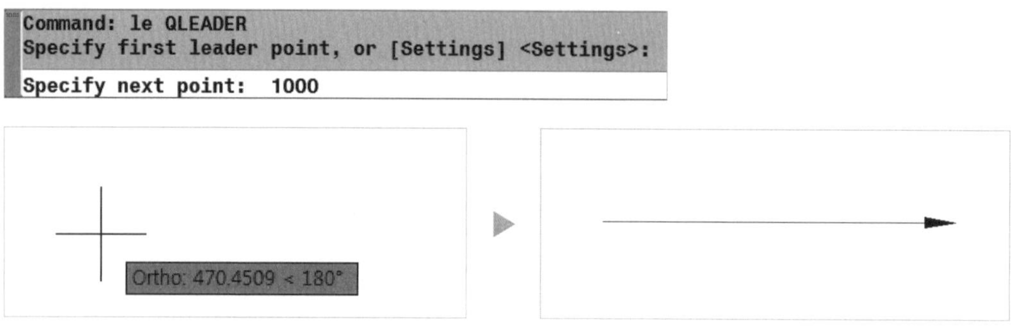
Command: le QLEADER
Specify first leader point, or [Settings] <Settings>:
Specify next point: 1000
Ortho: 470.4509 < 180°

❺ Move(M)를 사용해 원의 하단을 인출선 위로 보기 좋게 이동합니다.

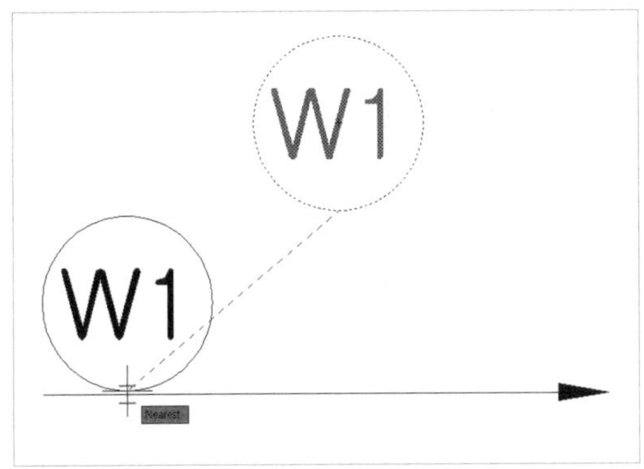

❻ 작성한 W1을 Copy(CO)로 우측에 복사하고, 문자를 더블클릭해 D13으로 수정합니다.

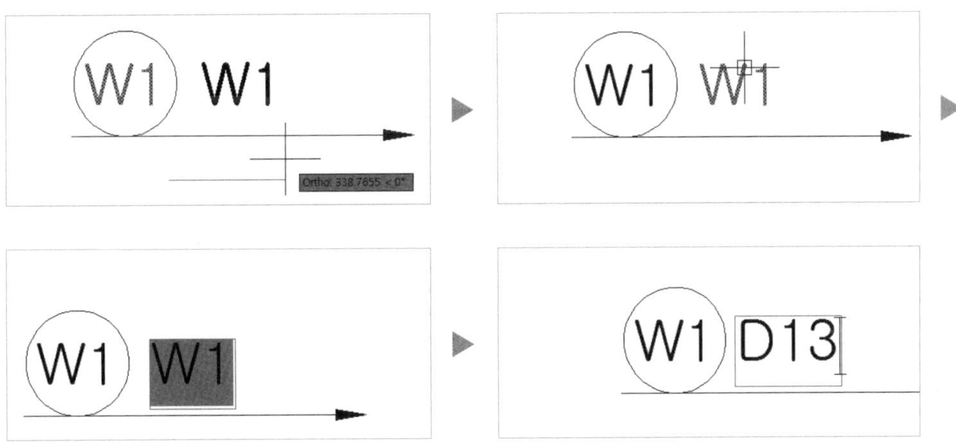

❼ 작성한 철근 기호와 인출선을 다음과 같이 Move(M)로 이동하고 도면층이 '철근기호 인출선'으로 되어 있는지 확인합니다. (인출선의 끝점은 Endpoint로 추적을 할 수 없으므로 적당히 배치하면 됩니다. 인출선을 Explode(X)로 분해하면 Endpoint로 추적할 수 있습니다.)

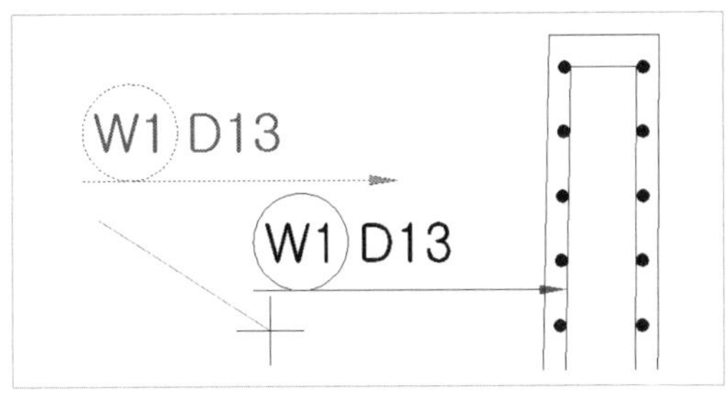

❽ Part03의 L형 옹벽과 같은 방법으로 철근 기호와 인출선을 다음 도면과 같이 작성합니다.

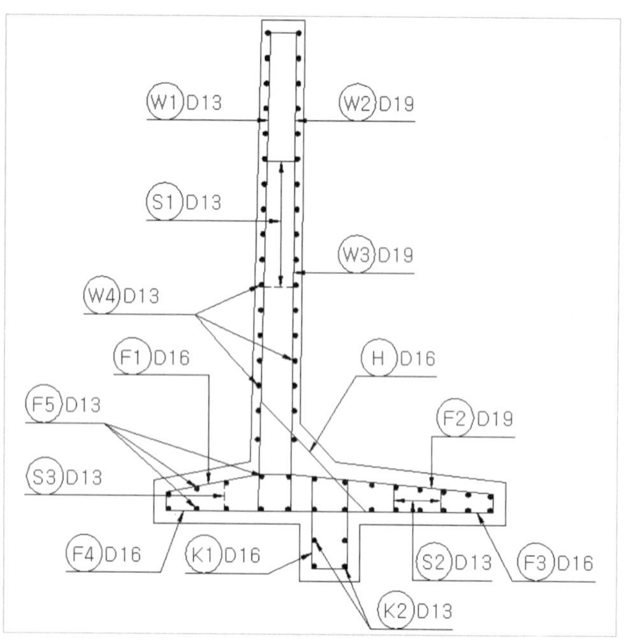

❾ 치수 기입도 Part 03의 L형 옹벽과 같은 방법으로 다음 도면과 같이 작성합니다.

* 치수의 편집이 까다로운 경우 Explode(X)로 분해하여 Move(M)나 Trim(TR)으로 문자 이동이나 보조선 등을 수정하는 것도 좋은 방법이 될 수 있습니다.

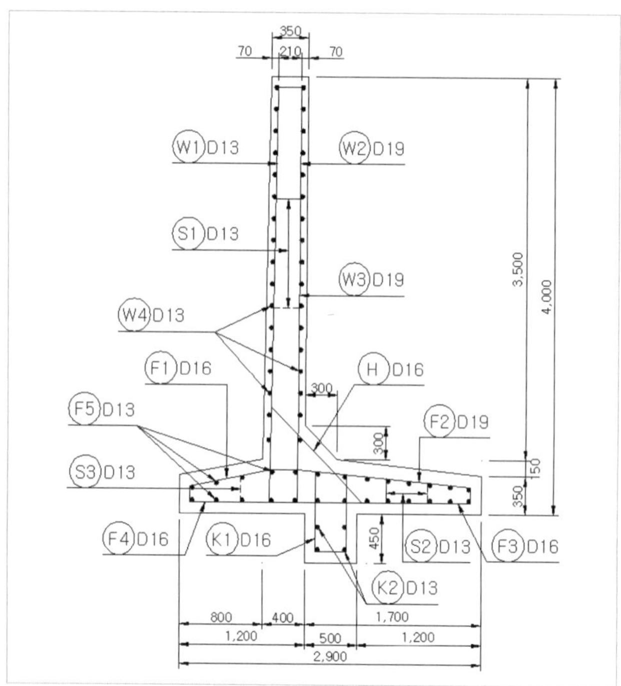

02 저판 도면의 문자와 치수

단면도의 문자, 치수 기입 과정과 동일하게 진행합니다.

❶ 작성한 저판 도면을 화면에 준비하고 도면 중앙의 중심선 길이를 조정하겠습니다. 대기 상태의 커서로 중심선을 클릭합니다. 조정할 방향의 Grip(조절점) ①을 클릭하고 커서를 늘릴 방향으로 이동해 적절한 위치에서 클릭합니다. 반대편도 동일하게 연장합니다(조정 시 직교(F8)는 ON으로 되어야 하며 주변의 Osnap 표식을 피해 클릭합니다).

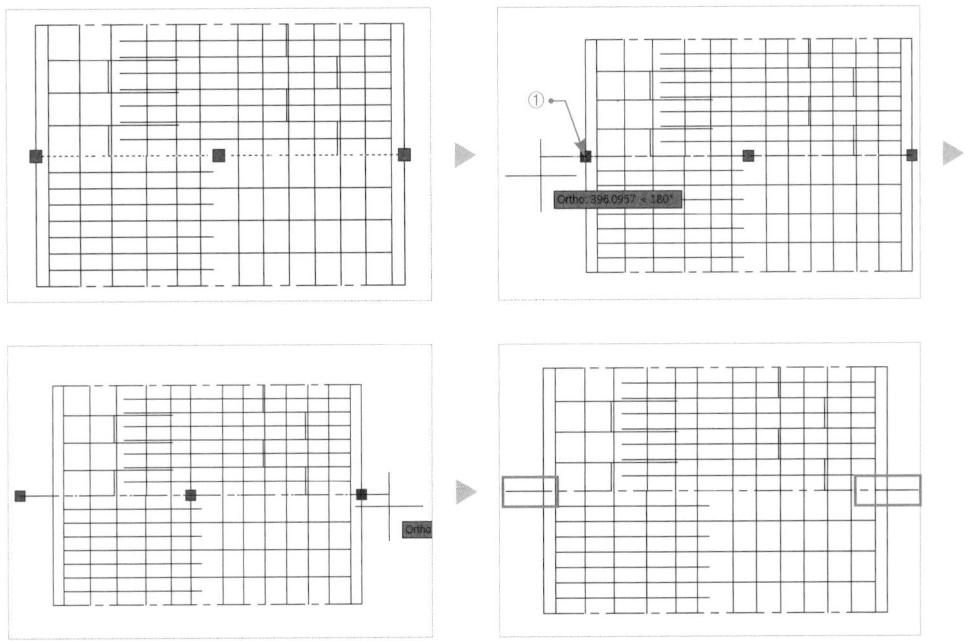

❷ Part 03을 참고하여 단면도와 같은 방법으로 철근 기호와 인출선을 다음과 같이 작성합니다(인출선 다수는 Copy(CO) 명령을 사용하고, 사선으로 된 인출선 작도 시 직교(F8)의 ON, OFF를 확인합니다. 인출선의 길이는 문제 도면과 유사한 길이로 보기 좋게 작성하고 90° 회전된 철근 기호 문자는 Copy(CO) 후 Rotate(RO)로 회전시켜 배치합니다).

* 치수의 편집이 까다로운 경우 Explode(X) 분해하여 Move(M)나 Trim(TR)으로 문자 이동이나 보조선 등을 수정하는 것도 좋은 방법이 될 수 있습니다.

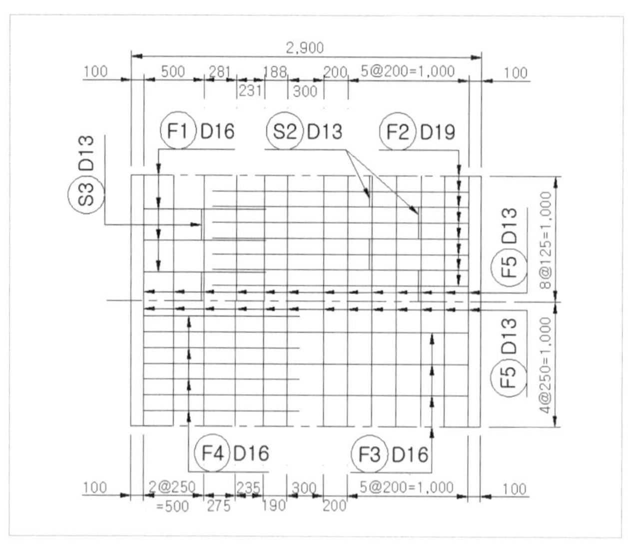

03 일반도의 문자와 치수

❶ Part 03을 참고하여 일반도의 치수를 기입합니다. 일반도는 단면도를 1/2로 축소하였기 때문에 치수 기입 후 필히 문자의 내용을 수정해야 합니다.

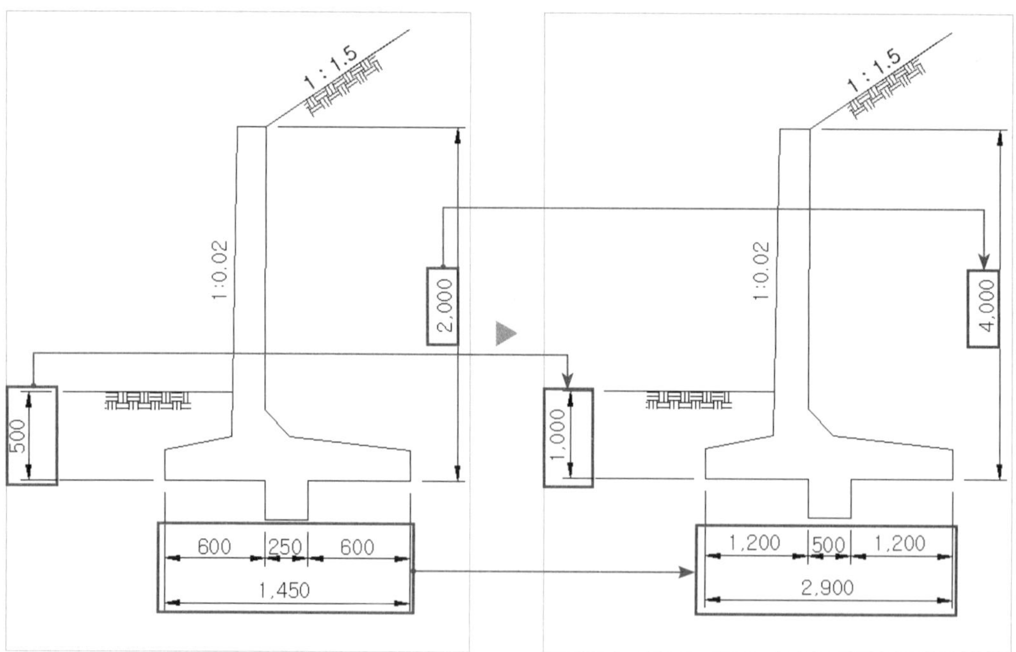

TIP 특성을 활용한 치수정보 편집

치수 문자를 하나하나 변경해도 되지만 치수 기입 후 문자의 내용을 변경하는 치수를 대기 상태의 커서로 모두 선택한 후 특성(Ctrl+1)에서 'Dim scale linear' 항목을 2로 변경하고 Enter를 입력하면 좀 더 신속하게 작업할 수 있습니다.

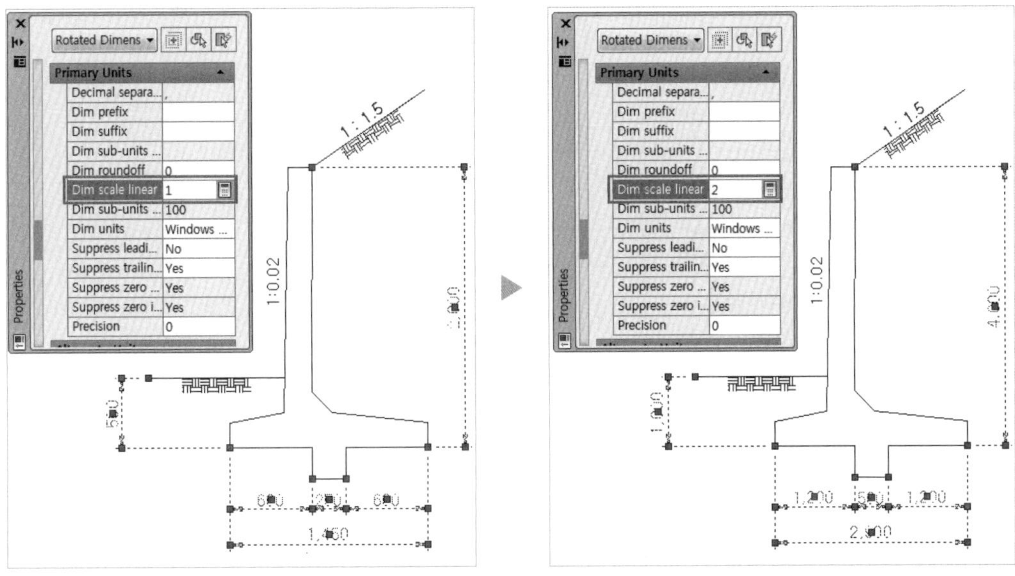

04 벽체 도면의 문자와 치수

❶ Part 03을 참고하여 저판 도면과 일반도의 문자, 치수 기입 과정과 동일하게 진행합니다.

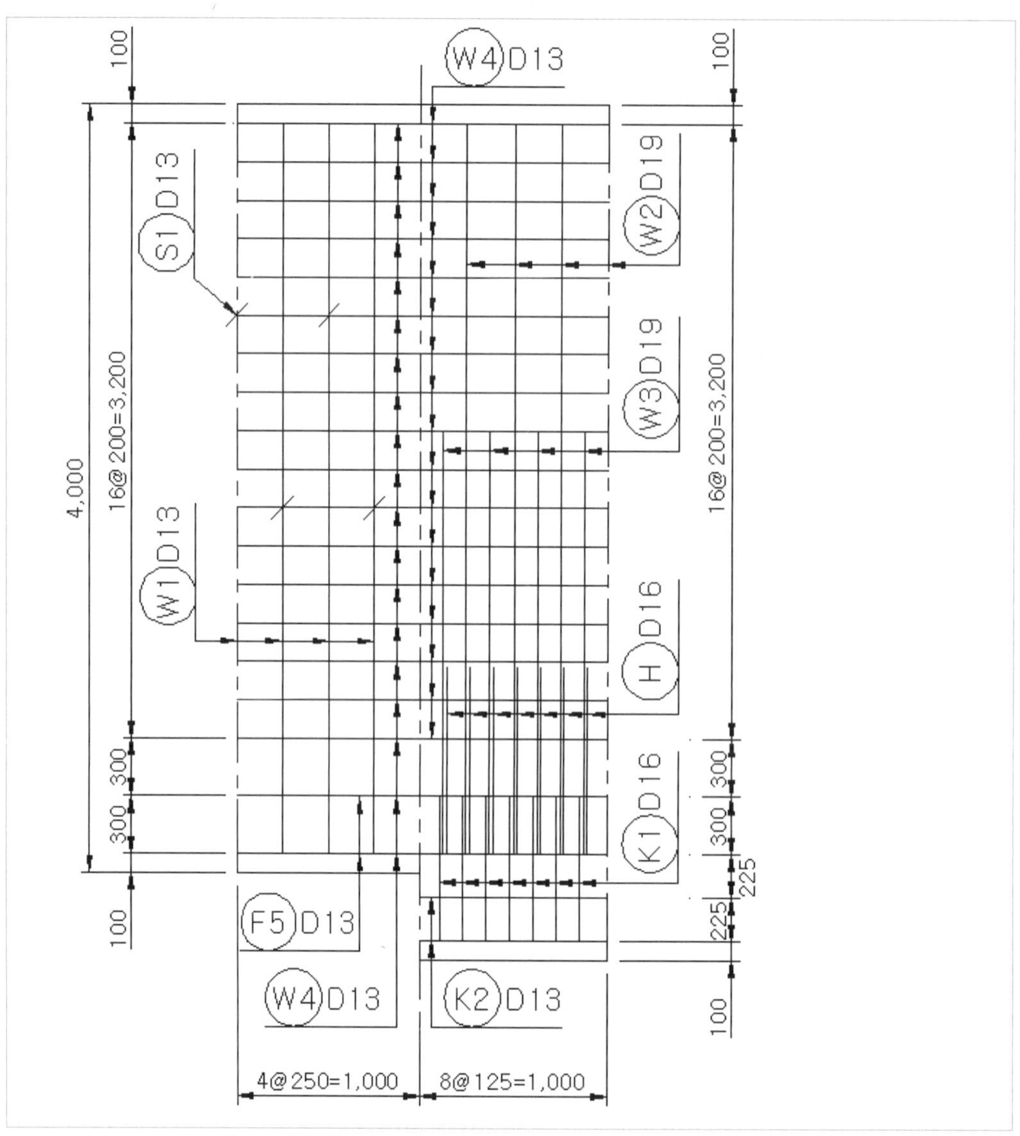

05 철근 상세도의 문자와 치수

철근 기호를 Copy로 복사하면서 진행되므로 철근 기호의 내용이 맞는지 확인하면서 작성합니다. 치수의 편집이 까다로운 경우 Explode(X)로 분해하여 Move(M)나 Trim(TR)으로 문자 이동이나 보조선 등을 수정하는 것도 좋은 방법이 될 수 있습니다.

❶ Part 03을 참고하여 다음과 같이 철근 상세도의 문자와 치수를 기입합니다.

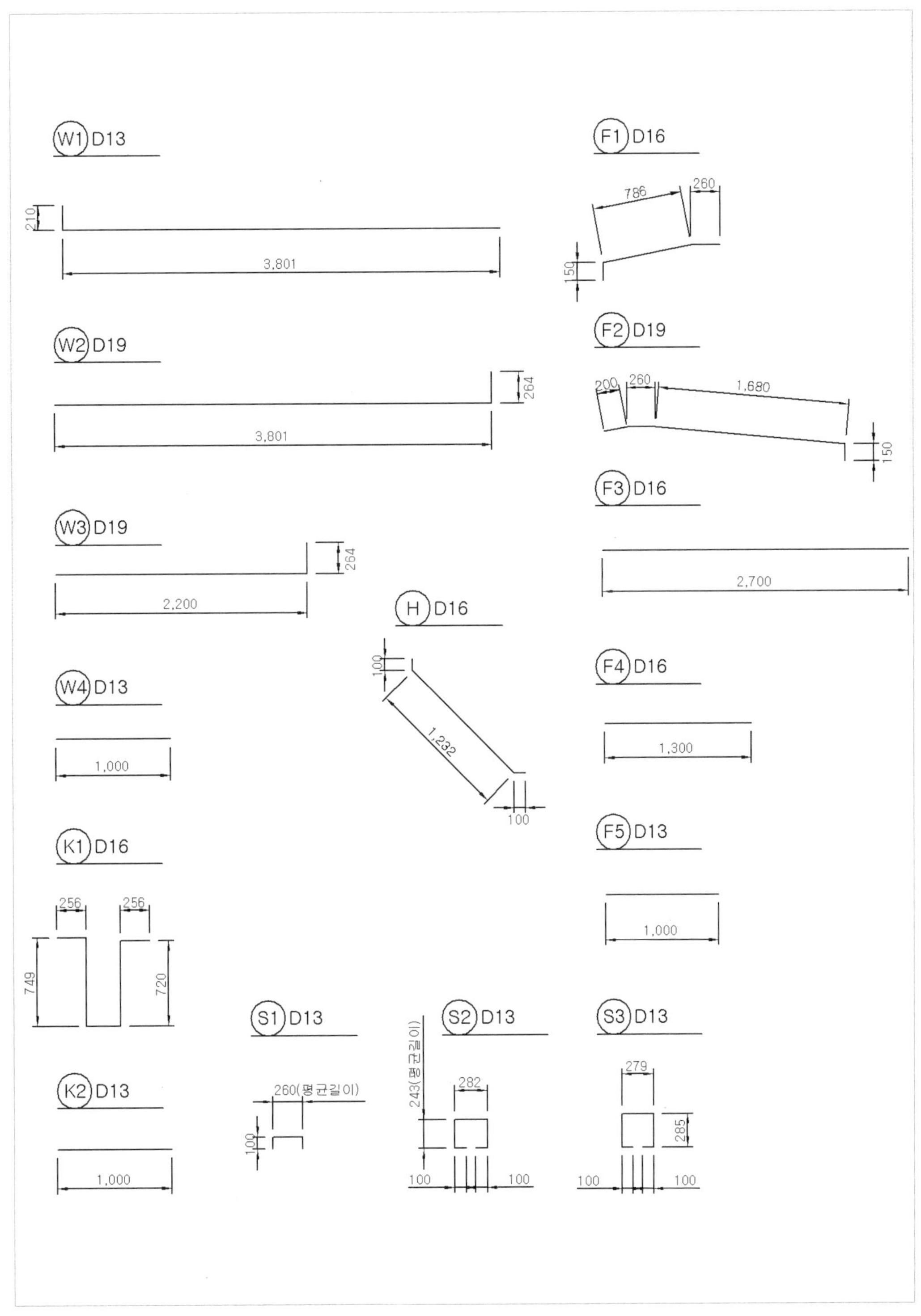

06 도면 제목 작성과 완성도면의 배치

완성된 도면의 명칭을 표기하고 제시된 양식에 보기 좋게 배치합니다. 도면 배치 시 좌우상하 여백을 주어 도면이 중앙에 올 수 있도록 조정합니다.

❶ 작성한 단면도, 벽체, 저판, 일반도, 철근 상세도를 준비합니다. Part 03을 참고하여 다음과 같이 도면을 완성합니다(실제 시험에서는 벽체와 저판은 참고 도면이며, 단면도와 일반도만 작성합니다. 철근 상세도도 작성하지 않습니다).

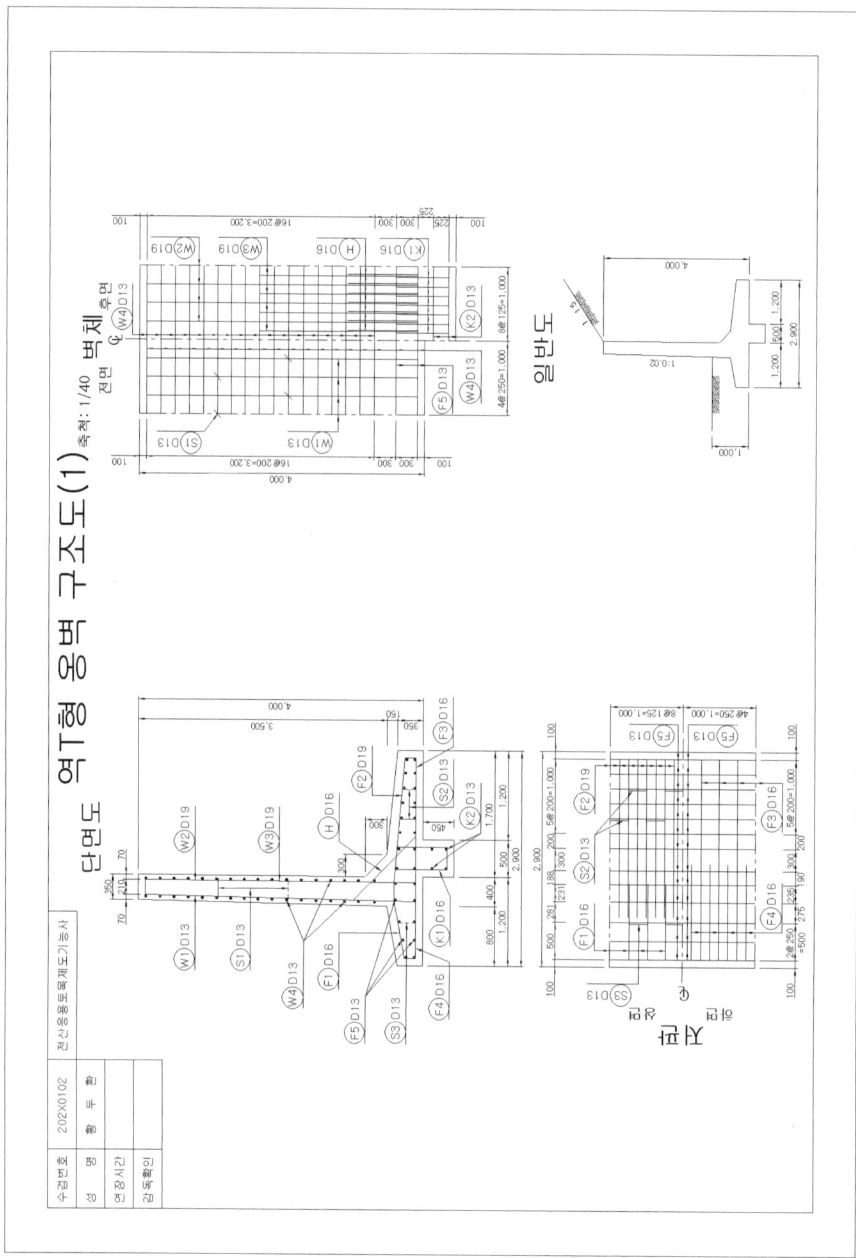

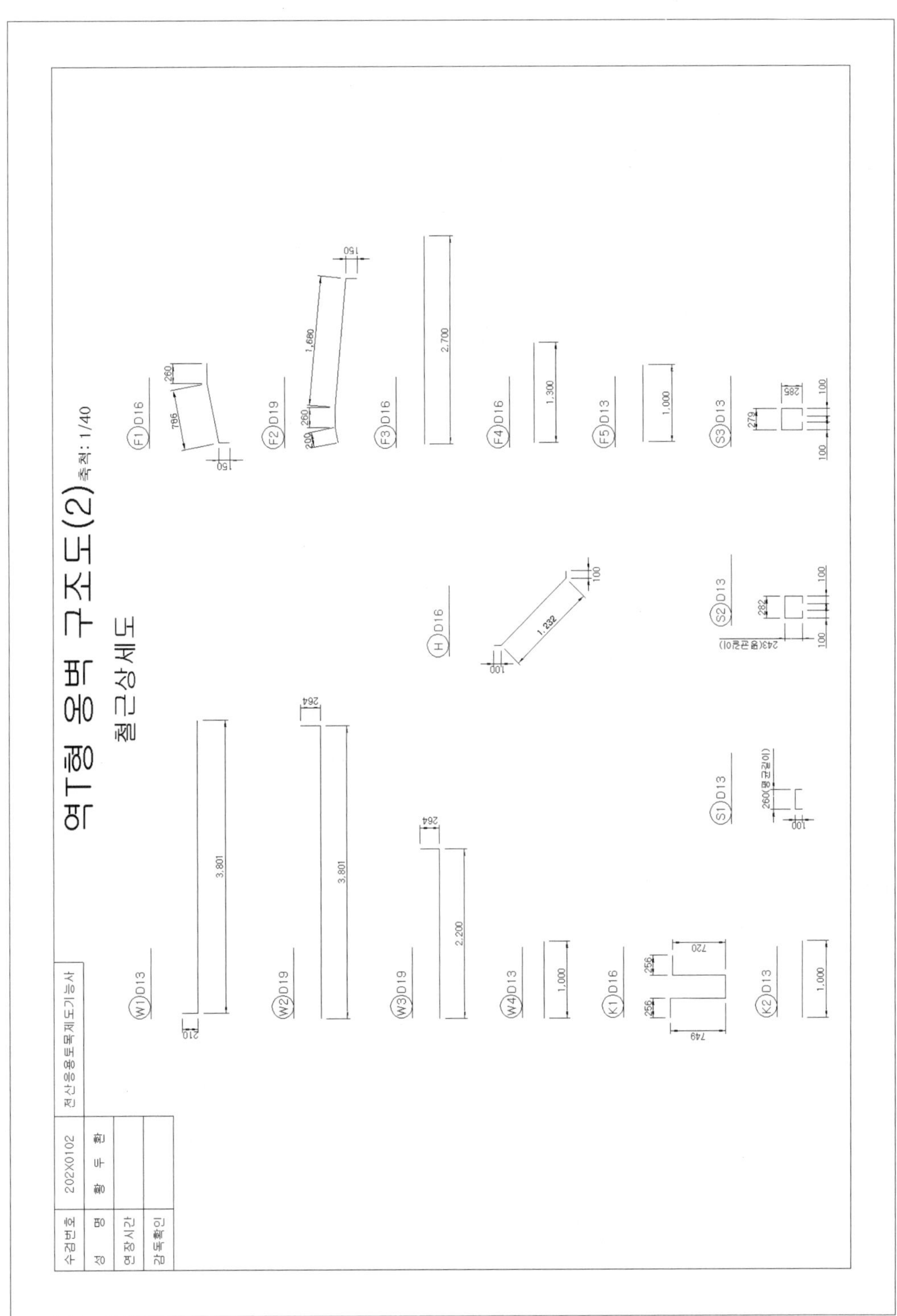

완성파일 실습자료\완성파일\part04\문자와 치수.dwg

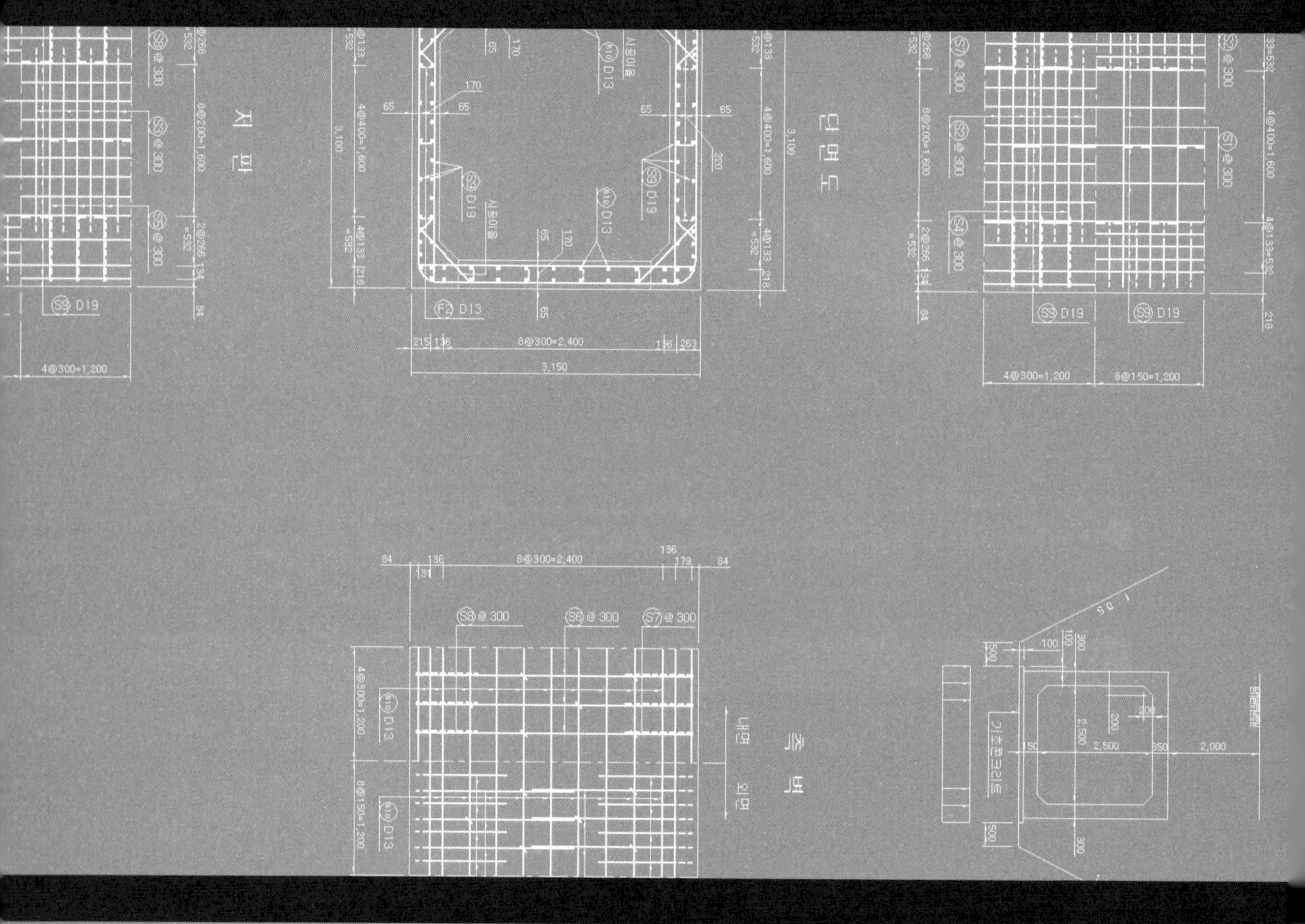
저 판
단 면 도
측 벽
내면
외면
기초콘크리트
4@300=1,200
8@300=2,400
3,150
3,100
8@150=1,200

PART

05

실기시험 도면 작성 (2022년 신규 기준)

2022년 개정된 시험부터는 옹벽 단면도 및 일반도, 도로 토공 횡단면도, 도로 토공 종단면도를 작성해야 합니다. 이번 파트에서는 실기시험의 작성 조건 확인부터 출력까지 따라 해보면서 각 도면의 작성 과정을 익힐 수 있도록 합니다.

작성 준비– 시트 작성 및 설정

2022년 신규로 적용된 출제기준에 맞추어 과제 작성에 필요한 도면 시트를 작성하고 문자, 치수 기입과 관련된 설정을 확인합니다.

(오토캐드2023[한글] 버전 기준 – 기본 설정 2D Drafting & Annotation(제도 및 주석))

동영상강좌 P05–Ch01.mp4

01 출제되는 시험 문제지와 도면

① 1페이지– 요구사항 및 작성 조건

시험시간, 출력 방법, 각 도면의 축척, 단면 표시 등 변경될 소지가 있는 항목을 확인합니다.

국가기술자격 실기시험문제

자격종목	전산응용토목제도기능사	작품명	옹벽 구조도 도로 토공 횡단면도 도로 토공 종단면도

비번호		시험일시		시험장명	

※ 시험시간 : 3시간(시험종료 후 문제지는 반납)

1. 요구사항

※ 주어진 도면 (1), (2), (3)을 보고 CAD프로그램을 이용하여 다음 조건에 맞는 도면을 작도하여 시험감독위원의 지시에 따라 저장하고, 제시된 축척에 맞게 A3(420×297)**용지에 흑백**으로 가로로 출력하여 파일과 함께 제출하시오.

가. 옹벽 구조도

❶ 주어진 도면(1)을 참고하여 **'표준 단면도(1:30)'**와 **'일반도(1:60)'**를 작도하고, 표준 단면도는 도면의 좌측에, 일반도는 우측에 적절히 배치하시오.

❷ 도면 상단에 과제명과 축척을 도면의 크기에 어울리도록 표기하시오.

나. 도로 토공 횡단면도

❶ 주어진 도면(2)를 참고하여 **'도로 토공 횡단면도(1:100)'**를 작도하고 도로 포장 단면의 표층, 기층, 보조기층을 아래의 단면 표시형식에 따라 출력물에서 구분될 수 있도록 적절한 크기로 해칭하여 완성하시오.

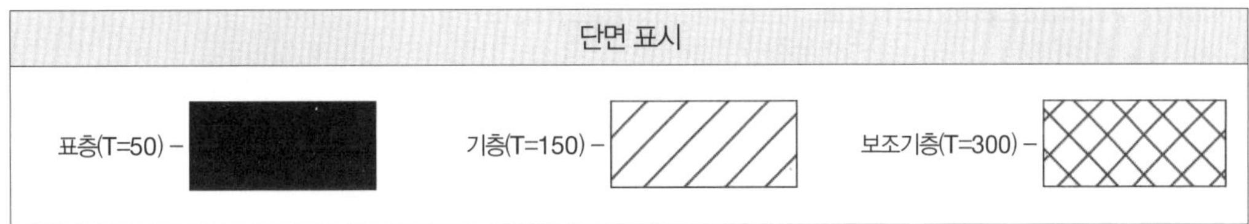

다. 도로 토공 종단면도

❶ 주어진 도면(3)을 참고하여 **도로 토공 종단면도(하단 야장표 제외)를 가로 축척(H), 세로 축척(V)에 맞게 작도**하고, **절토고 및 성토고 표**를 적절한 크기로 완성하여 종단면도의 우측에 배치하시오.

❷ 도면 상단에 과제명과 축척을 도면의 크기에 어울리도록 표기하시오.

② 2페이지 – 수험자 유의사항(표제란, 도면층 구성)
표제란의 크기, 테두리 선의 간격, 도면층의 구성 등을 확인합니다. 표준 단면도가 1:30이므로 철근의 단면(점철근)이 1mm로 출력되기 위해서는 Donut의 지름을 '30'으로 설정해야 합니다.

자 격 종 목	전산응용토목제도기능사	작 품 명	옹벽 구조도 도로 토공 횡단면도 도로 토공 종단면도

2. 수험자 유의사항

※ 다음 유의사항을 고려하여 요구사항을 완성하시오.

❶ 명시되지 않은 조건은 토목제도의 원칙에 따르시오.

❷ 정전 및 기계 고장 등에 의한 자료 손실을 방지하기 위하여 수시로 저장하시오.

❸ **윤곽선의 여백은 상하좌우 모두 15mm** 범위가 되도록 작도하고, **철근의 단면은 출력 결과물에 지름 1mm**가 되도록 작도하시오.

❹ 시험 시작 후 우선 도면 좌측 상단에 아래와 같이 표제란을 만들어 수험번호, 성명을 기재하시오.(단, 표제란의 축척은 1:1로 하시오.)

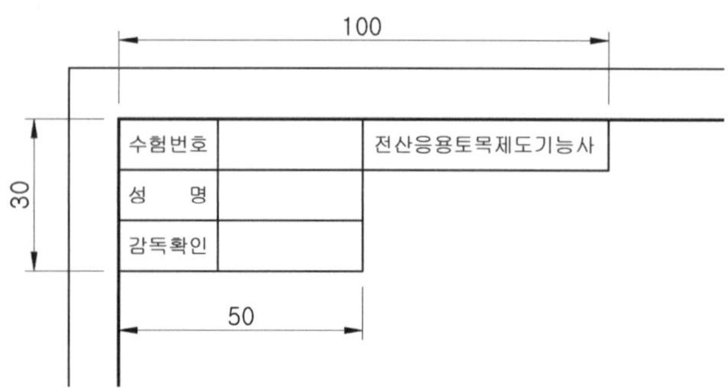

❺ 작업이 끝나면 감독위원의 확인을 받은 후 파일과 문제지를 제출하고 본부위원의 지시에 따라 흑백(출력결과물에서 선의 진하고 연함이 없이 선의 굵기로만 구분되도록 출력: AutoCAD의 monochrome.ctb 기준)으로 도면을 요구사항에 따라 출력하시오.

[**출력시간은 시험시간에서 제외(20분을 초과할 수 없음)**하고 출력은 주어진 축척에 맞게 수험자가 직접 하여야 합니다.]

❻ 선의 굵기를 구분하기 위하여 선의 색을 다음과 같이 정하여 작도하시오.

선 굵기	색상(color)	용도
0.7㎜	파란색(5-Blue)	윤곽선
0.4㎜	빨간색(1-Red)	철근선
0.3㎜	하늘색(4-Cyan)	계획선, 측구, 포장층
0.2㎜	선홍색(6-Magenta)	중심선, 파단선
0.2㎜	초록색(3-Green)	외벽선, 철근기호, 지반선, 인출선
0.15㎜	흰색(7-White)	치수, 치수선, 표, 스케일
0.15㎜	회색(8-Gray)	원지반선

③ 3페이지– 실격사항, 도면 배치(예시)

실격사항을 확인하고 어려운 문제라도 끝까지 완성하여 제출합니다. 조금 틀리더라도 치수, 문자, 기호 등을 문제도면과 동일하게 작성하여 완성도를 높입니다.

자격종목	전산응용토목제도기능사	작품명	옹벽 구조도 도로 토공 횡단면도 도로 토공 종단면도

❼ 다음 사항은 실격에 해당하여 채점 대상에서 제외됩니다.

가) 수험자 본인이 수험 도중 시험에 대한 포기 의사를 표현하는 경우

나) 장비조작 미숙으로 파손 및 고장을 일으킬 것으로 감독위원이 합의하거나 출력시간이 20분을 초과할 경우

다) 3개 과제 중 1과제라도 0점인 경우

라) 출력작업을 시작한 후 작업내용을 수정할 경우

마) 수험자는 컴퓨터에 어떤 프로그램도 설치 또는 제거하여서는 안 되며 별도의 저장장치를 휴대하거나 작업 시 타인과 대화하는 경우

바) 시험시간 내에 3개 과제(옹벽 구조도, 도로 토공 횡단면도, 도로 토공 종단면도)를 제출하지 못한 경우

사) 과제별 도면 명칭, 기울기, 치수선, 철근 종류 등 10개소 이상 누락된 경우

아) 도면 축척이 틀리거나 지시한 내용과 다르게 출력되어 채점이 불가한 경우

❽ 각 과제별 제출 도면 배치(예시)

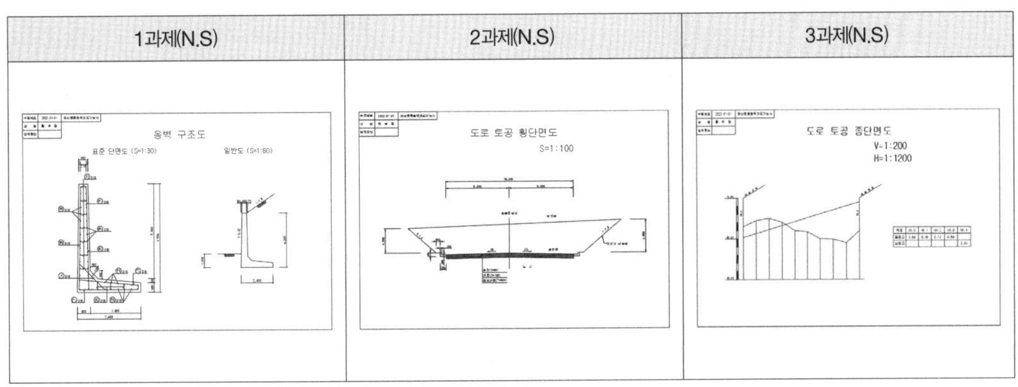

④ 4페이지 – 과제1(옹벽 구조도)

표준단면도의 점 철근 위치(안쪽/바깥쪽)와 치수, 지시선의 화살촉 모양을 확인합니다.

3. 도면(1)

자격종목	전산응용토목제도기능사	과제명	옹벽 구조도	척도	N.S

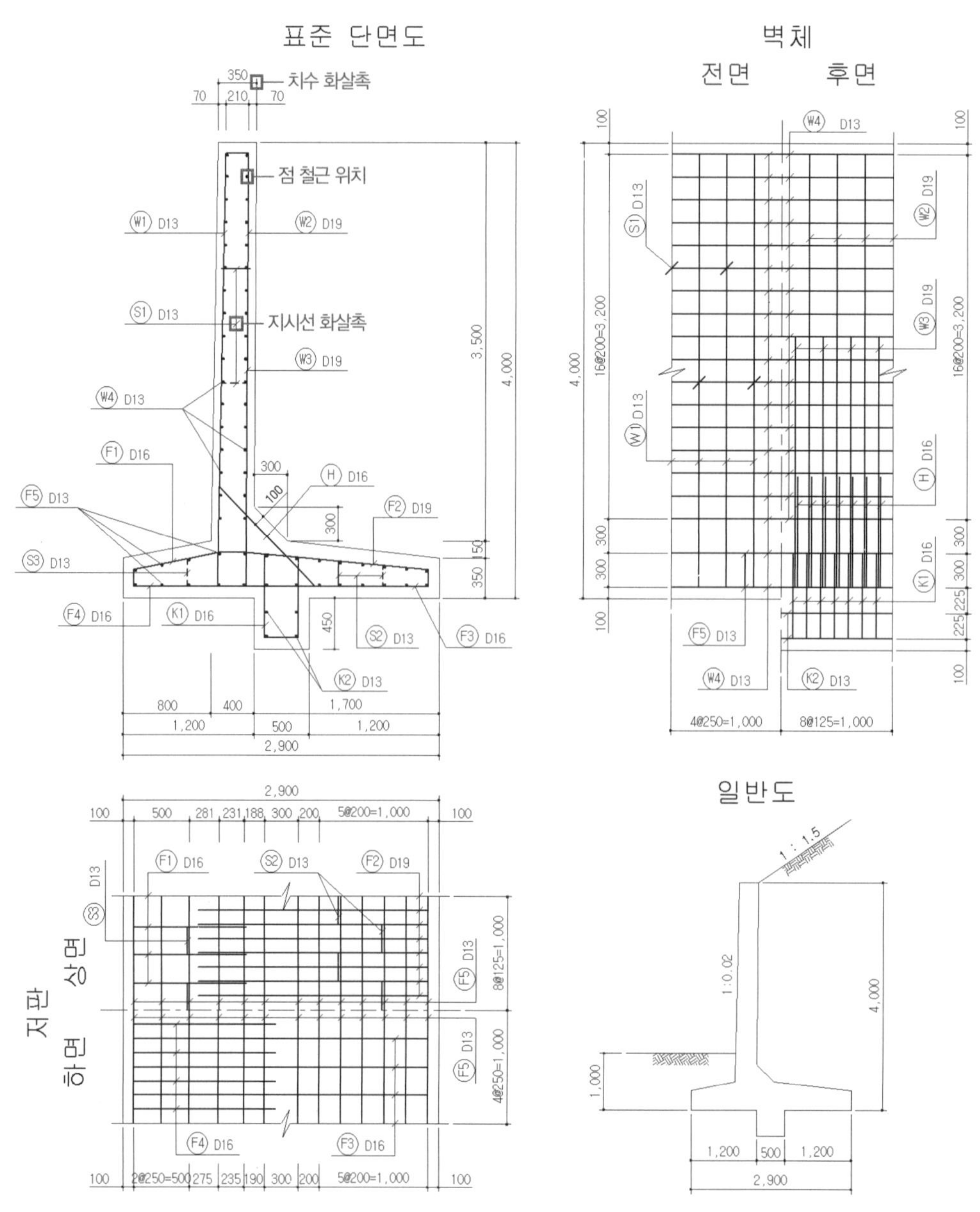

⑤ 5페이지– 과제2(도로 토공 횡단면도)

도로 토공 횡단면도는 주어진 도면을 치수를 참고해 그대로 작성합니다.

3. 도면(2)

자격종목	전산응용토목제도기능사	과제명	도로 토공 횡단면도	척도	N.S

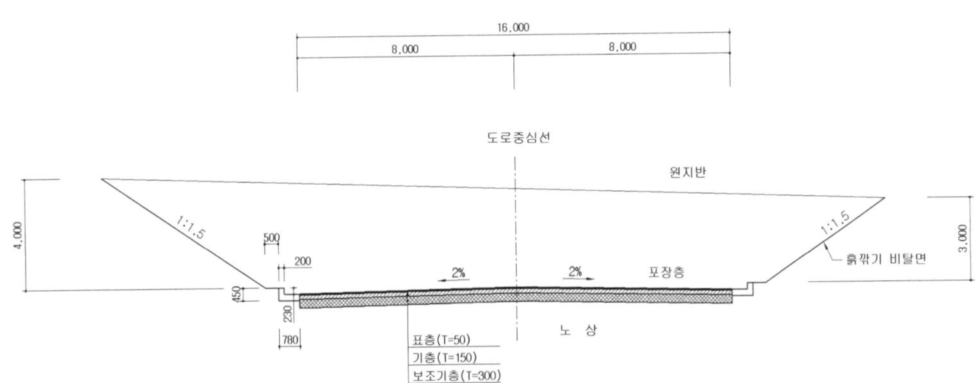

⑥ 6페이지 – 과제3(도로 토공 종단면도)

야장표 좌측 하단에 표시된 가로 축척과 세로 축척을 확인합니다.

3. 도면(3)

자격종목	전산응용토목제도기능사	과제명	도로 토공 종단면도	척도	N.S

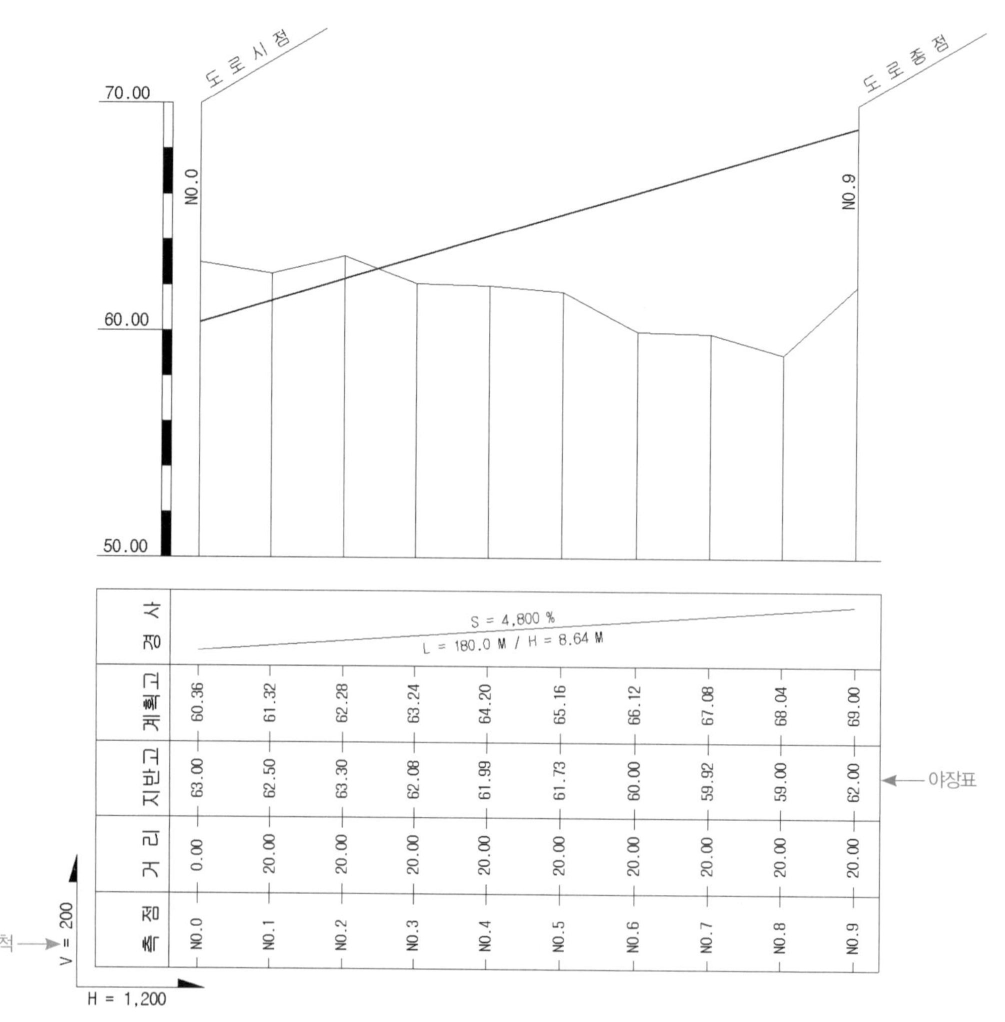

측점	NO.0	NO.1	NO.2	NO.3	NO.4
절토고					
성토고					

02 Startup 설정 및 객체 스냅 확인

❶ [STARTUP] Enter ⇨ 1(단위 선택으로 시작) Enter

❷ [NEW] Enter ⇨ 미터법(Metric) 선택 ⇨ [확인] 버튼 클릭

❸ OS ⇨ 그림과 같이 체크 ⇨ [확인] 버튼 클릭

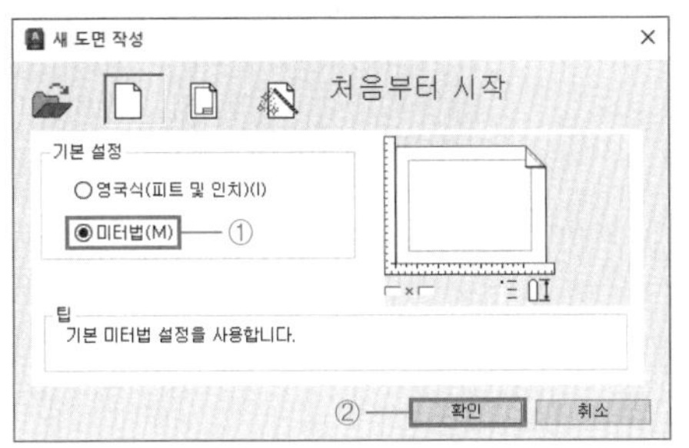

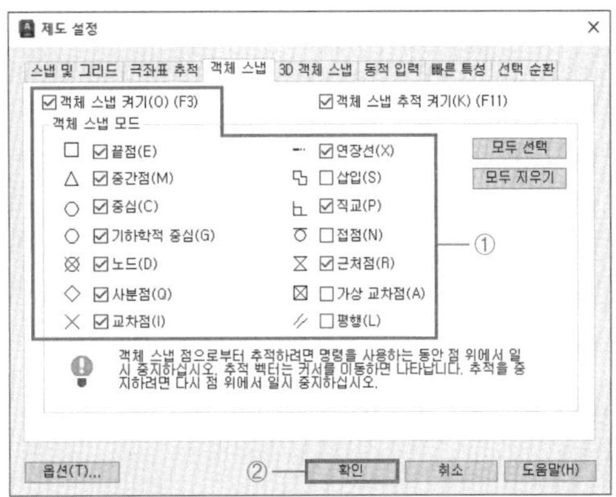

03 글꼴 설정(style)

❶ 과제 작성에 필요한 글꼴인 '굴림체'를 적용합니다.

* @굴림체 @굴림체 가 아닌 굴림체 굴림체 로 설정해야 합니다(굴림보다 굴림체가 시험 도면과 더 유사합니다).

ST Enter ⇨ 글꼴을 '굴림체'로 설정 ⇨ [적용] 버튼 클릭 ⇨ [닫기] 버튼 클릭

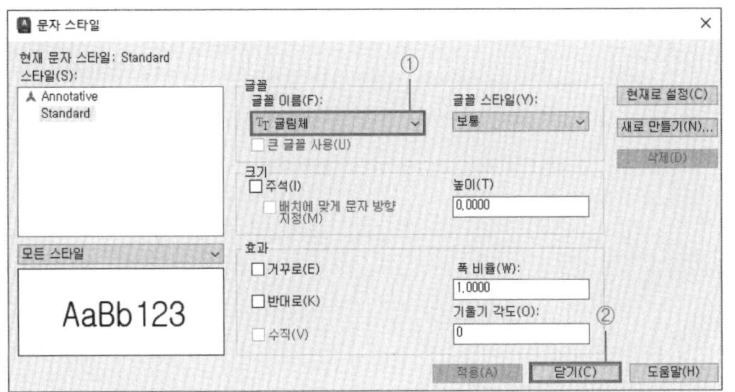

TIP 굴림, 굴림체 비교

굴림	굴림체
@123 ABCDE abcde	@123 ABCDE abcde

04 치수 설정(Dimstyle)

'과제1' 옹벽 구조도(표준단면도)의 축척과 문제도면에 표시된 치수 및 지시선의 모양으로 설정합니다. 옹벽 구조도의 치수 화살촉은 '작은점(Dot small)', 지시선은 '기울기(Oblique)'로 작성되었습니다.

❶ D Enter ⇨ 수정(Modify) 클릭

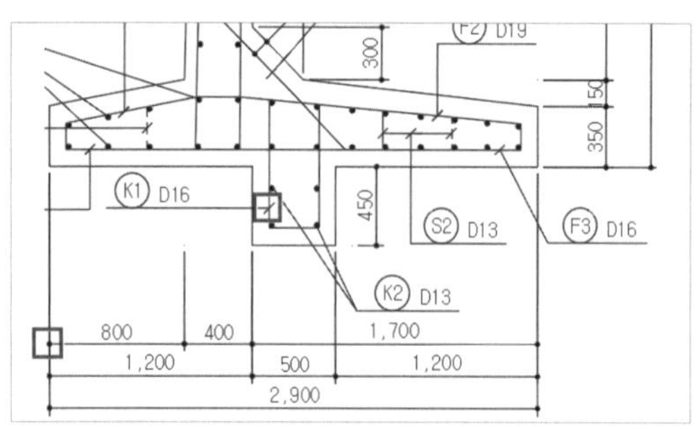

과제1 – 옹벽 구조도(표준단면도)

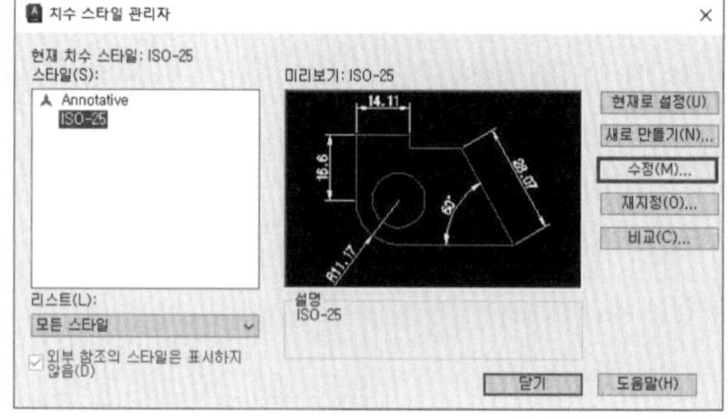

❷ [선] 탭 ⇨ 원점에서 간격띄우기를 '2'로 변경

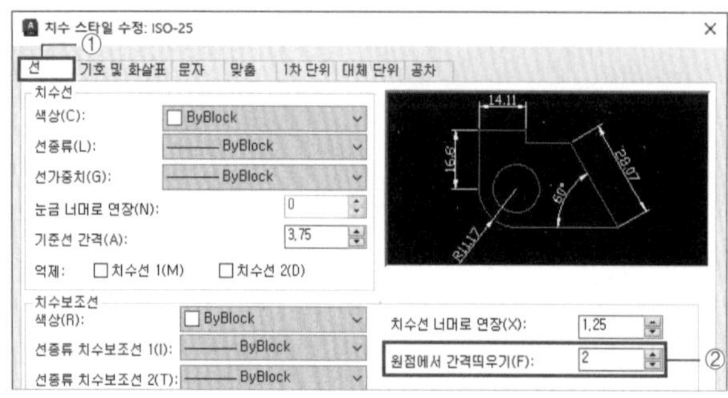

❸ [기호 및 화살표] 탭 ⇨ 치수와 지시선의 화살촉을 설정하고 크기는 '3'으로 변경

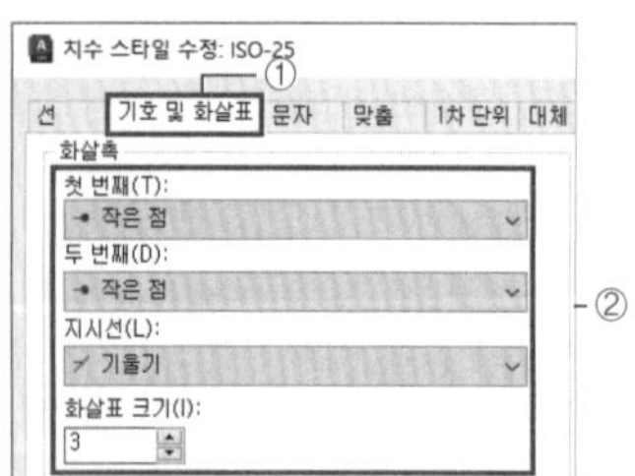

❹ [맞춤] 탭 ⇨ 전체 축척 사용을 '30'으로 설정(표준 단면도 1:30 기준)

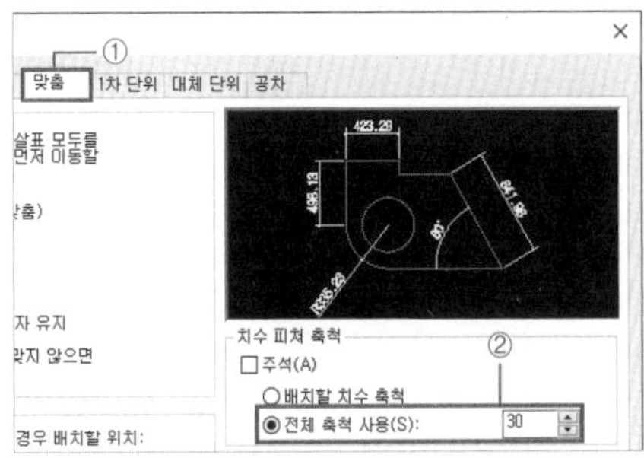

❺ [1차 단위] 탭 ⇨ 단위 형식과 정밀도를 설정 ⇨ [확인] 버튼 ⇨ [닫기] 버튼

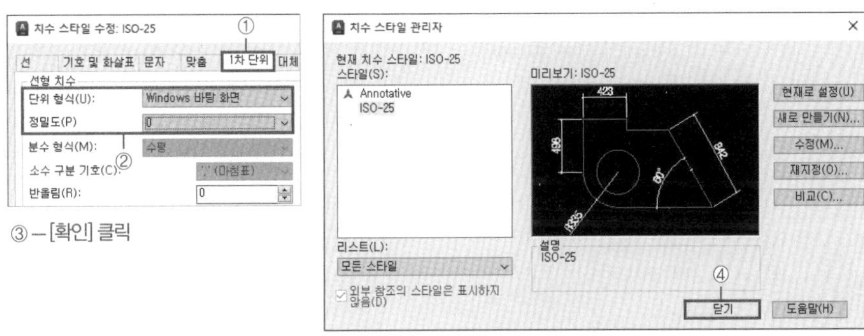

③ – [확인] 클릭

05 선분 유형 및 도면층(Layer) 설정

❶ LT Enter ⇨ 우측 상단의 [자세히(Show details)] 버튼 클릭 ⇨ 우측 하단의 전역 축척 비율을 '15'로 설정

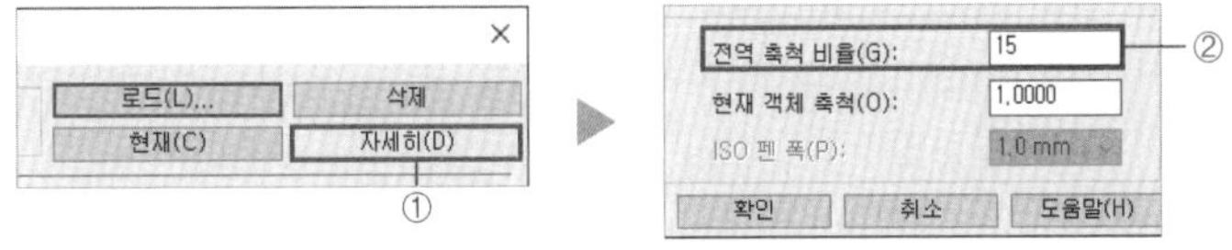

❷ [로드] 버튼 클릭 ⇨ [Center] 선을 불러옴 ⇨ [확인] 버튼 클릭

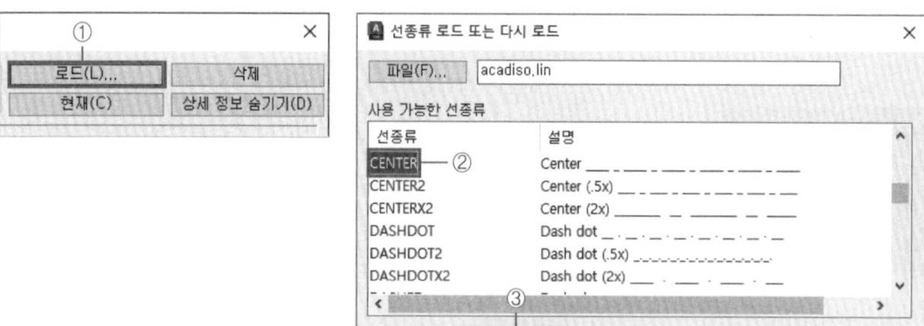

❸ [로드] 버튼 클릭 ⇨ [Hidden] 선을 불러옴 ⇨ [확인] 버튼 클릭 ⇨ [확인] 버튼 클릭

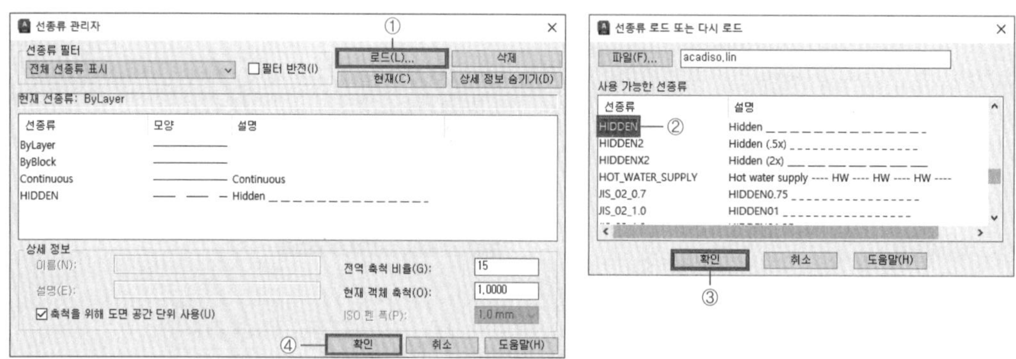

❹ LA Enter ⇨ 도면층 추가 ⇨ 도면층의 색상, 선, 두께 설정 ⇨ 현재 도면층을 외벽선으로 설정

(도면층의 이름은 정해진 것은 아니며 작업자가 약자로 줄이는 등 구분할 수 있는 이름으로 정하면 됩니다.)

*** 문제지의 선 설정(도면층) 조건**

선굵기	색 상(color)	용 도
0.7 mm	파란색(5-Blue)	윤곽선
0.4 mm	빨간색(1-Red)	철근선
0.3 mm	하늘색(4-Cyan)	계획선, 측구, 포장층
0.2 mm	선홍색(6-Magenta)	중심선, 파단선
0.2 mm	초록색(3-Green)	외벽선, 철근기호, 지반선, 인출선
0.15 mm	흰색(7-White)	치수, 치수선, 표, 스케일
0.15 mm	회색(8-Gray)	원지반선

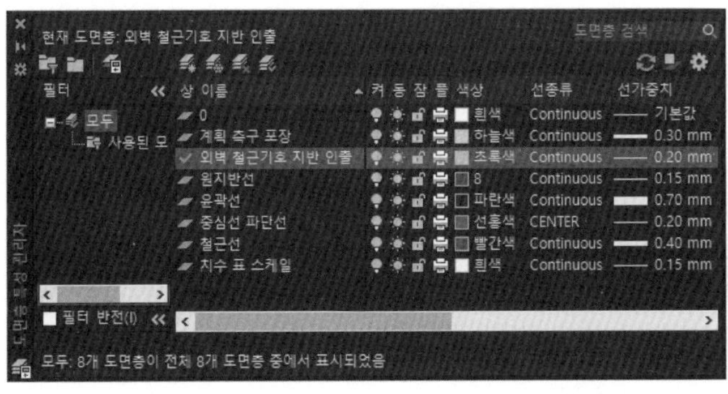

06 시트 작성

'과제1' 옹벽 구조도(표준단면도)와 일반도 작성에 사용할 시트를 작성합니다. 표준단면도 축척은 1:30, 1:40 등 다양하게 출제될 수 있으므로 문제지를 확인 후 작성해야 합니다.
(시트에 적용할 축척은 표준단면도 축척을 기준으로 합니다.)

❶ 빈 공간에 Rectangle(REC) 명령으로 A3 규격(가로 420, 세로 297)의 사각형을 그립니다. Offset(O) 명령을 실행해 안쪽으로 '15 간격'을 복사해 윤곽선을 그립니다(윤곽선은 필히 문제도면의 요구사항을 확인하고 그립니다).

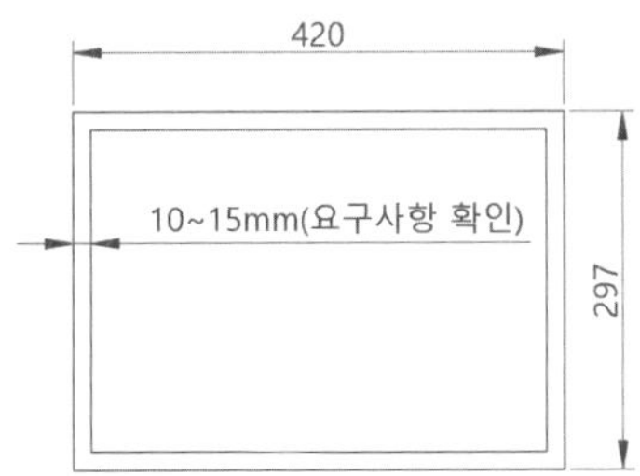

❷ 안쪽 사각형 ①을 분해(X) 후 Offset 명령과 Trim 명령을 사용해 다음과 같은 표제란을 그립니다. (좌측 상단)

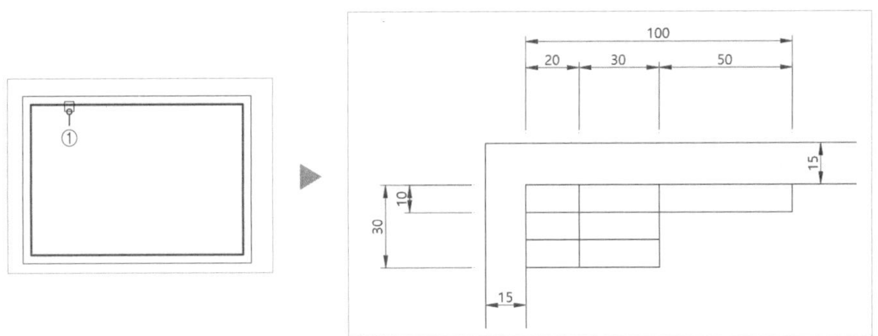

❸ SCALE(SC) 명령을 실행해 작성한 도면 시트를 30배 크게 합니다.

30배 크게 한 후 양식이 화면 밖으로 벗어나면 마우스 휠을 더블클릭합니다(작성 조건의 축척이 '1:30'인 경우는 '30배' 설정, '1:40'인 경우에는 '40배' 설정합니다).

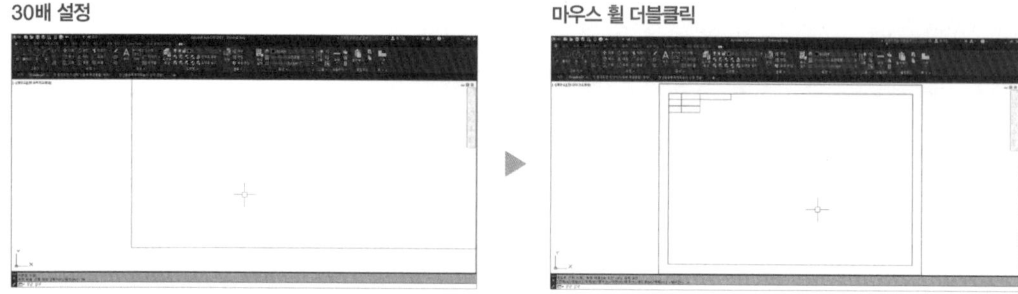

❹ 작성한 도면 시트는 모두 선택하여 '윤곽선(파랑)' 도면층으로 변경합니다.)

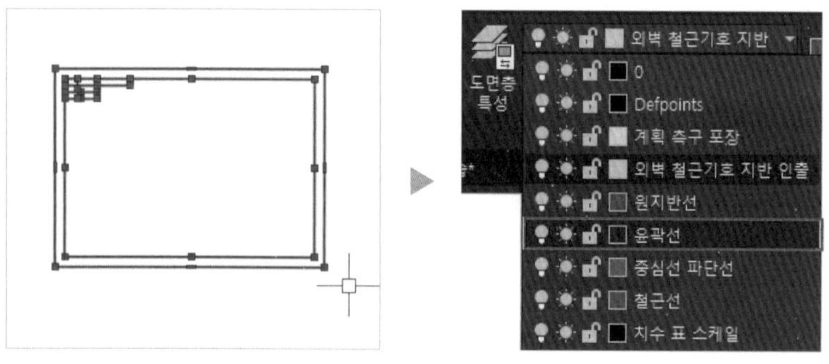

❺ DTEXT(DT) 명령을 실행해 다음과 같이 표제란 내용을 작성합니다.

문자 높이: 90, 각도: 0

작성 조건의 축척이 '1/30'인 경우 높이를 '90'으로 설정, '1/40'인 경우에는 '120'으로 설정합니다.
(기본 높이 3mm × 축척 30=90)
문자 하나만 작성 후 Copy(CO)로 복사합니다(문자의 위치는 보기 좋으면 됩니다).
문자를 더블클릭하여 수정 후 MOVE(M) 명령으로 위치를 조정합니다.

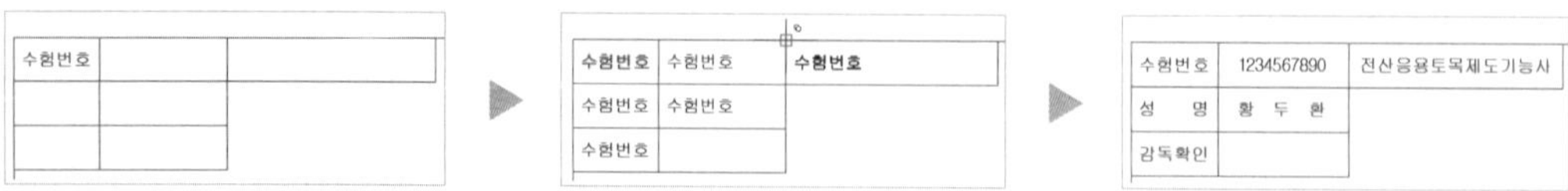

❻ 작성한 문자를 모두 선택하여 '외벽, 철근기호' 도면층(녹색)으로 변경합니다.

❼ 도면에 사용할 문자 4개를 추가로 복사합니다.

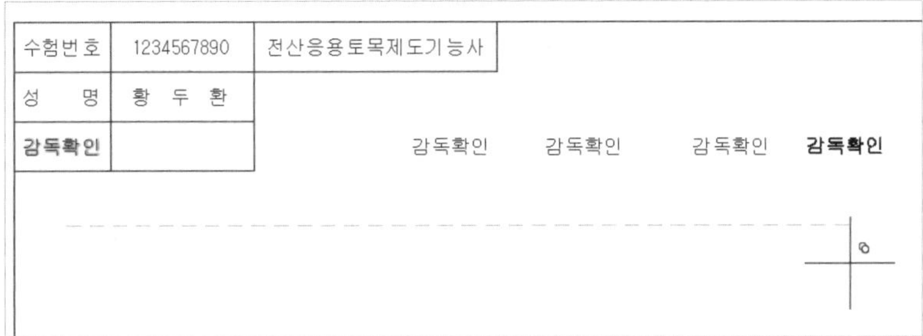

❽ 각 문자를 선택하고 Ctrl+1 을 눌러 90, 180, 180, 270으로 변경합니다.

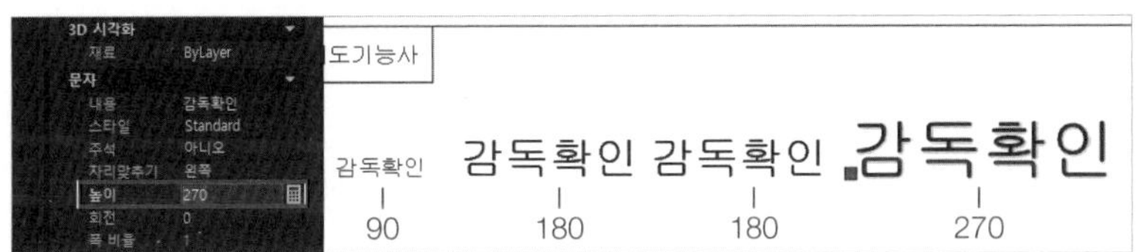

❾ 문자를 더블클릭해 다음과 같이 'F1', '표준 단면도', '일반도', '옹벽 구조도'로 수정합니다.

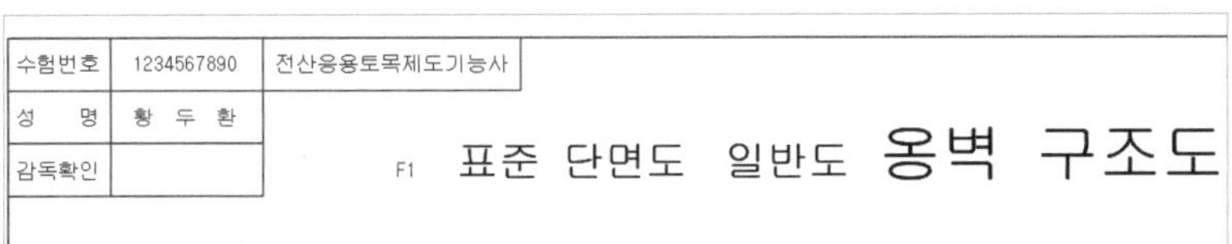

완성파일 실습자료\완성파일\part05\ch01-기본시트.dwg

과제1- 옹벽 구조도(역T형 key)

도면(1)의 요구사항인 표준단면도(1:30)와 일반도(1:60) 2개 도면만 작성합니다. 이전 챕터의 완성파일이 없다면 예제파일의 'ch01-기본시트'를 불러옵니다(벽체, 저판은 참고용 도면으로 작성하지 않습니다).

동영상강좌 P05-Ch02.mp4

⊙ 문제 도면 _ 과제1 : 도면(1) 옹벽 구조도

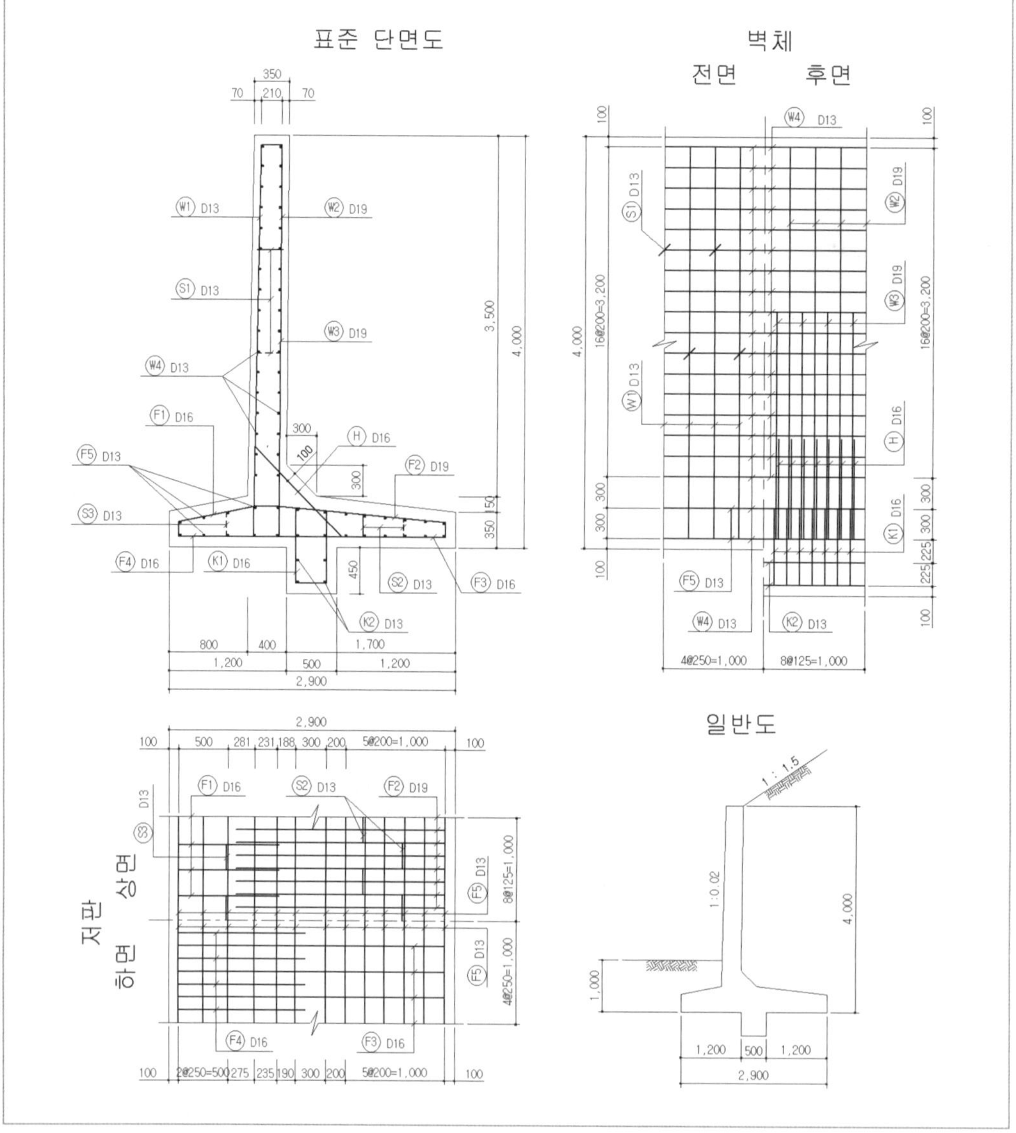

표준 단면도

벽체

전면 후면

일반도

저판 상면 하면

01 옹벽 외형 그리기

❶ ch01에서 작성한 1/30 도면 시트를 준비하고 다음과 같이 작도에 기준이 되는 가로, 세로 선을 그립니다. 가로 선①은 양식의 1/3 지점 정도로 하고, 세로 선②는 표제란의 끝부분으로 합니다. (기준선의 위치는 정확하지 않아도 됩니다.)

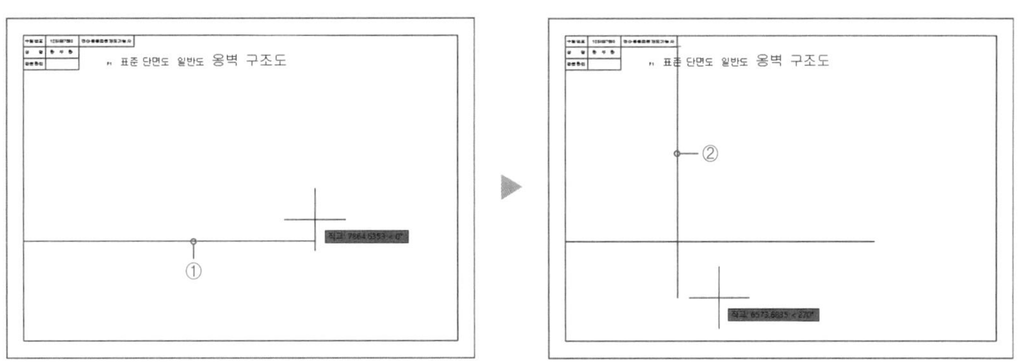

❷ 옹벽 하부의 저판부터 문제도면의 치수를 보고 그려 나갑니다. 앞서 그린 기준선을 다음과 같이 Offset(O) 명령으로 옹벽의 전체 크기를 표시합니다.

문제도면

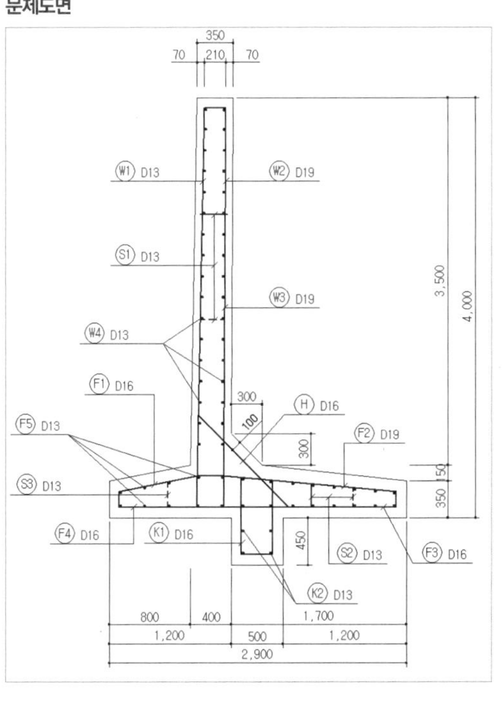

작업도면

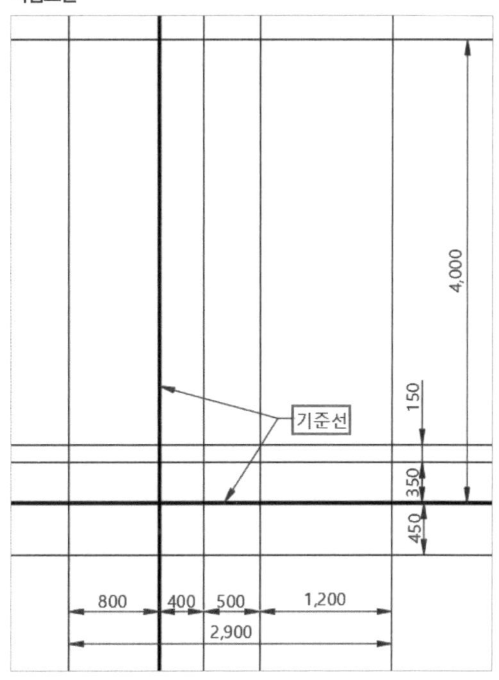

❸ 저판 부분을 Trim(TR)과 Fillet(F)명령 등으로 형태를 알 수 있도록 편집합니다.

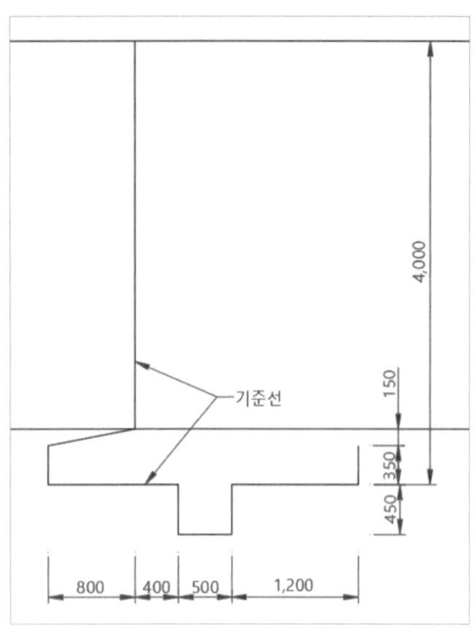

❹ 문제도면의 일반도에서 경사도(1:0.02)를 확인합니다. Xline(XL)명령을 실행 각도 옵션(A)를 입력하고 ①부분을 클릭 후 경사도 '@0.02,1'을 입력합니다. 경사 선이 생성되면 다시 ①위치를 클릭해 선분을 배치하고 옹벽 상단을 다음과 같이 편집합니다.

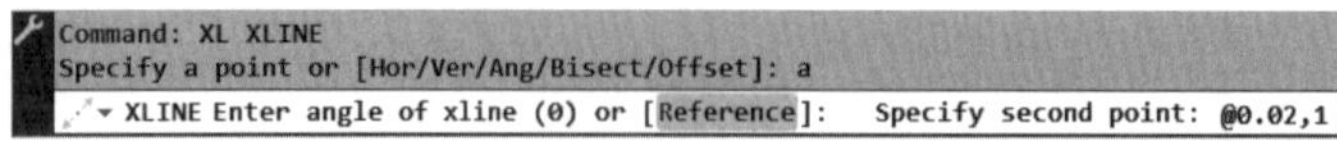
```
Command: XL XLINE
Specify a point or [Hor/Ver/Ang/Bisect/Offset]: a
XLINE Enter angle of xline (0) or [Reference]:  Specify second point: @0.02,1
```

문제도면

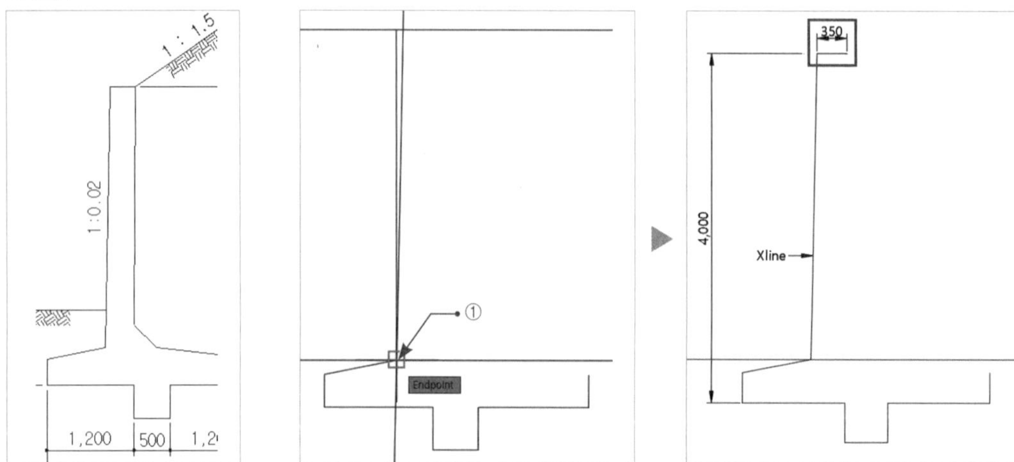

❺ 문제도면에서 저판 우측의 치수를 확인합니다. 보조선을 그린 후 offset(300)으로 위치를 표시해 선을 그려줍니다.

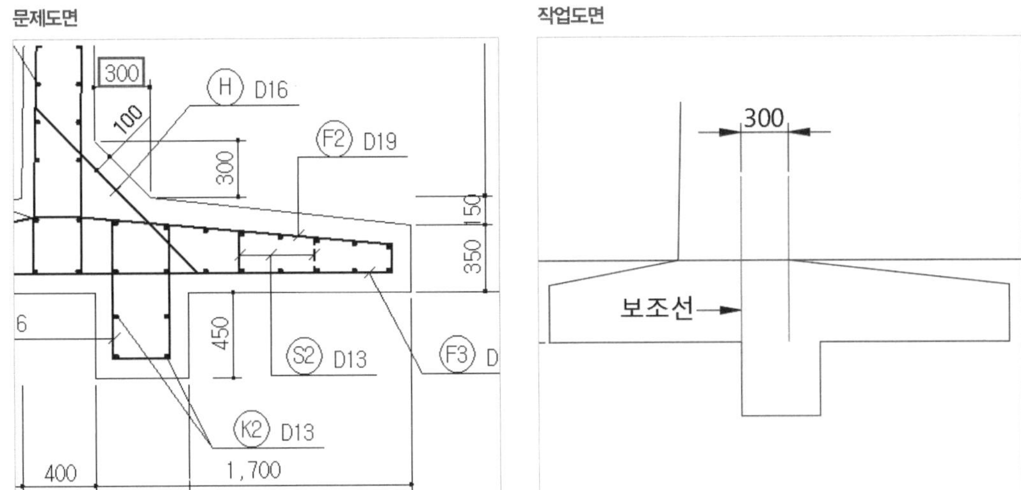

❻ 헌치 부분(300×300)을 그리고 옹벽 상단 350 끝선에 연결합니다. 작성된 옹벽 외형은 녹색 도면층입니다.

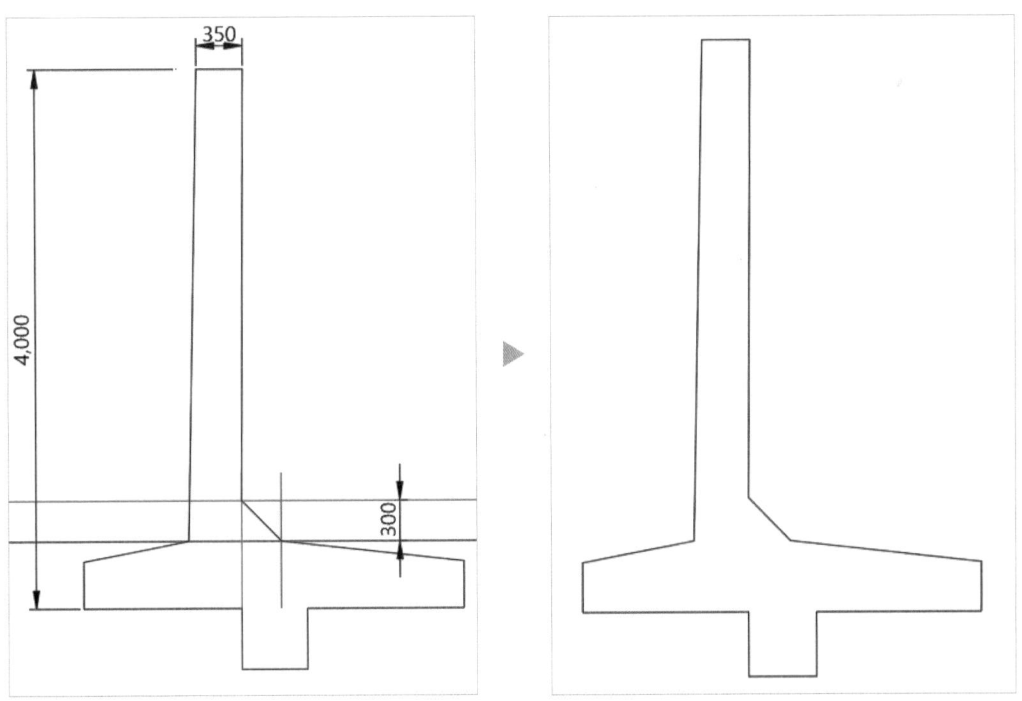

02 일반도 그리기

❶ 옹벽의 외형선을 모두 선택해 우측에 복사합니다. 일반도의 축척은 1:60로 표준 단면도의 1/2입니다. Scale(SC)명령을 실행해 0.5배 또는 1/2 크기로 작게 조정합니다. 앞서 작성한 도면명을 각 도면 상단에 배치합니다.

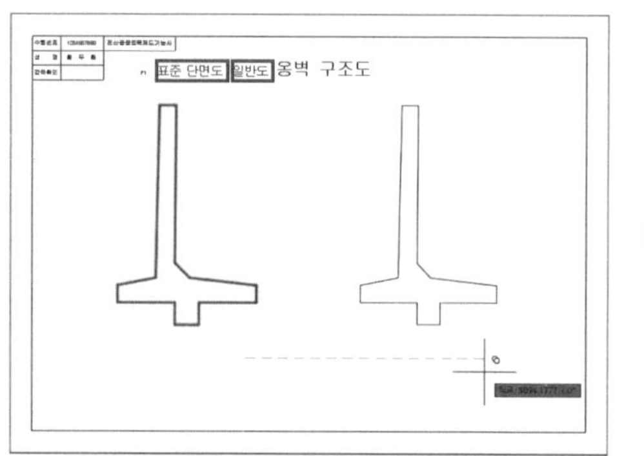

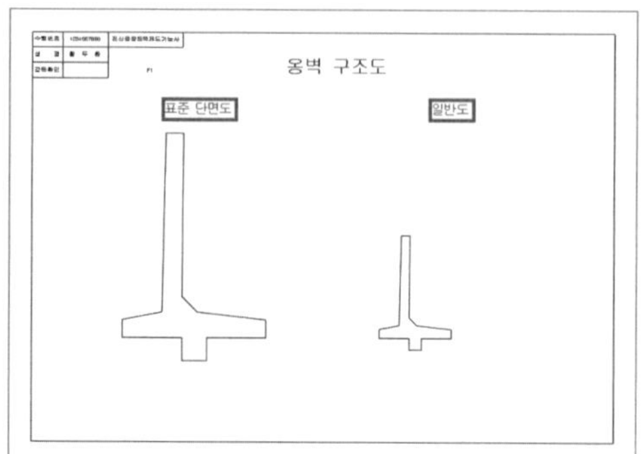

| 참고 | 표준단면도와 일반도의 축척은 문제마다 다를 수 있습니다. 표준단면도 1:30, 일반도 1:50인 경우 0.6배(30/50=0.6)가 됩니다. Scale(SC) 명령의 참조(R) 옵션을 사용할 경우 다음과 같습니다.

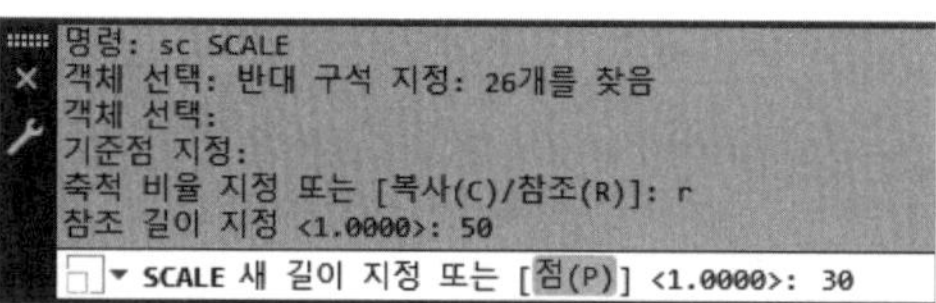

❷ 축소한 일반도의 외형에 지반선을 표시합니다. 표준 단면도 외형을 1/2로 작게 했으므로 주어진 치수의 1/2로 그려줍니다.

문제도면

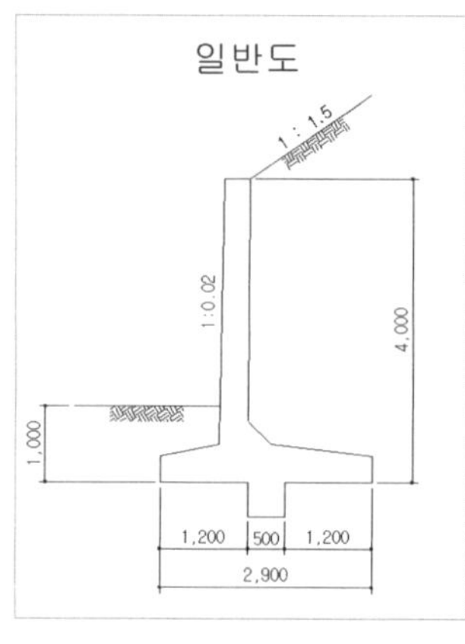

작업도면

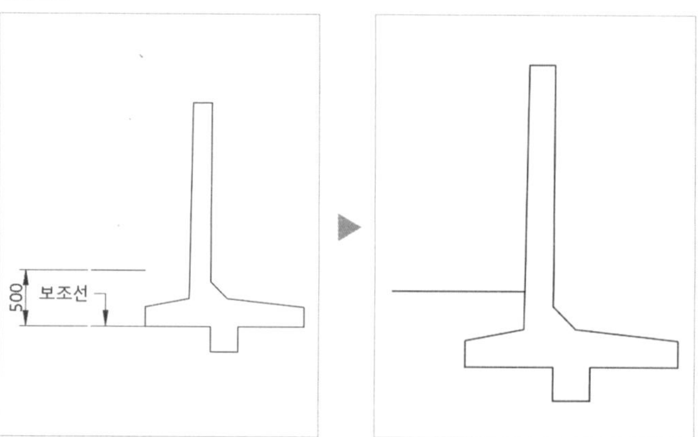

| 참고 | 단면도와 일반도의 축척 비율이 2배가 아닌 경우, 지반선의 위치를 계산해야 하므로 위 ❶번 작업 시 지반선을 함께 복사하면 작업이 수월합니다.

❸ 선을 그려 해치 영역을 표시하고 Hatch(H) 명령을 실행해 패턴 EARTH, 축척 10으로 지반 표시를 넣어줍니다. 해치만 옹벽 상단으로 복사합니다.

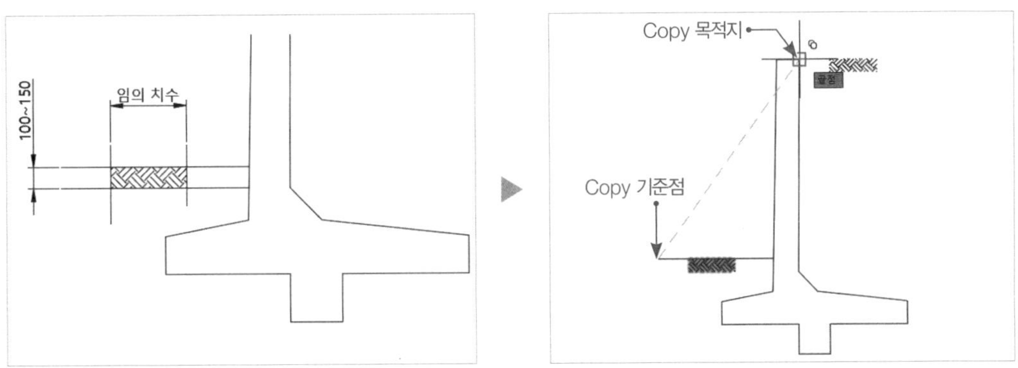

❹ 문제도면의 경사선(1:1.5)을 그리기 위해 Line(L)명령을 실행합니다. ①지점에 시작점을 클릭하고 '@1500,1000'을 입력합니다.
(문제도면과 비교하여 길이가 길거나 짧은 경우 비슷하게 맞춰줍니다.)

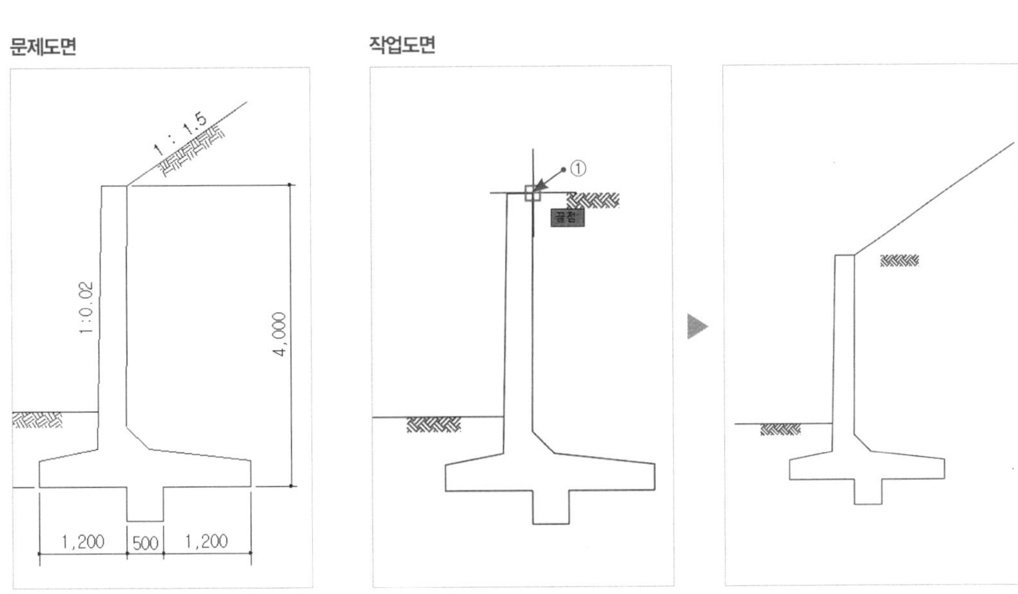

❺ Rotate(RO)명령을 실행합니다. 지반을 표시한 해치를 선택하고 기준점 ①을 클릭합니다. 회전 위치 ②를 클릭하면 지반선에 맞추어 해치가 회전됩니다.

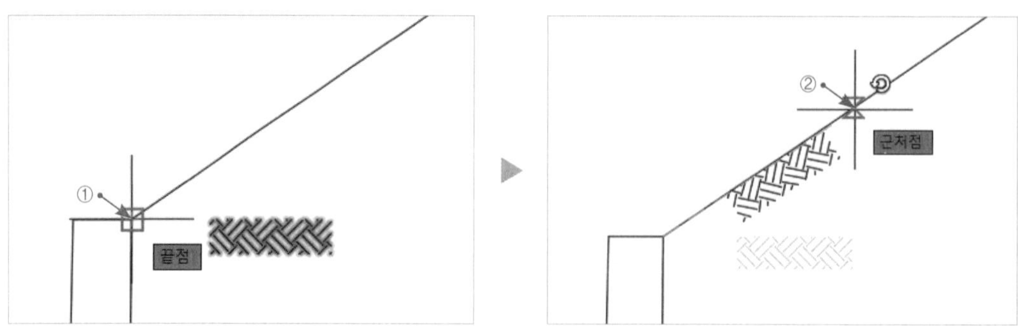

❻ 지반선을 클릭해 문제도면과 비슷한 길이로 조정하고 지반선과 해치의 도면층은 '원지반' 도면층(회색)으로 변경합니다.

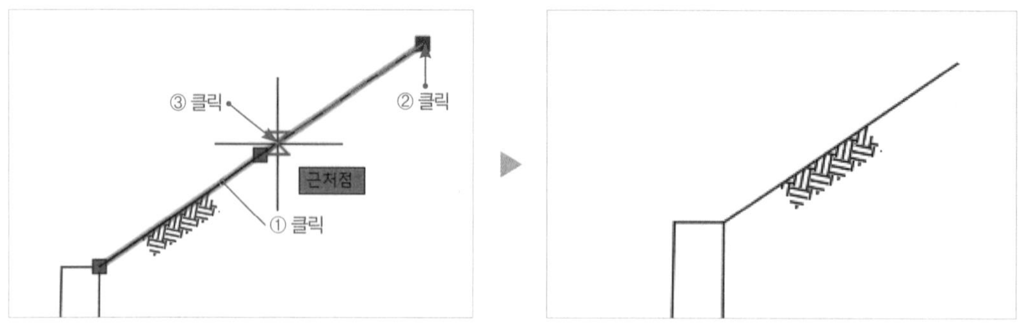

❼ 경사 값을 표기하기 위해 샘플문자(높이 90)를 옹벽과 지반선 근처로 복사합니다.

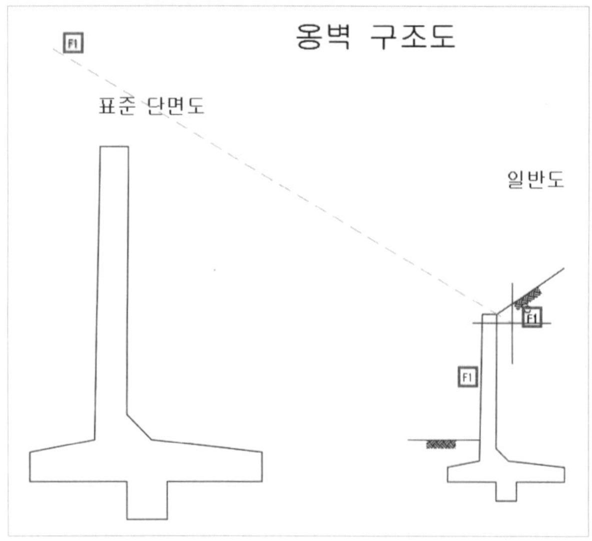

❽ 복사한 문자는 더블클릭해 문제도면의 경사 값으로 수정하고 '외벽 철근기호 지반'도면층(녹색)으로 변경합니다.

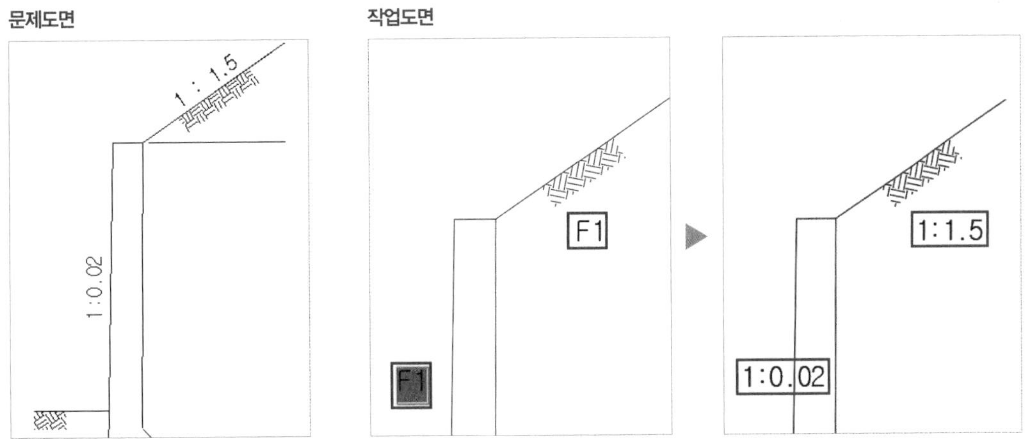

❾ 지반표시 해치를 회전한 것과 동일한 방법으로 문자를 회전시켜 다음과 같이 배치합니다. Rotate(RO)명령을 실행합니다. 문자를 선택하고 기준점 ①을 클릭합니다. 회전 위치 ②를 클릭하면 옹벽 및 지반선에 맞추어 문자가 회전됩니다. Move(M)명령을 실행해 문자의 위치를 조정합니다.

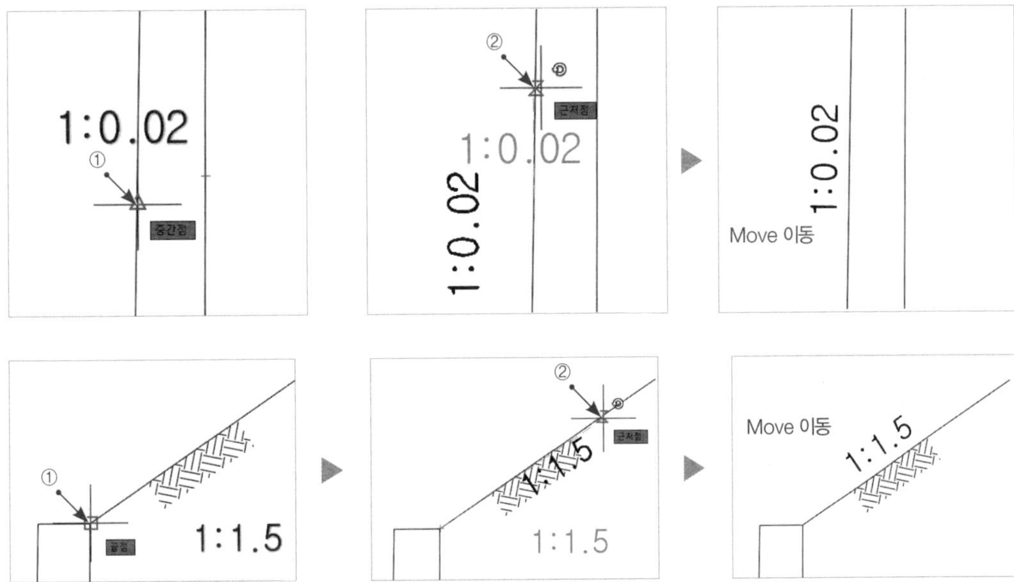

⑩ 시트의 축척보다 1/2 작은 일반도의 치수를 기입하기 위해 'DIMLFAC'를 입력하고 '2'를 입력합니다. 선형치수(DLI)명령을 실행해 문제도면과 같이 치수를 기입합니다.
(DIMLFAC를 변경하지 않고 더블클릭으로 문자의 내용을 수정해도 무방합니다.)

```
명령: DIMLFAC
DIMLFAC DIMLFAC에 대한 새 값 입력 <1.0000>: 2
```

문제도면

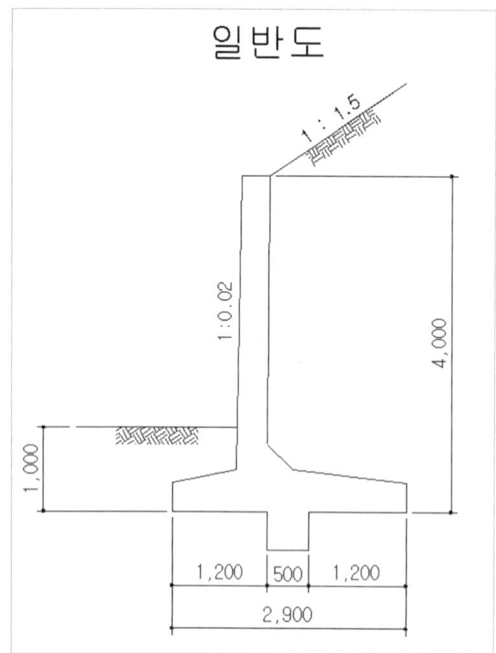

작업도면

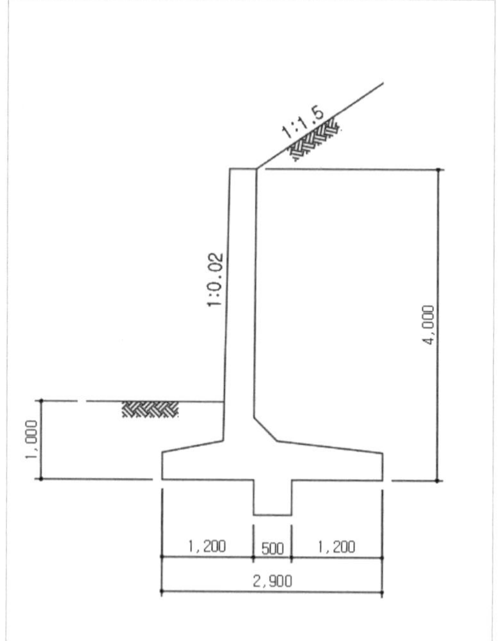

⑪ 일반도의 치수 기입 후 'DIMLFAC'의 설정을 '1'로 변경해 일반도 작성을 마무리합니다.
('DIMLFAC'값을 수정하지 않으면 다른 치수를 기입할 때 값이 2배로 표기되므로 꼭 1로 변경해야 합니다.)

```
명령: DIMLFAC
DIMLFAC DIMLFAC에 대한 새 값 입력 <2.0000>: 1
```

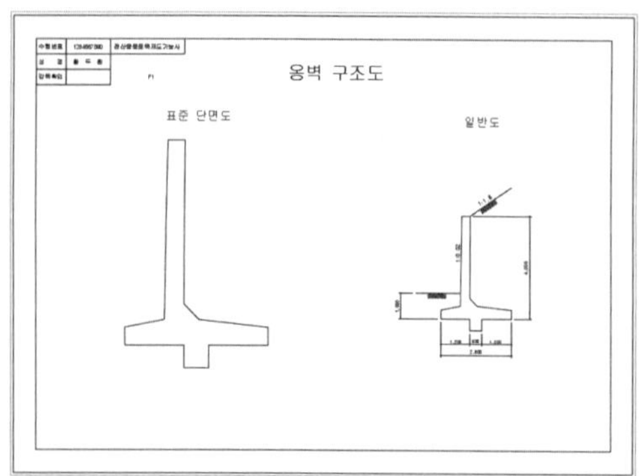

03 표준 단면도 철근 그리기

❶ 표준 단면도를 확대합니다. 문제도면 벽체와 저판에서 피복 두께를 확인해 Offset(O)명령으로 간격으로 표시합니다.

문제도면

작업도면

❷ Fillet(F)명령을 실행해 반지름(R)을 '0'으로 설정한 후 모서리를 편집합니다. 저판 상부 철근을 표시하기 위해 Mirror(MI)명령을 실행하고 선 ①을 선택합니다. 대칭축 ②, ③을 클릭해 대칭으로 복사합니다.

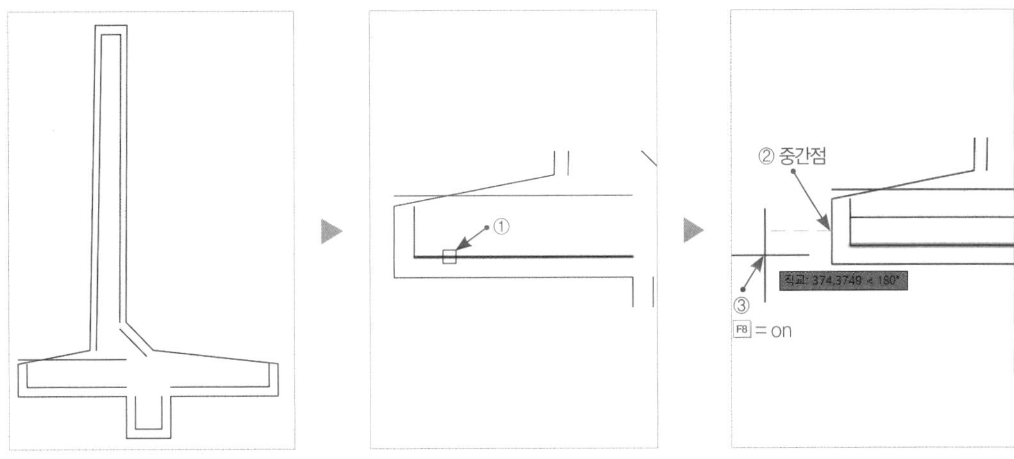

❸ Extend(EX)명령으로 선을 늘려 교차점을 표시한 후 철근을 그려주고 Trim(TR)명령으로 편집합니다. 외벽선 안쪽으로 작성한 철근은 '철근선' 도면층(빨강)으로 변경합니다.

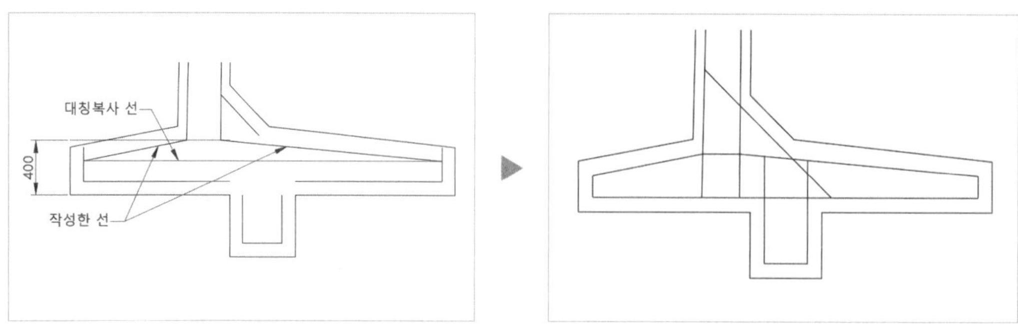

❹ 문제도면 벽체에서 점철근의 간격(200)을 확인하고 Xline(XL)명령을 실행합니다. 옹벽 상단 ① 지점과 ②지점을 클릭해 수평선을 그립니다.

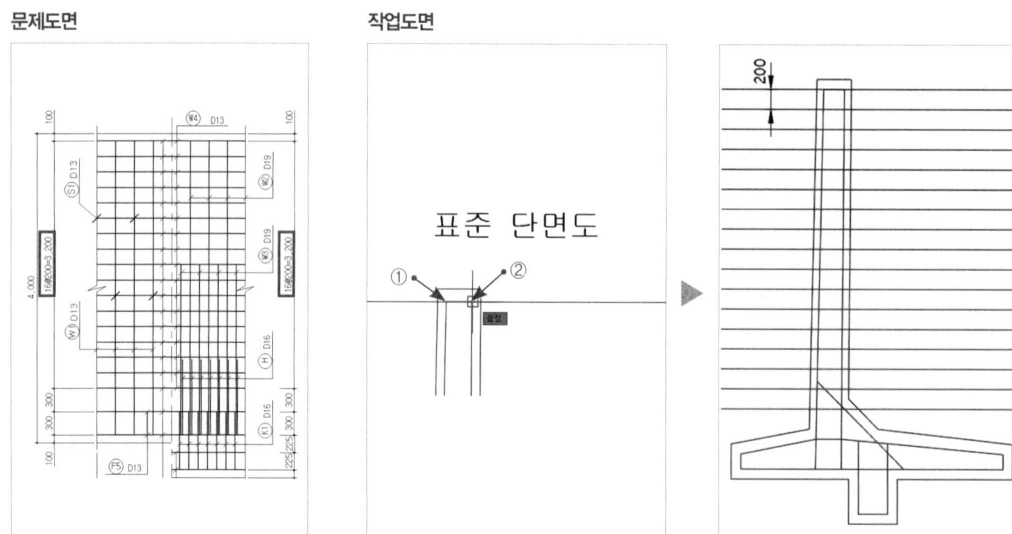

⑤ Donut(DO)명령을 실행해 안쪽 지름 '0', 바깥 지름을 '30'으로 설정합니다. 문제도면을 보고 표시한 교차점을 클릭해 점철근을 배치합니다.

*옹벽 구조도의 작성 축척이 1:30이므로 도넛 크기를 30으로 해야 출력물에서 1mm로 표시됩니다. 옹벽 구조도 작성 조건의 축척이 1:40인 경우 도넛 크기는 '40'으로 설정해야 합니다.

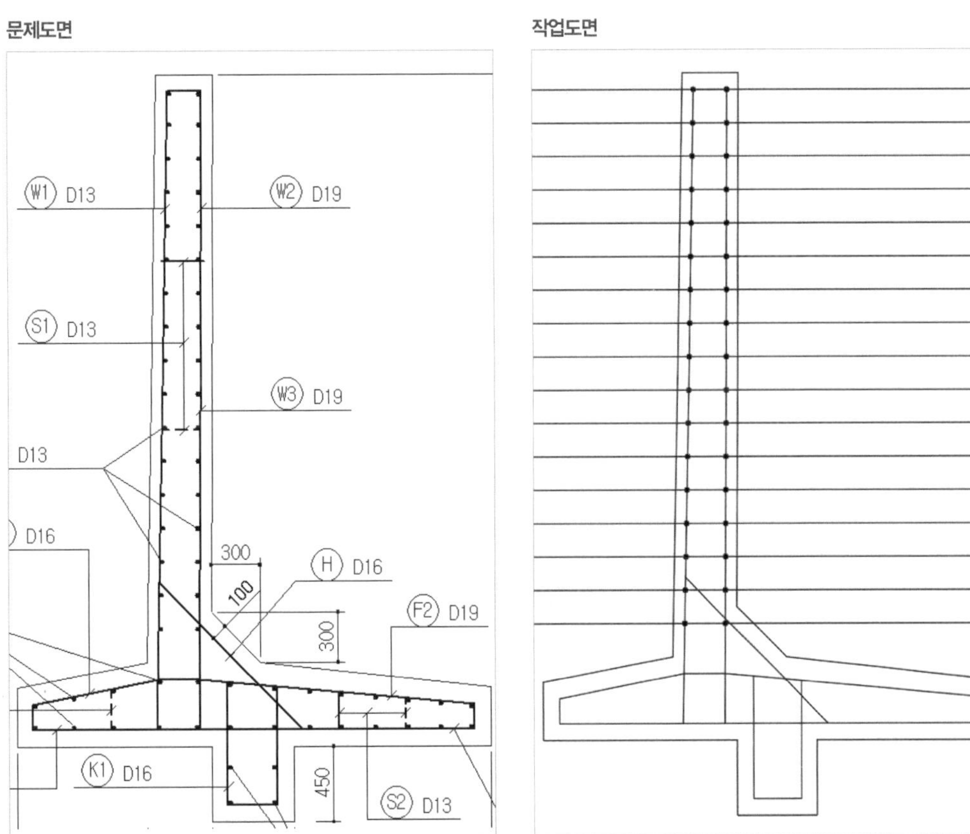

❻ 수평선은 모두 삭제하고 점철근의 위치(안쪽/바깥쪽)를 확인해 Move(M)명령으로 안쪽으로 15 이동시킵니다.

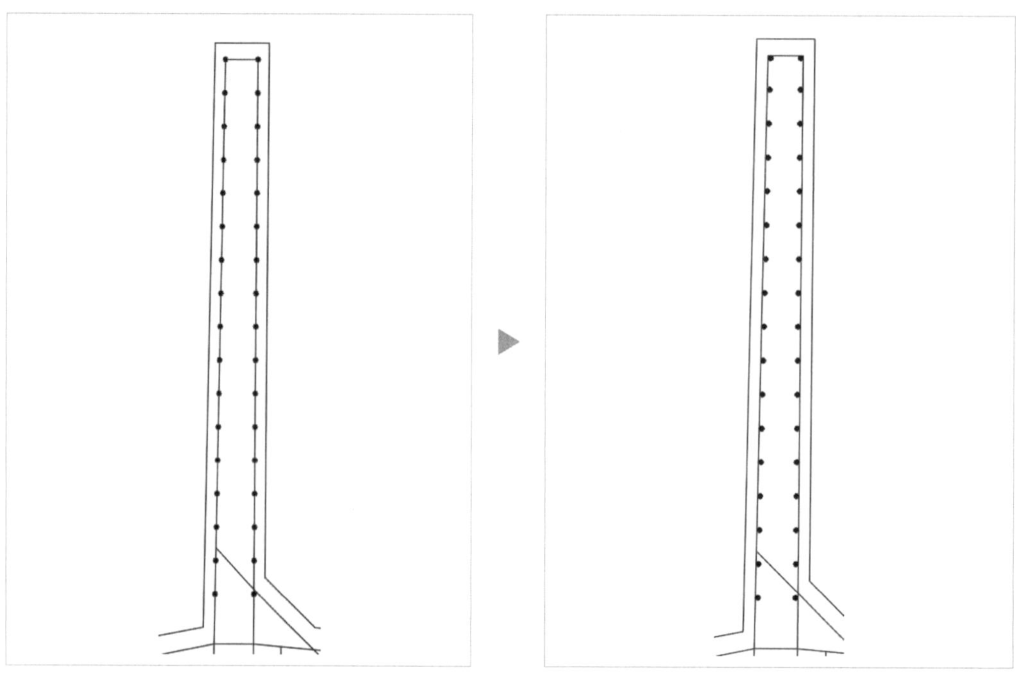

❼ 문제도면 표준 단면도에서 S1 D13 철근을 확인합니다. Line(L)명령을 사용해 도넛의 중심점을 기준으로 선①을 그려줍니다. 작성된 S1 D13 철근을 아래로 15 이동합니다.

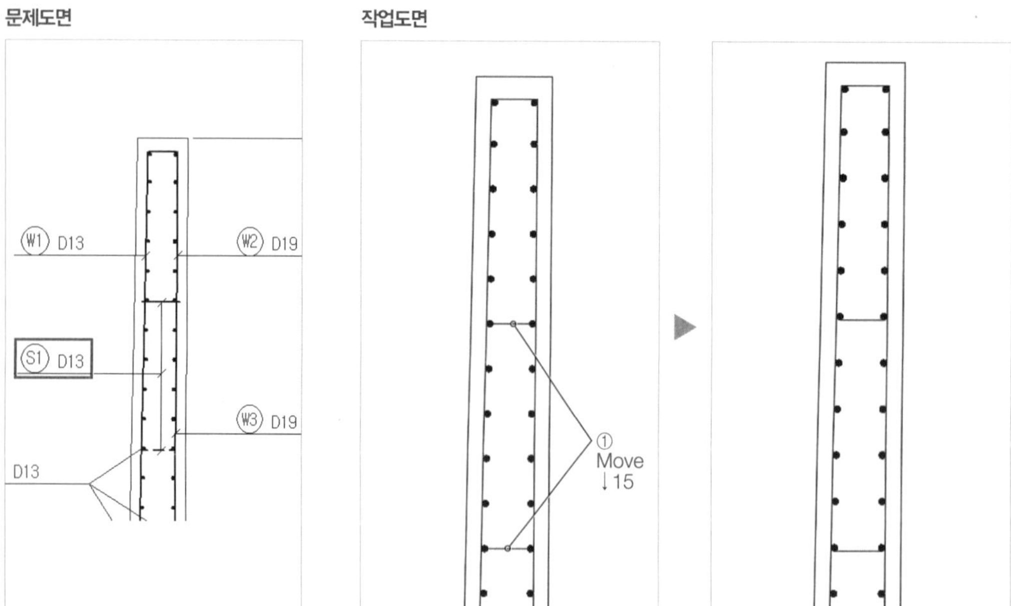

❽ Extend(EX)명령으로 S1 D13 철근선을 선①, ② 까지 연장하고 2번째 S1 D13은 파선(축척:0.6)으로 변경합니다(선 종류 축척은 초기 LTS 설정값에 따라 다를 수 있습니다. 표현된 파선이 출력물에서 실선과 구분되면 됩니다).

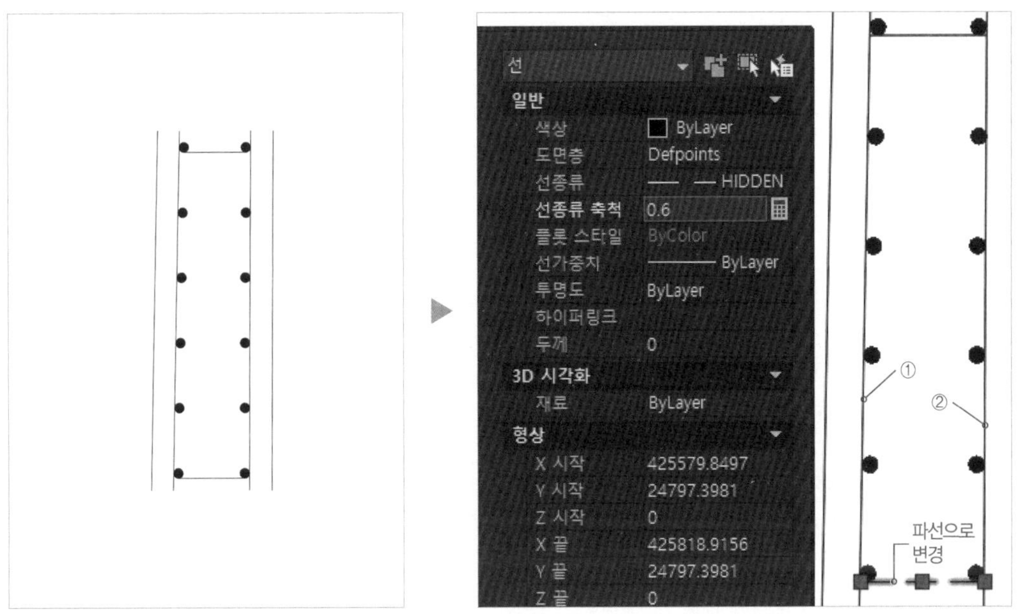

❾ 계속해서 옹벽 하부 및 키(key)의 점철근을 배치합니다. 문제도면 벽체에서 키에 배근된 치수(225)를 확인합니다. Offset(O)명령으로 위치를 표시하고 Donut(DO)명령으로 점철근을 배치합니다. 배치 후 문제도면과 같이 점철근을 안쪽으로 이동(15)시킵니다.

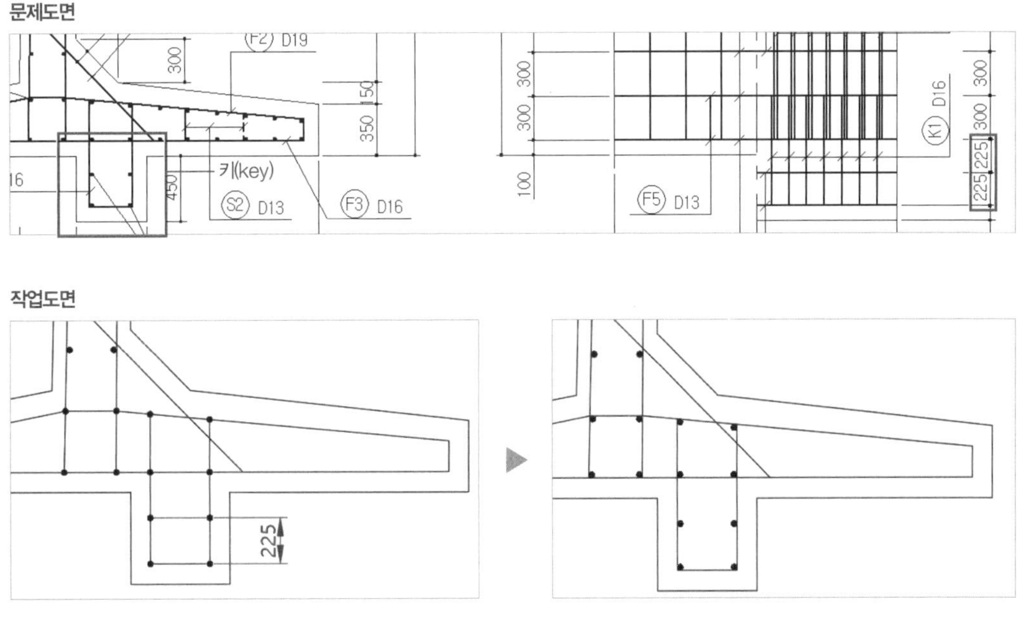

⑩ 저판의 점철근을 배치하기 위해 문제도면 저판에서 배근된 치수(250, 200)를 확인합니다. Offset(O)명령으로 위치를 표시하고 Donut(DO)명령으로 점철근을 배치합니다.

문제도면

작업도면

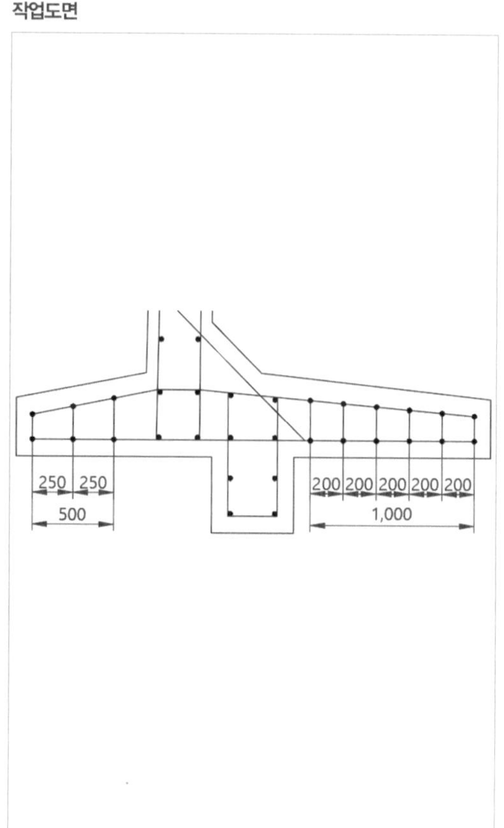

⑪ 점철근 배치 후 문제도면과 같이 점철근을 안쪽으로 이동(15)시키고 철근 ①, ②를 파선으로 변경합니다. 불필요한 선을 삭제하고 철근 ①, ②, ③을 도면과 같이 좌측으로 이동(15)시킵니다.
작성된 모든 철근은 '철근선' 도면층(빨강)으로 변경합니다.
(파선 변경 시 특성일치 matchprop(MA)명령을 실행해 앞서 작성한 파선의 특성을 적용해도 됩니다.)

작업도면

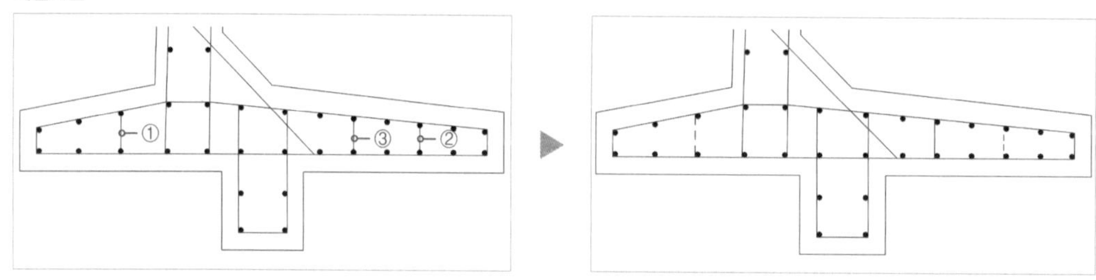

04 표준 단면도 지시선 그리기

❶ 지시선을 그리기 전 다시 한번 문제도면에서 지시선의 화살촉 모양을 확인합니다. qleader(LE) 명령을 실행합니다. ①지점을 클릭하고 ②지점을 클릭한 후 Esc 를 눌러 명령을 종료합니다. 샘플문자 ③을 지시선 근처로 복사합니다.

(지시선은 qleader(LE)명령 대신 line(L)으로 그린 후 짧은 사선을 그려 마무리해도 무방합니다.)

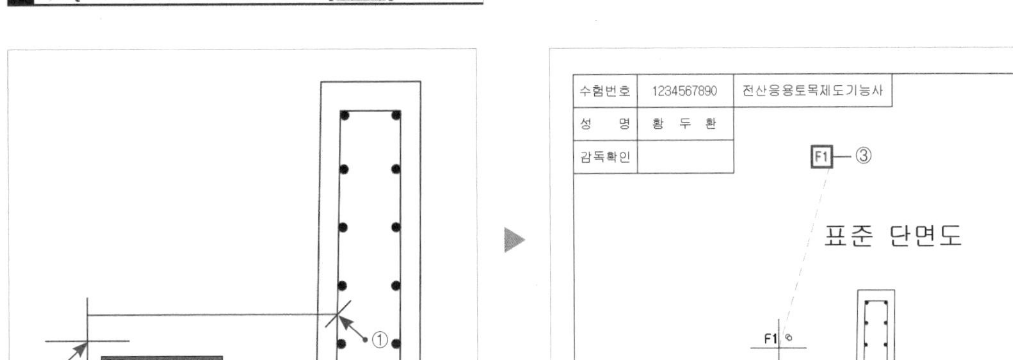

❷ 복사된 문자를 더블클릭해 문제도면에 표기된 D13으로 수정하고 반지름이 100인 원을 그려줍니다. 문자와 원을 선 위로 다음과 같이 이동합니다.

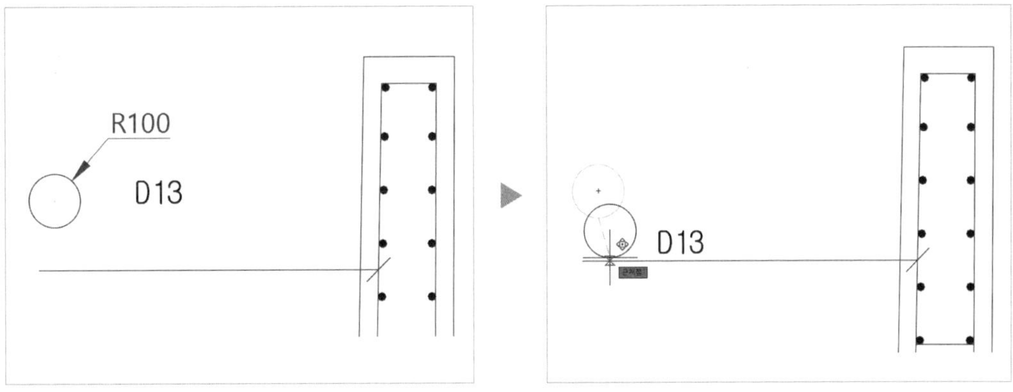

❸ dtext(DT)명령을 실행합니다. 자리맞추기 J 를 입력하고 중간 M 을 입력합니다. 원의 중심 ① 을 클릭하고 높이 90, 각도 0으로 W1을 기입합니다.

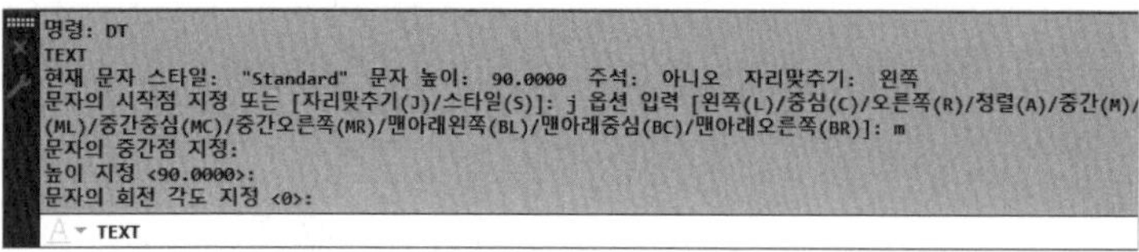

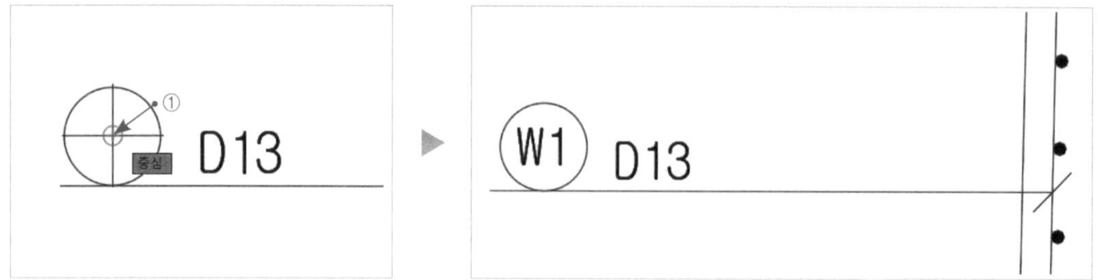

❹ stretch(S)명령을 실행해 작성된 지시선의 길이를 조정한 후 반대편으로 대칭복사합니다.

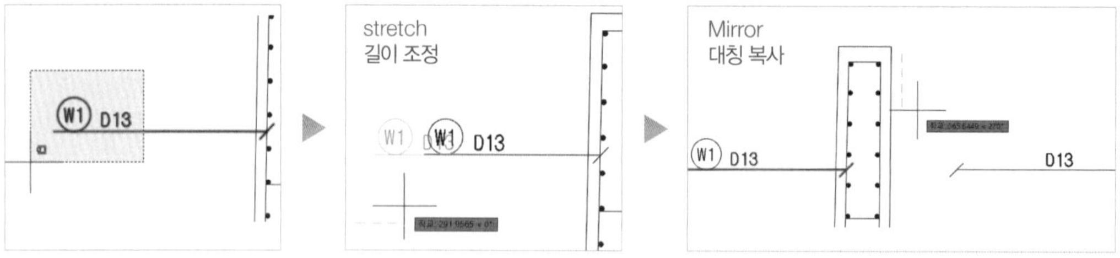

❺ 철근기호①을 복사해 문자와 위치를 수정한 후 나머지 기호도 다음과 같이 복사합니다.

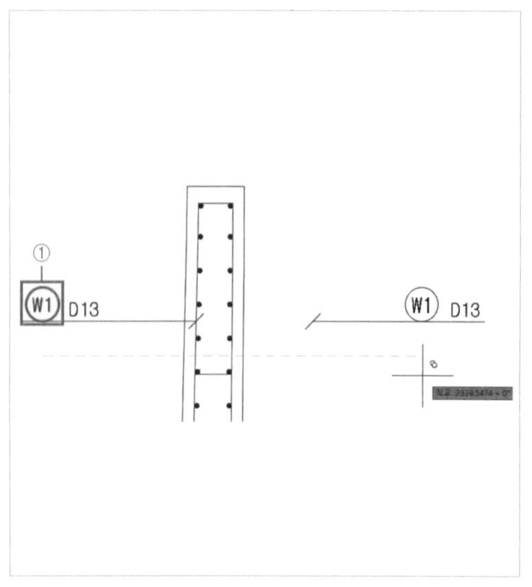

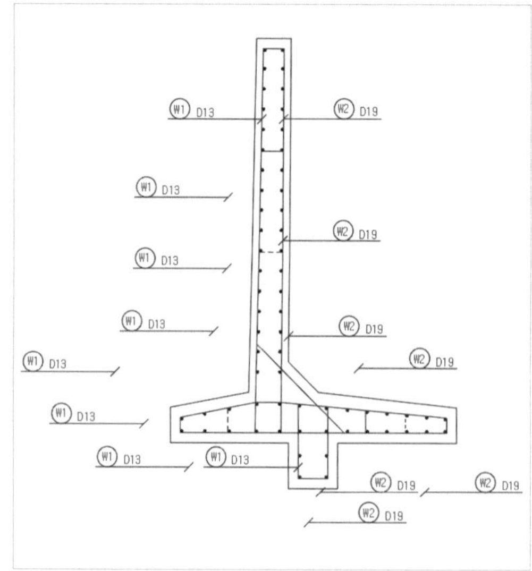

❻ line(L)명령을 실행해 ①지점(중간점)을 클릭하고 ②지점(직각점)을 클릭합니다. 나머지 지시선 일부를 문제도면을 보고 line(L)명령으로 그립니다. (굵게 표시한 부분)

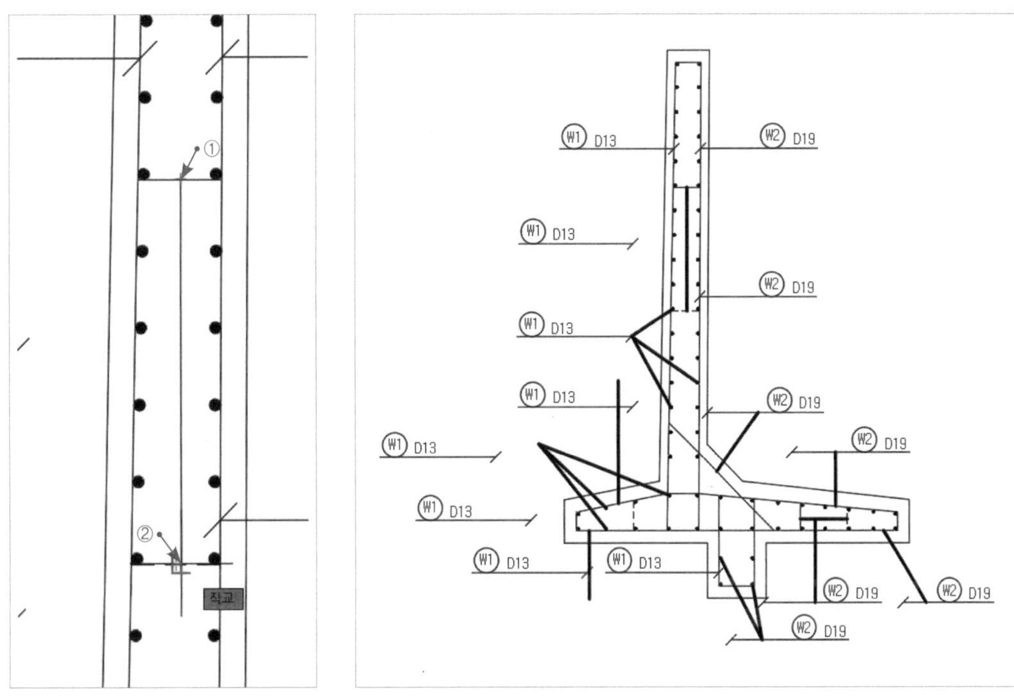

❼ 지시선 편집을 위해 Explode(X)명령을 실행합니다. 지시선 ①~⑨를 선택해 분해하고 Fillet(F) 또는 Trim(TR)명령으로 사용해 문제도면과 같이 편집합니다. 점철근을 지시하는 화살촉은 삭제하고 화살촉이 추가되는 위치는 Copy(CO)명령을 사용해 복사합니다.

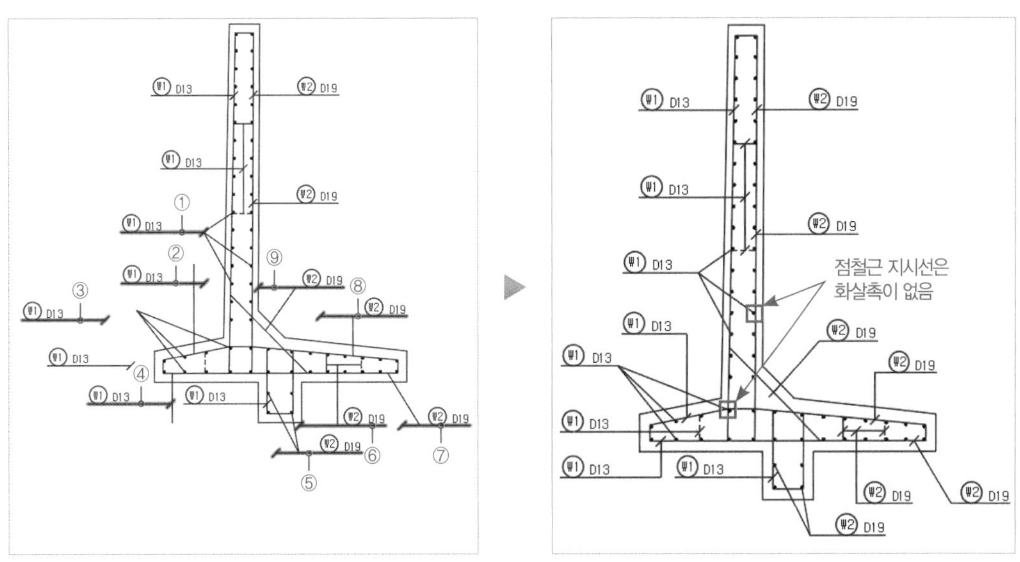

❽ 문제도면의 철근기호를 확인해 문자를 수정하고 모든 지시선을 '외벽 철근기호...' 도면층(녹색)으로 변경합니다.

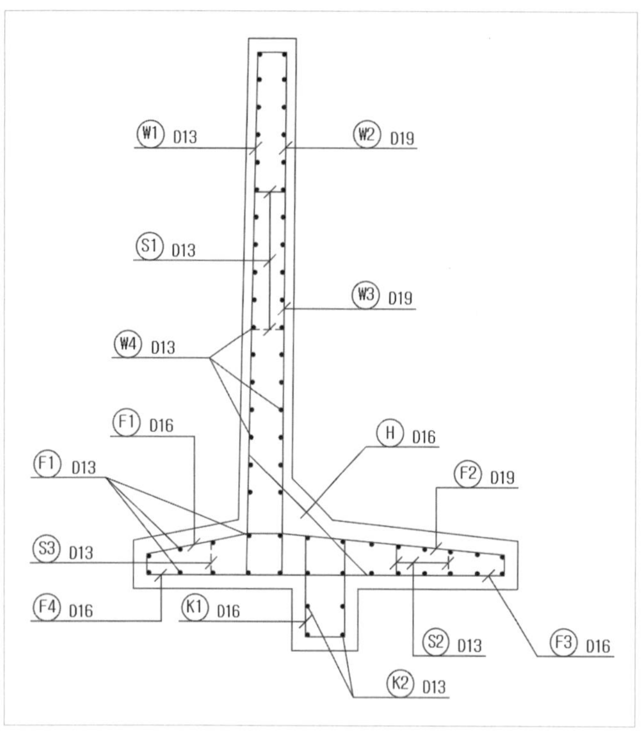

05 표준 단면도 치수기입

❶ 표준 단면도의 상단부 치수를 기입하기 위해 문제도면의 치수 모양을 확인합니다. Line(L)명령을 실행해 보조선①, ②, ③, ④, ⑤를 그린 후 선형치수(DLI)명령을 실행해 치수를 기입하고 보조선은 삭제합니다.

문제도면

350
70 210 70
D13
W2 D19

작업도면

350
70 210 70
①
② ⑤
③ ④

▶

350
70 210 70

❷ 표준 단면도의 우측 치수를 기입하기 위해 문제도면의 치수 모양을 확인합니다. 선형치수(DLI) 명령을 실행하고 ①지점과 ②지점을 클릭해 '350' 치수를 기입합니다.

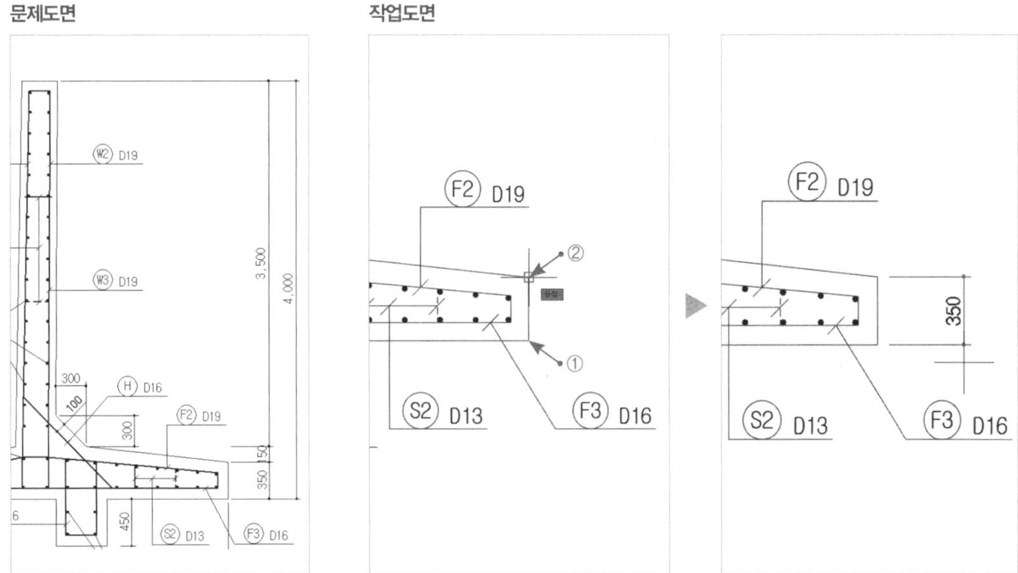

❸ 다시 선형치수(DLI)명령을 실행하고 직교 모드를(F8)를 on으로 설정합니다. ①지점을 클릭하고 커서를 ②지점으로 이동한 상태에서 거리값 '150'을 입력해 '150' 치수를 기입합니다.

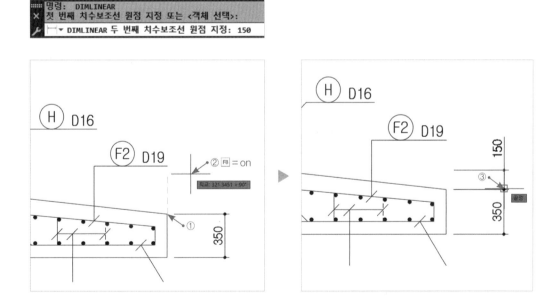

```
명령: DIMLINEAR
첫 번째 치수보조선 원점 지정 또는 <객체 선택>:
DIMLINEAR 두 번째 치수보조선 원점 지정: 150
```

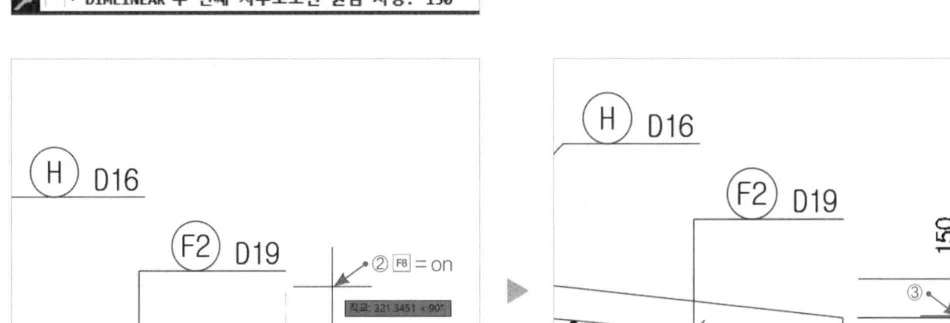

❹ 계속해서 선형치수(DLI)명령을 실행합니다. ①지점과 ②지점을 클릭해 '3500' 치수를 기입하고, '4000' 치수를 보기 좋게 기입합니다.

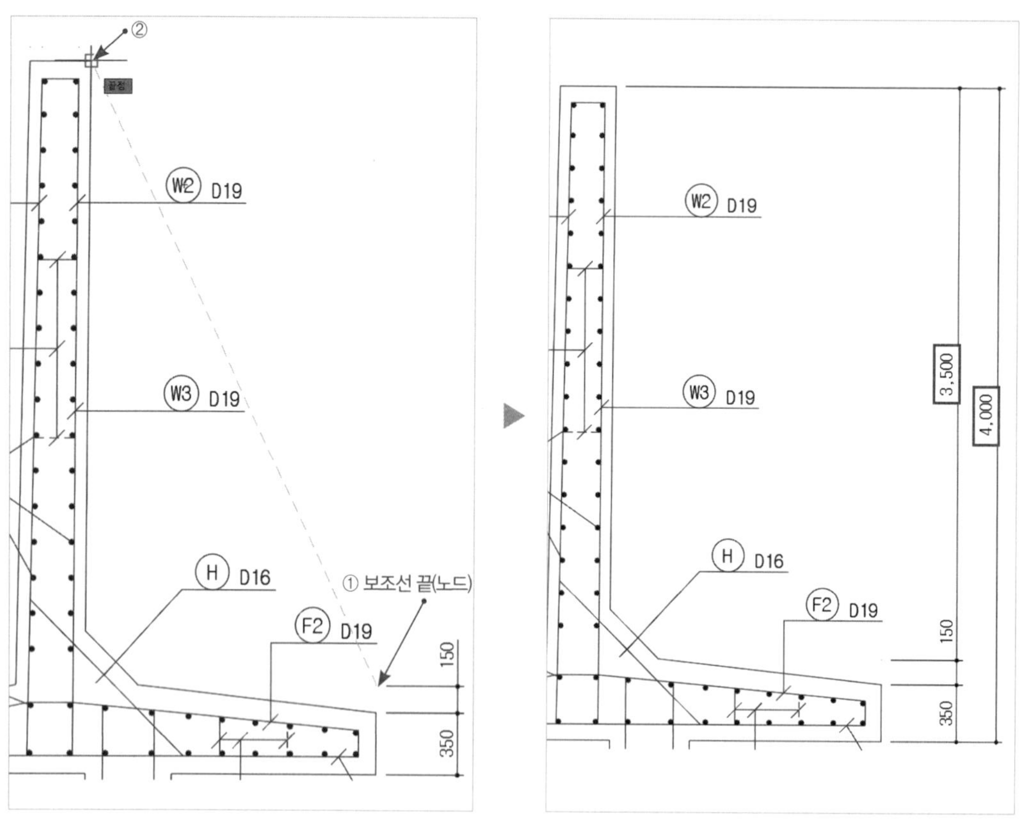

❺ 나머지 옹벽 하부에 치수를 기입합니다. 선형치수(DLI)명령으로 '300'을 기입하고 정렬치수(DAL)명령을 실행합니다. 정렬치수의 ①지점을 클릭하고, 두 번째 위치 ②지점은 직각점 으로 클릭해 '100' 치수를 기입합니다.

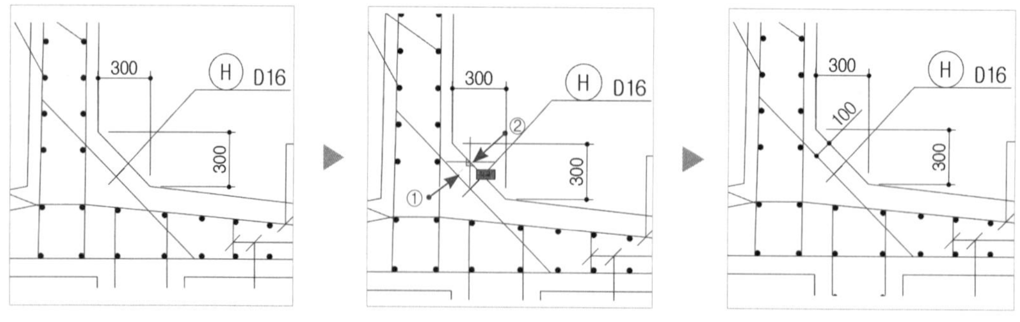

6 '150' 치수의 문자 그립①을 클릭해 중간 ②지점으로 이동하고 나머지 하단부 치수를 동일한 방법으로 다음과 같이 기입합니다. 기입한 치수는 모두 '치수 표...' 도면층(흰색)으로 변경합니다.

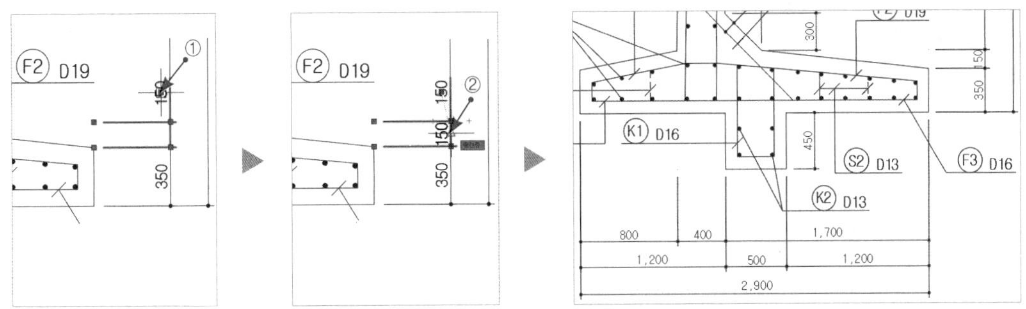

7 도면명을 더블클릭해 축척을 표기하고 도면이 한쪽으로 쏠리지 않았는지 확인합니다.

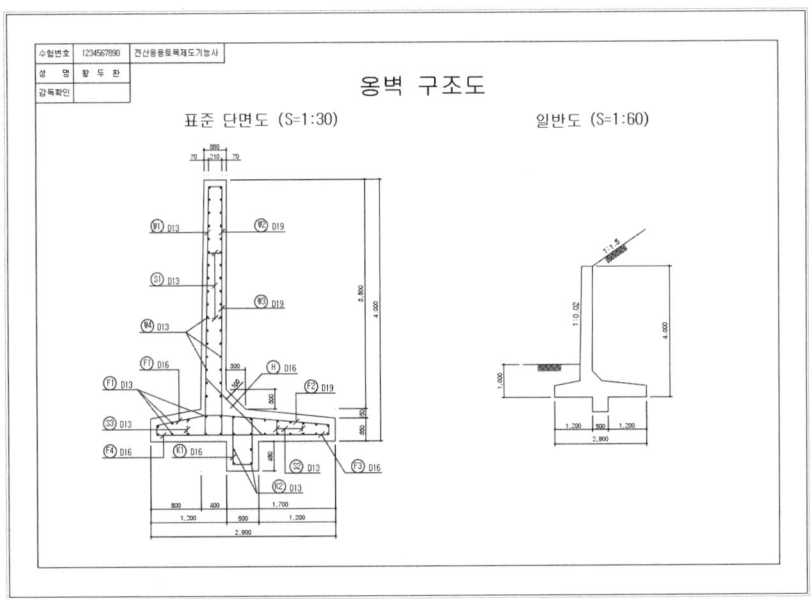

완성파일 실습자료\완성파일\part05\ch02-옹벽 구조도.dwg

과제2- 도로 토공 횡단면도

도면(2)의 요구사항인 '도로 토공 횡단면도'를 작성합니다. 이전 첸터의 완성파일이 없다면 예제파일의 'ch02-옹벽 구조도'를 불러옵니다.

동영상강좌 P05-Ch03.mp4

⊙ 문제 도면 _ 과제2 : 도면(2) 도로 토공 횡단면도(S=1:100)

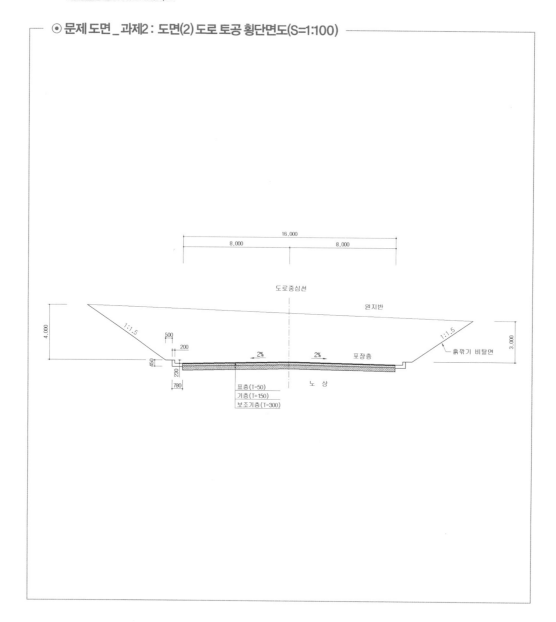

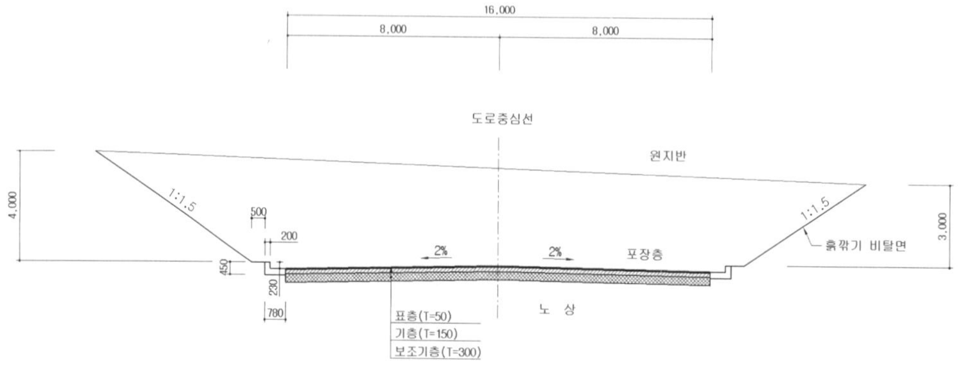

16,000
8,000
8,000
도로중심선
원지반
4,000
1:1.5
1:1.5
500
200
2%
2%
포장층
흙깎기 비탈면
3,000
450
230
780
표층(T=50)
기층(T=150)
보조기층(T=300)
노 상

01 도로 토공 횡단면도 시트 만들기

❶ '도로 토공 횡단면도'의 축척은 1:100입니다. 이전에 사용한 '옹벽 구조도'의 시트와 과제명을 복사합니다.

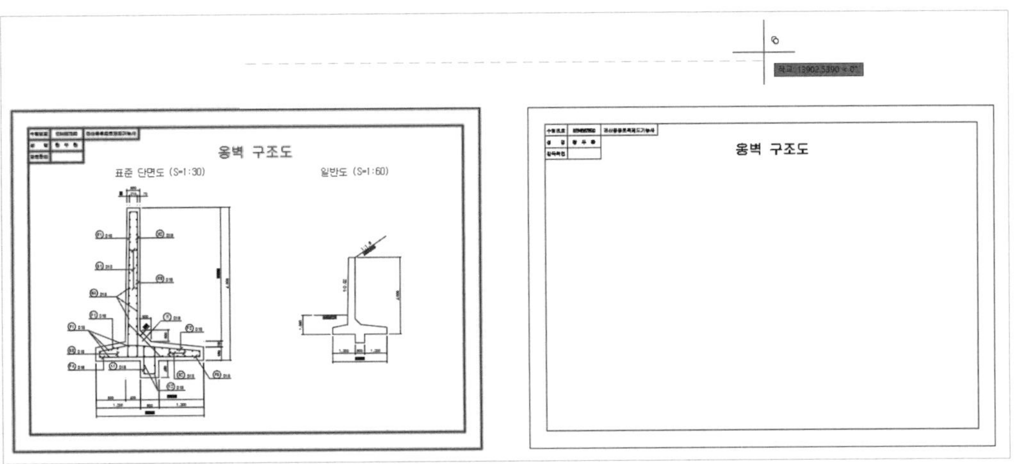

❷ 축척 scale(SC)명령을 실행합니다. 복사한 시트를 선택하고 기준점 ①을 클릭합니다. 참조 옵션 R을 입력하고 참조 길이(축척) '30', 새 길이(축척) '100'을 입력해 도로 토공 횡단면 1:100 축척 시트를 만듭니다.

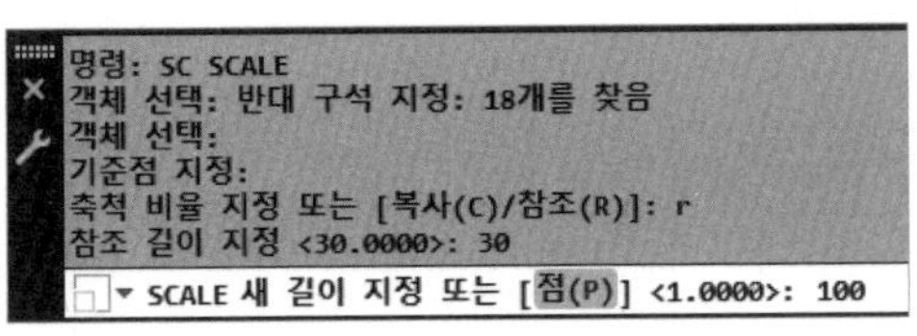

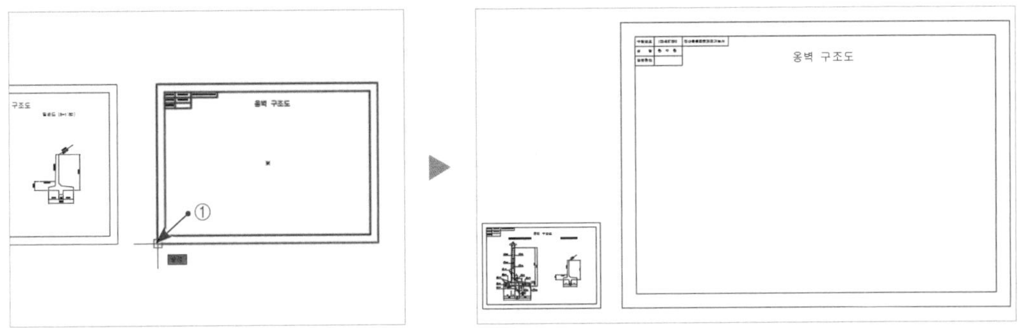

❸ 과제명을 복사해 도면명은 '도로 토공 횡단면도', 축척은 'S=1:100'으로 수정합니다.

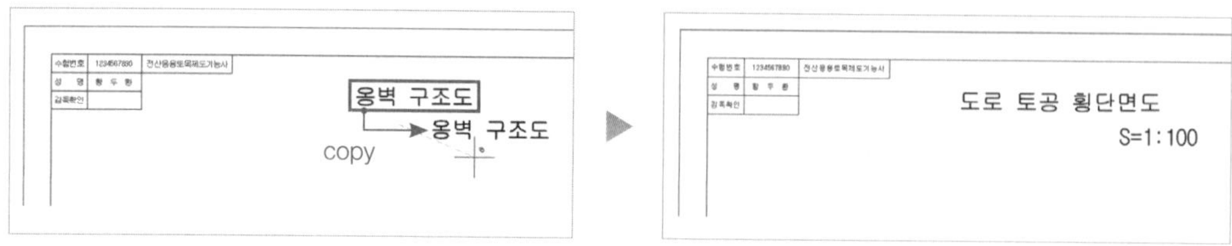

02 도로 토공 횡단면도 그리기

❶ 현재 도면층을 '계획 측구 포장' 도면층(하늘)으로 변경합니다. 문제도면(2)의 도로 토공 횡단면도에서 도로 중심선에서부터 좌우 폭(8000)을 확인하고 기준선을 다음과 같이 작성합니다. (도로 중심선①은 시트의 중간 부분에 그려줍니다.)

문제도면

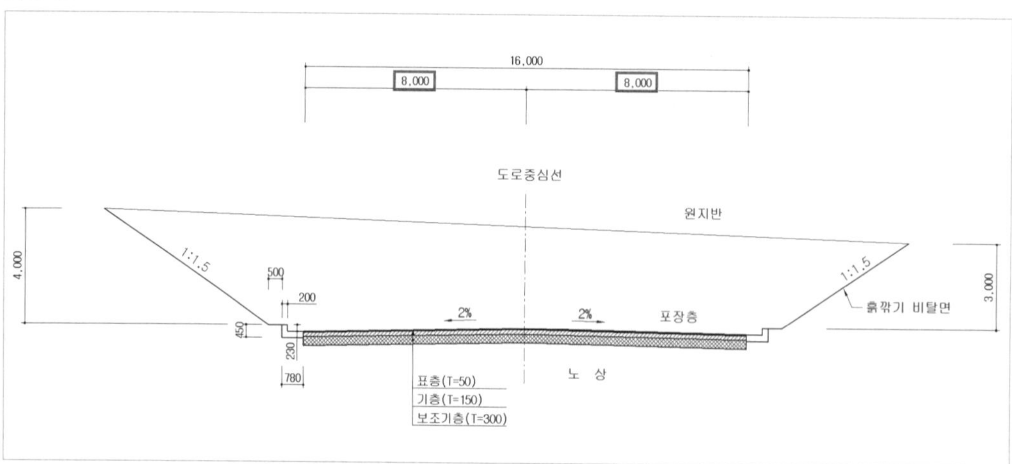

작업도면

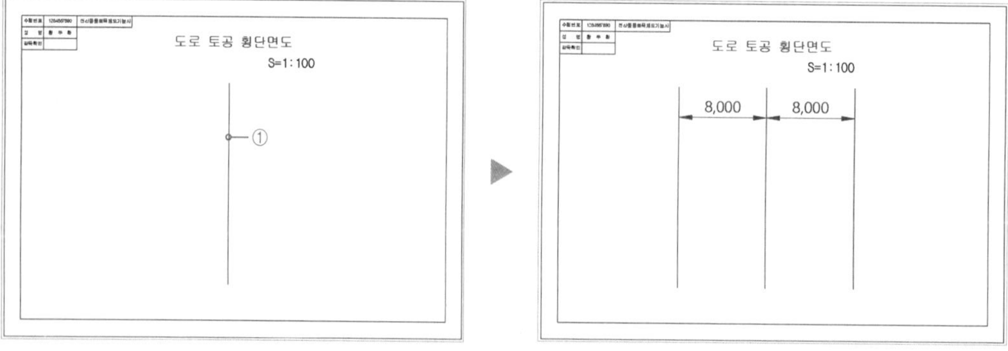

❷ 좌측 횡단면과 측구를 작성해 우측으로 대칭복사하는 방법으로 작성합니다. 문제도면에서 도로의 구배(2%)를 확인하고 xline(XL)명령을 실행해 ①지점을 클릭합니다. 구배가 2%로 '@100,2'를 입력해 경사선을 작성합니다.

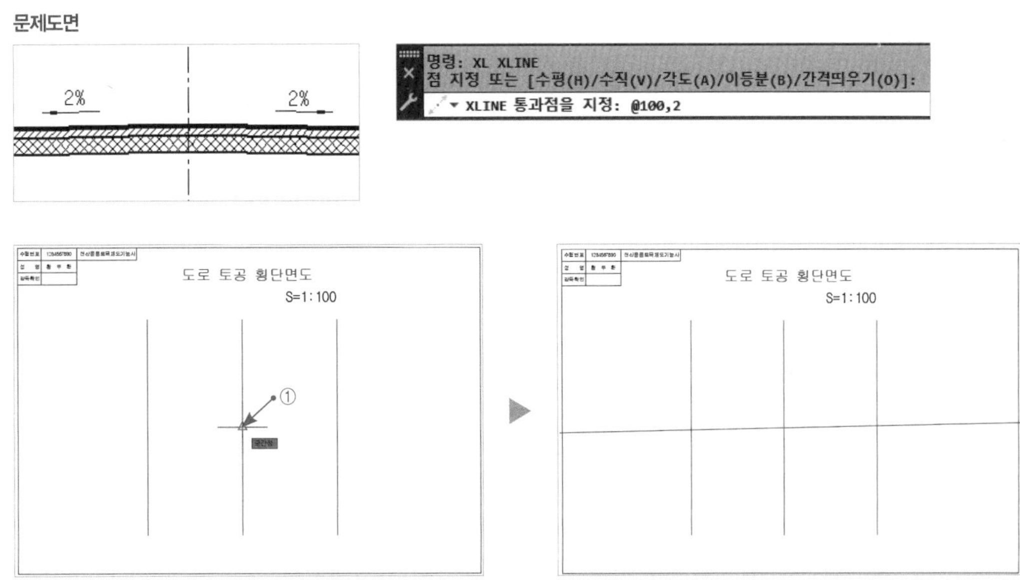

❸ Trim(TR)명령을 실행해 불필요한 부분을 잘라내고 문제도면과 요구사항의 '단면표시'에서 포장층의 두께를 확인해 Offset(O)명령으로 선을 복사합니다.

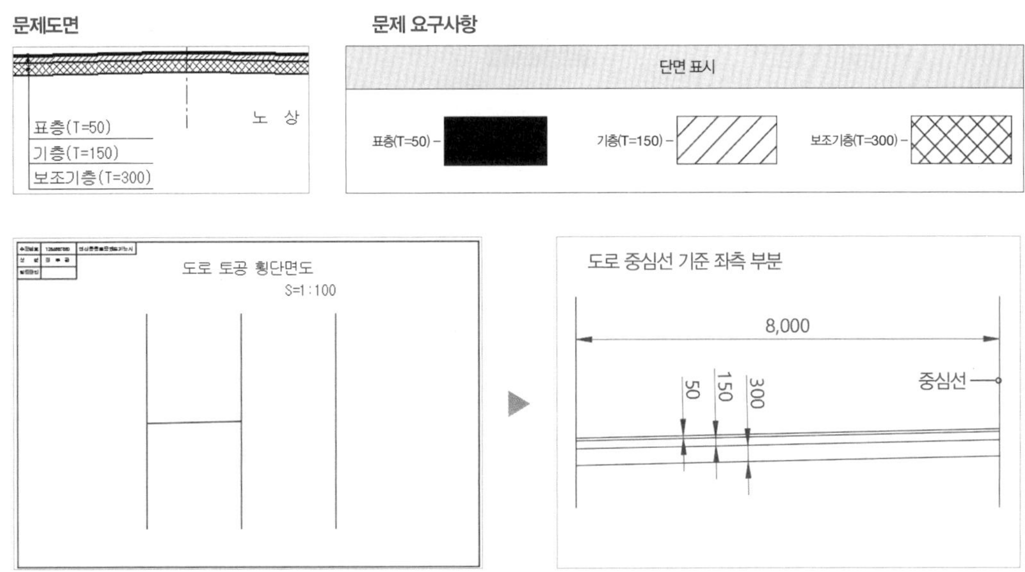

❹ A부분을 충분히 확대해 떨어진 부분의 선을 연장하고 B부분은 선을 잘라냅니다.

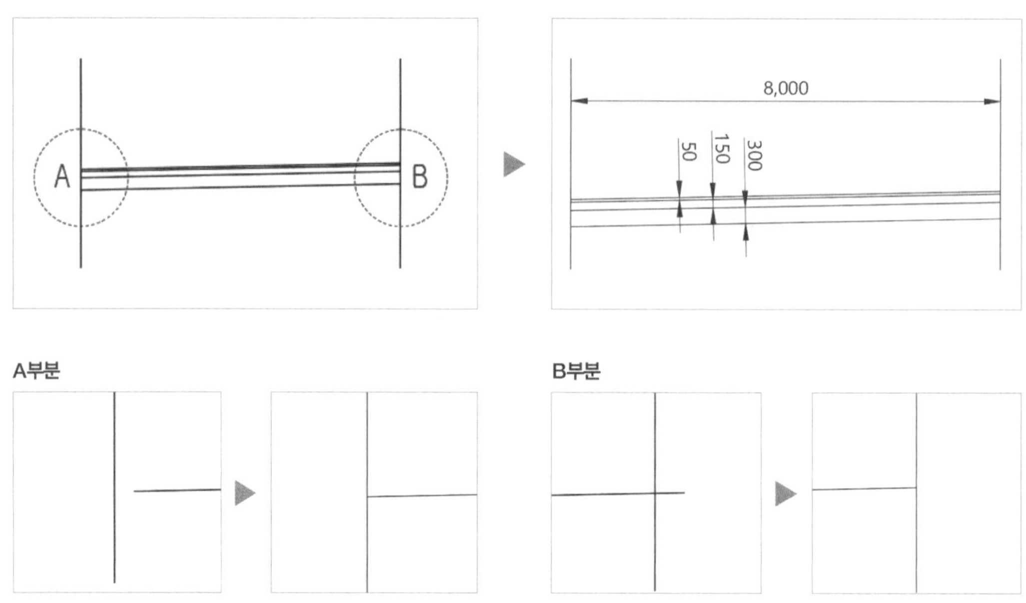

❺ 문제도면에서 좌측 측구의 치수와 포장층 패턴을 확인합니다. line(L) 또는 pline(PL)명령을 실행해 표층 끝 ①부분에서부터 L자 형태의 측구를 그려줍니다.

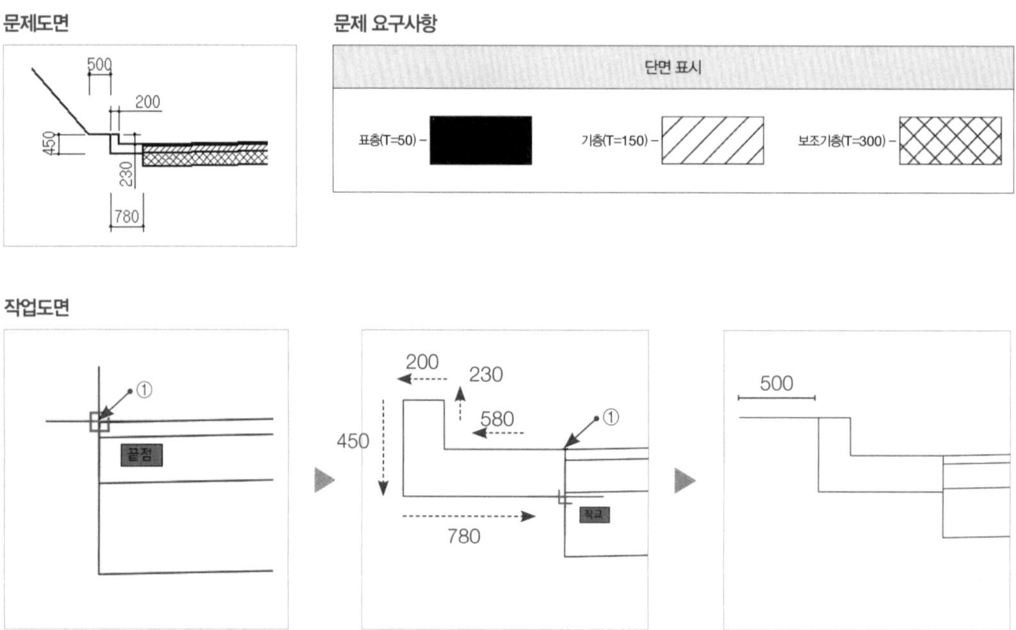

❻ 포장층의 단면 패턴을 넣기 위해 hatch(H)명령을 실행합니다. 표층(50)의 안쪽 ①부분을 클릭하고 패턴을 'SOLID'로 설정합니다(표층은 좁으므로 클릭에 주의합니다).

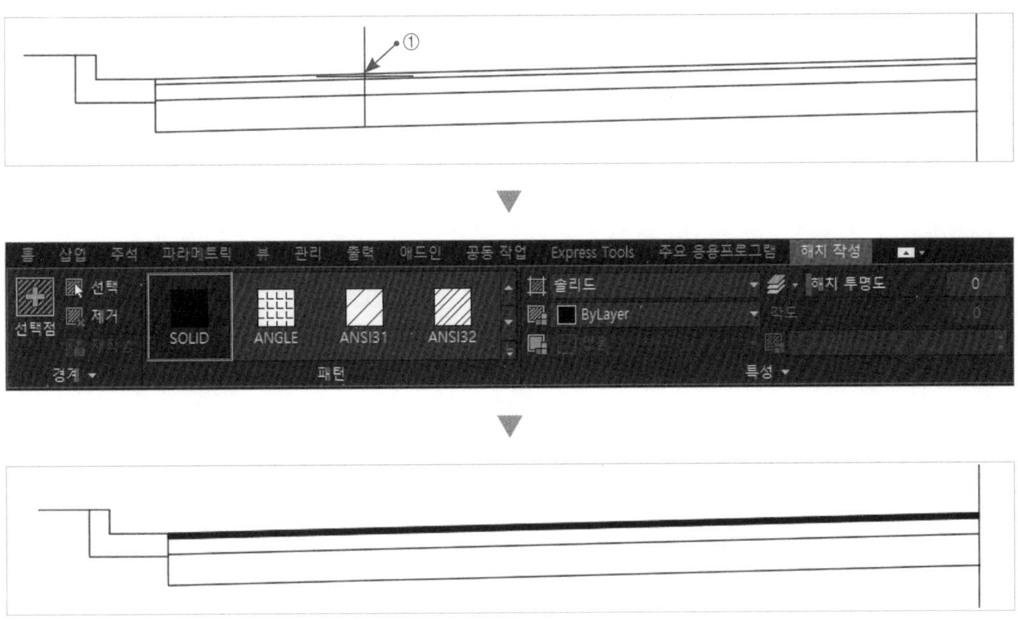

❼ 다시 hatch(H)명령을 실행합니다. 기층(150)의 안쪽 ①부분을 클릭합니다. 패턴을 'ANSI31'로 선택하고 축척은 '30'으로 설정합니다.

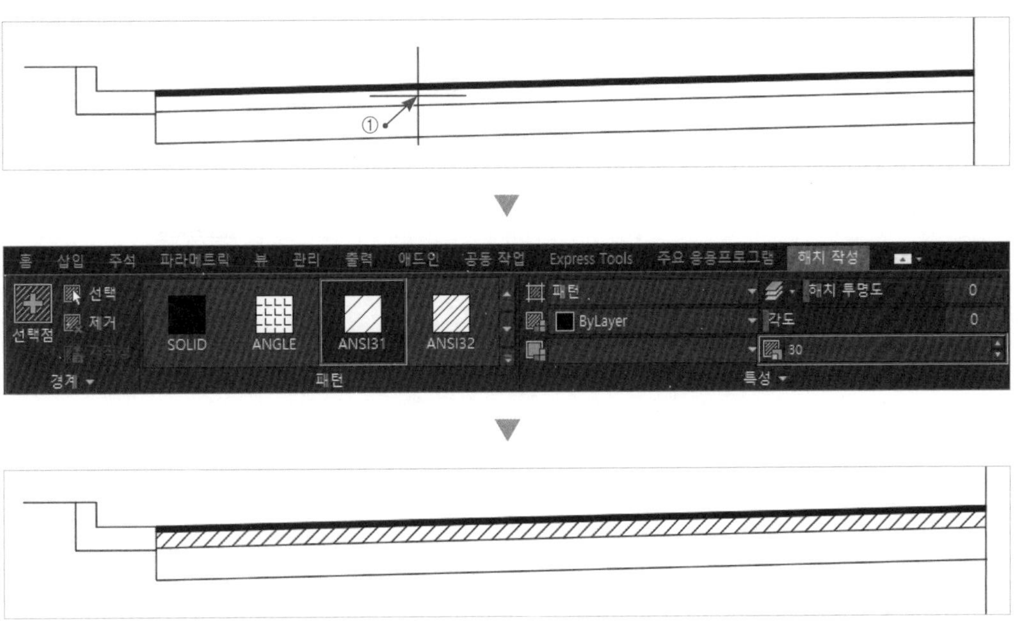

❽ 계속해서 hatch(H)명령을 실행합니다. 보조기층(300)의 안쪽 ①부분을 클릭합니다. 패턴을 'ANSI37'로 선택하고 축척은 '30'으로 설정합니다.

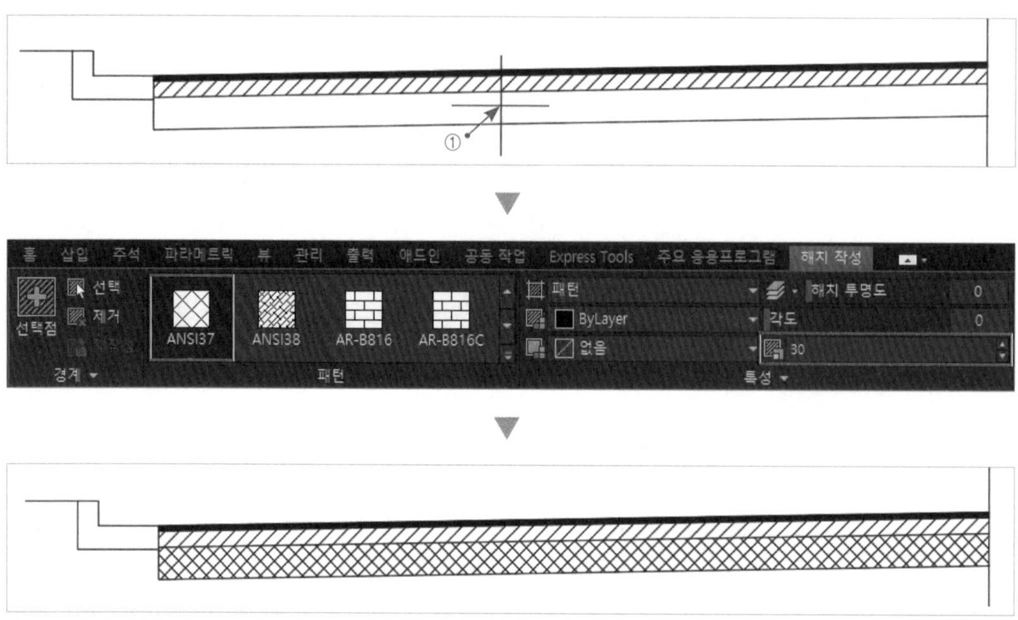

❾ 포장층과 측구의 외형은 '계획 측구 포장' 도면층(하늘)으로 변경하고 포장층의 단면 패턴은 '치수 표 스케일' 도면층(흰색)으로 변경합니다.

❿ 대칭 Mirror(MI)명령을 실행합니다. 앞서 작성한 포장층과 측구를 선택해 우측으로 대칭복사 후 불필요한 부분을 잘라냅니다. 가운데 도로 중심선 ①은 '중심선 파단선' 도면층(선홍)으로 변경합니다.

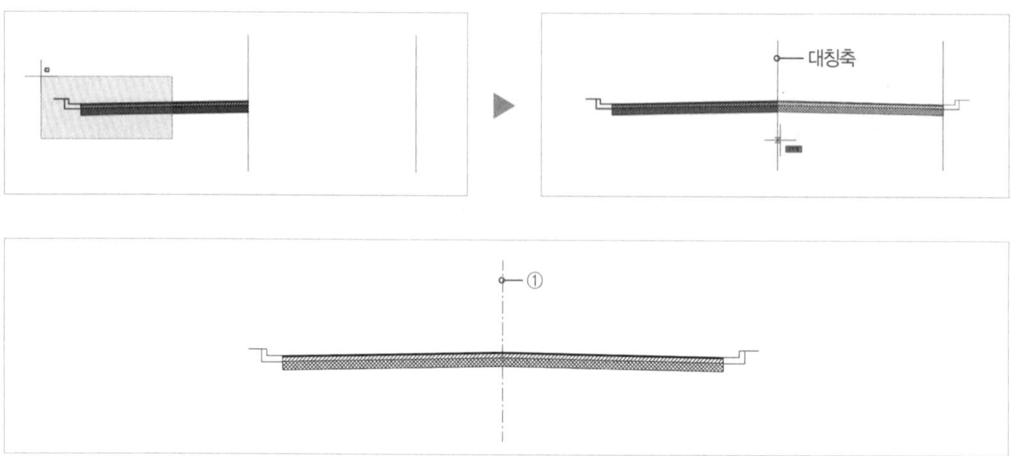

⑪ 문제도면에서 우측 비탈면의 높이와 경사를 확인합니다. line(L)명령을 실행하고 경사 비율의 1000배 한 선을 다음과 같이 그려줍니다. (1:1.5 → 1000:1500)

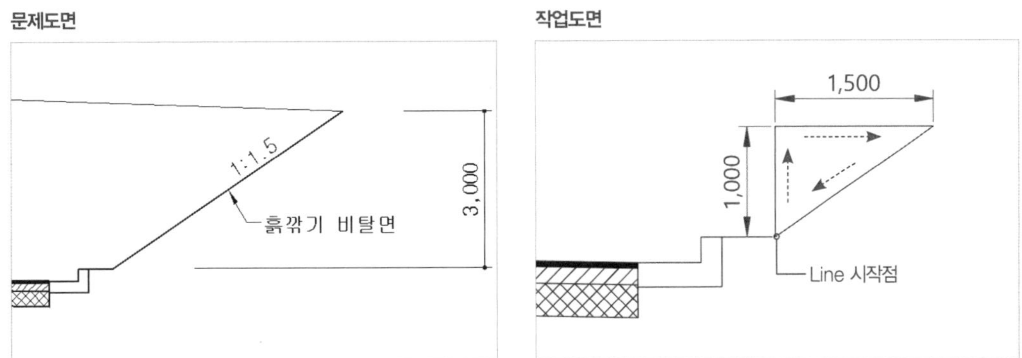

⑫ 비탈면의 높이를 표시하기 위해 line(L)명령을 실행합니다. ①지점에서 선을 길게 그린 후 offset(O)명령으로 간격 3000을 띄워 복사합니다.
(①지점에서 그리는 선은 충분히 길게 그려줍니다.)

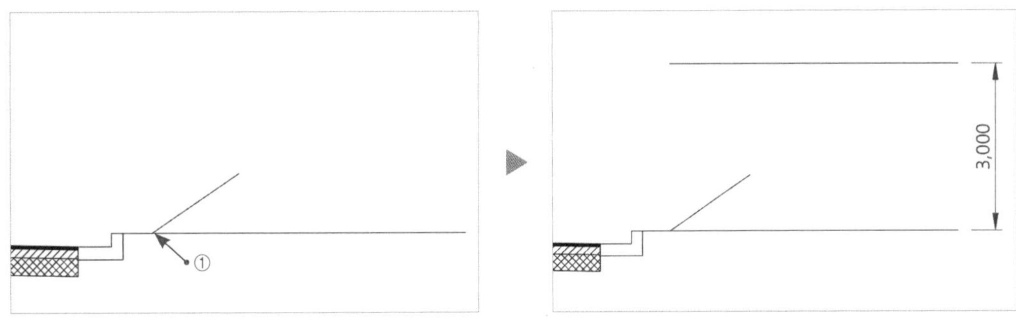

⑬ extend(EX)명령을 실행해 경사선을 연장하고 다음과 같이 편집합니다.

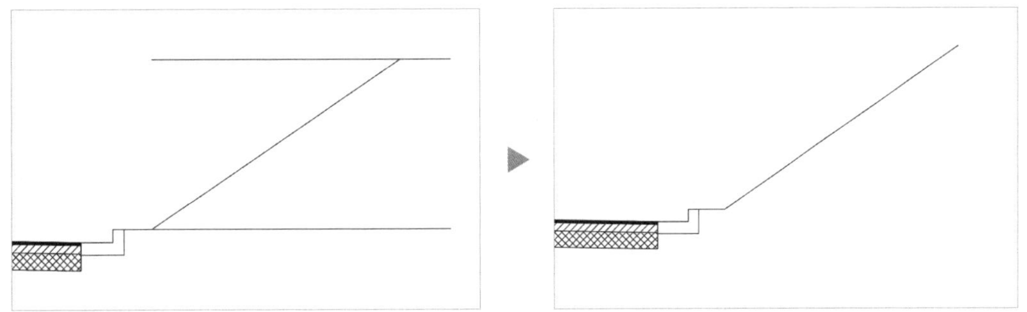

⓮ 반대편 좌측 비탈면의 높이와 경사를 문제도면에서 확인합니다. line(L)명령을 실행하고 경사 비율의 1000배 한 선을 다음과 같이 그려줍니다. (1:1.5 → 1000:1500)

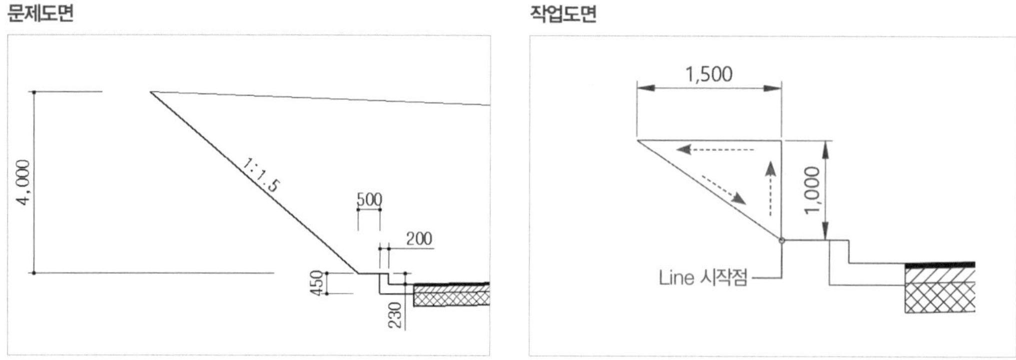

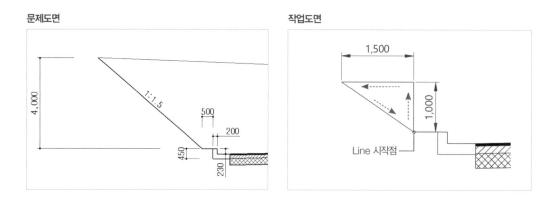

⓯ 비탈면의 높이를 표시하기 위해 line(L)명령을 실행합니다. ①지점에서 선을 길게 그린 후 offset(O)명령으로 간격 4000을 띄워 복사합니다.
(①지점에서 그리는 선은 충분히 길게 그려줍니다.)

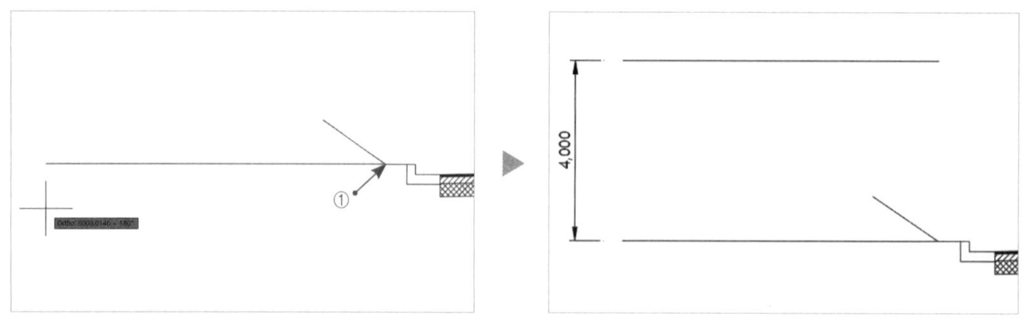

⓰ extend(EX)명령을 실행해 경사선을 연장하고 다음과 같이 편집합니다.

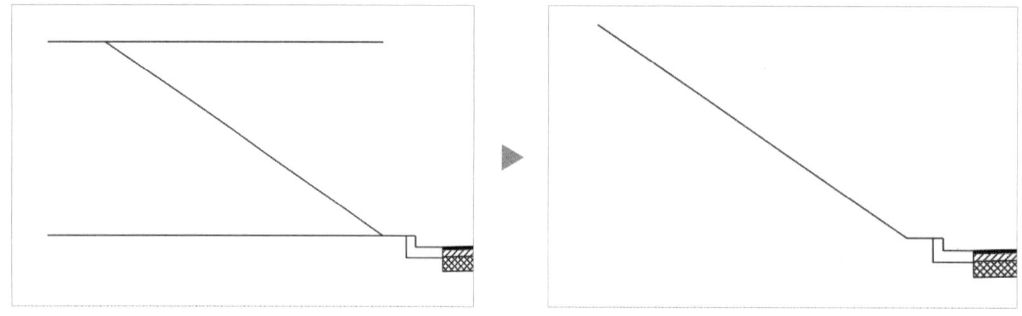

⑰ 양쪽 경사선 끝부분을 선으로 연결해 원지반①을 그리고 '원지반' 도면층(회색)으로 변경합니다.

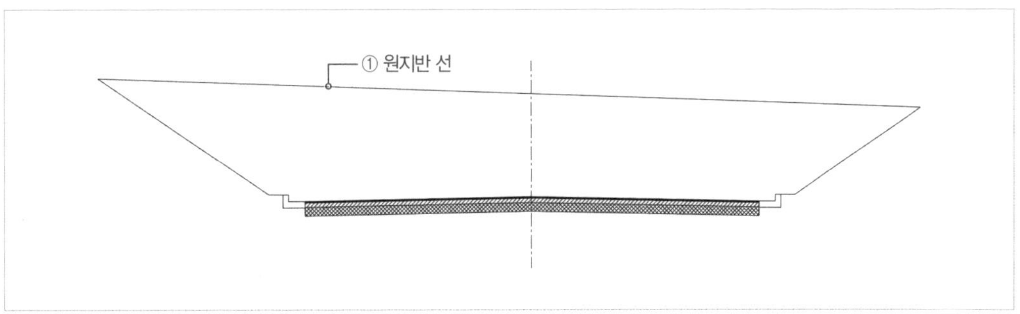

03 도로 토공 횡단면도 지시선 및 문자 표기

❶ copy(CO)명령을 실행합니다. 표제란에서 문자 하나를 선택하고 다음과 같이 도면에 표기되는 문자 수만큼 복사합니다.

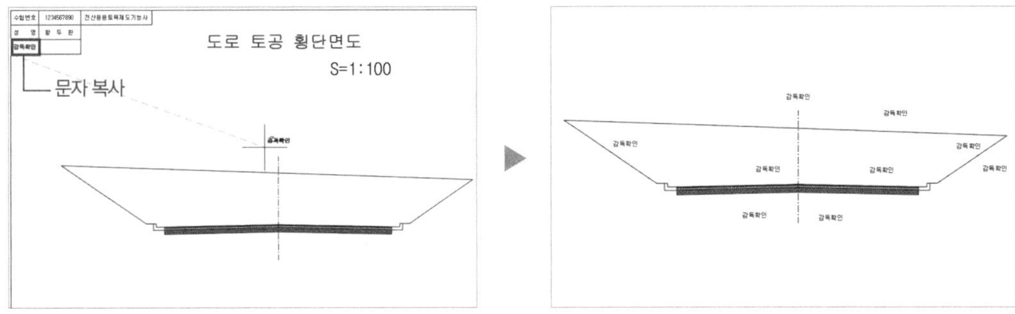

❷ 문제도면을 보고 내용을 수정합니다. 오타, 띄어쓰기 및 소수점에 주의합니다.

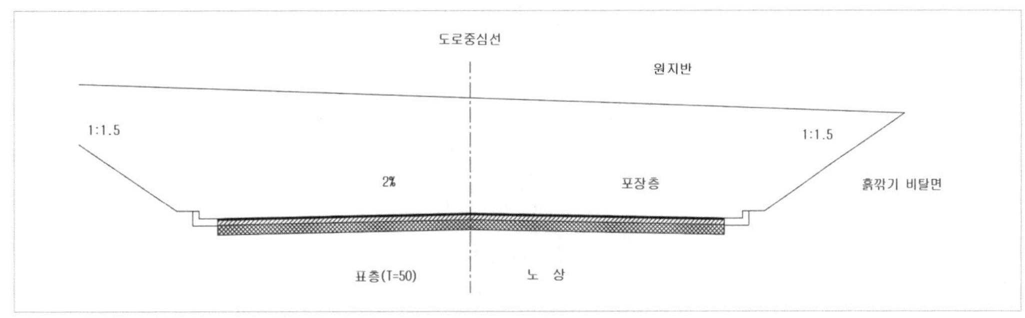

❸ rotate(RO)명령을 실행해 문자 ①을 선택합니다. 회전 기준점 ②지점(근처점)을 클릭하고 각도는 ③지점(근처점)을 클릭합니다.

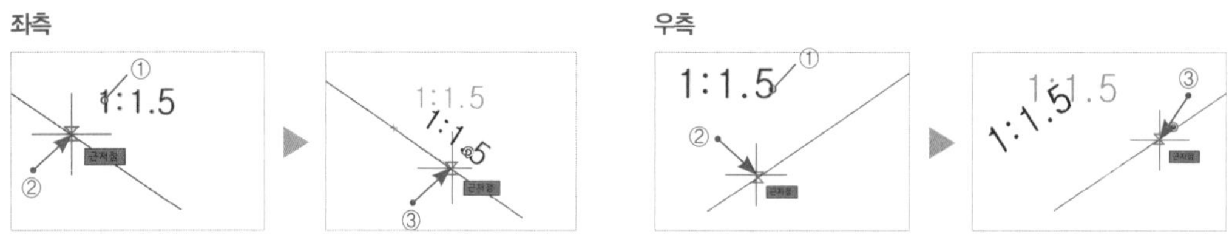

❹ dimscale명령을 실행해 값을 '100'으로 변경합니다.

❺ qleader(LE)명령하고 시작점 ①을 클릭합니다. 커서를 우측으로 이동해 '1200'을 입력한 후 Esc 를 눌러 지시선만 작성합니다.

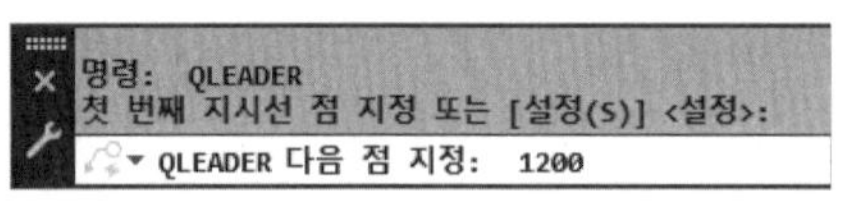

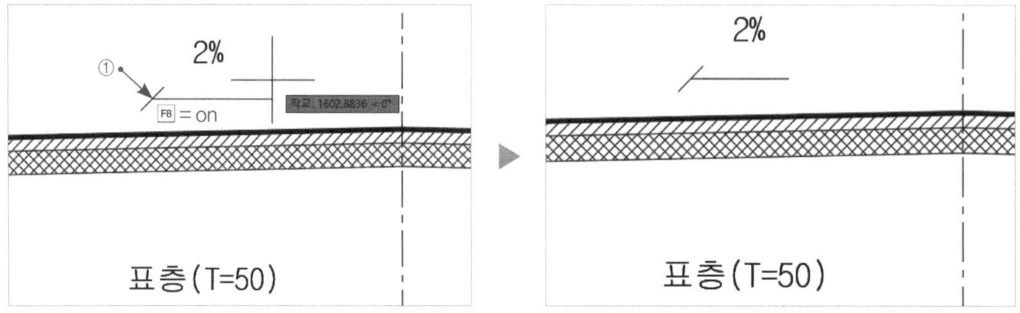

❻ 대기상태의 커서로 지시선①을 클릭하고 Ctrl+1을 누릅니다. 특성의 '선 및 화살표' 카테고리의 화살표를 '기울기'에서 '닫고 채움'으로 변경합니다.

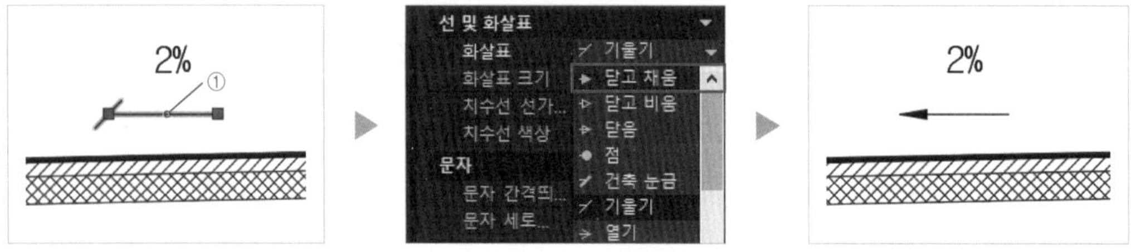

❼ rotate(RO)명령을 실행해 문자 ①과 지시선 ②를 선택합니다. 회전 기준점 ③지점(근처점)을 클릭하고 각도는 ④지점(근처점)을 클릭합니다.

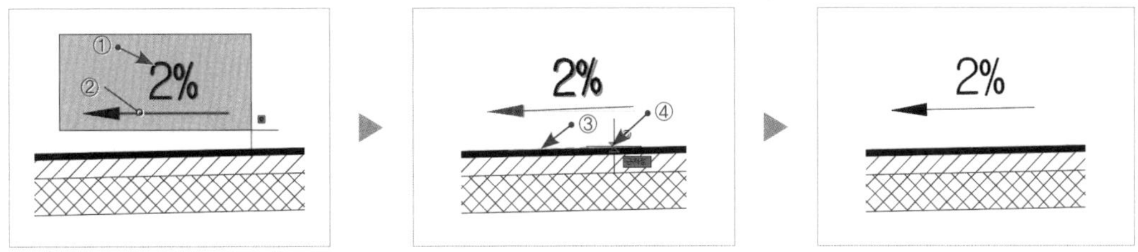

❽ 대칭 Mirror(MI)명령을 실행합니다. 앞서 작성한 경사(구배) 표시를 선택해 우측으로 대칭복사 합니다.

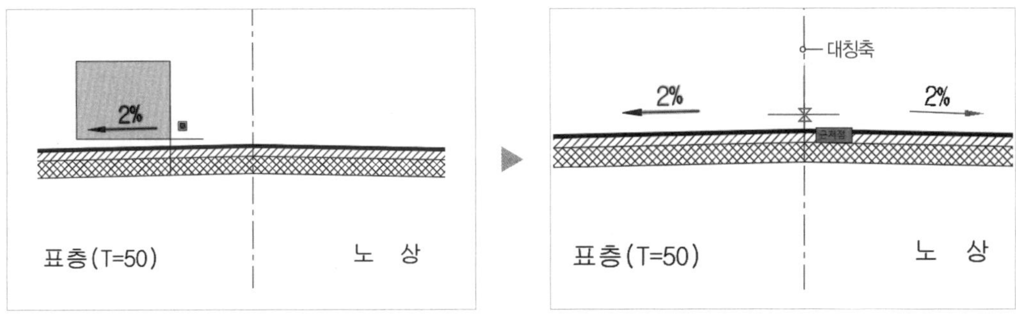

❾ 문제도면에서 포장층의 지시선 및 내용을 확인합니다. line(L)명령을 실행해 세로 3300, 가로 3300인 선을 그려줍니다.

(선의 길이는 3000 내외로 보기 좋게 작성하면 됩니다.)

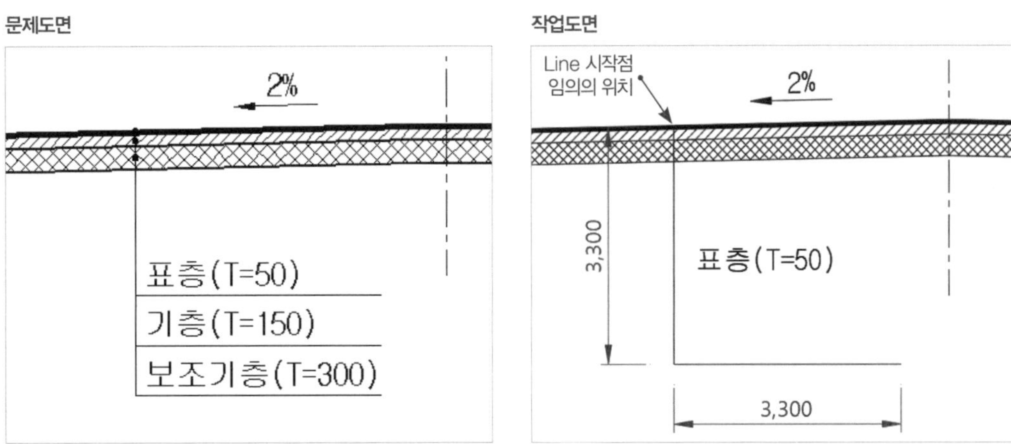

⑩ donut(DO)명령을 실행합니다. 내부 0, 외부 100으로 설정하고 각 포장층 구간을 클릭합니다.

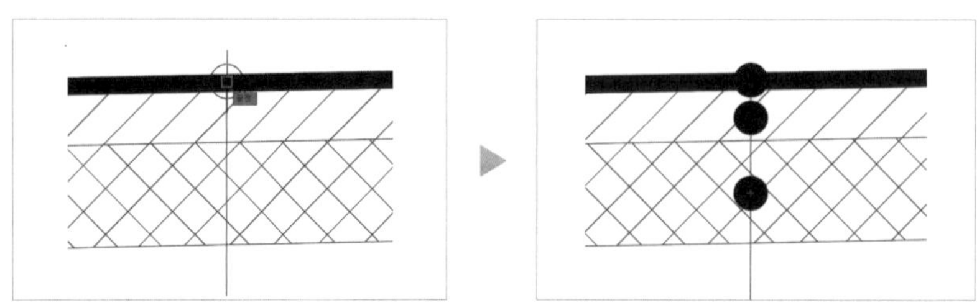

⑪ offset(O)명령으로 선을 650 간격으로 복사하고 앞서 작성한 '표층(T=50)' 문자를 지시선 위로 이동시킵니다. copy(CO)명령을 실행해 문자를 선택하고 기준점 ①지점을 클릭합니다. ②, ③을 클릭해 문자를 복사한 후 기층, 보조기층으로 수정합니다.

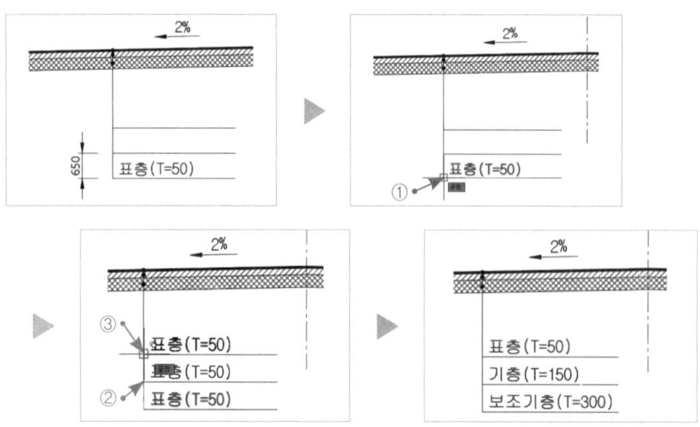

⑫ qleader(LE)명령하고 시작점 ①을 클릭합니다. 직교(F8)모드가 off인 상태로 ②지점을 클릭하고 직교(F8)모드가 on인 상태로 ③지점을 클릭합니다. Esc를 눌러 명령을 종료하고 '흙깎기' 문자를 보기 좋기 이동시킵니다.

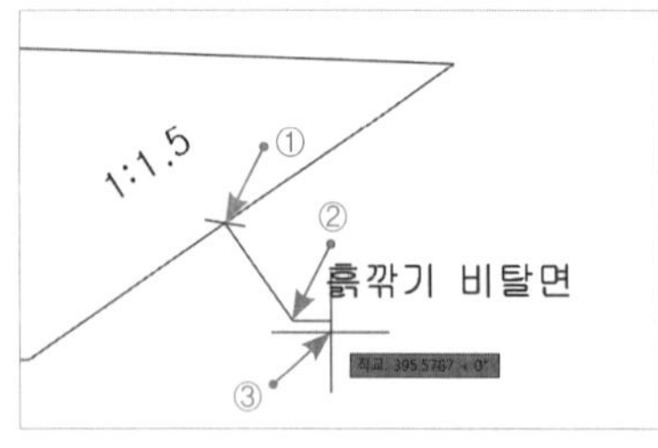

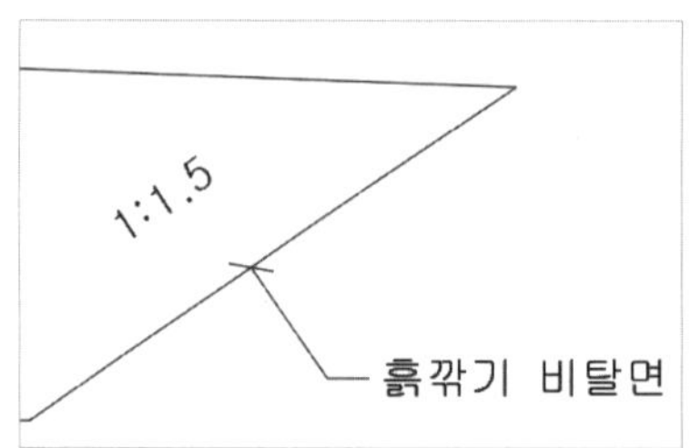

⓭ 대기상태의 커서로 지시선①을 클릭하고 Ctrl+1 을 누릅니다. 특성의 '선 및 화살표' 카테고리의 화살표를 '기울기'에서 '닫고 채움'으로 변경합니다.
(특성일치(MA)를 실행해 '2%'구배에 사용한 화살촉을 복사해도 됩니다.)

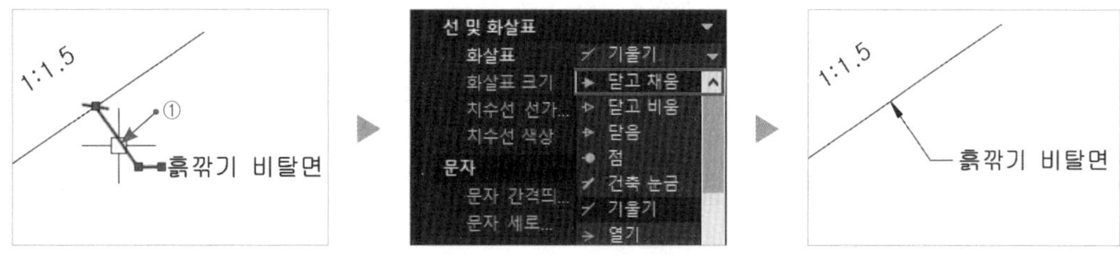

⓮ 문제도면을 확인해 문자의 위치를 조정하고 '외벽 철근기호 지반' 도면층(녹색)으로 변경합니다.

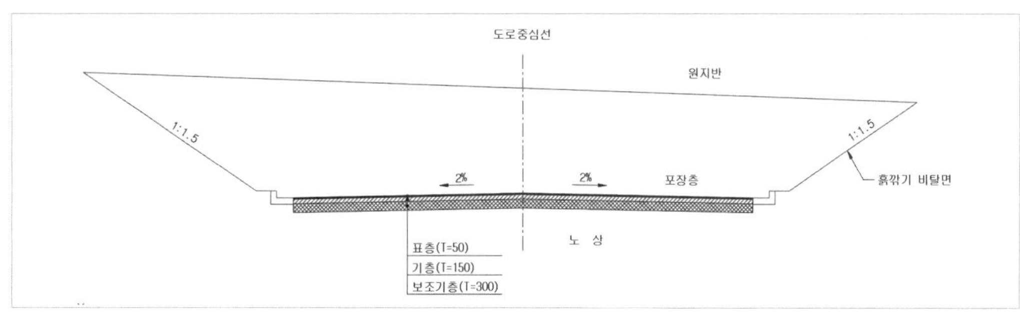

04 도로 토공 횡단면도 치수 기입

❶ 도로 토공 횡단면도의 상단부 치수를 기입하기 위해 문제도면의 치수의 화살촉 모양(점)을 확인합니다. Line(L)명령을 실행해 보조선을 그린 후 선형치수(DLI)명령을 실행해 치수를 기입하고 보조선은 삭제합니다. 좌측과 우측 치수는 바깥쪽으로 이동시켜줍니다.

문제도면

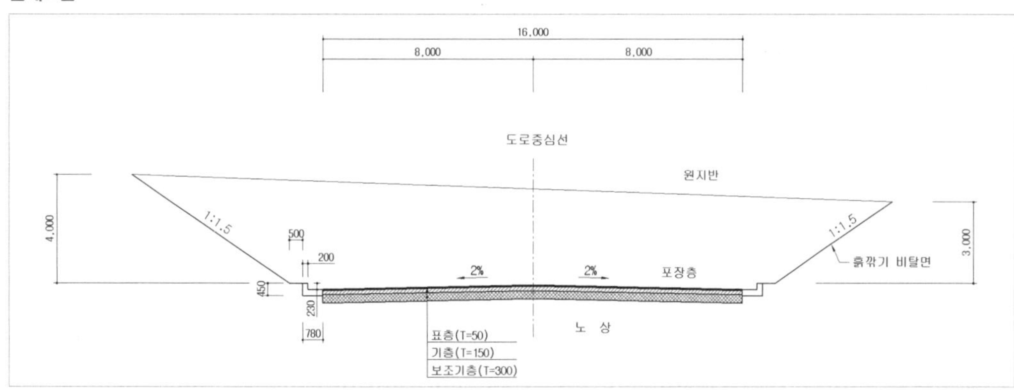

작업도면

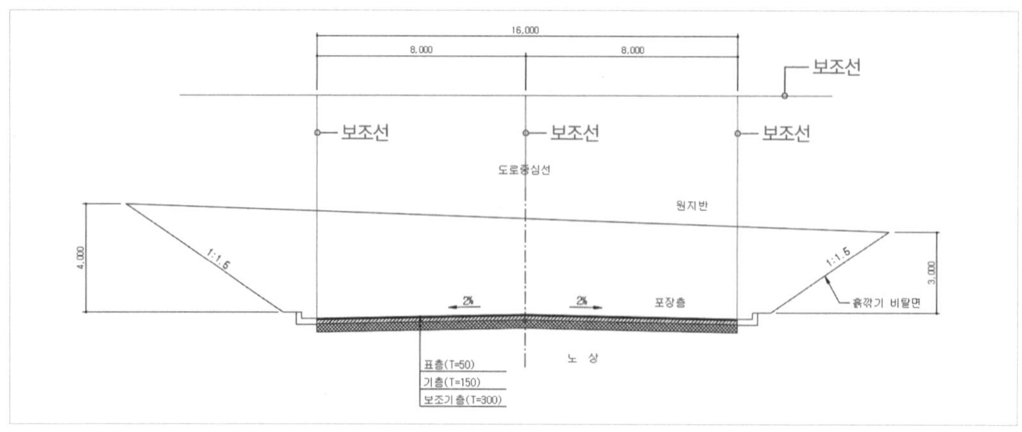

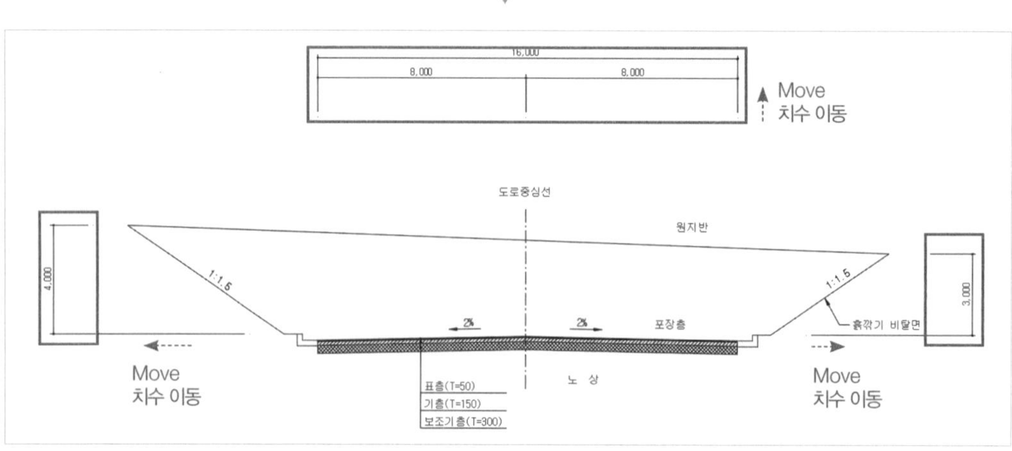

* 문제도면에 기입된 치수의 화살촉이 화살표 또는 기울기로 옹벽 구조도와 다른 모양이라면 치수기입 후 특성(Ctrl+1, PRO)을 실행해 화살표 1,2의 모양을 문제도면과 동일한 유형으로 변경해야 합니다.

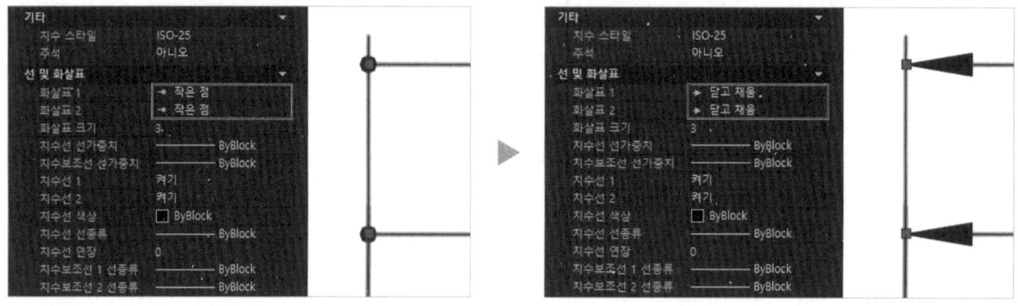

❷ 도로 토공 횡단면도의 측구 치수를 기입하기 위해 문제도면의 치수 모양과 위치를 확인합니다. 선형치수(DLI)명령을 실행하고 ①지점과 ②지점을 클릭해 '200' 치수를 기입합니다. 나머지 치수도 선형치수(DLI)로 기입 후 문제도면과 같이 치수문자 및 치수의 위치를 이동시켜줍니다.

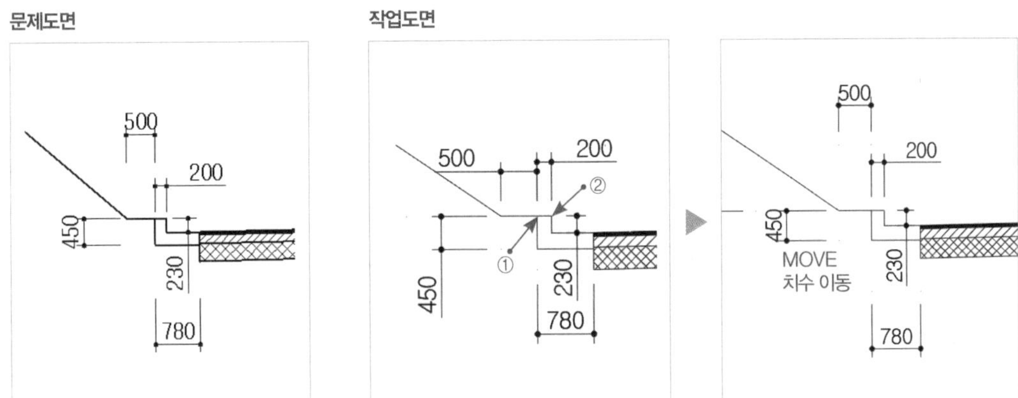

❸ 완성된 도로 토공 횡단면도를 여백을 고려하여 보기 좋게 이동하고 저장합니다.

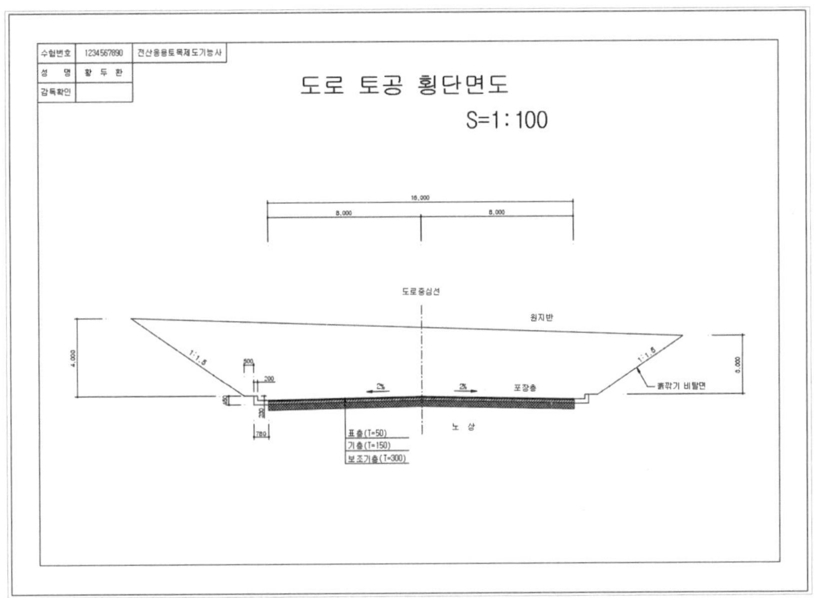

과제3 – 도로 토공 종단면도

도면(3)의 요구사항인 '도로 토공 종단면도'를 작성합니다. 이전 챕터의 완성파일이 없다면 예제파일의 'ch03–도로 토공 횡단면도'를 불러옵니다.

동영상강좌 P05–Ch04.mp4

⊙ 문제 도면 _과제3 : 도면(3) 도로 토공 종단면도(V=200, H=1,200)

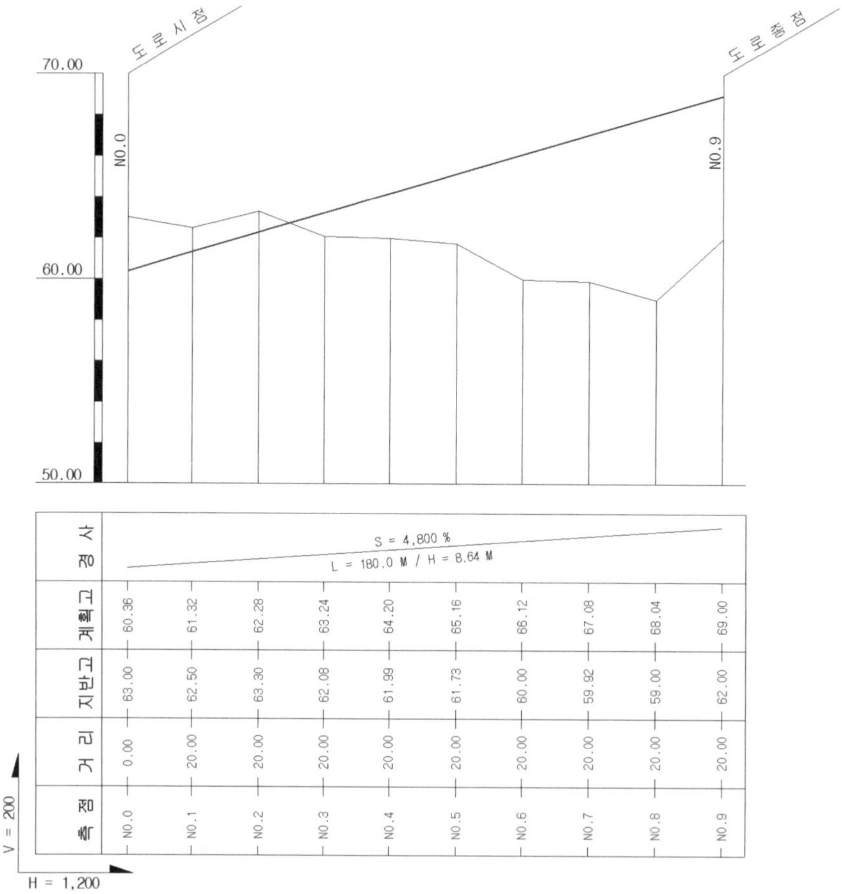

도로시점

도로종점

70.00

60.00

50.00

NO.0

NO.9

경사	S = 4.800 % L = 180.0 M / H = 8.64 M									
계획고	60.36	61.32	62.28	63.24	64.20	65.16	66.12	67.08	68.04	69.00
지반고	63.00	62.50	63.30	62.08	61.99	61.73	60.00	59.92	59.00	62.00
거리	0.00	20.00	20.00	20.00	20.00	20.00	20.00	20.00	20.00	20.00
측점	NO.0	NO.1	NO.2	NO.3	NO.4	NO.5	NO.6	NO.7	NO.8	NO.9

V = 200

H = 1,200

측점	NO.0	NO.1	NO.2	NO.3	NO.4
절토고					
성토고					

01 도로 토공 종단면도 시트 만들기

❶ '도로 토공 종단면'의 축척은 V=1:200, H=1:1200입니다. 이전에 사용한 '도로토공횡단면도'의 시트와 과제명을 복사합니다.

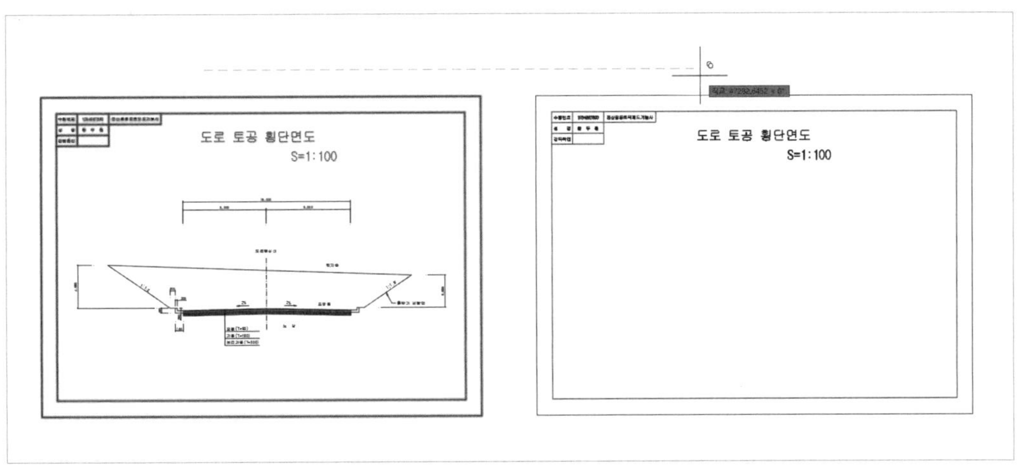

❷ 축척 SCALE(SC)명령을 실행합니다. 복사한 시트를 선택하고 기준점 ①을 클릭합니다. 참조 옵션 R 을 입력하고 참조 길이(축척) 100, 새 길이(축척) 1200을 입력해 도로 토공 횡단면 1:1200 축척 시트를 만듭니다. (H축척이 1:1,000인 경우 R 엔터 → 100(참조길이) 엔터 → 1,000(새길이) 엔터로 설정합니다.)

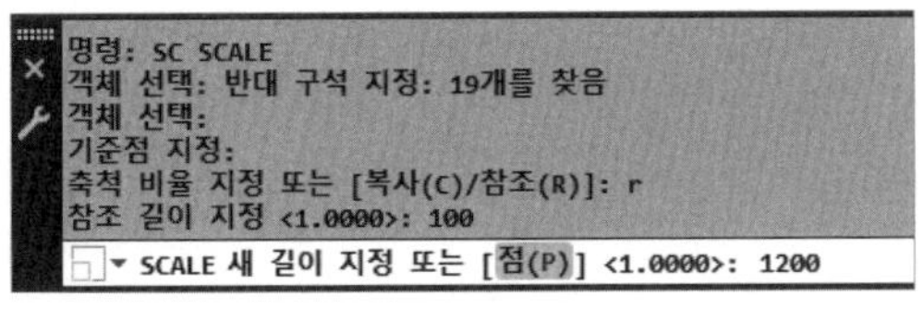

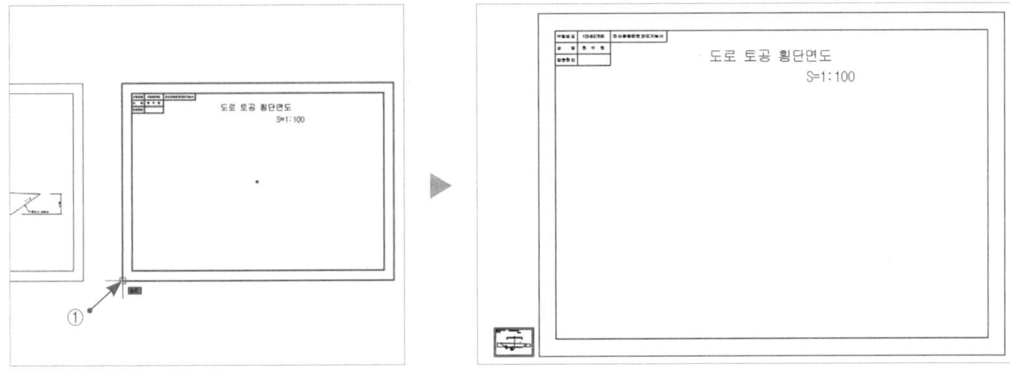

❸ 과제명이나 축척 값을 복사해 '도로 토공 종단면도'의 작성조건으로 도면명과 축척을 수정합니다.

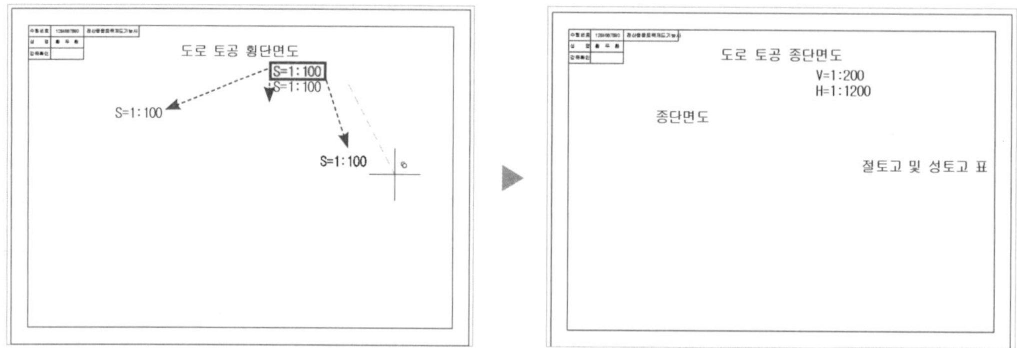

❹ 도면명 '종단면도'와 표의 이름 '절토고 및 성토고 표'를 클릭해 특성(Ctrl+1)에서 문자의 높이를 7200 정도로 수정합니다.

(7200은 옹벽 구조도에 표기한 '표준단면도', '일반도'와 동일한 크기로 출력되는 높이입니다.)

(도면명 6mm × 표준단면도 축척 30=180, 도면명 6mm × 종단면도 축척 1,200=7,200)

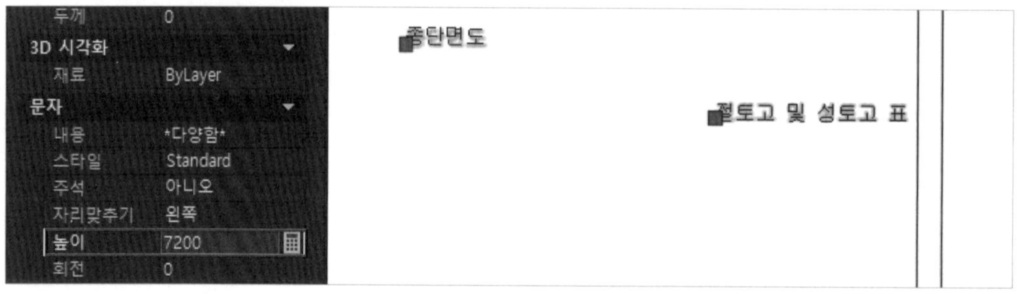

02 도로 토공 종단면도 그리기 – 스케일 바, 절성토 표

❶ 현재 도면층을 '치수 표 스케일' 도면층(흰색)으로 변경합니다. 종단면도에서 좌측 스케일 바의 모양을 확인하고 야장표에서는 측점 간 거리(20m=20000mm)를 확인합니다.

문제도면

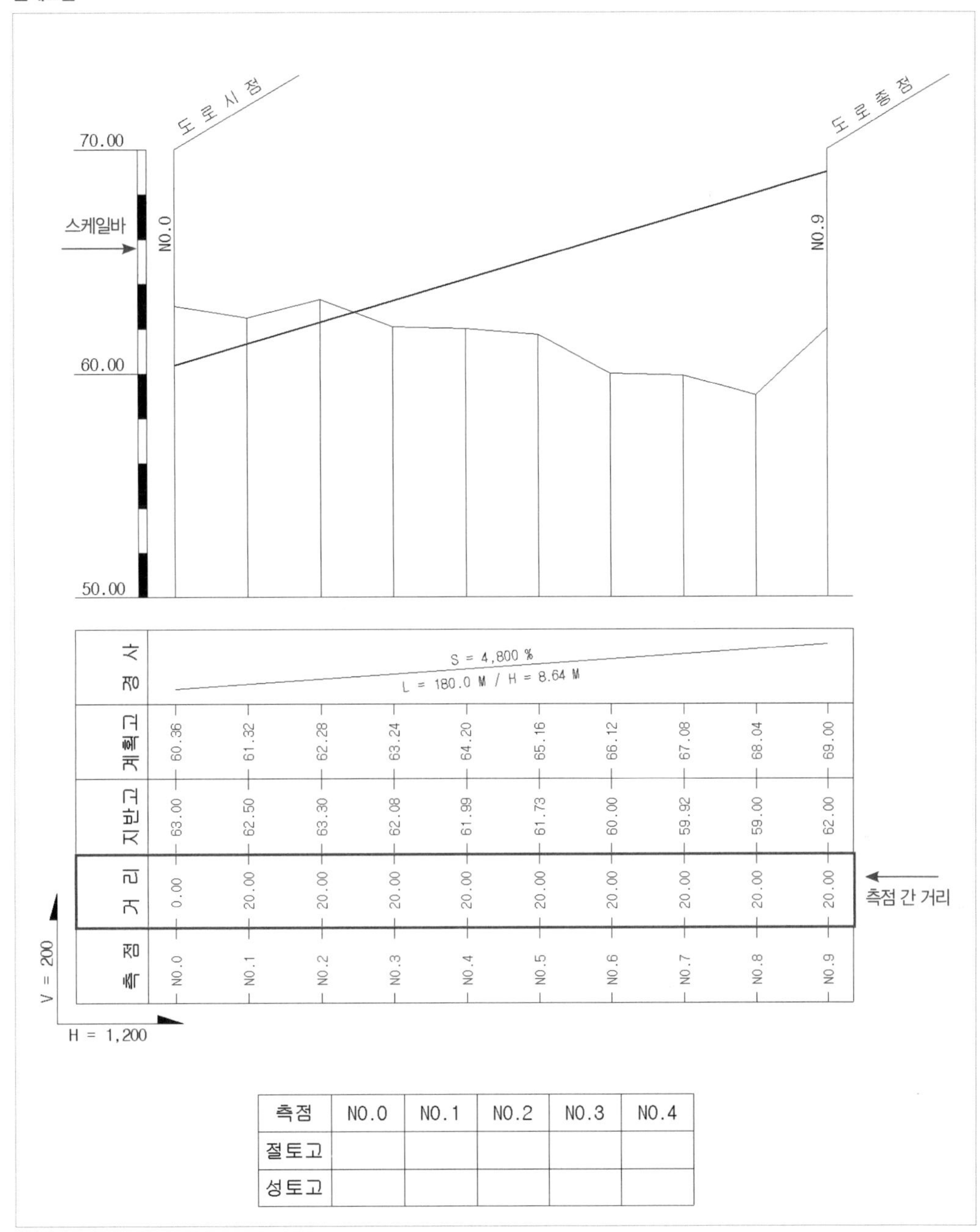

측점	NO.0	NO.1	NO.2	NO.3	NO.4
절토고					
성토고					

❷ line(L)명령을 실행합니다. 종단면도의 가로 기준선 220,000, 세로 기준선 120,000 정도로 좌측에 그려줍니다. offset(O)명령을 실행해 스케일 바와 측점 거리(20,000)를 표시합니다. (가로 기준선 220,000, 세로 기준선 120,000은 출제도면에 따른 임의 값으로 작업자에 따라 다를 수 있습니다. 문제 도면의 축척에 비해 기준선이 짧은 경우 늘려서 사용하면 됩니다. 제시한 거리 값은 암기합니다.)

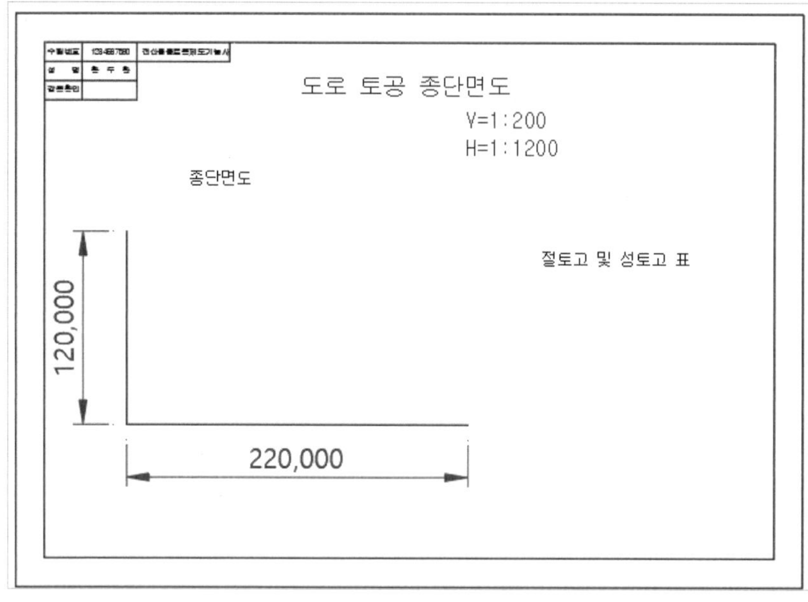

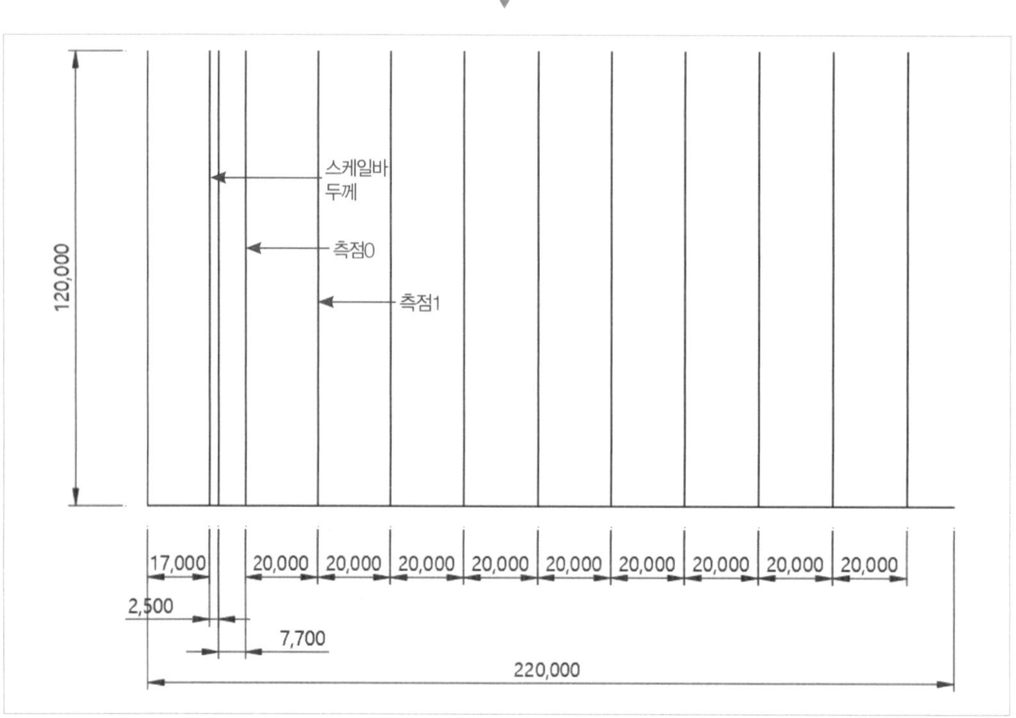

❸ 스케일 바를 그리기 위해 축척에 의한 배율을 확인합니다. V는 H의 1/6로 표시되어 있습니다. 스케일 바 눈금 하나는 2,000을 표시하고 있으므로 6배 한 12,000을 offset(O)명령으로 복사합니다. (현재 도면은 H축척이 V축척의 6배로 스케일바의 눈금은 2,000×6=12,000이 되지만, H축척이 V축척의 5배(1:1,000)인 경우 눈금 하나의 offset값은 10,000으로 계산합니다.)

❹ Trim(TR)명령을 실행합니다. 스케일 바의 좌측과 우측으로 불필요한 부분을 잘라낸 후 12,000 간격으로 offest(O)합니다. hatch(H)명령을 실행해 홀수 칸에 SOLID로 채웁니다. (스케일바의 칸 수는 10~15칸 내외로 출제됩니다. 15칸이 제시된 경우 앞서 작성한 세로 기준선이 짧으므로 늘려서 스케일바를 그려줍니다.)

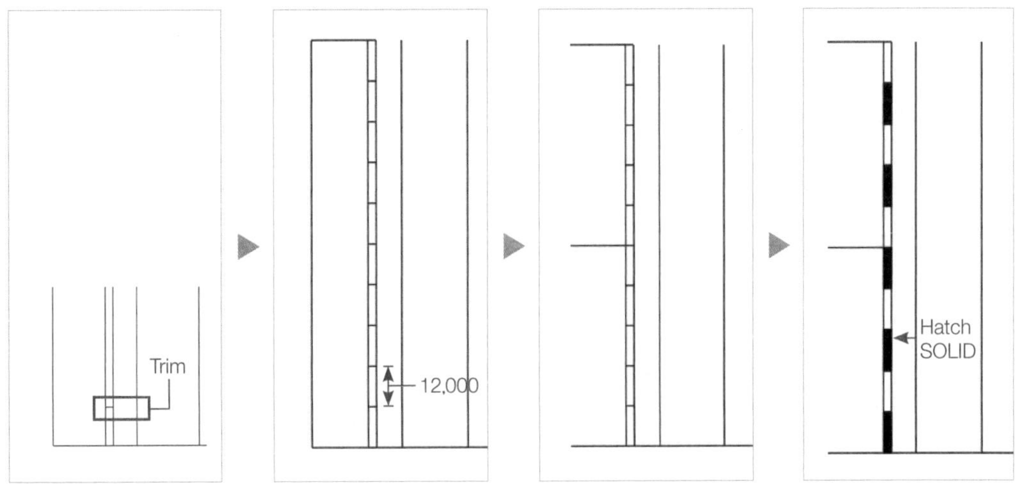

❺ 표를 작성하기 위해 stretch(s)명령을 실행합니다. ①지점을 클릭하고 ②지점을 클릭해 영역을 지정합니다. 기준점은 ③지점을 클릭하고 ④지점을 클릭합니다.
(mirror(MI)명령으로 대칭으로 이동해도 됩니다.)

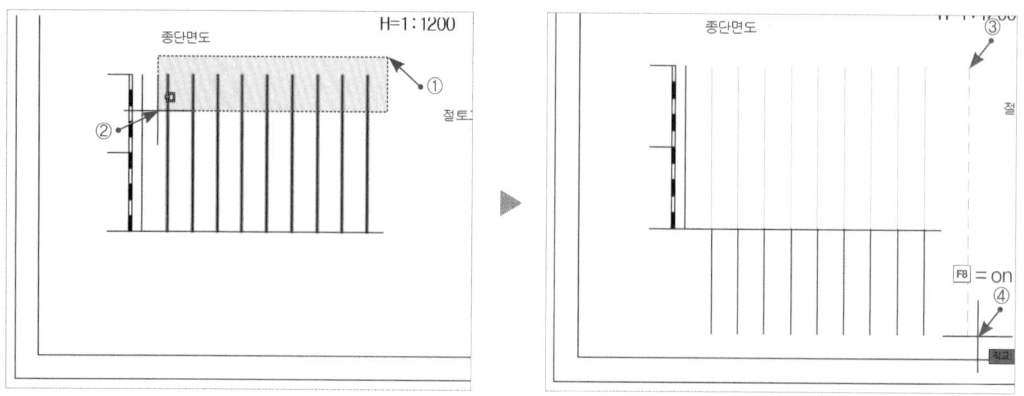

❻ line(L)명령으로 ①지점(임의 점)에서 ②지점(직각점)까지 선을 그려줍니다. offset(O)명령을 실행해 10,000 간격으로 복사합니다.

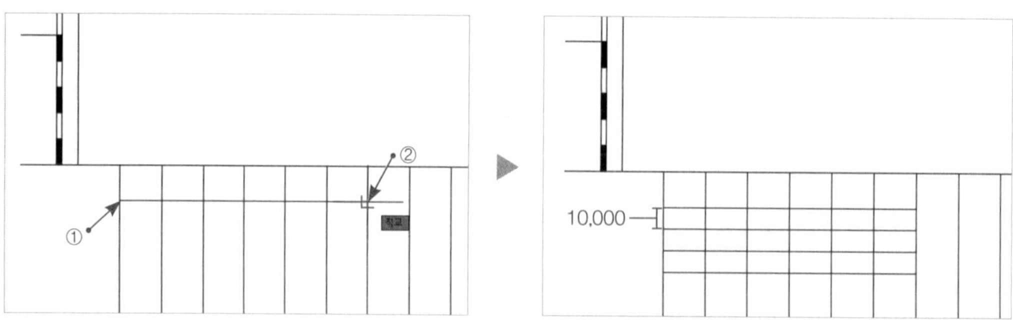

❼ trim(TR)명령을 실행해 불필요한 부분을 다음과 같이 잘라냅니다(나머지 선은 종단면도를 모두 작성한 후 삭제하면 됩니다. 표가 되는 부분은 제시된 측점에 따라 다를 수 있습니다. 본 문제의 경우 No.4이지만, No.5까지 표시된다면 표의 영역은 한 칸 더 늘어납니다).

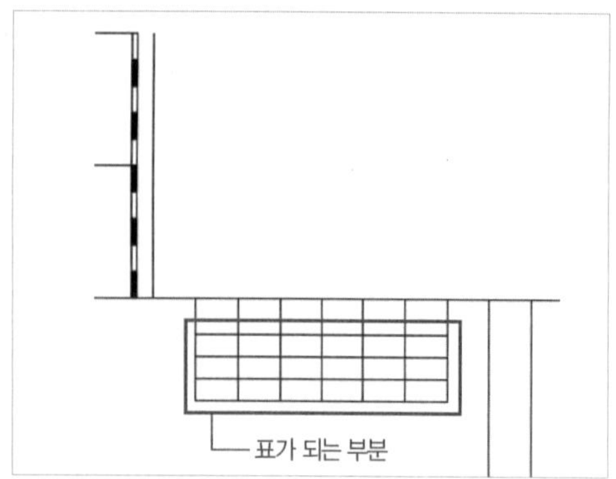

03 도로 토공 종단면도 그리기 – 계획고, 지반고

❶ 종단면도에 계획고를 표시하겠습니다. 문제도면의 야장표에서 'NO.0'의 계획고(60.36)을 확인하고 종단면도의 스케일 바에서 시작 값(50.00)을 확인합니다.

문제도면

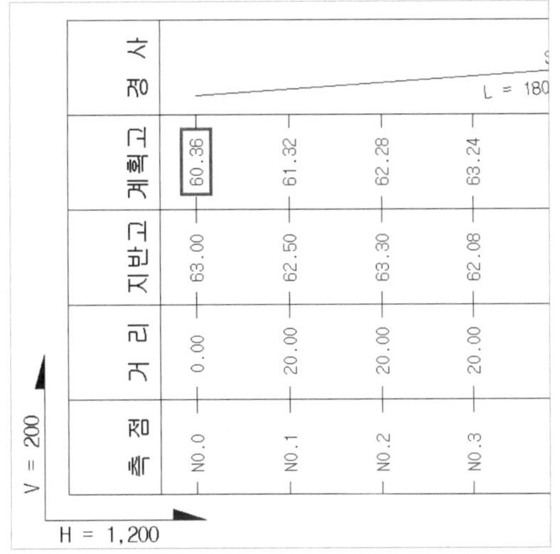

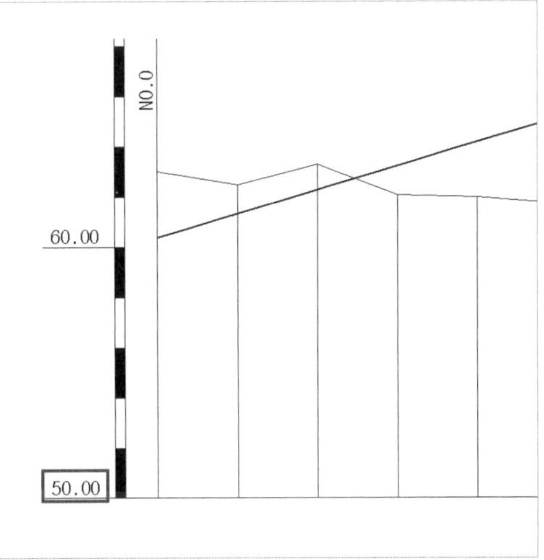

❷ NO.0의 계획고 60.36에서 시작위치 50.00을 뺀 값은 10.36m입니다. V의 축척은 H의 1/6로 10.36m에 6배 한 값으로 선을 그려야 합니다. line(L)명령을 실행해 ①지점을 클릭하고 Ctrl+8을 눌러 계산기를 실행합니다.

(계산기는 line(L)명령으로 시작점을 클릭한 후 유틸리티 패널의 아이콘이 아닌 단축키 Ctrl+8로 실행해야 합니다. 불편하다면 일반 계산기로 계산 후 선을 그려도 됩니다.)

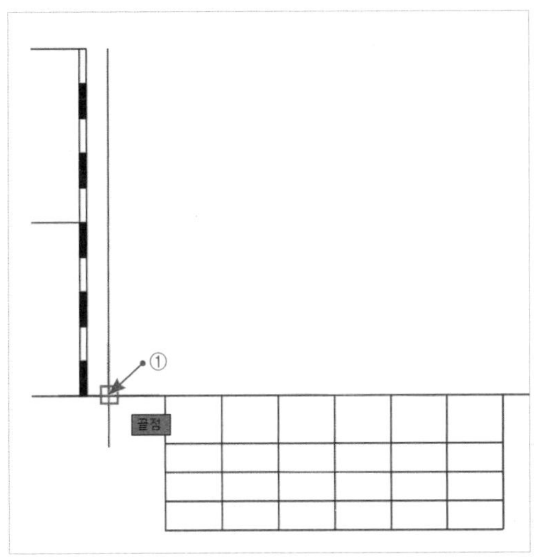

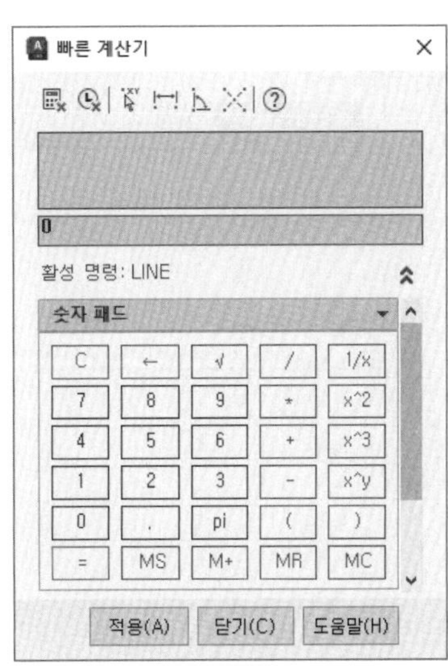

❸ 계산기를 사용해 '10360*6' 또는 '1036*60'을 입력하고 F8을 눌러 계산합니다. [적용] 버튼 ①을 클릭하면 계산된 값이 명령행에 적용됩니다(10360은 10.36m를 mm 단위로 변경한 값입니다).

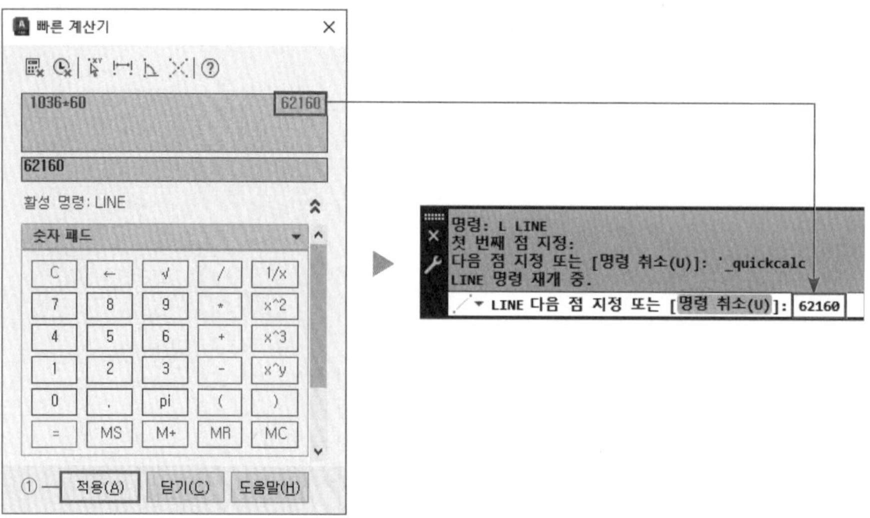

❹ 직교모드(F8)가 on인 상태에서 커서를 ①부분으로 이동한 후 Enter를 누르면 계산된 62160만큼 선이 그려집니다. 우측 ②지점을 클릭해 짧은 선을 그리고 명령을 종료합니다(짧은 선을 그린 이유는 선이 겹친 62160의 끝점을 표시하기 위함입니다).

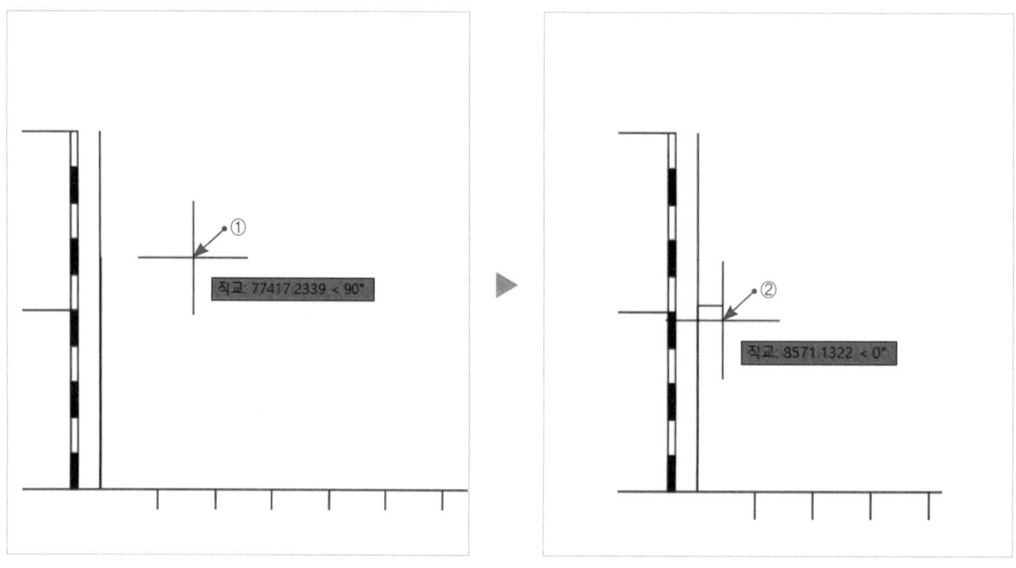

❺ 문제도면의 야장표에서 'NO.9'의 계획고(69.00)를 확인합니다. 계획고 69.00에서 시작위치 50.00을 뺀 값은 19.00m입니다.

문제도면

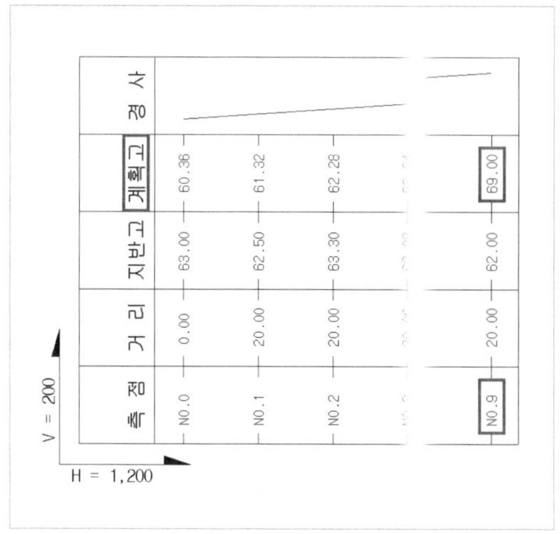

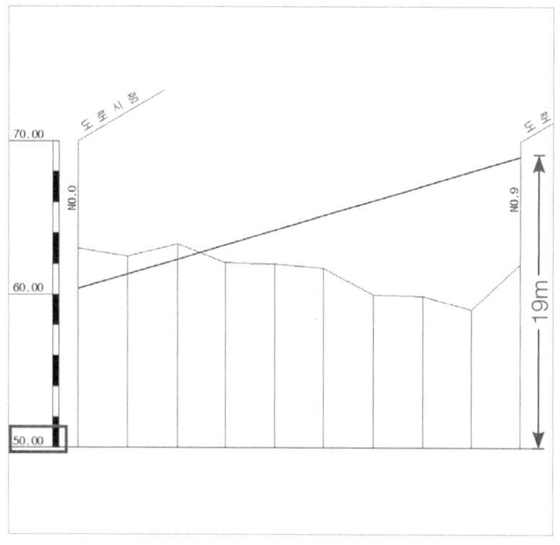

❻ line(L)명령을 실행해 ①지점을 클릭하고 Ctrl+8을 눌러 계산기를 실행합니다.
계산기를 사용해 '19000*6' 또는 '1900*60'을 입력하고 Enter를 눌러 계산한 후 [적용] 버튼 ②를 클릭합니다. **(계산기는 line(L)명령으로 시작점을 클릭한 후 유틸리티 패널의 아이콘이 아닌 단축키 Ctrl+8로 실행해야 합니다.)**

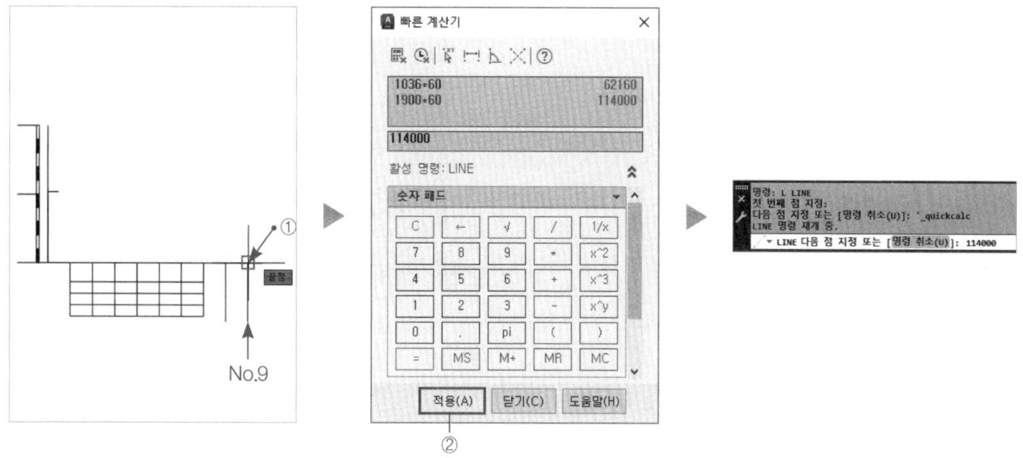

7 직교모드(F8)가 on인 상태에서 커서를 ①부분으로 이동한 후 Enter를 누르면 계산된 114000만큼 선이 그려집니다. 좌측 ②지점을 클릭해 계획고 선을 그리고 앞서 표시한 짧은 선 ③은 삭제합니다. 표시한 계획고 선 ④는 '계획 측구 포장' 도면층(하늘)으로 변경합니다.

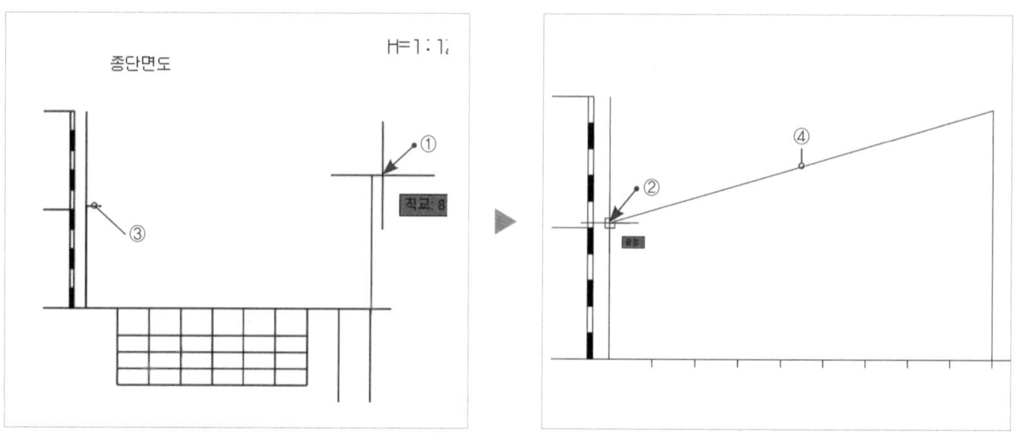

8 이어서 지반고를 계획고와 동일한 방법으로 표시하겠습니다. 문제도면의 야장표에서 'NO.0'의 지반고(63.00)를 확인합니다. 지반고 63.00에서 시작위치 50.00을 뺀 값은 13.00m입니다.

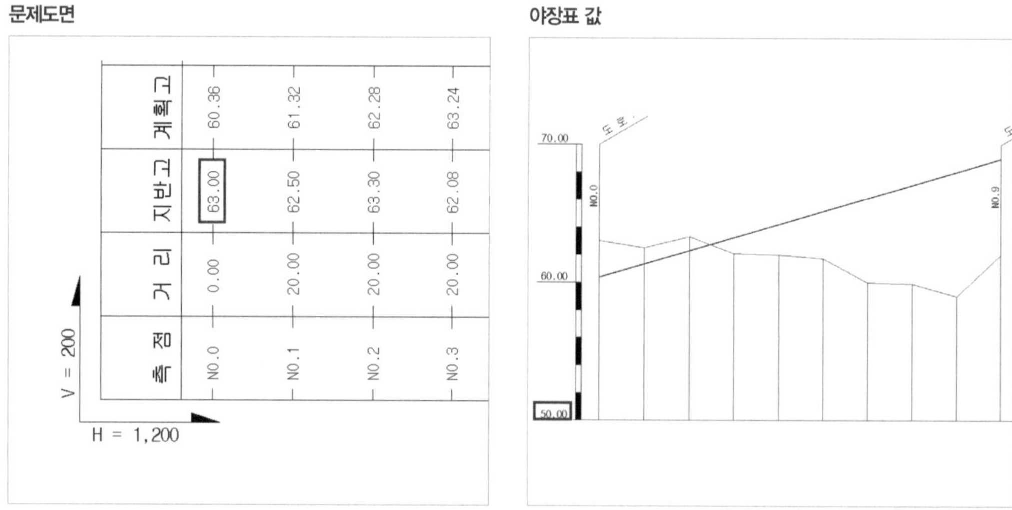

9 line(L)명령을 실행해 ①지점을 클릭하고 Ctrl+8을 눌러 계산기를 실행합니다. 계산기를 사용해 '1300*60'을 입력하고 Enter를 눌러 계산한 후 적용 버튼을 클릭합니다.

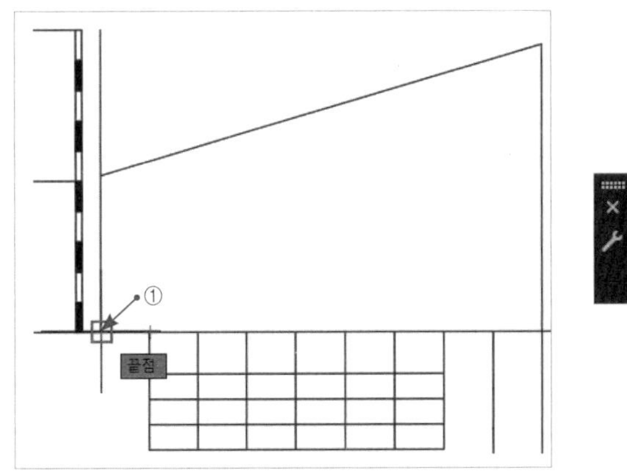


```
명령: L LINE
첫 번째 점 지정:
다음 점 지정 또는 [명령 취소(U)]: '_quickcalc
LINE 명령 재개 중.
LINE 다음 점 지정 또는 [명령 취소(U)]: 78000
```

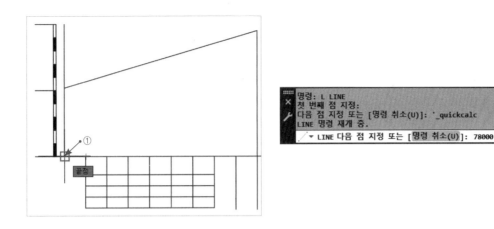

⑩ 직교모드(F8)가 on인 상태에서 커서를 ①부분으로 이동한 후 Enter 를 누르면 계산된 78000만큼 선이 그려집니다. 우측 ②지점을 클릭해 짧은 선을 그리고 명령을 종료합니다.

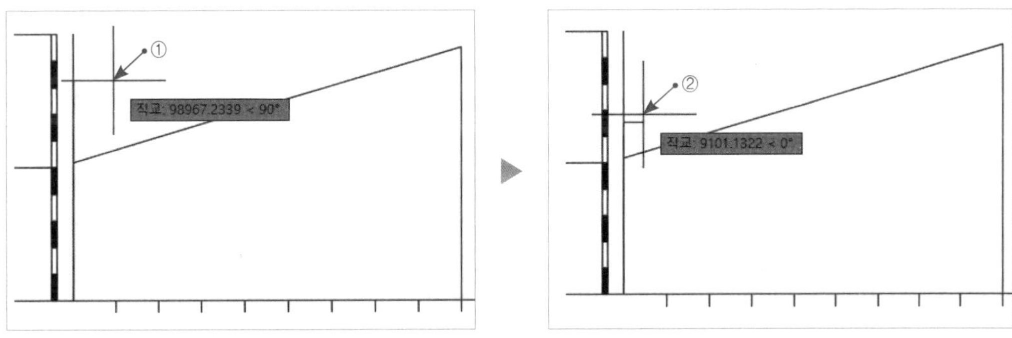

⑪ 계속해서 동일한 방법으로 'NO.1'부터 'NO.9'까지의 지반고를 확인해 다음과 같이 선을 그립니다. 마지막 'NO.9'는 'NO.0'과 같이 짧은 선을 그려줍니다.

문제도면

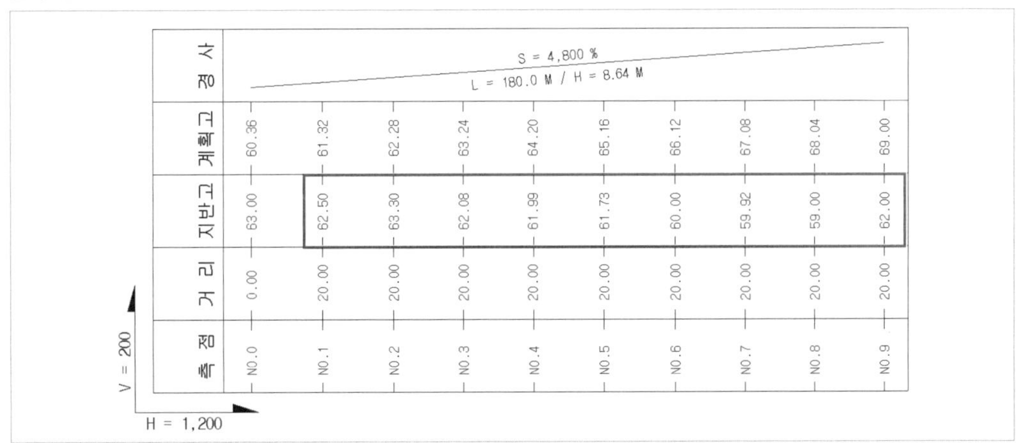

작업도면

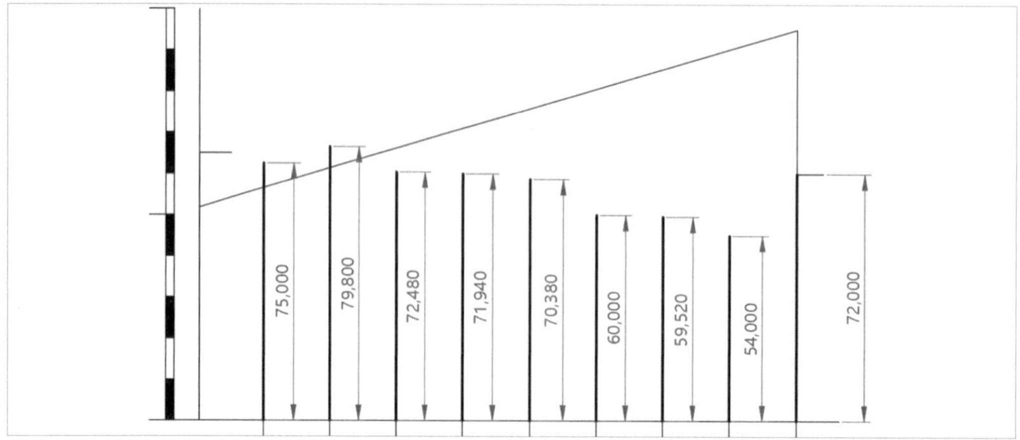

⓬ line(L)명령을 실행해 ①지점부터 ⑩지점까지 연결하고 짧은 선 ⑪, ⑫는 삭제합니다. 측점의 위치를 표시한 불필요한 선분을 trim(TR)과 erase(E)명령으로 정리하고, 작성한 지반고 선은 '원지반선' 도면층(회색)으로 변경합니다.

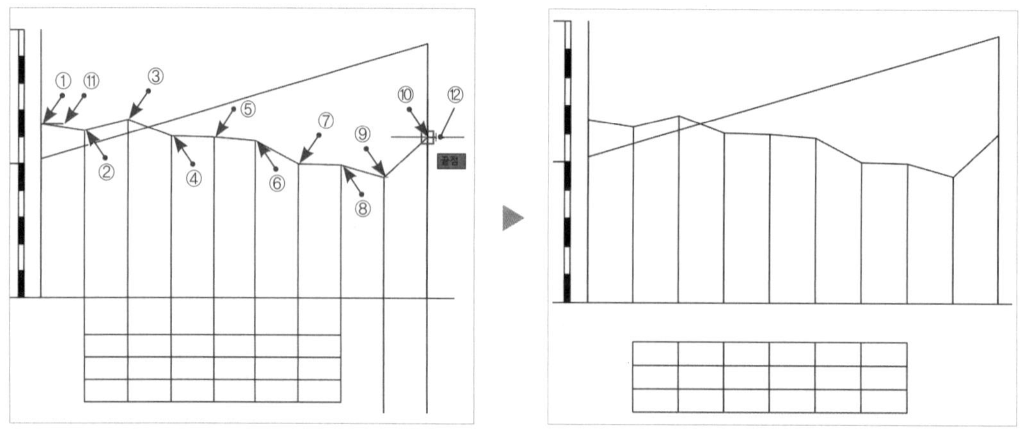

04 문자 및 절/성토고 표 작성

❶ copy(CO)명령을 실행해 표제란의 문자 하나를 표로 복사합니다. 복사된 문자를 더블클릭해 'NO.0'으로 수정하고 보기 좋게 배치합니다.

문제도면

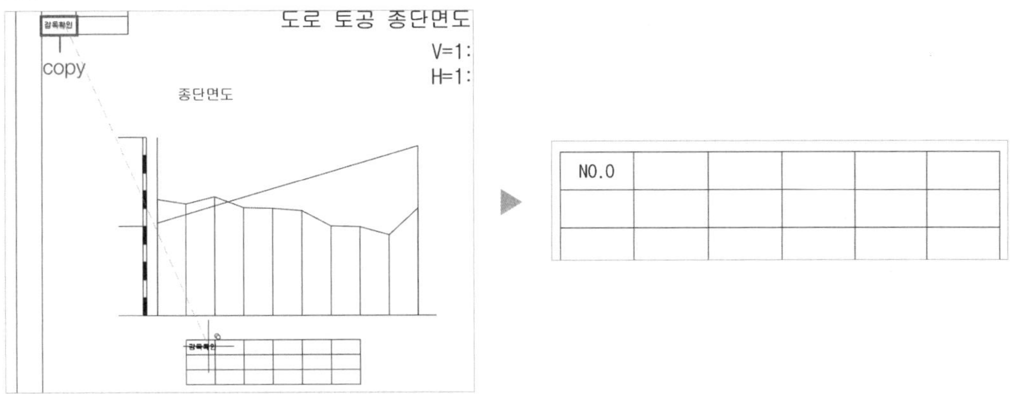

❷ copy(CO)명령을 실행해 문자 ①을 선택합니다. 기준점 ②를 클릭하고 ③을 클릭합니다. 문제도면의 표를 보면서 복사 후 다음과 같이 수정합니다.

문제도면의 표

측점	NO.0	NO.1	NO.2	NO.3	NO.4
절토고					
성토고					

작업도면의 표

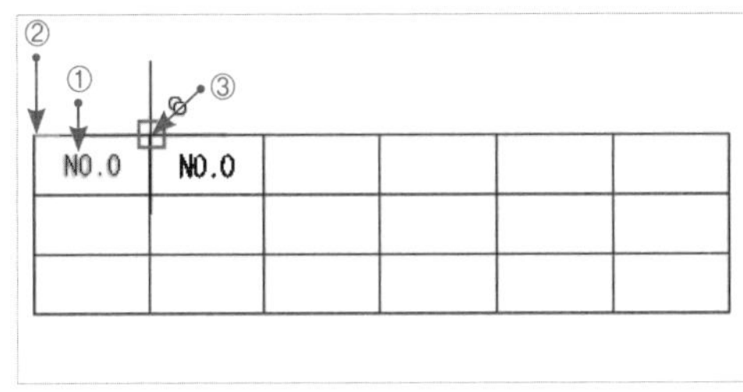

더블클릭으로 문자 수정

측점	NO.0	NO.1	NO.2	NO.3	NO.4
절토고	NO.0	NO.0	NO.0		
성토고				NO.0	NO.0

TIP 절토고와 성토고

절토는 지반이 계획고보다 높아 흙을 깎아내는 것을 뜻하며, 성토는 지반이 계획고보다 낮아 흙을 쌓아 올리는 것을 뜻합니다. 측점 NO.0, NO.1, NO.2의 지반은 계획고보다 높아 절토를 해야 하며, 측점 NO.3, NO.4의 지반은 계획고 보다 낮아 성토를 해야 합니다.

그래서 표에 값을 표기하기 위해 다음과 같이 문자를 복사합니다.

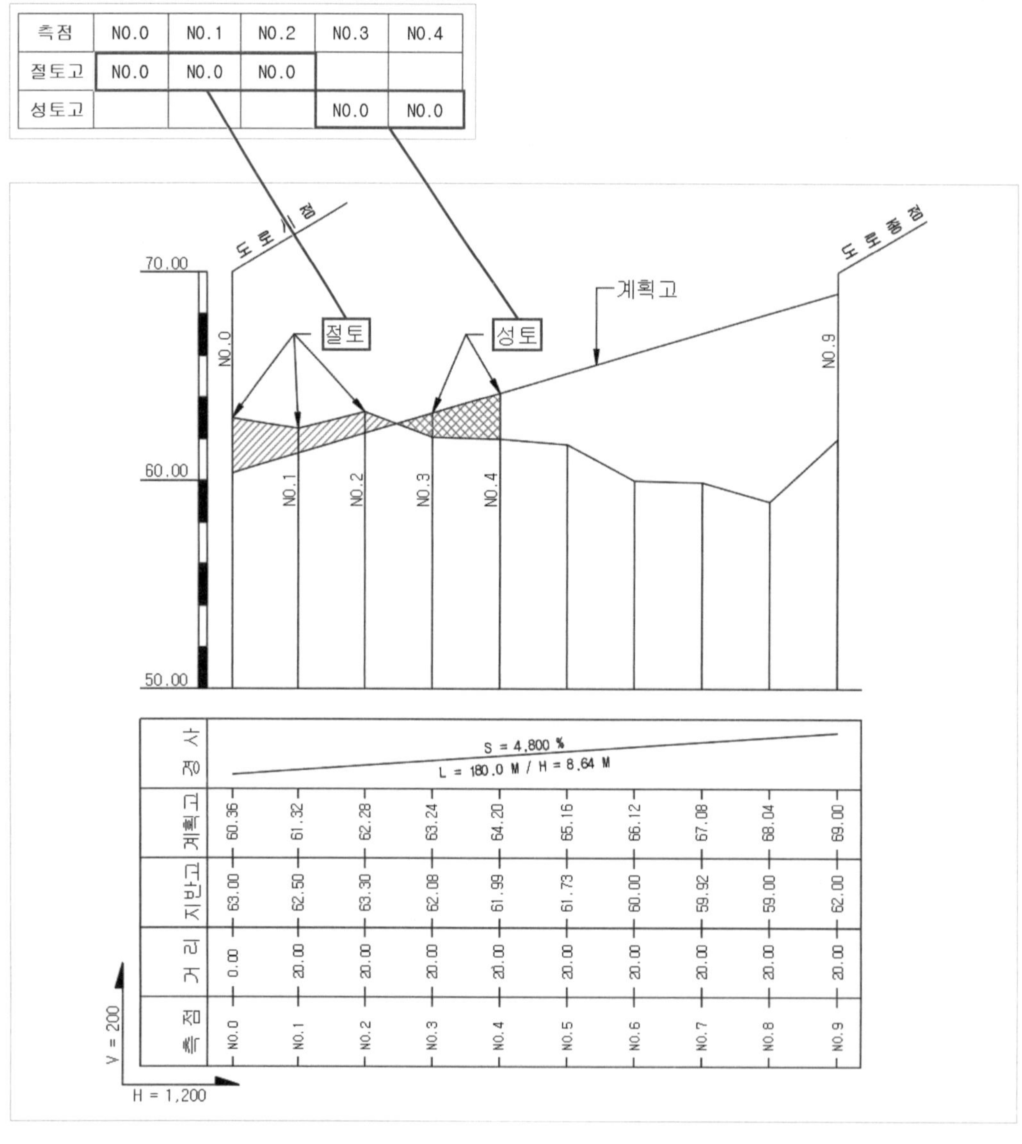

측점	NO.0	NO.1	NO.2	NO.3	NO.4
절토고	NO.0	NO.0	NO.0		
성토고				NO.0	NO.0

측점	NO.0	NO.1	NO.2	NO.3	NO.4	NO.5	NO.6	NO.7	NO.8	NO.9
거리	0.00	20.00	20.00	20.00	20.00	20.00	20.00	20.00	20.00	20.00
지반고	63.00	62.50	63.30	62.08	61.99	61.73	60.00	59.92	59.00	62.00
계획고	60.36	61.32	62.28	63.24	64.20	65.16	66.12	67.08	68.04	69.00
경사	S = 4.800 % / L = 180.0 M / H = 8.64 M									

❸ 문제도면의 야장표를 확인하고 절토고와 성토고를 계산하기 위해 윈도우 계산기 또는 캐드의 계산기(Ctrl+8)를 실행합니다.

문제도면– 야장표

경사	S = 4.800 % L = 180.0 M / H = 8.64 M									
계획고	60.36	61.32	62.28	63.24	64.20	65.16	66.12	67.08	68.04	69.00
지반고	63.00	62.50	63.30	62.08	61.99	61.73	60.00	59.92	59.00	62.00
거리	0.00	20.00	20.00	20.00	20.00	20.00	20.00	20.00	20.00	20.00
측점	NO.0	NO.1	NO.2	NO.3	NO.4	NO.5	NO.6	NO.7	NO.8	NO.9

① 절토　② 성토

① 절토고 NO.0~NO.2

NO.0: 지반고(63.00)–계획고(60.36)=2.64

NO.1: 지반고(62.50)–계획고(61.32)=1.18

NO.2: 지반고(63.30)–계획고(62.28)=1.02

② 성토고 NO.3~NO.4

NO.3: 계획고(63.24)–지반고(62.08)=1.16

NO.4: 계획고(64.20)–지반고(61.99)=2.21

❹ 계산된 값으로 표를 수정합니다.

측점	NO.0	NO.1	NO.2	NO.3	NO.4
절토고	NO.0	NO.0	NO.0		
성토고				NO.0	NO.0

▶

측점	NO.0	NO.1	NO.2	NO.3	NO.4
절토고	2.64	1.18	1.02		
성토고				1.16	2.21

❺ 문제도면의 종단면도에서 표기해야 할 문자를 확인합니다.

문제도면

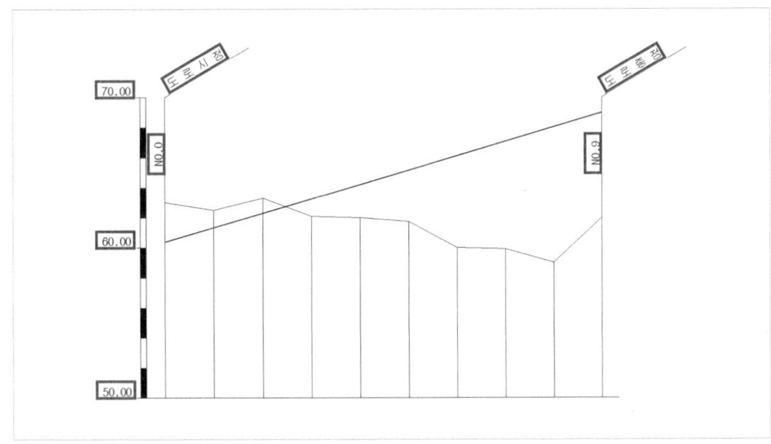

❻ copy(CO)명령을 실행해 표의 문자 하나를 스케일 바로 복사합니다. 특성(Ctrl+1)에서 내용을 '50.00', 높이는 '3000'으로 수정합니다. 문자는 '외벽 철근기호 지반' 도면층(녹색)으로 변경합니다.

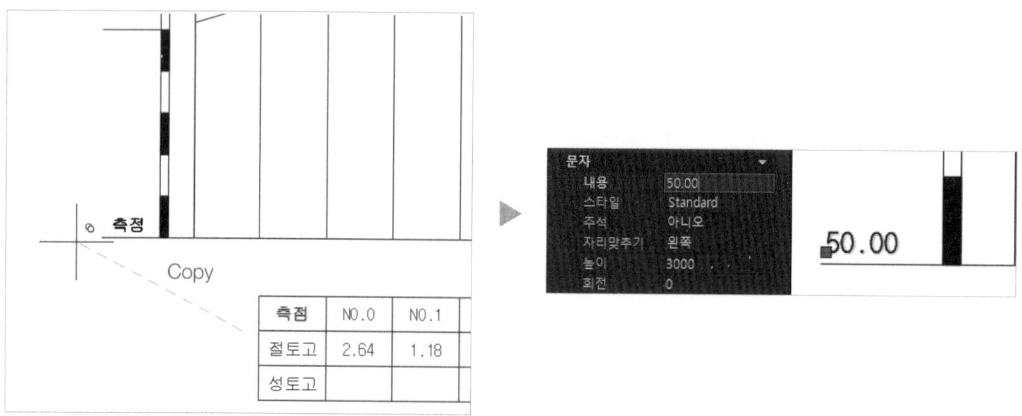

측점	NO.0	NO.1
절토고	2.64	1.18
성토고		

❼ 다시 copy(CO)명령을 실행합니다. 문자 ①을 선택하고 기준점 ②를 클릭해 문자를 복사합니다. 복사 후 문제도면과 같이 내용을 수정합니다.

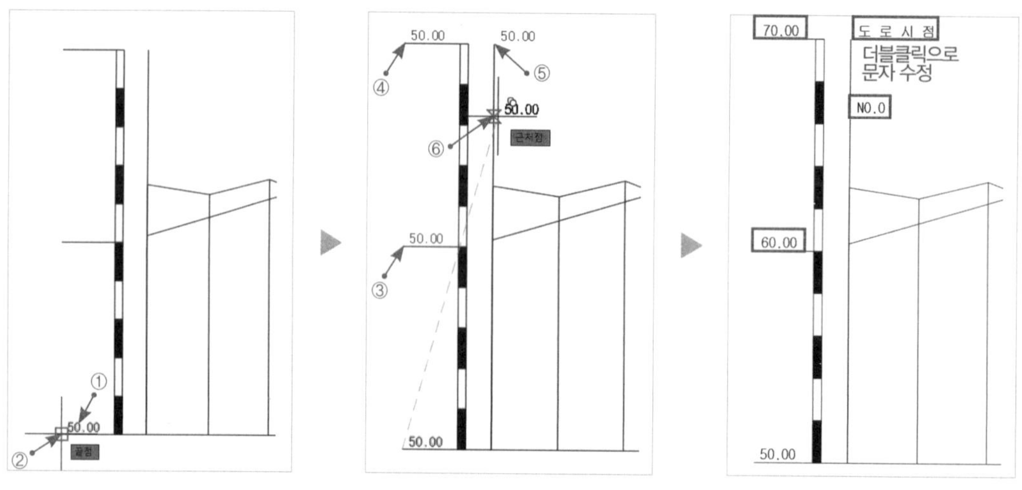

❽ line(L)명령을 실행해 ①지점에서 우측으로 길이 40,000인 선을 그립니다. rotate(RO)명령을 실행해 선 ②와 문자 ③을 ④지점을 기준점으로 30° 회전합니다.

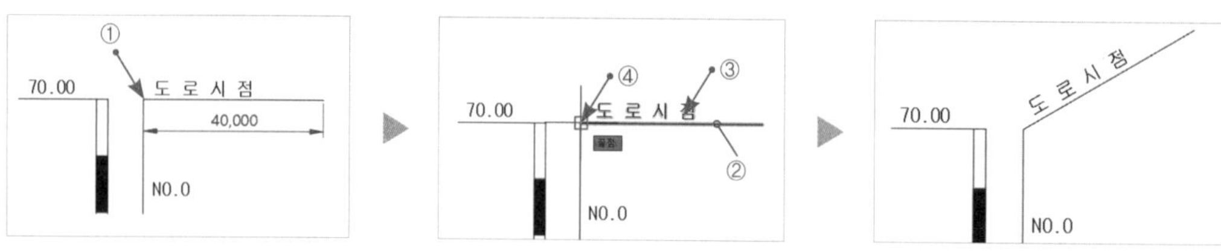

❾ copy(CO)명령을 실행합니다. 문자 ①, ②와 사선 ③을 선택하고 기준점 ④를 클릭해 ⑤지점으로 복사합니다. 복사 후 문제도면과 같이 내용을 수정합니다(세로선 ⑥을 같이 복사할 경우 다음 ❿번 순서의 선 편집은 생략합니다. 선의 겹침 유무가 다릅니다).

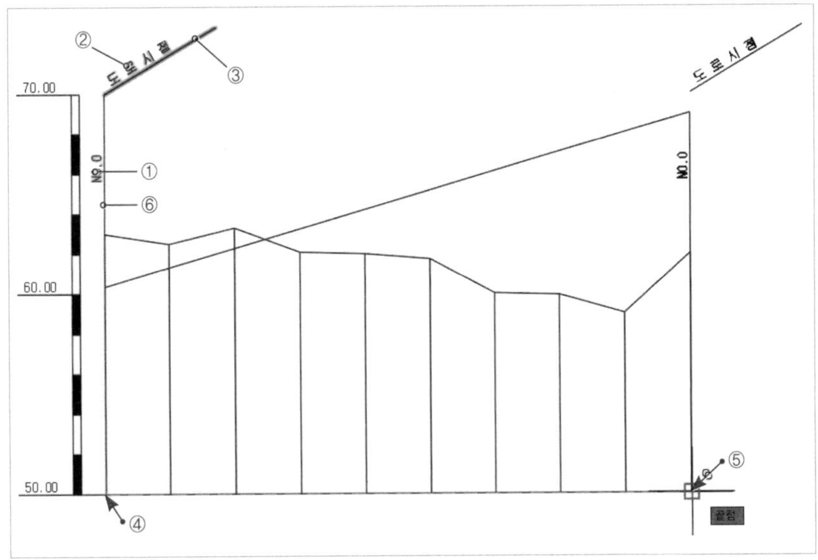

❿ 복사된 문자를 더블클릭해 수정하고 끊긴 구간은 line(L)명령으로 선을 그리거나 fillet(F)명령으로 편집합니다.

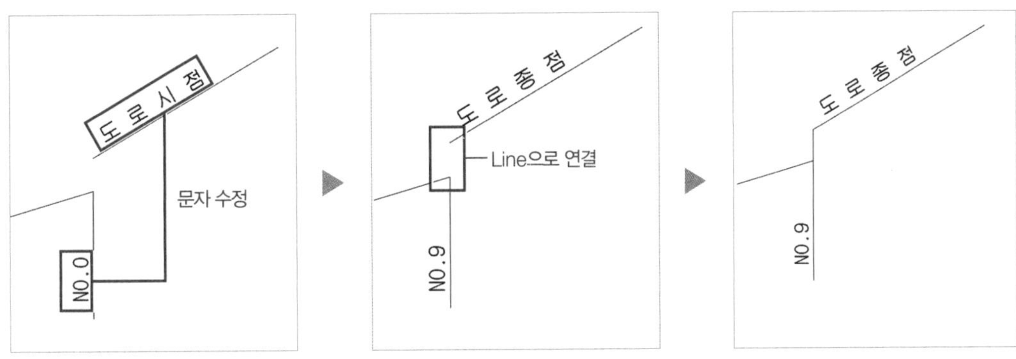

⑪ 절/성토고 표를 문제도면의 배치 예시를 참고하여 우측으로 이동합니다.
(공간이 부족한 경우 절/성토고 표를 Scale(SC) 명령으로 줄이거나 칸의 가로 방향 간격을 줄여서 배치합니다.)

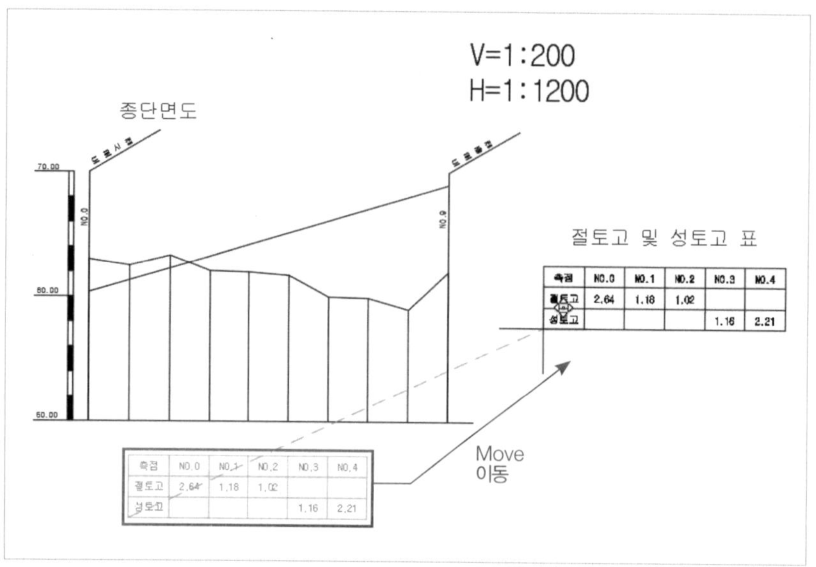

측점	NO.0	NO.1	NO.2	NO.3	NO.4
절토고	2.64	1.18	1.02		
성토고				1.16	2.21

⑫ 도면의 배치 상태, 누락 요소, 오타, 도면층 등을 확인한 후 완성된 도로 토공 종단면도를 저장합니다. (완성 후 예제파일 'ch04-도로토공종단면도'와 작성파일의 도면층을 대조하여 확인합니다.)

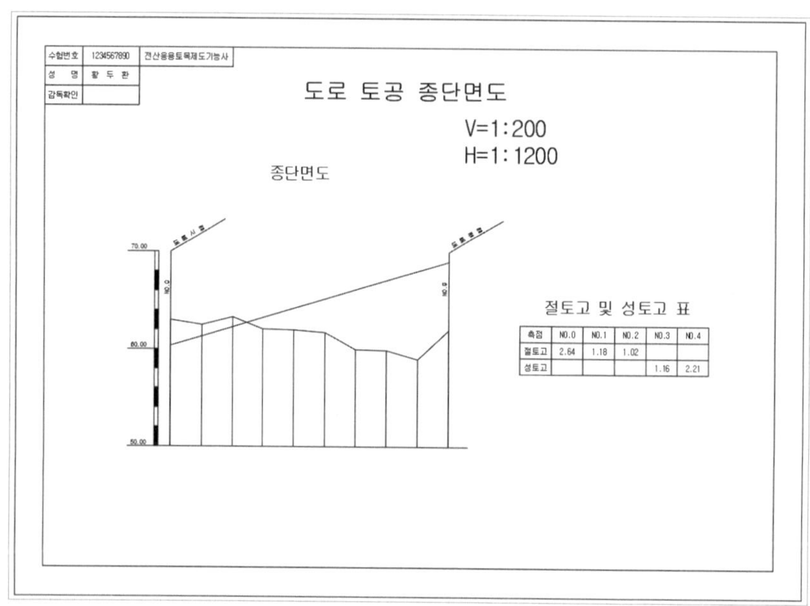

측점	NO.0	NO.1	NO.2	NO.3	NO.4
절토고	2.64	1.18	1.02		
성토고				1.16	2.21

도면 출력

완성된 도면에서 문자의 오타, 도면의 명칭과 기호 등 자주 실수하는 부분의 누락 여부를 확인하고 저장합니다. 출력 순서가 되면 저장된 파일을 감독관용 USB 메모리에 복사하고 각 도면의 축척 설정에 주의하며 실수하지 않도록 합니다. (출력 기회는 한 번씩이므로 실수하지 않도록 주의합니다.)

동영상강좌 P05-Ch05.mp4

01 완성파일의 저장 및 구분

❶ 시험장 및 시험감독위원에 따라 파일 저장방식에 차이가 있을 수 있습니다. 한 개의 파일에 3개의 도면을 저장하는 방법과 도면 1개마다 파일을 저장하여 3개의 파일로 제출하는 방법으로 구분됩니다. 저장하는 파일의 이름은 감독위원의 지시에 따라 지정해주는 형식을 따릅니다. 일반적으로 이름, 비번호나 수험번호를 조합하여 저장하게 됩니다.

파일저장 방식	파일 구성		
이름의 예	황두환 13 옹벽구조도	황두환 92023050 전산응용토목 제도기능사	황두환 92023050 옹벽구조도
	이름-비번호 도면명	이름-수험번호 종목명	이름-수험번호 도면명
1개 파일로 제출 및 출력의 예	황두환 13 전산응용토목 제도기능사		
3개 파일로 제출 및 출력의 예	황두환 13 옹벽구조도	황두환 13 도로토공횡단 면도	황두환 13 도로토공종단 면도

❷ 교재 파트5의 학습 진행은 하나의 파일에 3개의 도면을 작성합니다. 1개 파일로 제출 및 출력하는 경우 그대로 제출하면 되지만, 3개의 파일로 제출해야 할 경우 '다른 이름으로 저장' 또는 파일을 복사해 3개로 만들어야 합니다. 작업을 마친 3개의 도면이 모두 저장된 파일의 삭제 등 난처한 상황을 방지하기 위해 바탕화면에 '임시' 폴더와 '제출' 폴더를 만듭니다. 각 폴더에 완성된 최종파일을 하나씩 복사해 둡니다. ch04의 학습결과물이 없다면 예제파일의 'ch04-도로토공종단면도' 파일을 사용합니다.

❸ '임시' 폴더의 파일은 혹시 모를 일을 위해 저장한 것이며, 파일을 나누기 위해 '제출' 폴더의 파일을 오픈합니다.

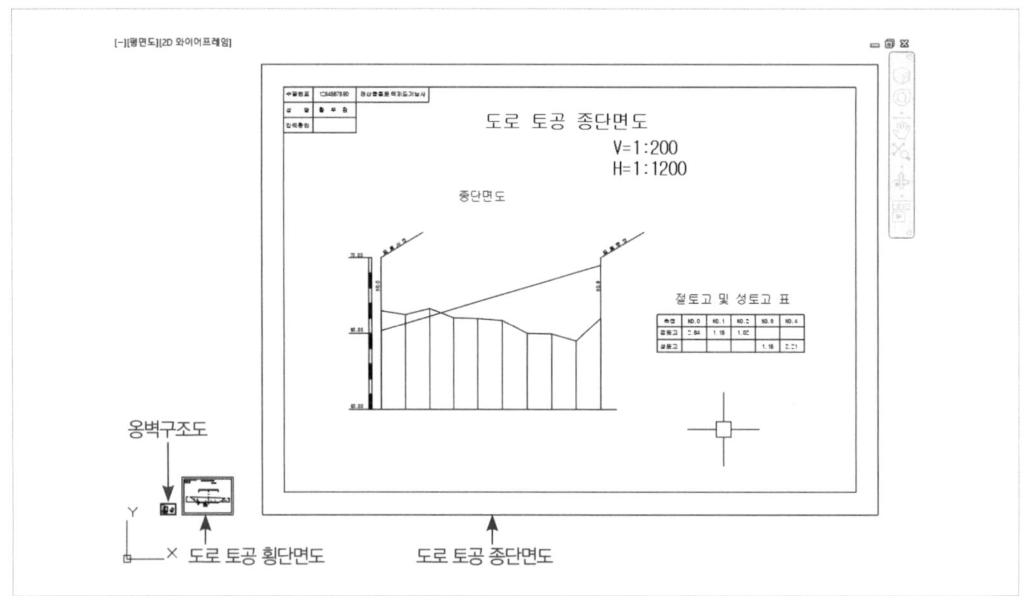

④ 옹벽 구조도와 횡단면도를 삭제합니다. 다른 이름으로 저장을 클릭하거나 단축키 Ctrl+Shift+S를 누릅니다. 만들어 둔 '제출' 폴더에 새로운 이름으로 종단면도를 저장합니다.

옹벽 구조도, 횡단면도 삭제

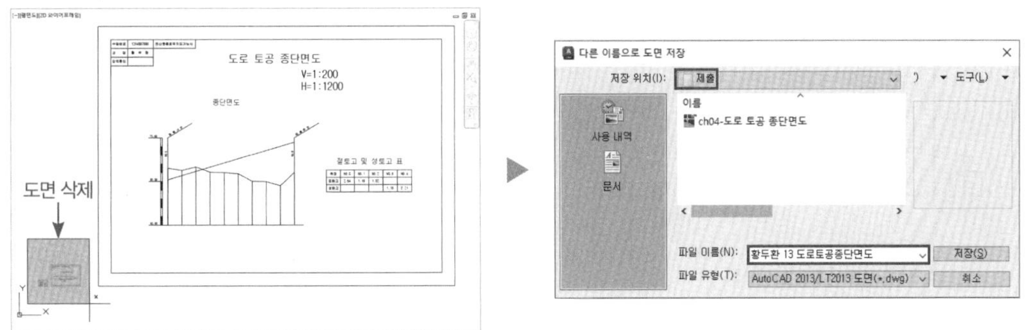

⑤ 다시 '제출' 폴더에서 'ch04-도로토공종단면도' 파일을 오픈합니다. 옹벽 구조도와 종단면도를 삭제합니다.

옹벽 구조도, 종단면도 삭제

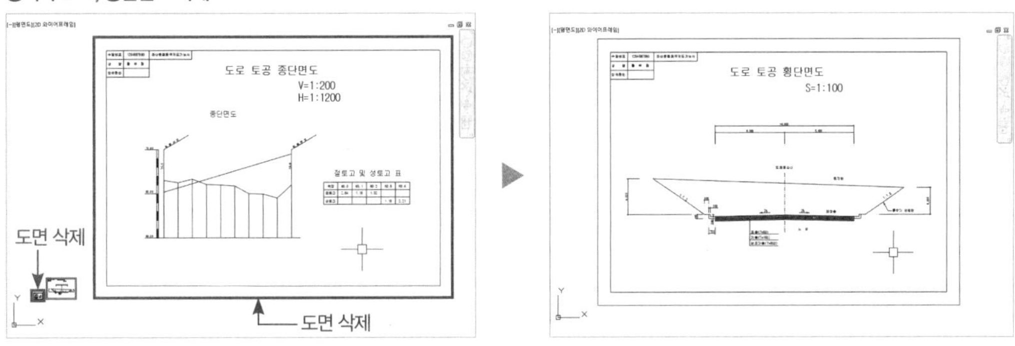

⑥ 다른 이름으로 저장을 클릭하거나 단축키 Ctrl+Shift+S를 누릅니다. 만들어 둔 '제출' 폴더에 새로운 이름으로 횡단면도를 저장합니다.

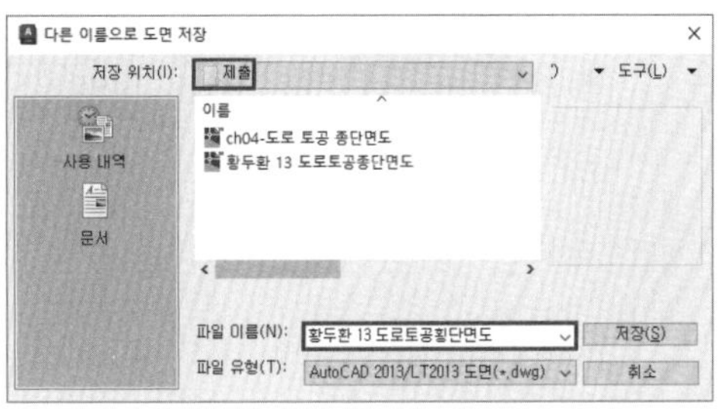

❼ 다시 '제출' 폴더에서 'ch04-도로토공종단면도' 파일을 오픈합니다. 종단면도와 횡단면도를 삭제합니다.

종단면도, 횡단면도 삭제

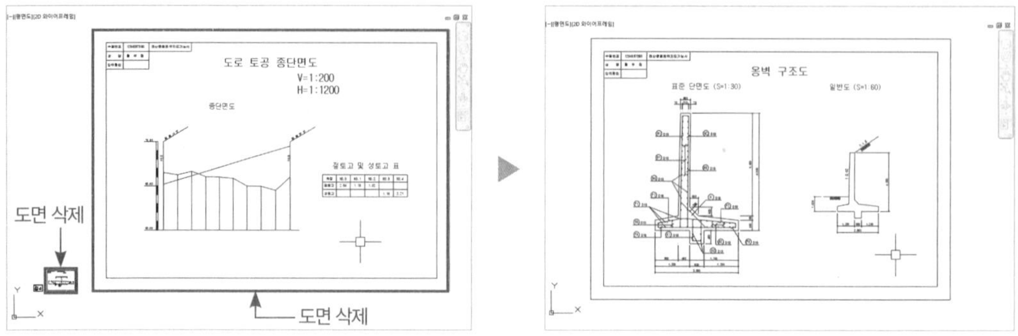

❽ 다른 이름으로 저장을 클릭하거나 단축키 Ctrl+Shift+S를 누릅니다. 만들어 둔 '제출' 폴더에 새로운 이름으로 옹벽 구조도를 저장합니다.

❾ 캐드를 종료하고 '제출' 폴더에서 'ch04-도로토공종단면도' 파일을 삭제합니다. 마지막으로 각 파일의 내용을 확인하고 감독관 USB메모리에 저장합니다.
(저장 폴더의 이름은 시험장 감독관이 지정한 형식으로 변경합니다.)

02 완성파일의 저장 및 구분

❶ 문제도면에서 출력 결과물에 대한 조건을 확인합니다. 수험자 유의사항 5번을 기준으로 선의 가중치(굵기)를 적용한 흑백으로 출력해야 합니다. 캐드의 출력 스타일 유형 중 monochrome.ctb 적용을 확인합니다.

문제 도면의 출력 조건

> 5) 작업이 끝나면 감독위원의 확인을 받은 후 파일과 문제지를 제출하고 본부위원의 지시에 따라 흑백(출력결과물에서 선의 진하고 연함이 없이 선의 굵기로만 구분되도록 출력: AutoCAD의 monochrome.ctb 기준)으로 도면을 요구사항에 따라 출력하시오.
> [출력시간은 시험시간에서 제외(20분을 초과할 수 없음)하고 출력은 주어진 축척에 맞게 수험자가 직접 하여야 합니다.]

❷ 저장된 USB메모리를 출력용 PC에 꽂아 '옹벽 구조도'를 오픈합니다.

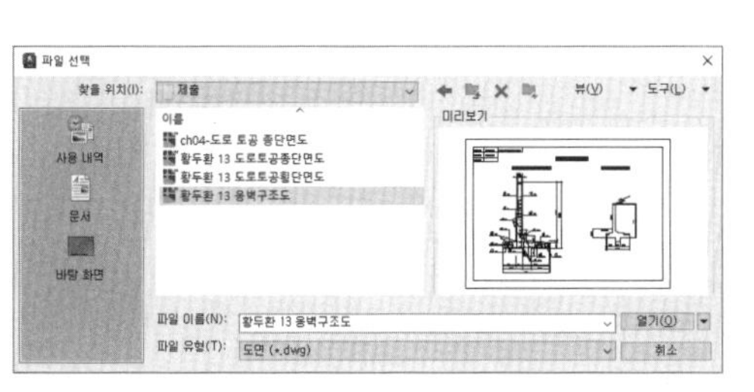

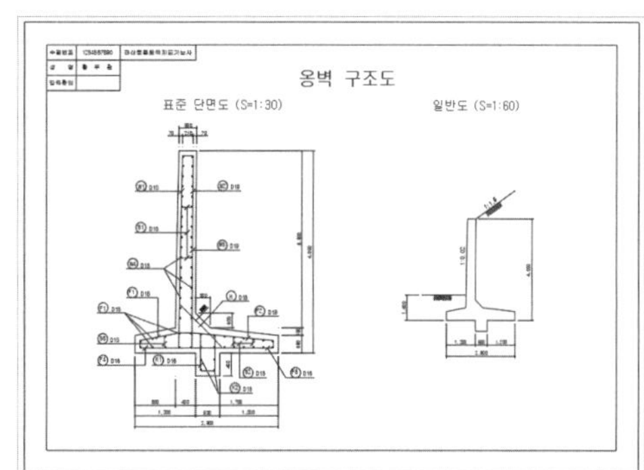

❸ 플롯(인쇄)를 클릭하거나 단축키 Ctrl+P를 입력합니다.
① 시험장의 출력 프린터로 설정, ② 용지 크기 A3 설정, ③ 플롯의 중심 체크,
④ 축척 1/30 설정, ⑤ 플롯 스타일 monochrome.ctb, ⑥도면 방향 가로 설정을 적용합니다.

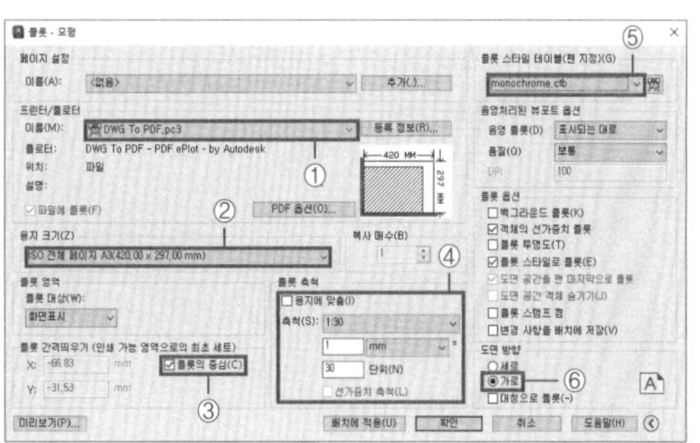

❹ 출력 영역을 지정하기 위해 ①을 클릭하고 윈도우 ②를 클릭합니다.
작업화면에서 테두리선 꼭짓점 ③, ④를 클릭하고 미리보기 ⑤를 클릭합니다.

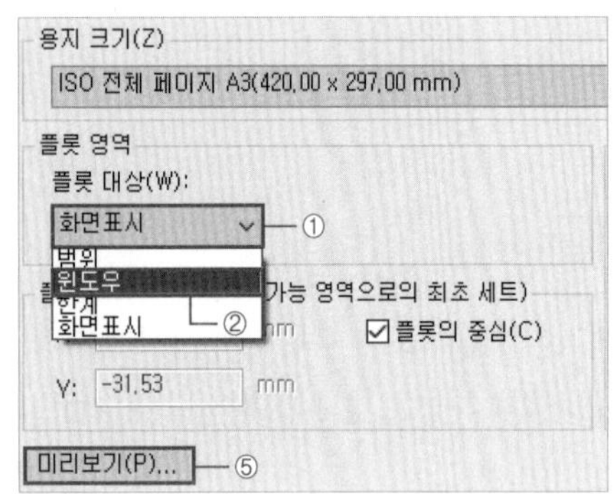

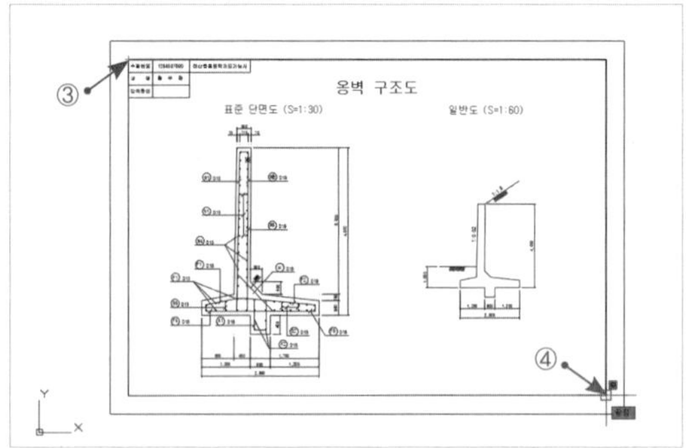

❺ '주석(치수) 축척이 동일하지 않습니다'라는 메시지에서 [계속] 버튼을 클릭합니다. 용지에 도면이 꽉 채워 보이는지 확인, 확대해서 선의 흑백 및 가중치(굵기) 적용을 확인한 후 Esc 를 누르고 [확인] 버튼을 클릭해 출력합니다(선의 가중치가 적용되지 않는 경우 진행순서 ❻, ❼을 확인합니다).

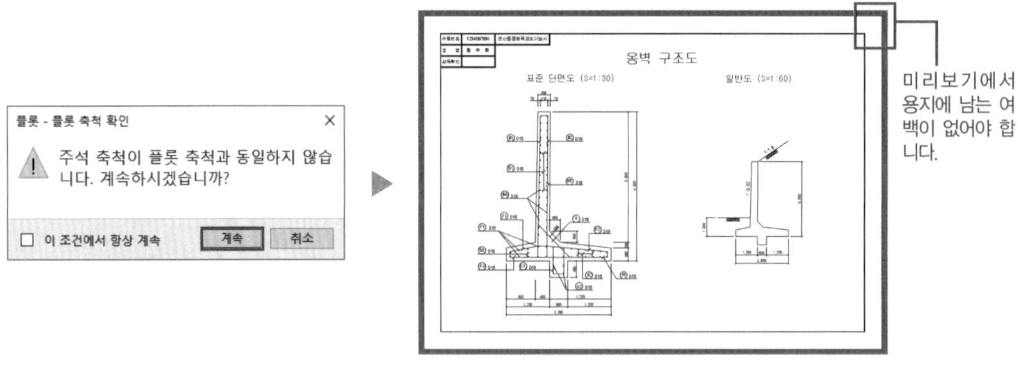

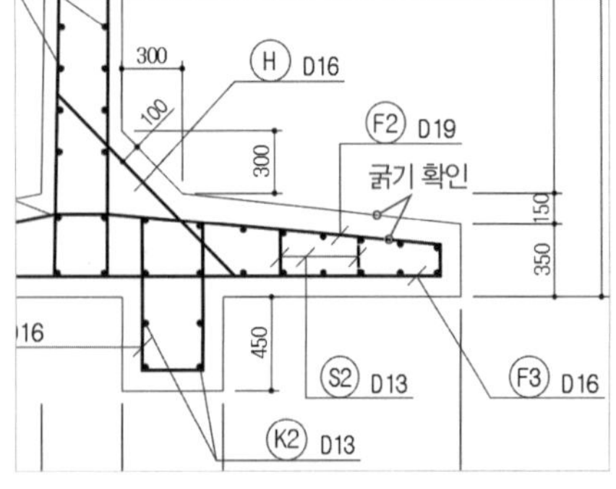

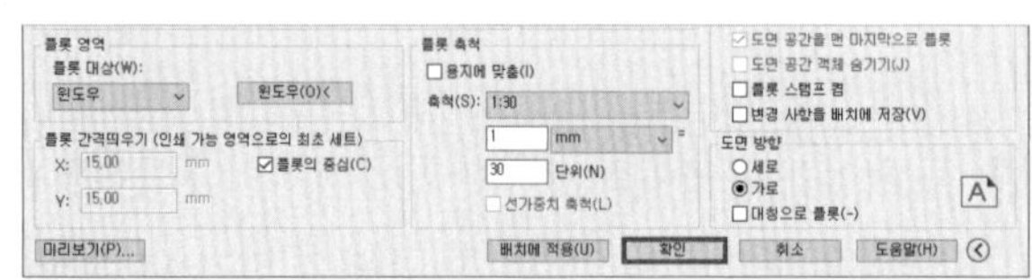

❻ 미리보기로 선의 흑백 및 가중치(굵기)가 설정된 값으로 보이지 않을 경우, Esc 를 누르고 플롯 설정에서 monochrome.ctb의 플롯 스타일 편집 ①을 클릭합니다.

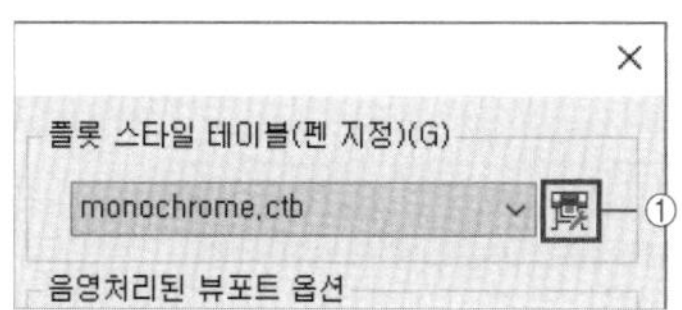

❼ '형식 보기' 탭 ①을 클릭합니다. 좌측 색상목록에서 1(빨강)부터 8(회색)까지 하나씩 클릭하면서 우측 특성의 ②색상과 ③선가중치가 '검은색'과 '객체 선가중치 사용'으로 표시되는지 확인합니다. 설정이 다른 경우 다음과 같이 변경하고 [저장 및 닫기] 버튼 ④를 클릭합니다.

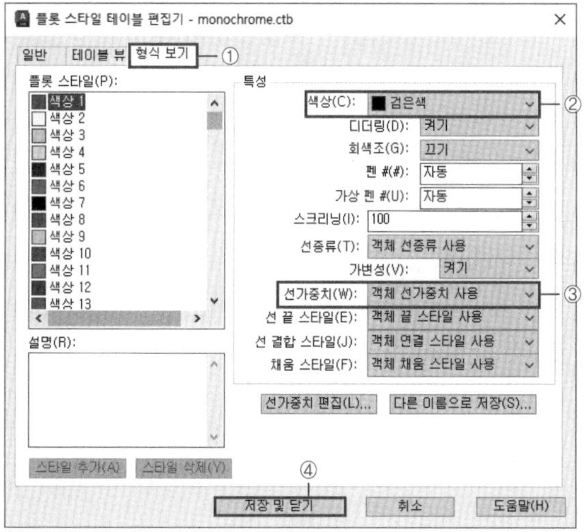

❽ 계속해서 '도로토공횡단면도'를 오픈합니다.

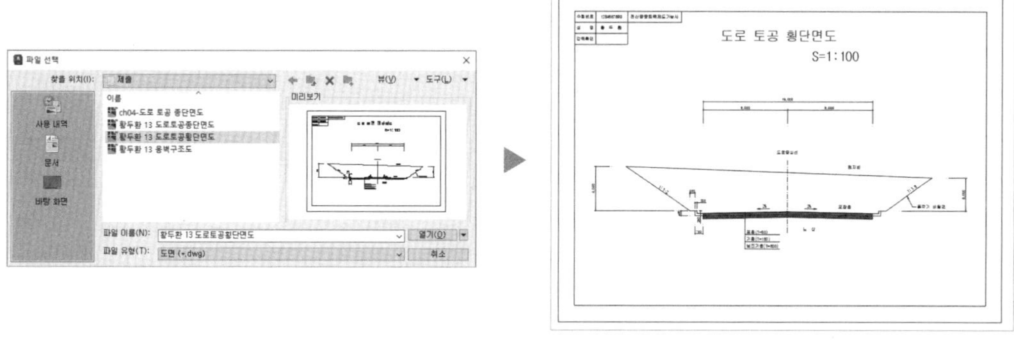

❾ 플롯(인쇄)를 클릭하거나 단축키 Ctrl+P를 입력합니다. 출력 설정은 축척을 제외하고 모두 동일합니다. 이전 출력 설정을 그대로 사용하기 위해 페이지 설정에서 ①을 클릭하고 ②를 클릭합니다.

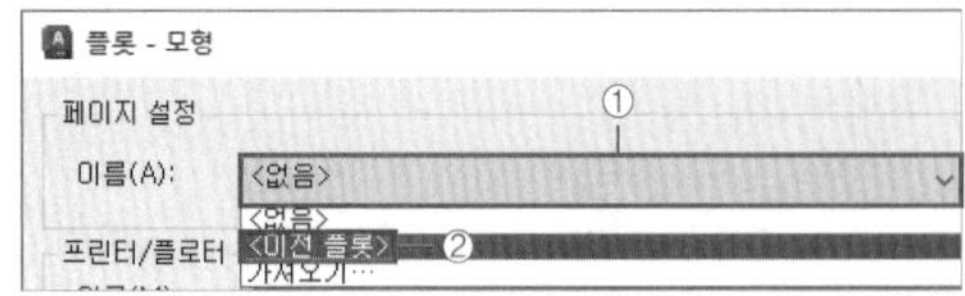

❿ ① 축척 1/100을 설정하고 출력 영역을 지정하기 위해 ②를 클릭합니다. 작업화면에서 테두리선 꼭짓점 ③, ④을 클릭하고 미리보기 ⑤를 클릭합니다.

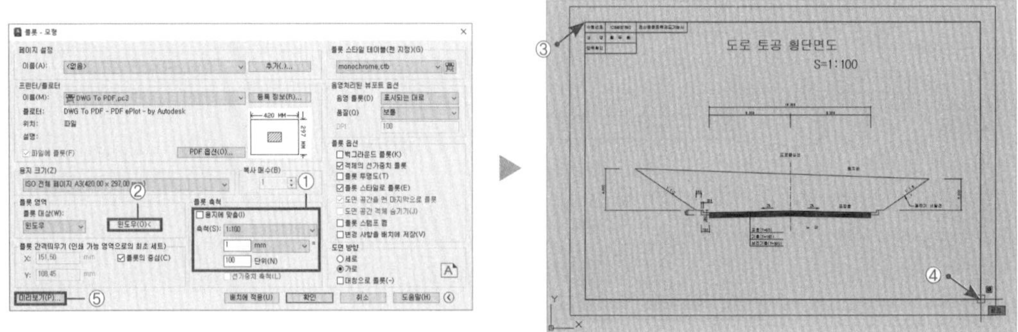

⓫ '주석(치수) 축척이 동일하지 않다'라는 메시지에서 [계속] 버튼을 클릭합니다. 용지에 도면이 꽉 채워 보이는지 확인, 확대해서 선의 흑백 및 가중치(굵기) 적용을 확인한 후 Esc 를 누르고 [확인] 버튼을 클릭해 출력합니다.

축척 및 배치 상태 확인

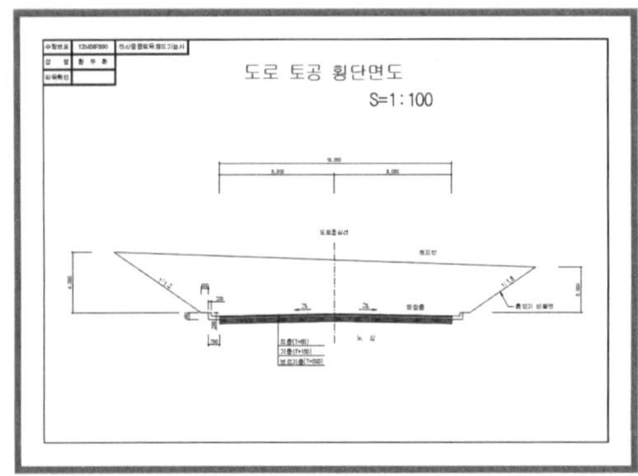

선의 흑백 및 가중치 확인

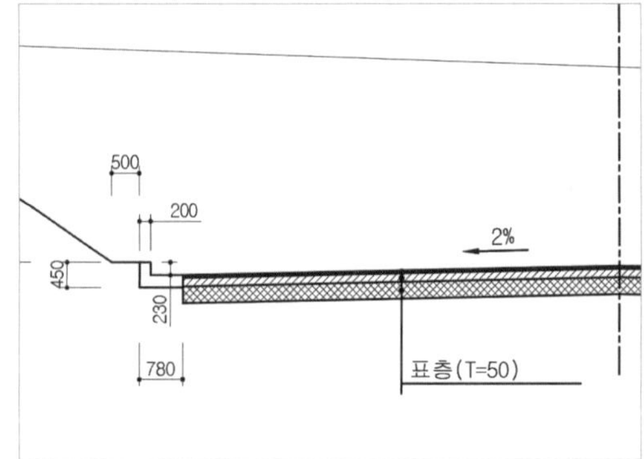

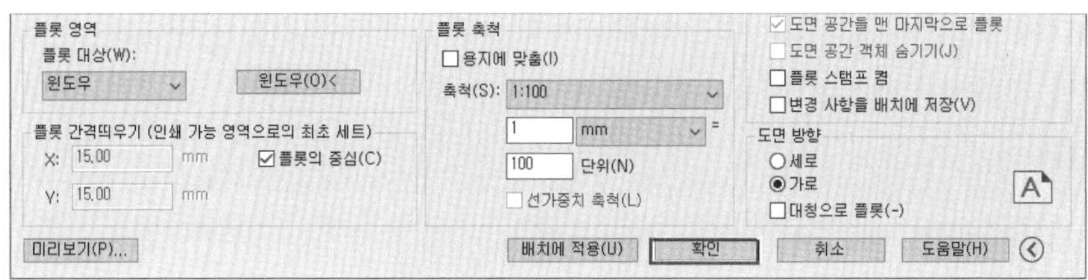

⓬ 마지막으로 '도로토공종단면도'를 오픈합니다.

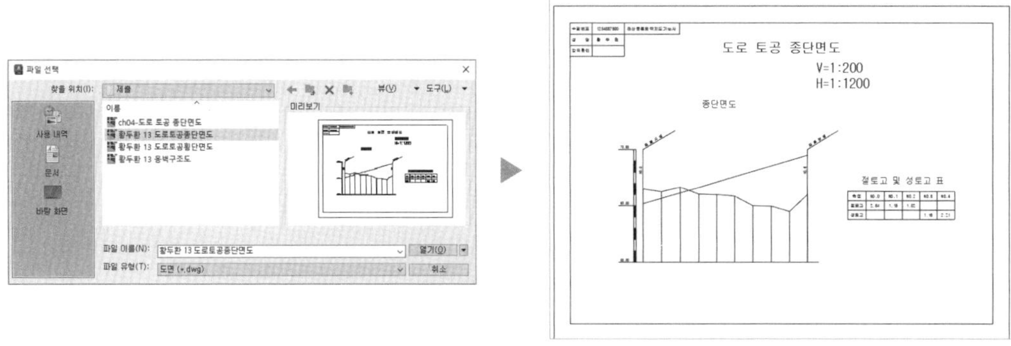

⓭ 플롯(인쇄)를 클릭하거나 단축키 Ctrl+P를 입력합니다. 출력 설정은 축척을 제외하고 모두 동일합니다. 이전 출력 설정을 그대로 사용하기 위해 페이지 설정에서 ①을 클릭하고 ②를 클릭합니다.

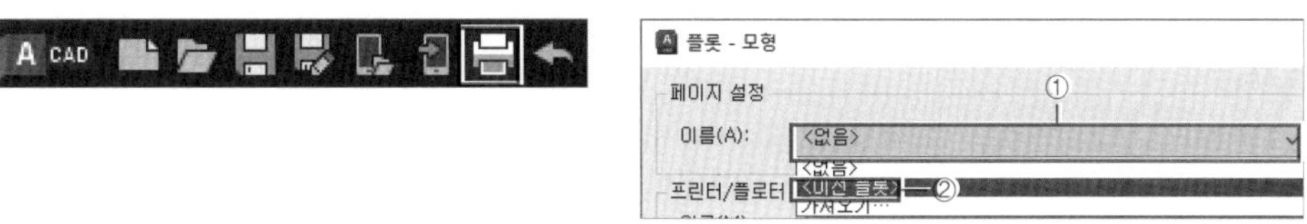

⓮ ① 축척 1/1200을 설정하고 출력 영역을 지정하기 위해 ②를 클릭합니다. 작업화면에서 테두리선 꼭짓점 ③, ④를 클릭하고 미리보기 ⑤를 클릭합니다.

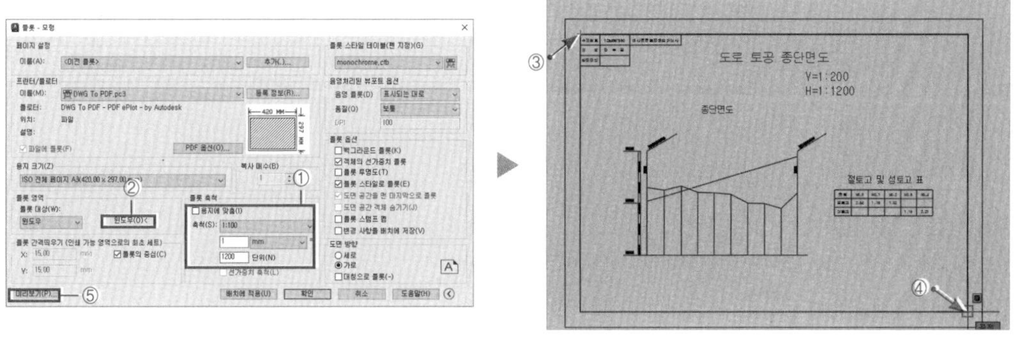

⑮ '주석(치수) 축척이 동일하지 않다'라는 메시지에서 [계속] 버튼을 클릭합니다. 용지에 도면이 꽉 채워 보이는지 확인, 확대해서 선의 흑백 및 가중치(굵기) 적용을 확인한 후 Esc 를 누르고 [확인] 버튼을 클릭해 출력합니다.

축척 및 배치 상태 확인

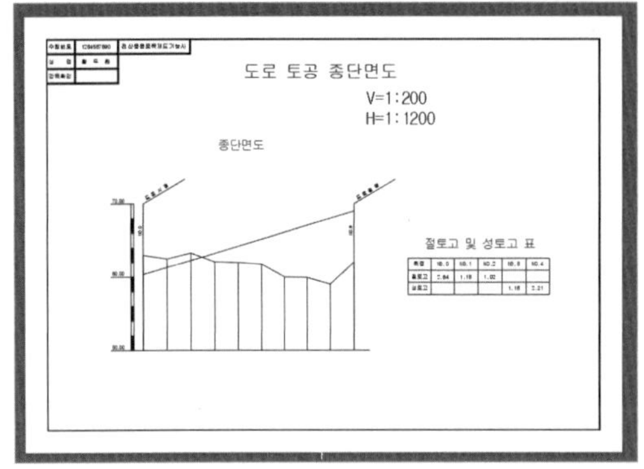

선의 흑백 및 가중치 확인

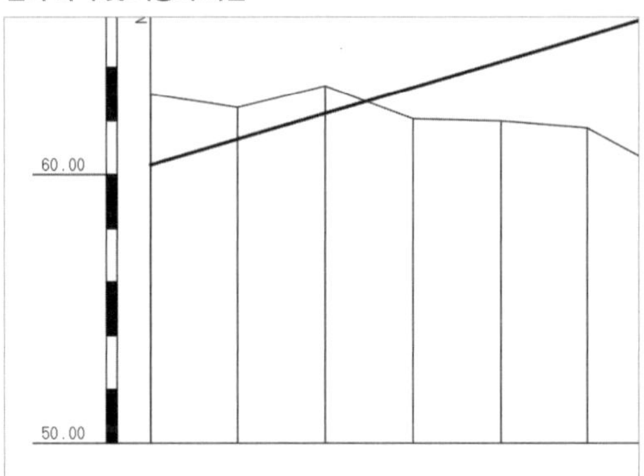

⑯ 출력된 도면 3장을 제출하고 시험을 종료합니다.

옹벽 구조도(축척 1:30)

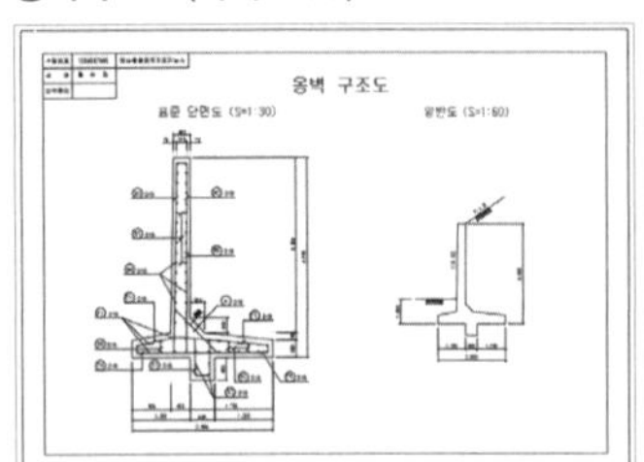

도로토공횡단면도(축척 1:100)

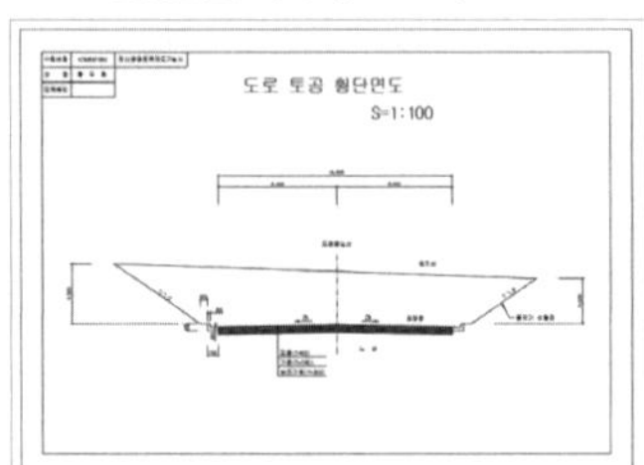

도로토공종단면도(축척 1:1200)

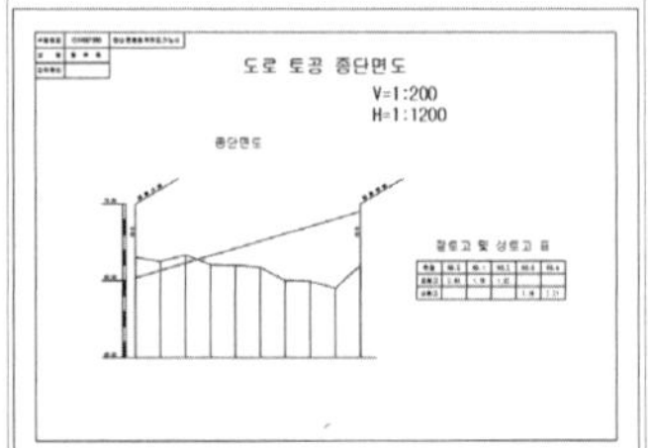

현재 시행되고 있는 옹벽 및 도로토공 도면작성 실기시험은 2022년 개정된 시험으로 기출문제의 정보가 많지 않습니다. 실기시험 시 작성과제에 대한 요구조건 및 도면 종류를 명확히 확인해야 합니다. 옹벽의 경우 단면도와 일반도 외에 저판이나 벽체도면이 추가될 수 있으며, 도로토공종단면도에서 야장표가 포함될 수도 있습니다. 학습자 여러분의 합격을 기원합니다.

*** 학습 문의 및 질문**

저자 블로그 https://blog.naver.com/hdh1470

이메일 hdh1470@naver.com

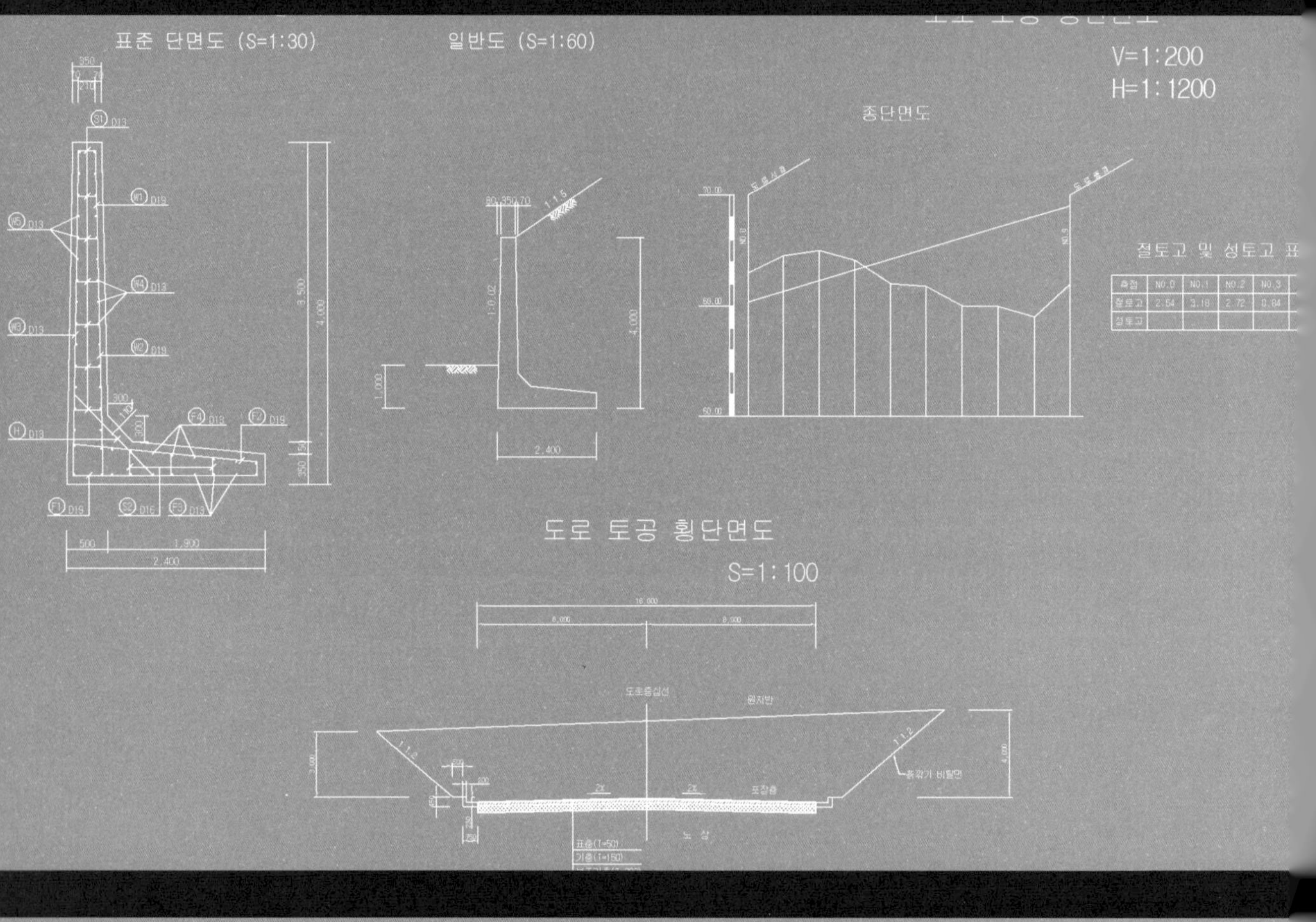

표준 단면도 (S=1:30)
일반도 (S=1:60)
V=1:200
H=1:1200
종단면도
절토고 및 성토고 표
도로 토공 횡단면도
S=1:100

PART

06

기출문제 및 응용문제 (신규 기준-도로 토공 도면)

이번 Part 06에서는 지금까지 작성한 문제와 유사하지만, 구조물의 형태와 치수가 조금 다른 기출문제를 작성하면서 실기시험에 자신감을 가질 수 있도록 하고, 2022년 개정된 종목으로 문제의 확장성 및 변화에 적응할 수 있도록 응용문제까지 모두 작성해 볼 수 있도록 합니다.

2022년 신규 유형 A(L형 옹벽)

완성파일 실습자료\완성파일\part06\기출문제 답안.dwg

문제지 1페이지

국가기술자격 실기시험문제

자격종목	전산응용토목제도기능사	작품명	옹벽 구조도 도로 토공 횡단면도 도로 토공 종단면도

비번호		시험일시		시험장명	

※ 시험시간 : 3시간 (시험종료 후 문제지는 반납)

1. 요구사항

※ 주어진 도면 (1), (2), (3)을 보고 CAD프로그램을 이용하여 다음 조건에 맞는 도면을 작도하여 시험감독위원의 지시에 따라 저장하고, 제시된 축척에 맞게 A3(420×297)용지에 **흑백으로 가로로 출력**하여 파일과 함께 제출하시오.

가. 옹벽 구조도

1. 주어진 도면(1)을 참고하여 **'표준 단면도(1:30)'**와 **'일반도(1:60)'**를 작도하고, 표준 단면도는 도면의 좌측에, 일반도는 우측에 적절히 배치하시오.
2. 도면 상단에 과제명과 축척을 도면의 크기에 어울리도록 표기하시오.

나. 도로 토공 횡단면도

1. 주어진 도면(2)를 참고하여 **'도로 토공 횡단면도(1:100)'**를 작도하고 도로 포장 단면의 표층, 기층, 보조기층을 아래의 단면 표시형식에 따라 출력물에서 구분될 수 있도록 적절한 크기로 해칭하여 완성하시오.

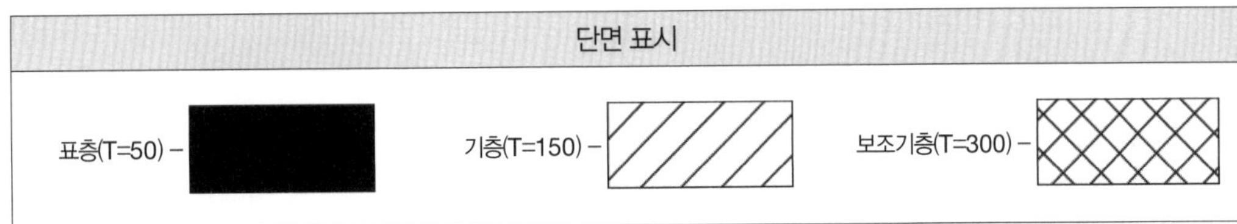

다. 도로 토공 종단면도

❶ 주어진 도면(3)을 참고하여 도로 토공 종단면도(하단 야장표 제외)를 가로 축척(H), 세로 축척(V)에 맞게 작도하고, 절토고 및 성토고 표를 적절한 크기로 완성하여 종단면도의 우측에 배치하시오.

❷ 도면 상단에 과제명과 축척을 도면의 크기에 어울리도록 표기하시오.

문제지2 페이지

자격종목	전산응용토목제도기능사	작품명	옹벽 구조도 도로 토공 횡단면도 도로 토공 종단면도

2. 수험자 유의사항

※ 다음 유의사항을 고려하여 요구사항을 완성하시오.

❶ 명시되지 않은 조건은 토목제도의 원칙에 따르시오.

❷ 정전 및 기계 고장 등에 의한 자료 손실을 방지하기 위하여 수시로 저장하시오.

❸ 윤곽선의 여백은 상하좌우 모두 15mm 범위가 되도록 작도하고, 철근의 단면은 출력 결과물에 지름 1mm가 되도록 작도하시오.

④ 시험 시작 후 우선 도면 좌측 상단에 아래와 같이 표제란을 만들어 수험번호, 성명을 기재하시오.(단, 표제란의 축척은 1:1로 하시오.)

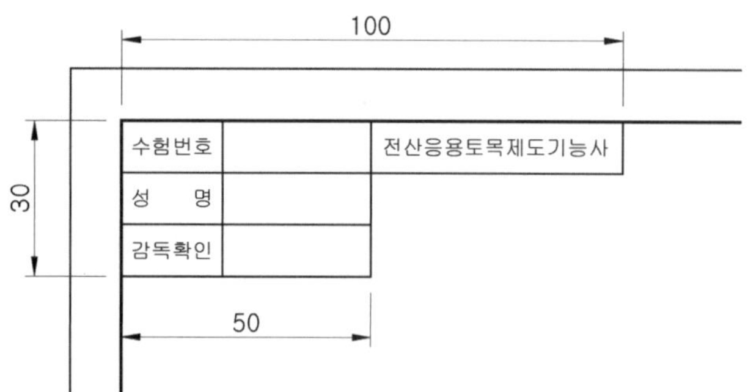

⑤ 작업이 끝나면 감독위원의 확인을 받은 후 파일과 문제지를 제출하고 본부위원의 지시에 따라 흑백(출력결과물에서 선의 진하고 연함이 없이 선의 굵기로만 구분되도록 출력: AutoCAD의 monochrome.ctb 기준)으로 도면을 요구사항에 따라 출력하시오.

[출력시간은 시험시간에서 제외(20분을 초과할 수 없음)하고 출력은 주어진 축척에 맞게 수험자가 직접 하여야 합니다.]

⑥ 선의 굵기를 구분하기 위하여 선의 색을 다음과 같이 정하여 작도하시오.

선 굵기	색상(color)	용도
0.7㎜	파란색(5-Blue)	윤곽선
0.4㎜	빨간색(1-Red)	철근선
0.3㎜	하늘색(4-Cyan)	계획선, 측구, 포장층
0.2㎜	선홍색(6-Magenta)	중심선, 파단선
0.2㎜	초록색(3-Green)	외벽선, 철근기호, 지반선, 인출선
0.15㎜	흰색(7-White)	치수, 치수선, 표, 스케일
0.15㎜	회색(8-Gray)	원지반선

자격종목	전산응용토목제도기능사	작품명	옹벽 구조도 도로 토공 횡단면도 도로 토공 종단면도

⑦ 다음 사항은 실격에 해당하여 채점 대상에서 제외됩니다.

가) 수험자 본인이 수험 도중 시험에 대한 포기 의사를 표현하는 경우

나) 장비조작 미숙으로 파손 및 고장을 일으킬 것으로 감독위원이 합의하거나 출력시간이 20분을 초과할 경우

다) 3개 과제 중 1과제라도 0점인 경우

라) 출력작업을 시작한 후 작업내용을 수정할 경우

마) 수험자는 컴퓨터에 어떤 프로그램도 설치 또는 제거하여서는 안 되며 별도의 저장장치를 휴대하거나 작업 시 타인과 대화하는 경우

바) 시험시간 내에 3개 과제(옹벽 구조도, 도로 토공 횡단면도, 도로 토공 종단면도)를 제출하지 못한 경우

사) 과제별 도면 명칭, 기울기, 치수선, 철근 종류 등 10개소 이상 누락된 경우

아) 도면 축척이 틀리거나 지시한 내용과 다르게 출력되어 채점이 불가한 경우

⑧ 각 과제별 제출 도면 배치(예시)

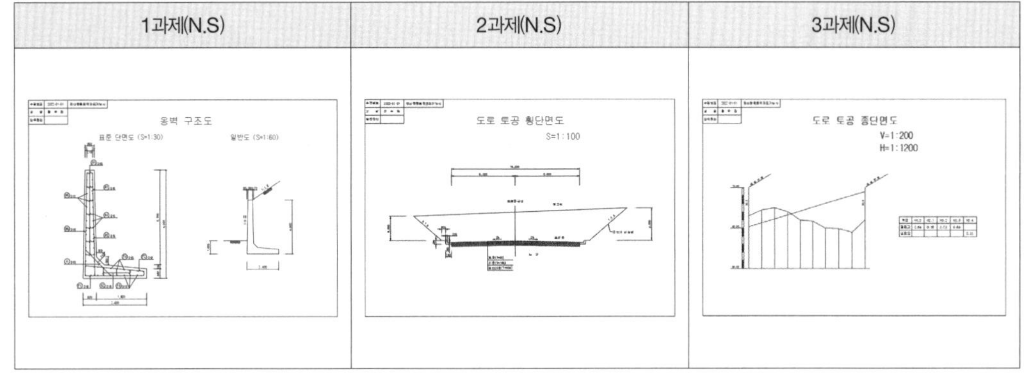

3. 도면(1)

자 격 종 목	전산응용토목제도기능사	과 제 명	옹벽 구조도	척도	N.S

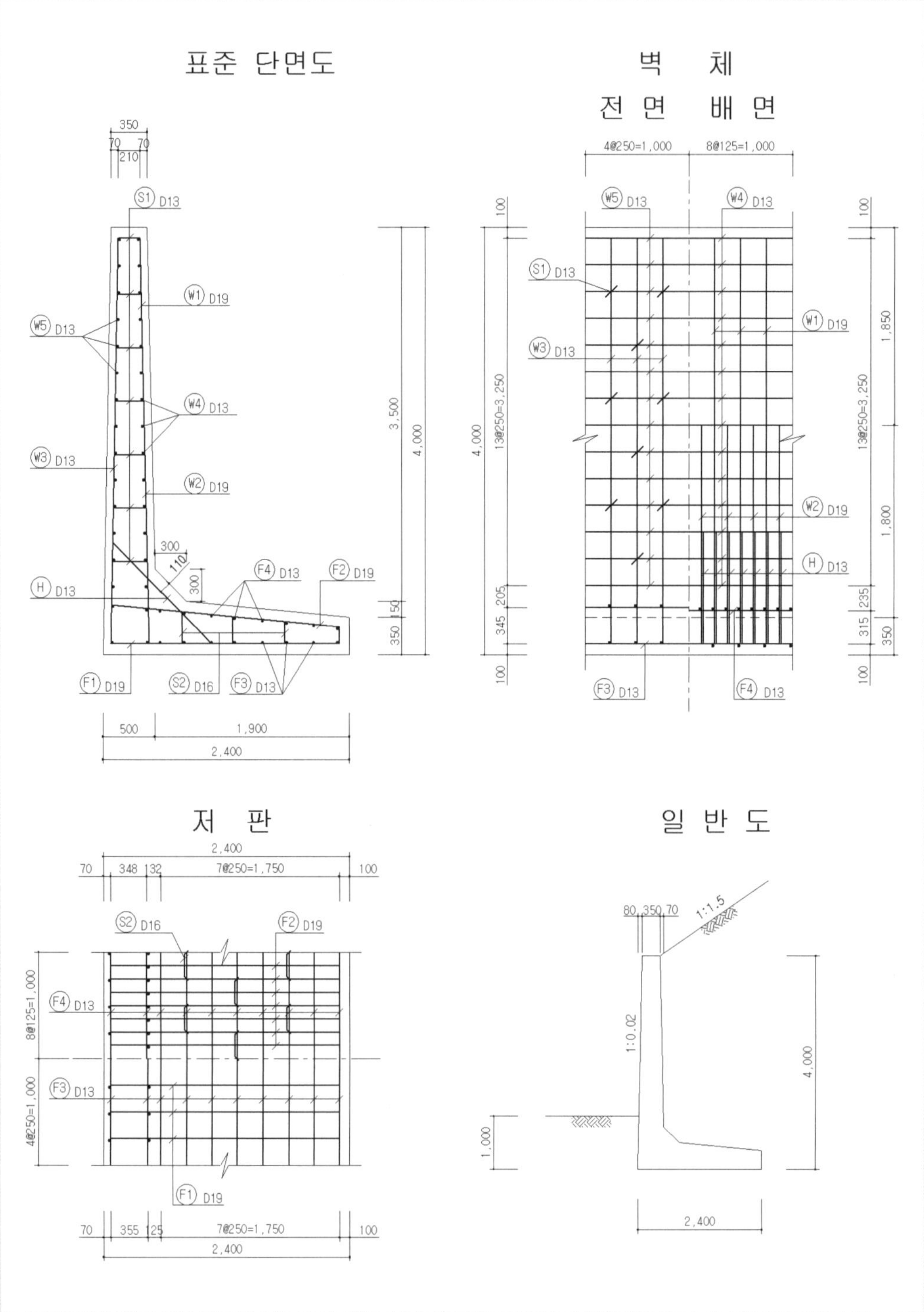

표준 단면도

벽 체
전 면 배 면

저 판

일 반 도

3. 도면(2)

자 격 종 목	전산응용토목제도기능사	과 제 명	도로 토공 횡단면도	척도	N.S

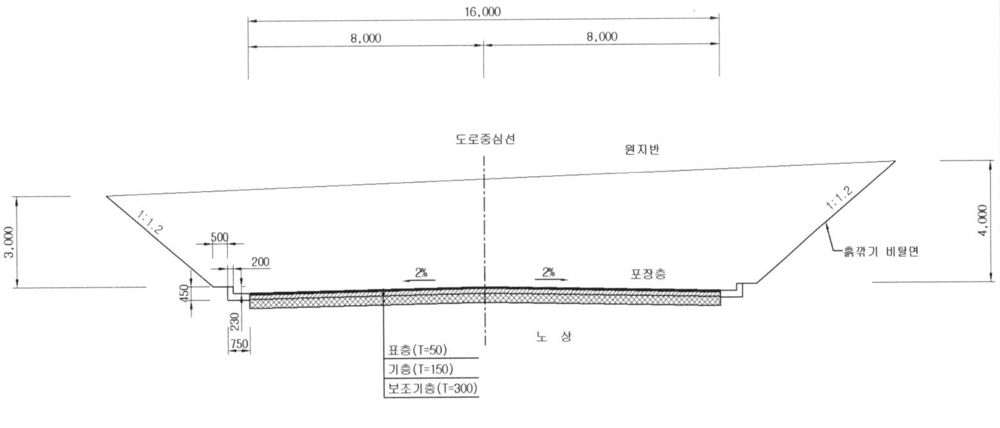

16,000
8,000
8,000
도로중심선
원지반
1:1.2
1:1.2
3,000
4,000
500
200
흙깎기 비탈면
2%
2%
포장층
450
230
750
노 상
표층(T=50)
기층(T=150)
보조기층(T=300)

3. 도면(3)

자 격 종 목	전산응용토목제도기능사	과 제 명	도로 토공 종단면도	척도	N.S

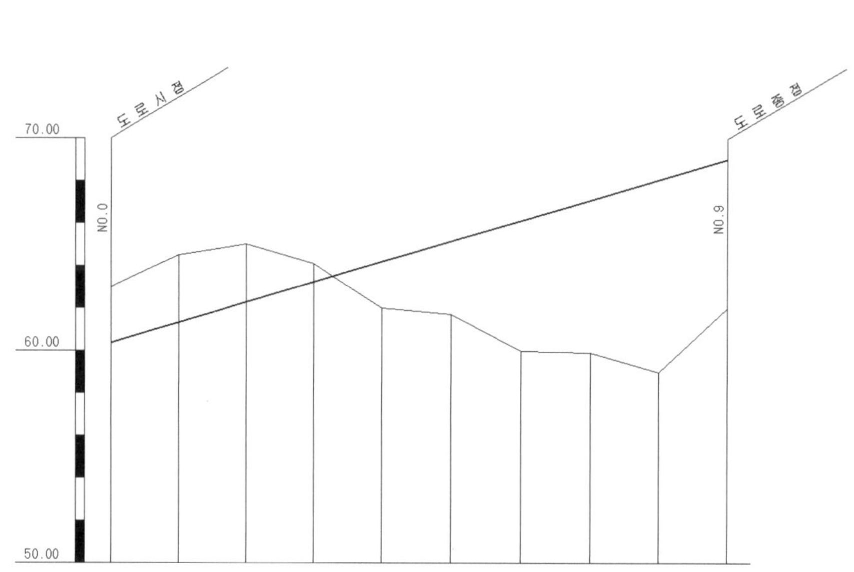

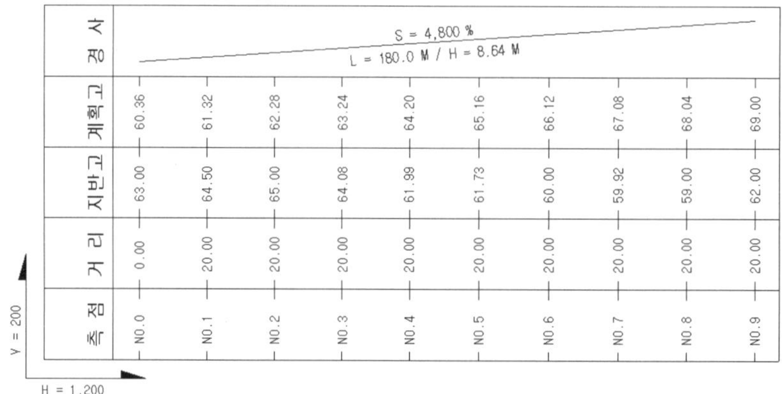

측 점	NO.0	NO.1	NO.2	NO.3	NO.4	NO.5	NO.6	NO.7	NO.8	NO.9
거 리	0.00	20.00	20.00	20.00	20.00	20.00	20.00	20.00	20.00	20.00
지반고	63.00	64.50	65.00	64.08	61.99	61.73	60.00	59.92	59.00	62.00
계획고	60.36	61.32	62.28	63.24	64.20	65.16	66.12	67.08	68.04	69.00
경 사	S = 4,800 % L = 180.0 M / H = 8.64 M									

측점	NO.0	NO.1	NO.2	NO.3	NO.4
절토고					
성토고					

4. 답안 (1) – 옹벽 구조도

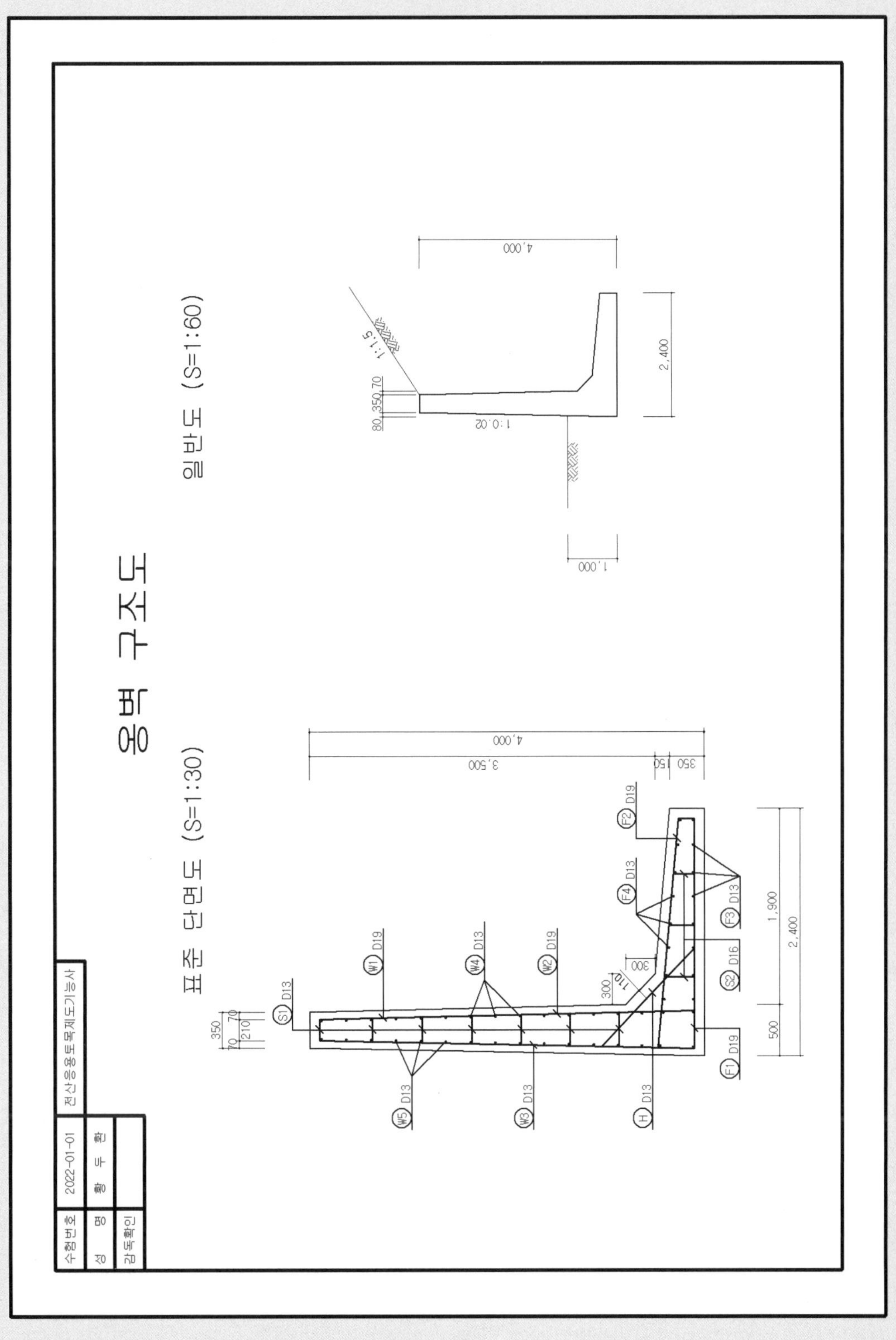

옹벽 구조도
표준 단면도 (S=1:30)
일반도 (S=1:60)
수험번호
2022-01-01
성 명
황 두 환
감독확인
전산응용토목제도기능사

4. 답안 (2) – 도로 토공 횡단면도

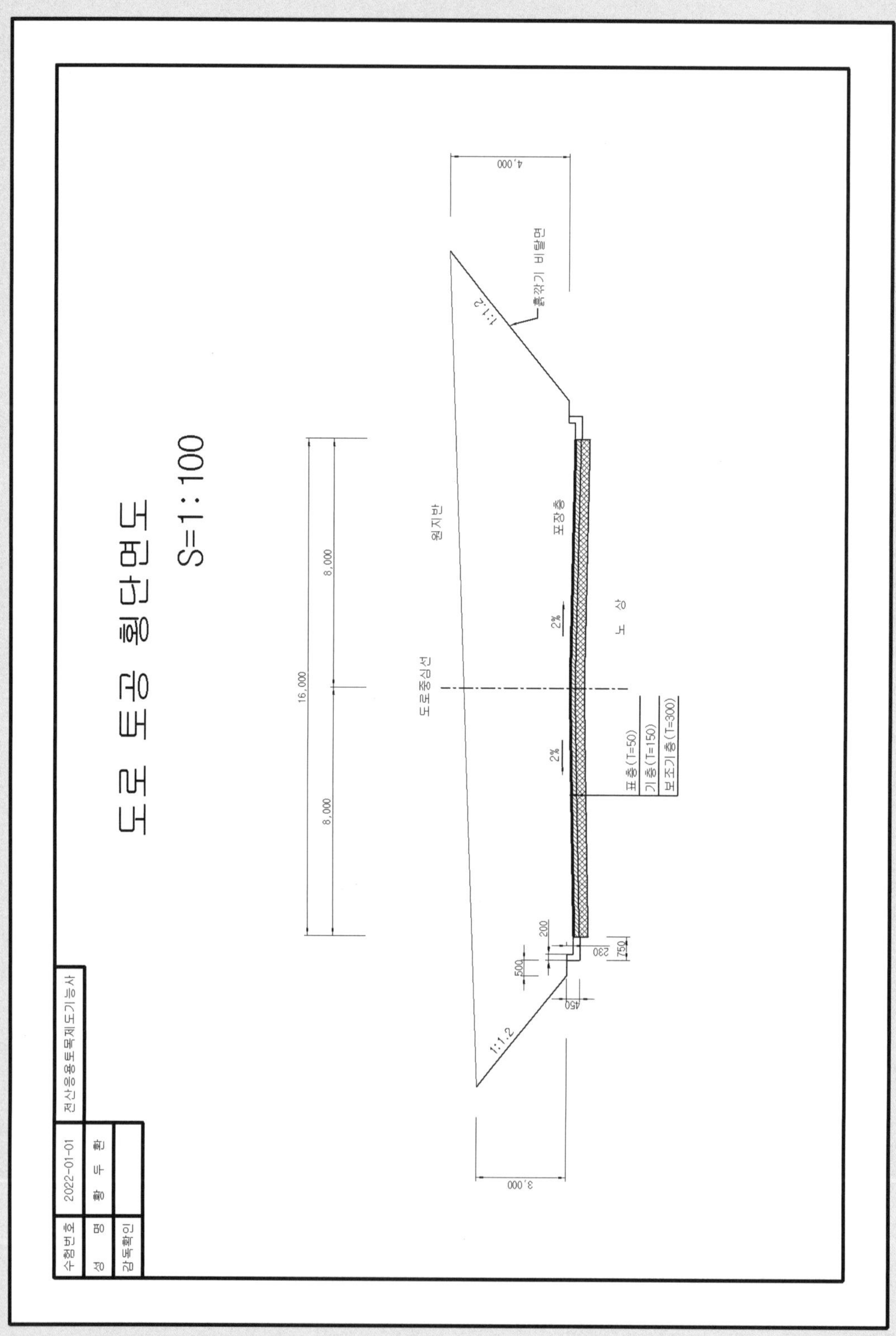

4. 답안 (3) – 도로 토공 종단면도

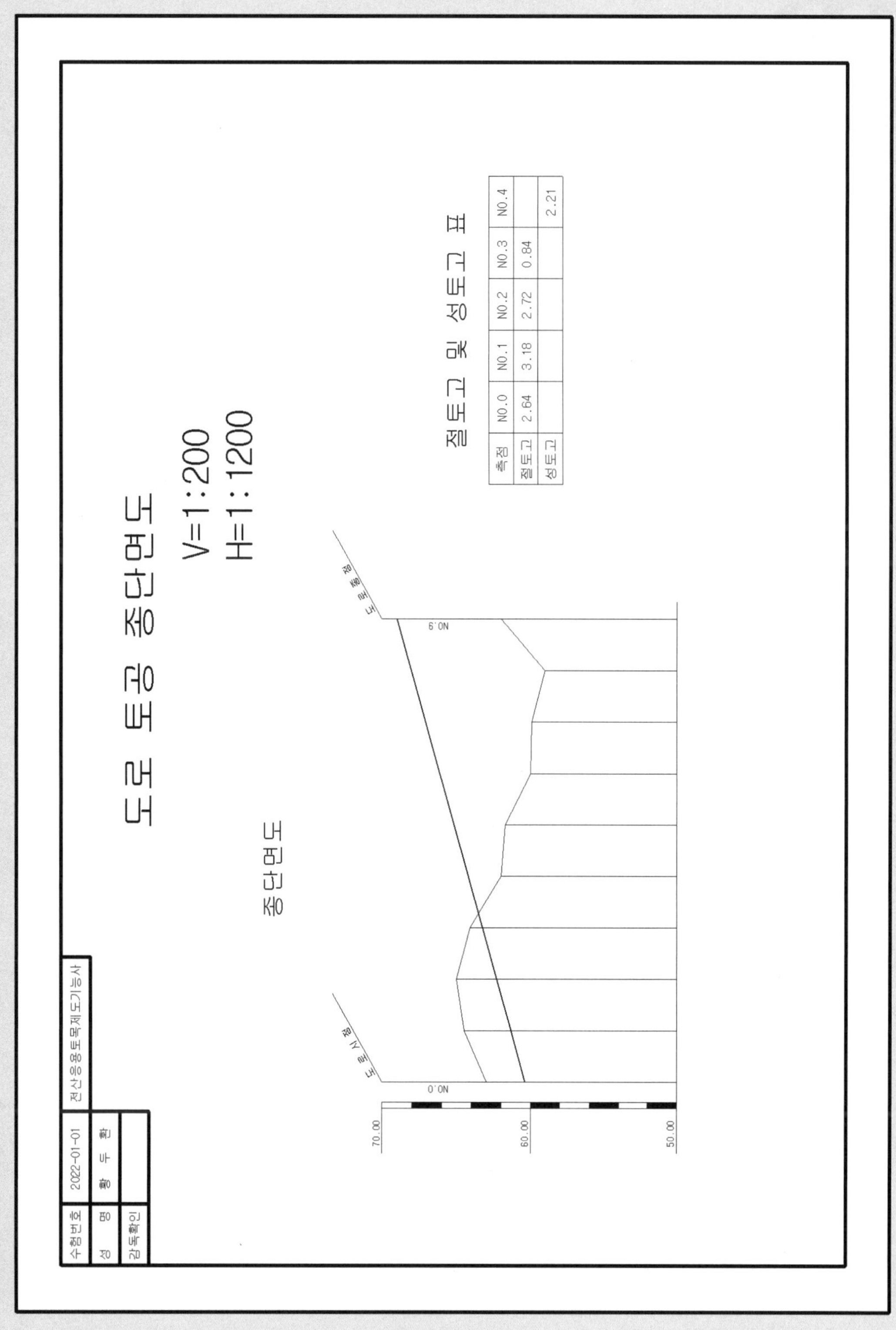

측점	NO.0	NO.1	NO.2	NO.3	NO.4
절토고	2.64	3.18	2.72	0.84	
성토고					2.21

2022년 신규 유형 B(역T형 옹벽)

완성파일 실습자료\완성파일\part06\기출문제 답안.dwg

문제지1페이지

국가기술자격 실기시험문제

자격종목	전산응용토목제도기능사	작품명	옹벽 구조도 도로 토공 횡단면도 도로 토공 종단면도

비번호		시험일시		시험장명	

※ 시험시간 : 3시간(시험종료 후 문제지는 반납)

1. 요구사항

※ 주어진 도면(1), (2), (3)을 보고 CAD프로그램을 이용하여 다음 조건에 맞는 도면을 작도하여 시험감독위원의 지시에 따라 저장하고, 제시된 축척에 맞게 A3(420×297)용지에 **흑백으로 가로로 출력**하여 파일과 함께 제출하시오.

가. 옹벽 구조도

❶ 주어진 도면(1)을 참고하여 **'표준 단면도(1:30)'**와 **'일반도(1:60)'**를 작도하고, 표준 단면도는 도면의 좌측에, 일반도는 우측에 적절히 배치하시오.

❷ 도면 상단에 과제명과 축척을 도면의 크기에 어울리도록 표기하시오.

나. 도로 토공 횡단면도

❶ 주어진 도면(2)를 참고하여 **'도로 토공 횡단면도(1:100)'**를 작도하고 도로 포장 단면의 표층, 기층, 보조기층을 아래의 단면 표시형식에 따라 출력물에서 구분될 수 있도록 적절한 크기로 해칭하여 완성하시오.

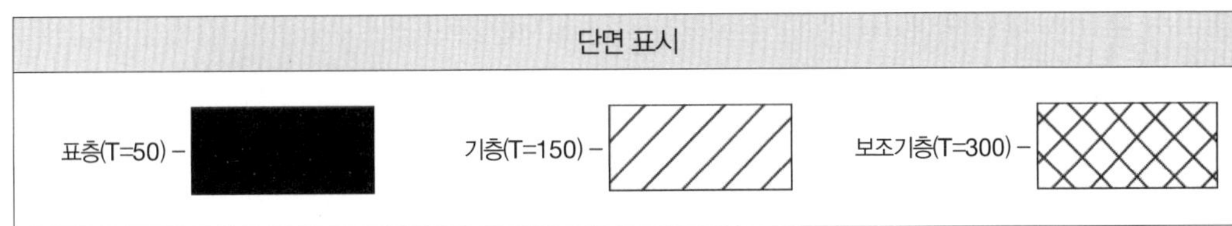

다. 도로 토공 종단면도

1. 주어진 도면(3)을 참고하여 도로 토공 종단면도(하단 야장표 제외)를 가로 축척(H), 세로 축척(V)에 맞게 작도하고, 절토고 및 성토고 표를 적절한 크기로 완성하여 종단면도의 우측에 배치하시오.

2. 도면 상단에 과제명과 축척을 도면의 크기에 어울리도록 표기하시오.

문제지 2페이지

자격종목	전산응용토목제도기능사	작품명	옹벽 구조도 도로 토공 횡단면도 도로 토공 종단면도

2. 수험자 유의사항

※ 다음 유의사항을 고려하여 요구사항을 완성하시오.

1. 명시되지 않은 조건은 토목제도의 원칙에 따르시오.

2. 정전 및 기계 고장 등에 의한 자료 손실을 방지하기 위하여 수시로 저장하시오.

3. 윤곽선의 여백은 상하좌우 모두 15mm 범위가 되도록 작도하고, 철근의 단면은 출력 결과물에 지름 1mm가 되도록 작도하시오.

❹ 시험 시작 후 우선 도면 좌측 상단에 아래와 같이 표제란을 만들어 수험번호, 성명을 기재하시오.(단, 표제란의 축척은 1:1로 하시오.)

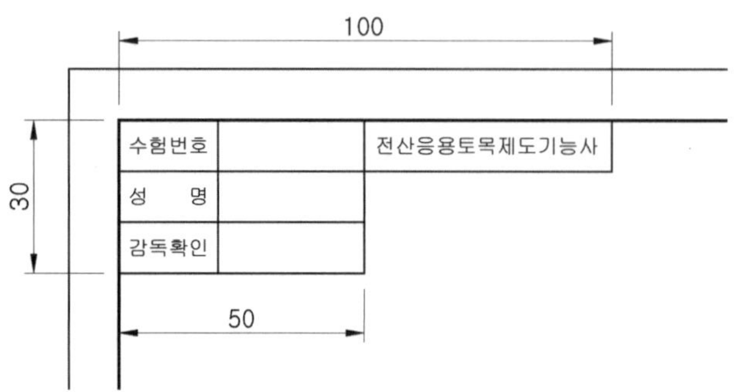

❺ 작업이 끝나면 감독위원의 확인을 받은 후 파일과 문제지를 제출하고 본부위원의 지시에 따라 흑백(출력결과물에서 선의 진하고 연함이 없이 선의 굵기로만 구분되도록 출력: AutoCAD의 monochrome.ctb 기준)으로 도면을 요구사항에 따라 출력하시오.

[출력시간은 시험시간에서 제외(20분을 초과할 수 없음)하고 출력은 주어진 축척에 맞게 수험자가 직접 하여야 합니다.]

❻ 선의 굵기를 구분하기 위하여 선의 색을 다음과 같이 정하여 작도하시오.

선 굵기	색상(color)	용도
0.7㎜	파란색(5–Blue)	윤곽선
0.4㎜	빨간색(1–Red)	철근선
0.3㎜	하늘색(4–Cyan)	계획선, 측구, 포장층
0.2㎜	선홍색(6–Magenta)	중심선, 파단선
0.2㎜	초록색(3–Green)	외벽선, 철근기호, 지반선, 인출선
0.15㎜	흰색(7–White)	치수, 치수선, 표, 스케일
0.15㎜	회색(8–Gray)	원지반선

자격종목	전산응용토목제도기능사	작품명	옹벽 구조도 도로 토공 횡단면도 도로 토공 종단면도

⑦ 다음 사항은 실격에 해당하여 채점 대상에서 제외됩니다.

가) 수험자 본인이 수험 도중 시험에 대한 포기 의사를 표현하는 경우

나) 장비조작 미숙으로 파손 및 고장을 일으킬 것으로 감독위원이 합의하거나 출력시간이 20분을 초과할 경우

다) 3개 과제 중 1과제라도 0점인 경우

라) 출력작업을 시작한 후 작업내용을 수정할 경우

마) 수험자는 컴퓨터에 어떤 프로그램도 설치 또는 제거하여서는 안 되며 별도의 저장장치를 휴대하거나 작업 시 타인과 대화하는 경우

바) 시험시간 내에 3개 과제(옹벽 구조도, 도로 토공 횡단면도, 도로 토공 종단면도)를 제출하지 못한 경우

사) 과제별 도면 명칭, 기울기, 치수선, 철근 종류 등 10개소 이상 누락된 경우

아) 도면 축척이 틀리거나 지시한 내용과 다르게 출력되어 채점이 불가한 경우

⑧ 각 과제별 제출 도면 배치(예시)

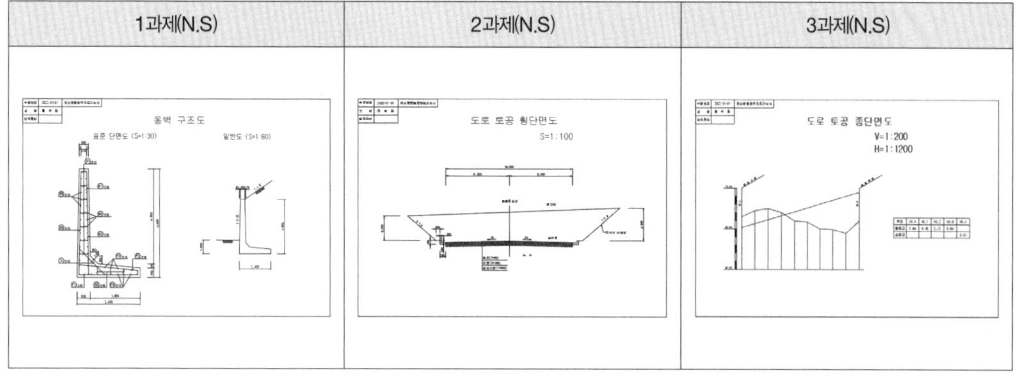

3. 도면(1)

자 격 종 목	전산응용토목제도기능사	과 제 명	옹벽 구조도	척도	N.S

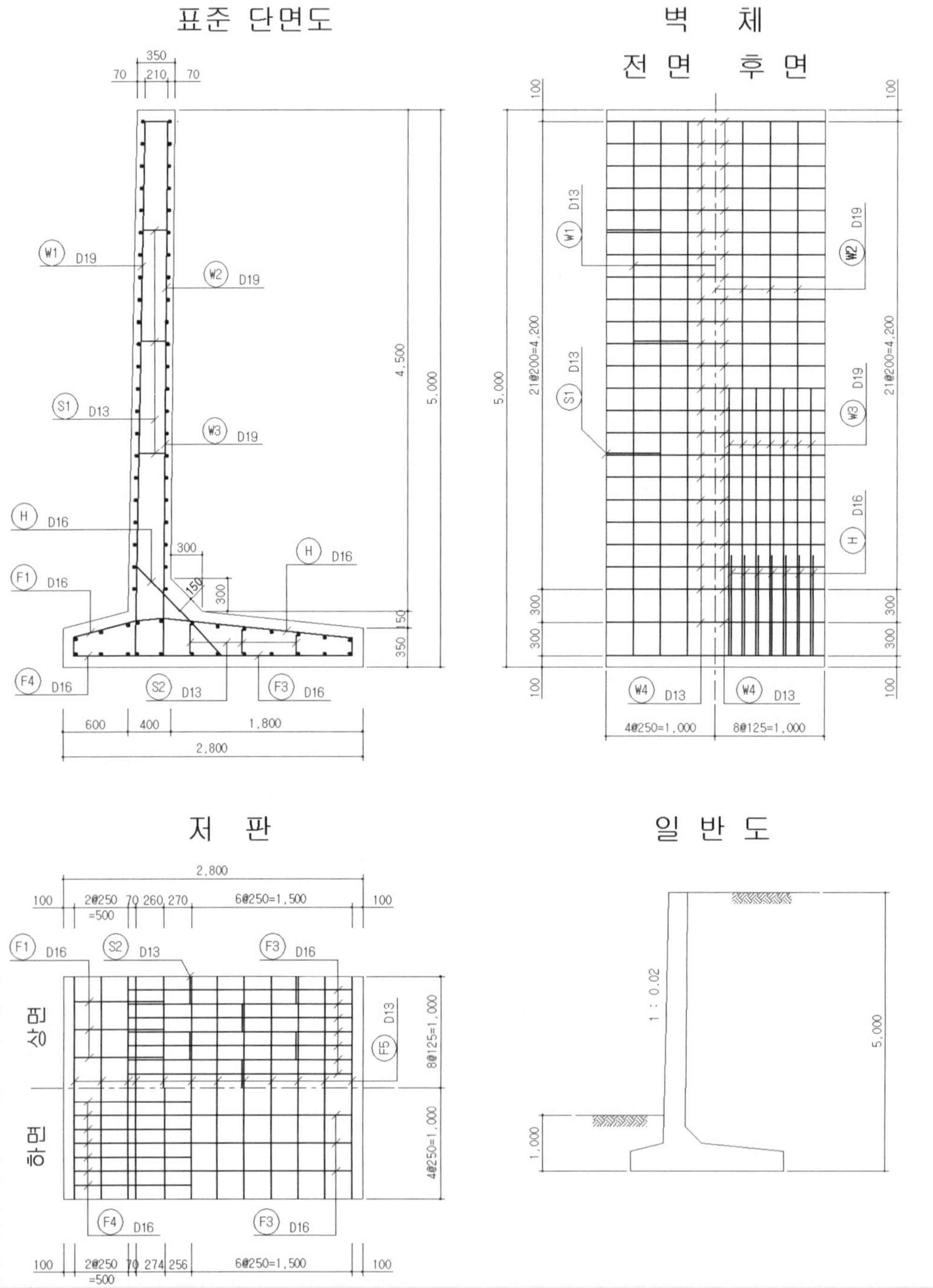

표준 단면도

350
70 210 70
W1 D19
W2 D19
S1 D13
W3 D19
H D16
300
H D16
F1 D16
150
300
4,500
5,000
150
350
F4 D16
S2 D13
F3 D16
600 400 1,800
2,800

벽 체

전면 후면

100
W1 D13
W2 D19
21@200=4,200
5,000
S1 D13
W3 D19
H D16
300
300
100
W4 D13
W4 D13
4@250=1,000
8@125=1,000

저 판

2,800
100 2@250 =500 70 260 270 6@250=1,500 100
F1 D16
S2 D13
F3 D16
상면
F5 D13
8@125=1,000
하면
4@250=1,000
F4 D16
F3 D16
100 2@250 =500 70 274 256 6@250=1,500 100

일 반 도

1 : 0.02
5,000
1,000

3. 도면(2)

자 격 종 목	전산응용토목제도기능사	과 제 명	도로 토공 횡단면도	척도	N.S

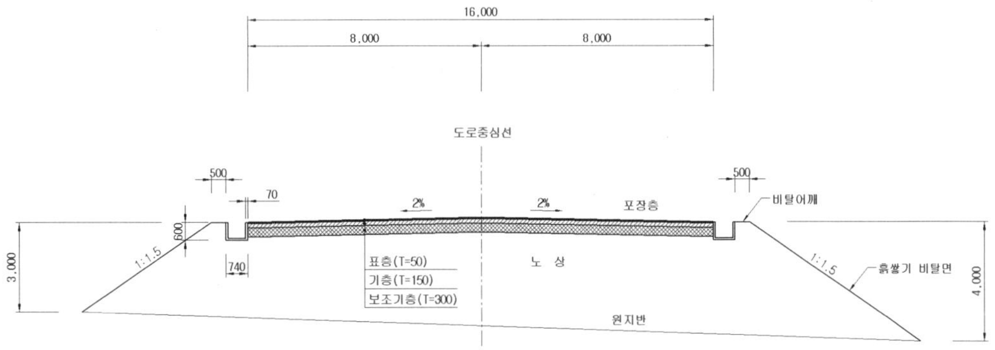

16,000
8,000
8,000
도로중심선
500
500
70
2%
2%
포장층
비탈어깨
600
3,000
1:1.5
740
표층(T=50)
기층(T=150)
보조기층(T=300)
노 상
1:1.5
흙쌓기 비탈면
4,000
원지반

3. 도면(3)

자 격 종 목	전산응용토목제도기능사	과 제 명	도로 토공 종단면도	척도	N.S

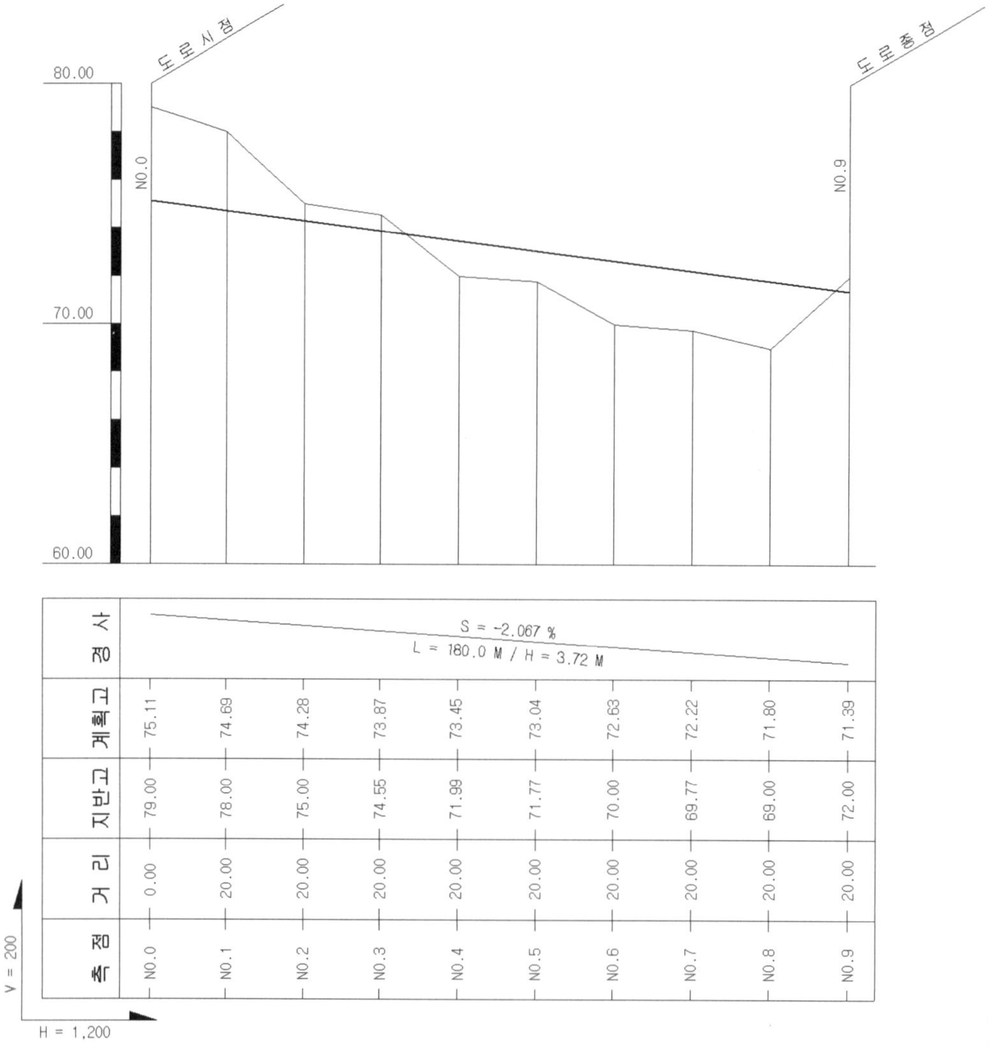

80.00

70.00

60.00

도로시점

도로종점

NO.0

NO.9

경사	S = -2.067 % L = 180.0 M / H = 3.72 M									
계획고	75.11	74.69	74.28	73.87	73.45	73.04	72.63	72.22	71.80	71.39
지반고	79.00	78.00	75.00	74.55	71.99	71.77	70.00	69.77	69.00	72.00
거리	0.00	20.00	20.00	20.00	20.00	20.00	20.00	20.00	20.00	20.00
측점	NO.0	NO.1	NO.2	NO.3	NO.4	NO.5	NO.6	NO.7	NO.8	NO.9

V = 200

H = 1,200

측점	NO.0	NO.1	NO.2	NO.3	NO.4
절토고					
성토고					

4. 답안 (1) – 옹벽 구조도

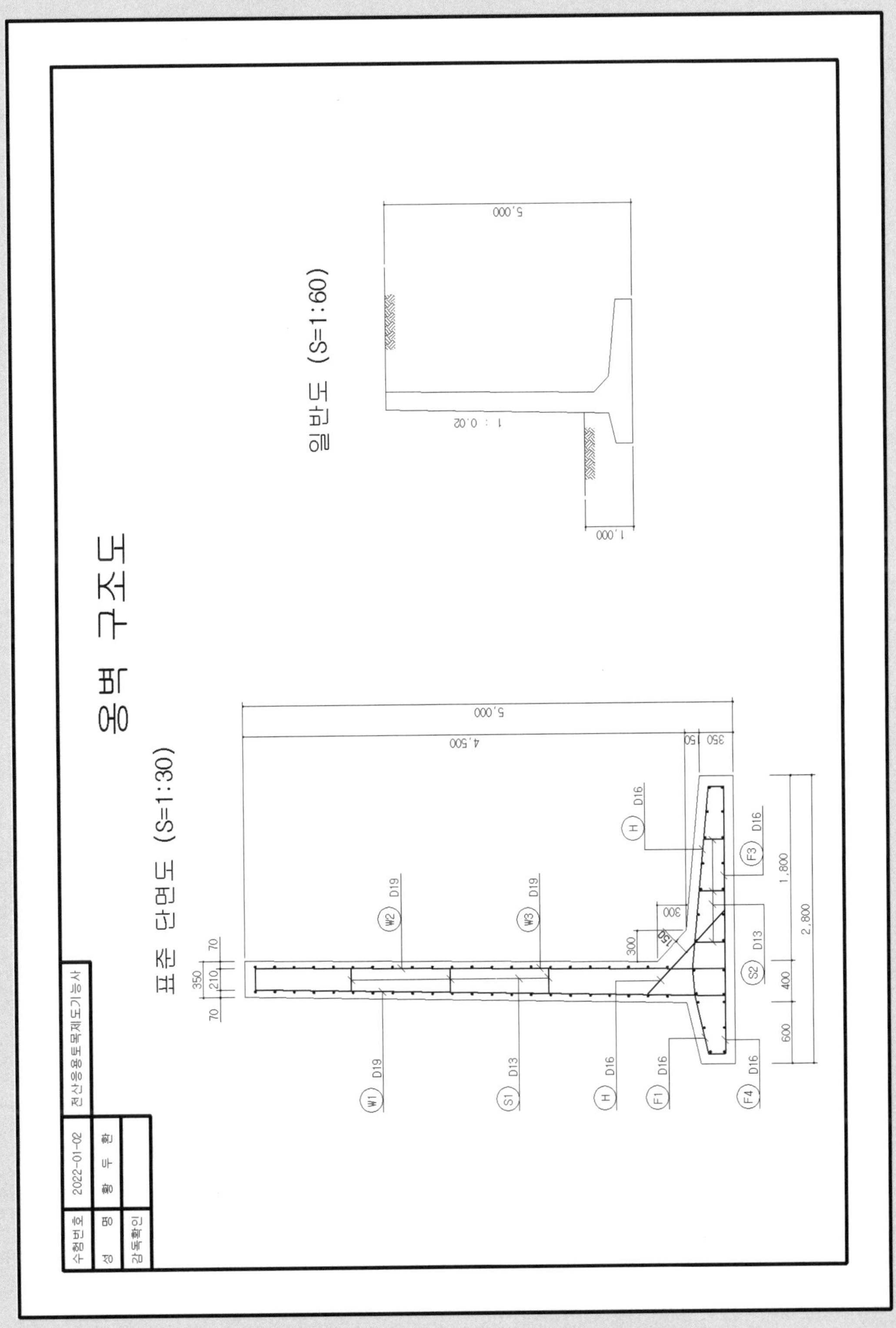

옹벽 구조도
표준 단면도 (S=1:30)
일반도 (S=1:60)
5,000
4,500
350
150
300
1,000
1 : 0.02
W1 D19
W2 D19
W3 D19
S1 D13
S2 D13
H D16
F1 D16
F3 D16
F4 D16
70
210
350
600
400
1,800
2,800
수험번호
2022-01-02
전산응용토목제도기능사
성 명
황 두 환
감독확인

4. 답안 (2) – 도로 토공 횡단면도

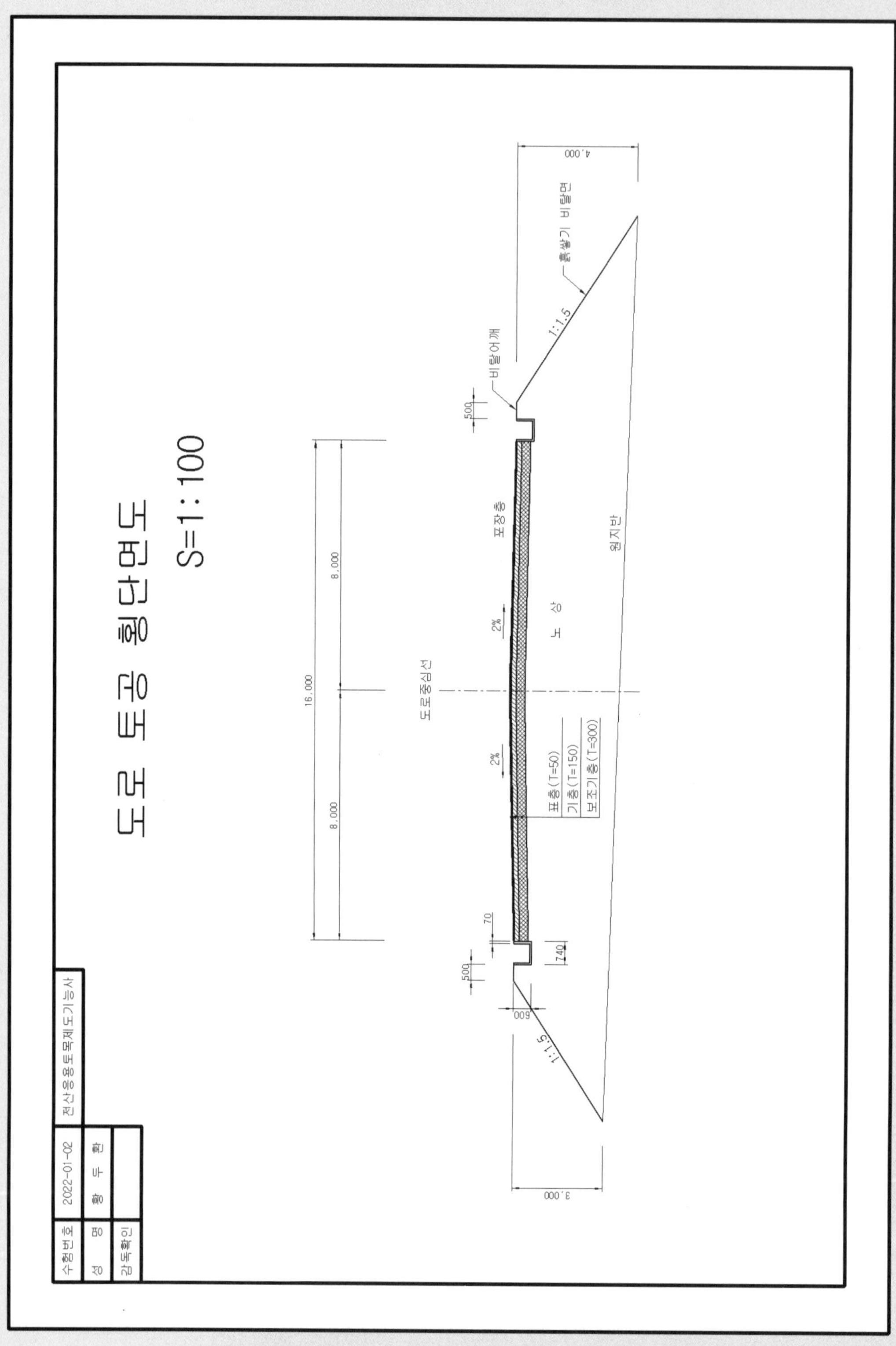

4. 답안 (3) – 도로 토공 종단면도

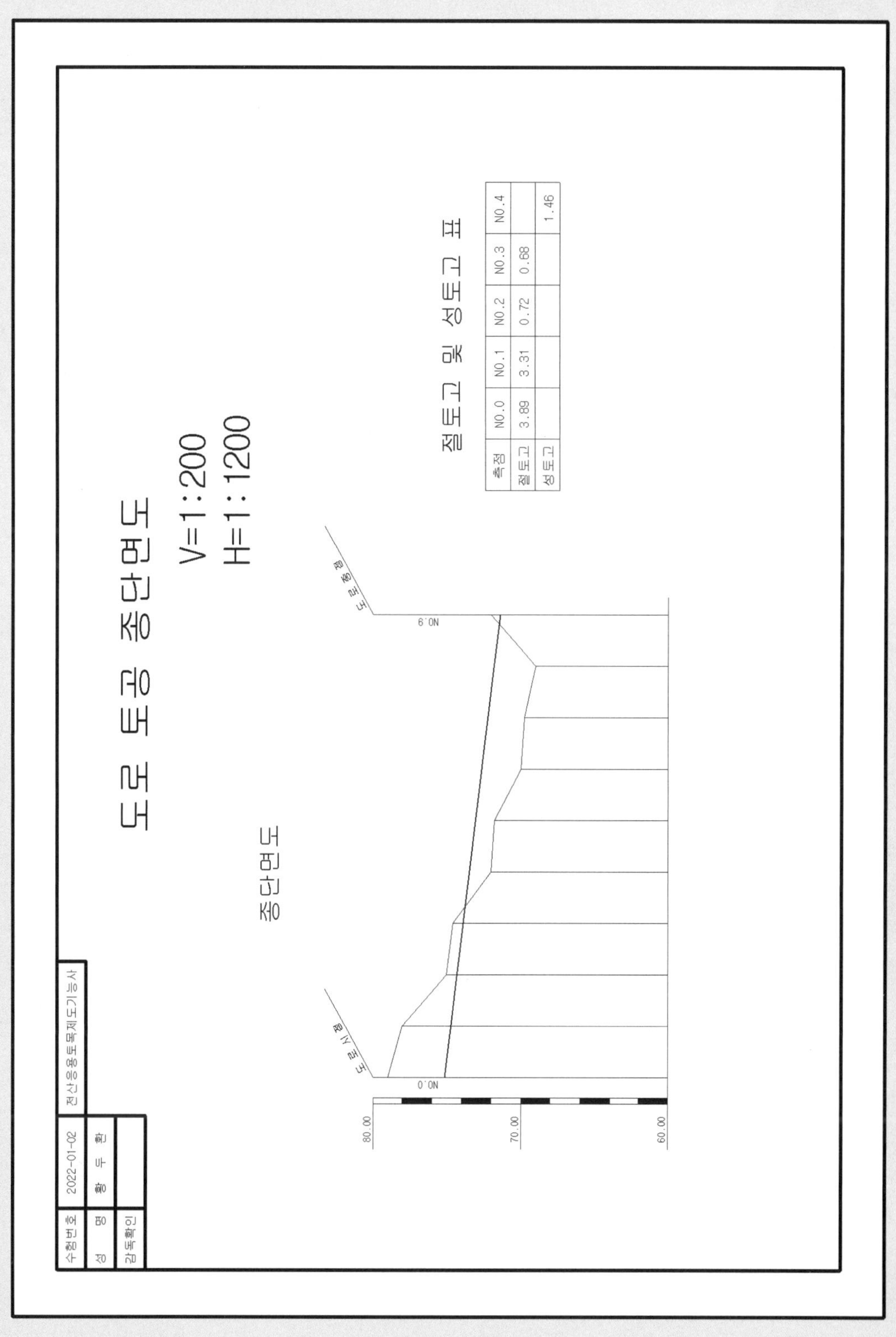

절토고 및 성토고 표

측점	NO.0	NO.1	NO.2	NO.3	NO.4
절토고	3.89	3.31	0.72	0.68	
성토고					1.46

2022년 신규 유형 C(L형 key 옹벽)

완성파일 실습자료\완성파일\part06\기출문제 답안.dwg

문제지1페이지

국가기술자격 실기시험문제

자격종목	전산응용토목제도기능사	작품명	옹벽 구조도 도로 토공 횡단면도 도로 토공 종단면도

비번호		시험일시		시험장명	

※ 시험시간 : 3시간(시험종료 후 문제지는 반납)

1. 요구사항

※ 주어진 도면(1), (2), (3)을 보고 CAD프로그램을 이용하여 다음 조건에 맞는 도면을 작도하여 시험감독위원의 지시에 따라 저장하고, 제시된 축척에 맞게 A3(420×297)용지에 **흑백으로 가로로 출력**하여 파일과 함께 제출하시오.

가. 옹벽 구조도

❶ 주어진 도면(1)을 참고하여 **'표준 단면도(1:30)'**와 **'일반도(1:60)'**를 작도하고, 표준 단면도는 도면의 좌측에, 일반도는 우측에 적절히 배치하시오.

❷ 도면 상단에 과제명과 축척을 도면의 크기에 어울리도록 표기하시오.

나. 도로 토공 횡단면도

❶ 주어진 도면(2)를 참고하여 **'도로 토공 횡단면도(1:100)'**를 작도하고 도로 포장 단면의 표층, 기층, 보조기층을 아래의 단면 표시형식에 따라 출력물에서 구분될 수 있도록 적절한 크기로 해칭하여 완성하시오.

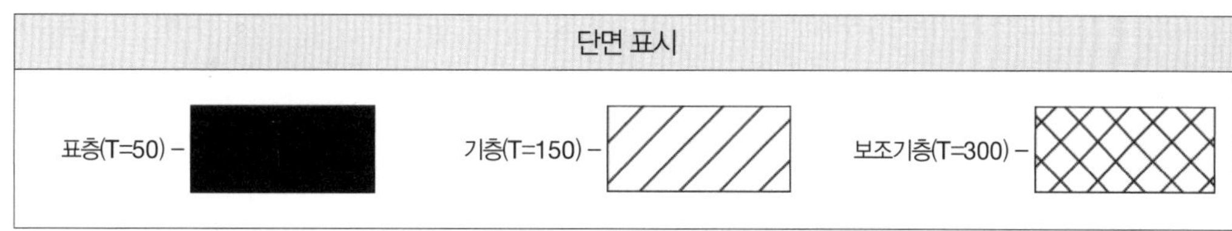

다. 도로 토공 종단면도

❶ 주어진 도면(3)을 참고하여 도로 토공 종단면도(하단 야장표 제외)를 가로 축척(H), 세로 축척(V)에 맞게 작도하고, 절토고 및 성토고 표를 적절한 크기로 완성하여 종단면도의 우측에 배치하시오.

❷ 도면 상단에 과제명과 축척을 도면의 크기에 어울리도록 표기하시오.

문제지 2페이지

자격종목	전산응용토목제도기능사	작품명	옹벽 구조도 도로 토공 횡단면도 도로 토공 종단면도

2. 수험자 유의사항

※ 다음 유의사항을 고려하여 요구사항을 완성하시오.

❶ 명시되지 않은 조건은 토목제도의 원칙에 따르시오.

❷ 정전 및 기계 고장 등에 의한 자료 손실을 방지하기 위하여 수시로 저장하시오.

❸ 윤곽선의 여백은 상하좌우 모두 15mm 범위가 되도록 작도하고, 철근의 단면은 출력 결과물에 지름 1mm가 되도록 작도하시오.

④ 시험 시작 후 우선 도면 좌측 상단에 아래와 같이 표제란을 만들어 수험번호, 성명을 기재하시오.(단, 표제란의 축척은 1:1로 하시오.)

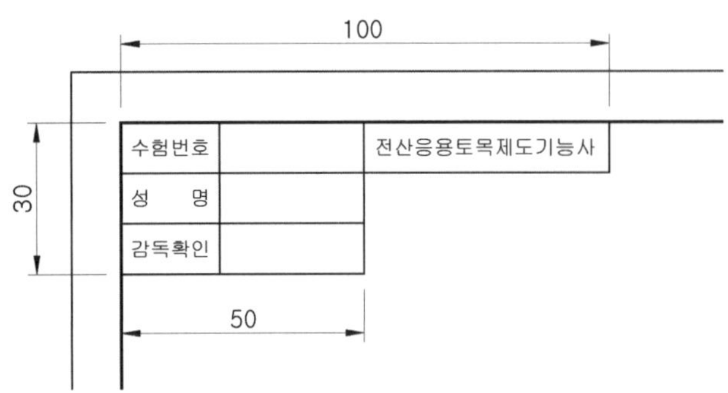

⑤ 작업이 끝나면 감독위원의 확인을 받은 후 파일과 문제지를 제출하고 본부위원의 지시에 따라 흑백(출력결과물에서 선의 진하고 연함이 없이 선의 굵기로만 구분되도록 출력: AutoCAD의 monochrome.ctb 기준)으로 도면을 요구사항에 따라 출력하시오.

[출력시간은 시험시간에서 제외(20분을 초과할 수 없음)하고 출력은 주어진 축척에 맞게 수험자가 직접 하여야 합니다.]

⑥ 선의 굵기를 구분하기 위하여 선의 색을 다음과 같이 정하여 작도하시오.

선 굵기	색상(color)	용도
0.7㎜	파란색(5-Blue)	윤곽선
0.4㎜	빨간색(1-Red)	철근선
0.3㎜	하늘색(4-Cyan)	계획선, 측구, 포장층
0.2㎜	선홍색(6-Magenta)	중심선, 파단선
0.2㎜	초록색(3-Green)	외벽선, 철근기호, 지반선, 인출선
0.15㎜	흰색(7-White)	치수, 치수선, 표, 스케일
0.15㎜	회색(8-Gray)	원지반선

자격종목	전산응용토목제도기능사	작품명	옹벽 구조도 도로 토공 횡단면도 도로 토공 종단면도

⑦ 다음 사항은 실격에 해당하여 채점 대상에서 제외됩니다.

가) 수험자 본인이 수험 도중 시험에 대한 포기 의사를 표현하는 경우

나) 장비조작 미숙으로 파손 및 고장을 일으킬 것으로 감독위원이 합의하거나 출력시간이 20분을 초과할 경우

다) 3개 과제 중 1과제라도 0점인 경우

라) 출력작업을 시작한 후 작업내용을 수정할 경우

마) 수험자는 컴퓨터에 어떤 프로그램도 설치 또는 제거하여서는 안 되며 별도의 저장장치를 휴대하거나 작업 시 타인과 대화하는 경우

바) 시험시간 내에 3개 과제(옹벽 구조도, 도로 토공 횡단면도, 도로 토공 종단면도)를 제출하지 못한 경우

사) 과제별 도면 명칭, 기울기, 치수선, 철근 종류 등 10개소 이상 누락된 경우

아) 도면 축척이 틀리거나 지시한 내용과 다르게 출력되어 채점이 불가한 경우

⑧ 각 과제별 제출 도면 배치(예시)

1과제(N.S)	2과제(N.S)	3과제(N.S)

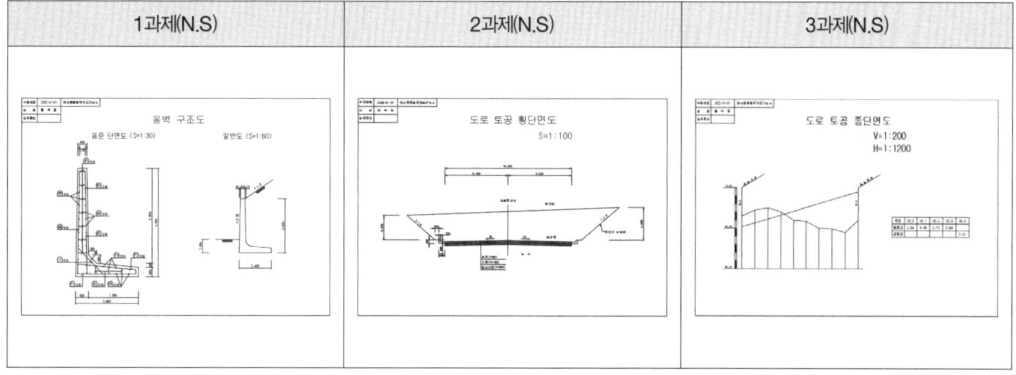

3. 도면(1)

자 격 종 목	전산응용토목제도기능사	과 제 명	옹벽구조도	척도	N.S

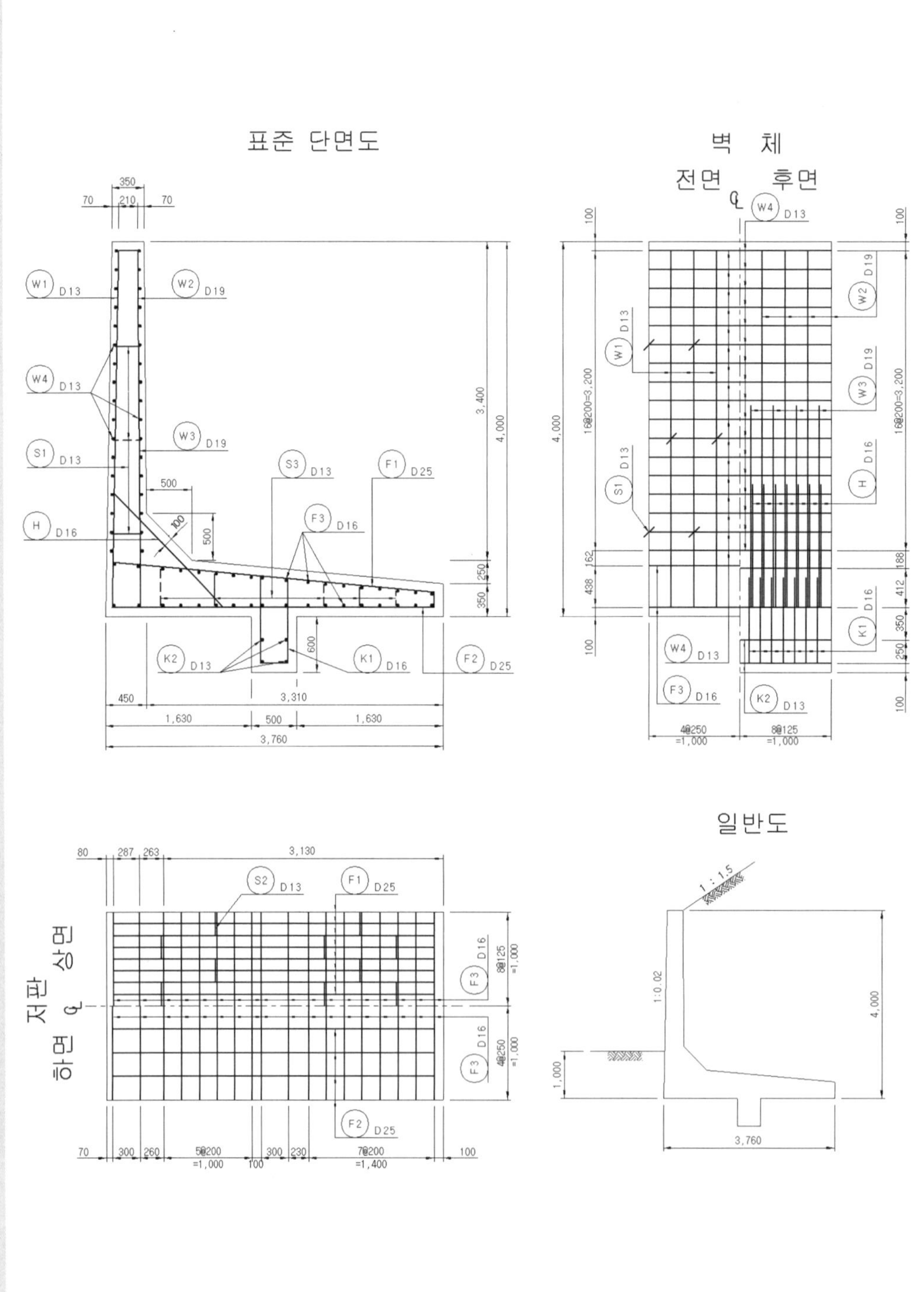

3. 도면(2)

자 격 종 목	전산응용토목제도기능사	과 제 명	도로 토공 횡단면도	척도	N.S

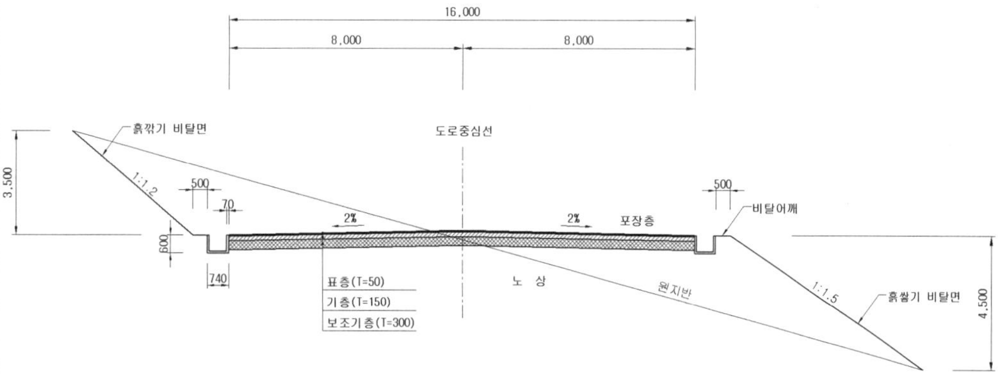

3. 도면(3)

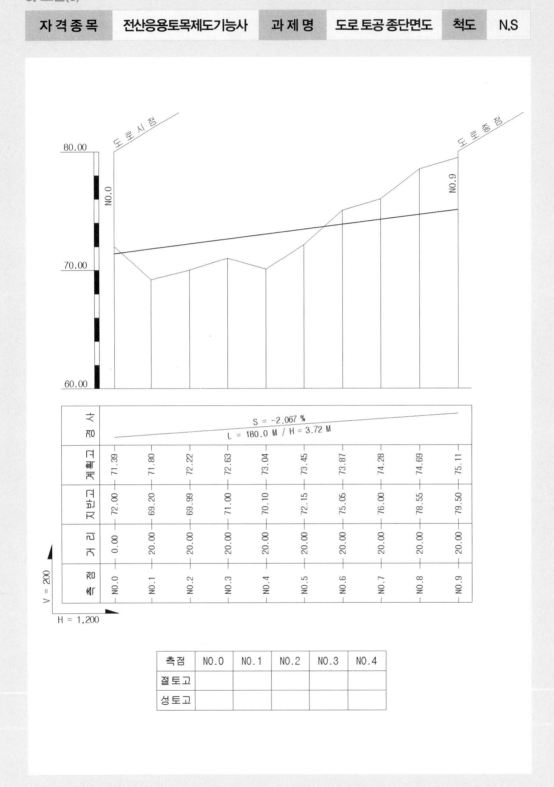

자 격 종 목	전산응용토목제도기능사	과 제 명	도로 토공 종단면도	척도	N.S

도로 시점

도로 종점

80.00

70.00

60.00

NO.0

NO.9

경 사	S = -2.067 % L = 180.0 M / H = 3.72 M									
계획고	71.39	71.80	72.22	72.63	73.04	73.45	73.87	74.28	74.69	75.11
지반고	72.00	69.20	69.99	71.00	70.10	72.15	75.05	76.00	78.55	79.50
거 리	0.00	20.00	20.00	20.00	20.00	20.00	20.00	20.00	20.00	20.00
측 점	NO.0	NO.1	NO.2	NO.3	NO.4	NO.5	NO.6	NO.7	NO.8	NO.9

V = 200

H = 1,200

측점	NO.0	NO.1	NO.2	NO.3	NO.4
절토고					
성토고					

4. 답안 (1) – 옹벽 구조도

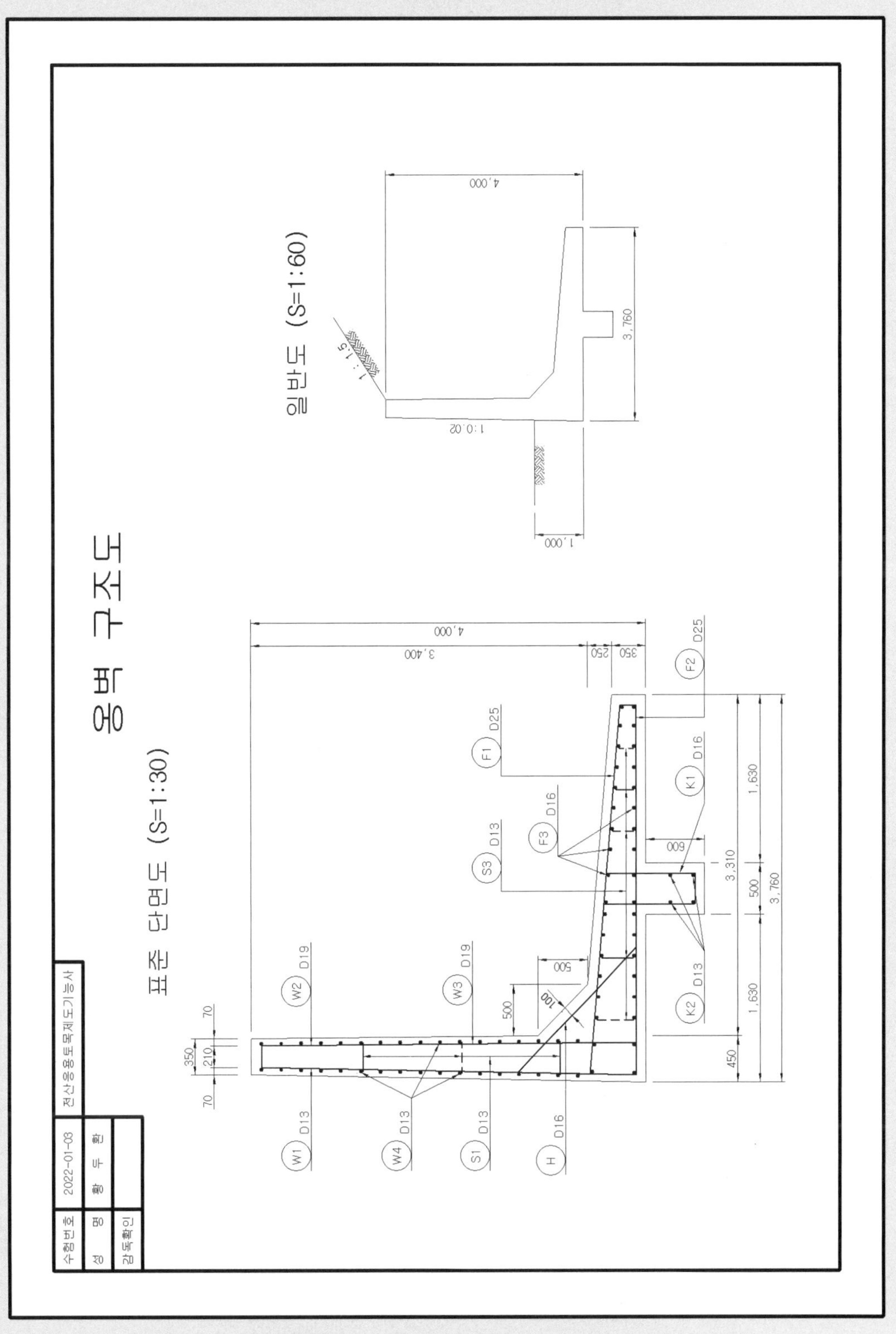
옹벽 구조도
표준 단면도 (S=1:30)
일반도 (S=1:60)
수험번호
2022-01-03
전산응용토목제도기능사
성 명
황 두 환
감독확인
W1 D13
W4 D13
S1 D13
H D16
W2 D19
W3 D19
S3 D13
F3 D16
F1 D25
F2 D25
K1 D16
K2 D13
4,000
3,400
250
350
1,630
500
3,310
3,760
600
450
100
210
70
1 : 1.5
1:0.02
1,000

4. 답안 (2) – 도로 토공 횡단면도

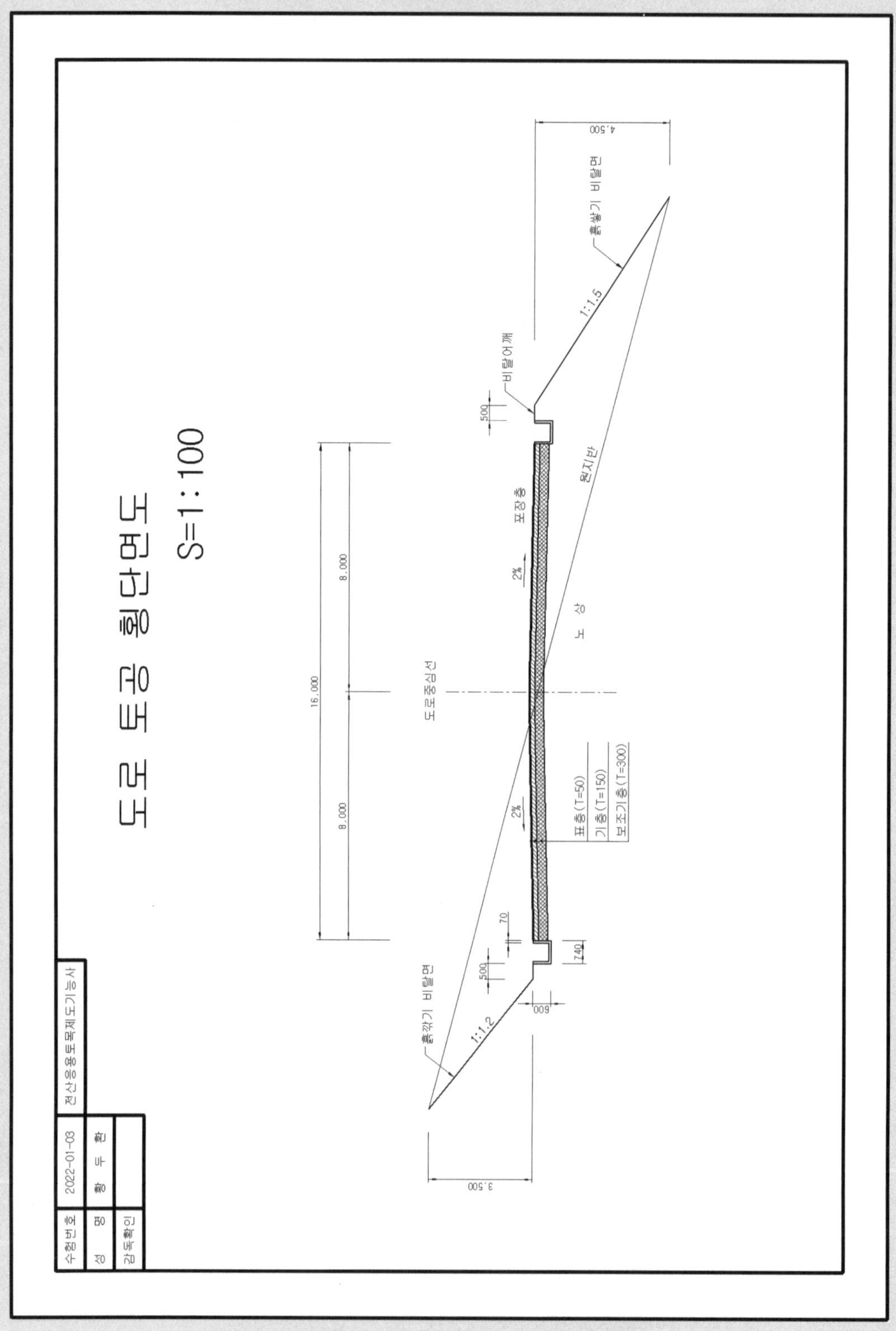

4. 답안 (3) – 도로 토공 종단면도

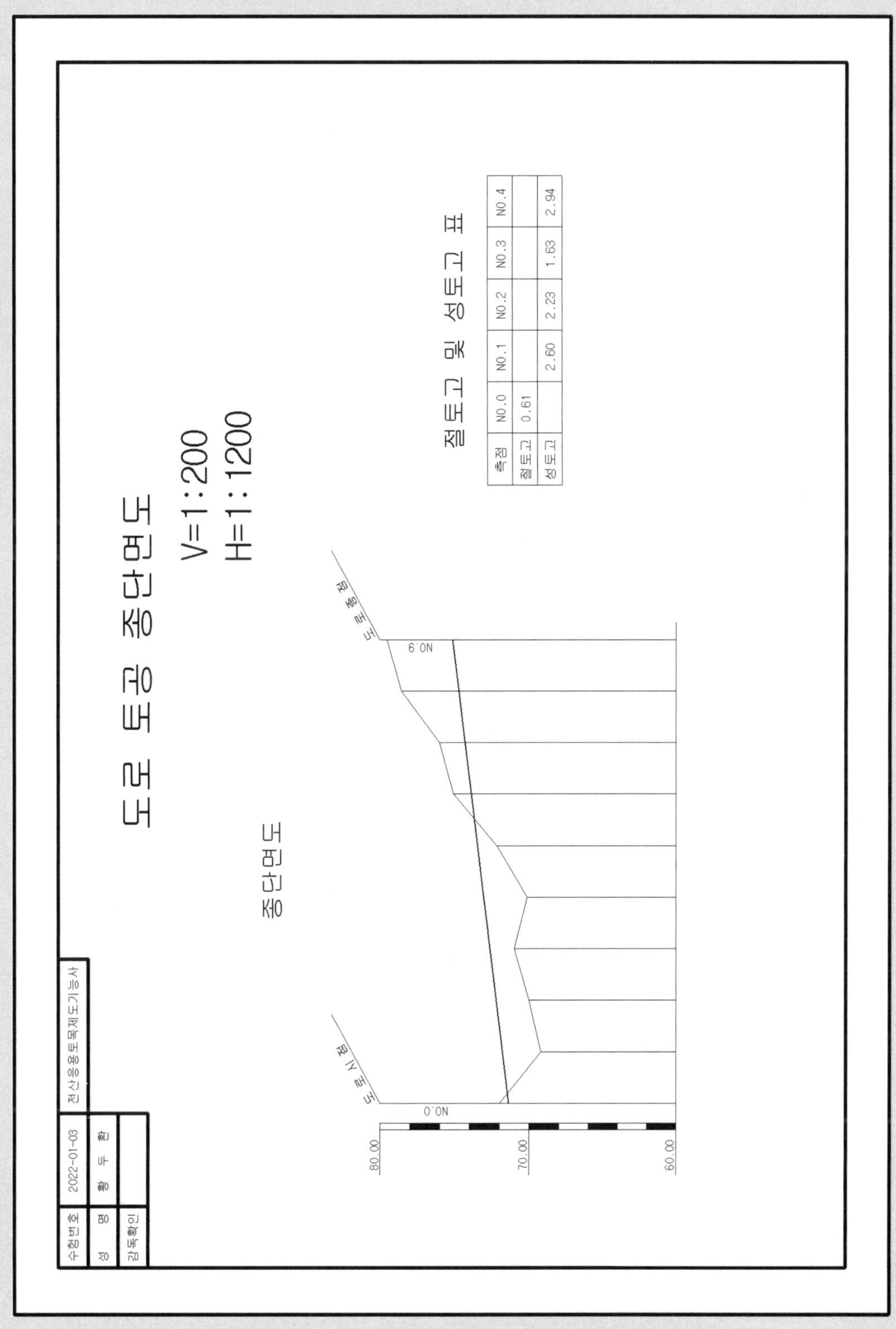

측점	NO.0	NO.1	NO.2	NO.3	NO.4
절토고	0.61				
성토고		2.60	2.23	1.63	2.94

2023년 기출문제(역T형 key 옹벽)

완성파일 실습자료\완성파일\part06\기출문제 답안.dwg

문제지 1페이지

국가기술자격 실기시험문제

자격종목	전산응용토목제도기능사	작품명	옹벽 구조도 도로 토공 횡단면도 도로 토공 종단면도

비번호		시험일시		시험장명	

※ 시험시간 : 3시간(시험종료 후 문제지는 반납)

1. 요구사항

※ 주어진 도면 (1), (2), (3)을 보고 CAD프로그램을 이용하여 다음 조건에 맞는 도면을 작도하여 시험감독위원의 지시에 따라 저장하고, 제시된 축척에 맞게 A3(420×297)용지에 **흑백으로 가로로 출력**하여 파일과 함께 제출하시오.

가. 옹벽 구조도

❶ 주어진 도면(1)을 참고하여 **'표준 단면도(1:30)'**와 **'일반도(1:50)'**를 작도하고, 표준 단면도는 도면의 좌측에, 일반도는 우측에 적절히 배치하시오.

❷ 도면 상단에 과제명과 축척을 도면의 크기에 어울리도록 표기하시오.

나. 도로 토공 횡단면도

❶ 주어진 도면(2)를 참고하여 **'도로 토공 횡단면도(1:100)'**를 작도하고 도로 포장 단면의 표층, 기층, 보조기층을 아래의 단면 표시형식에 따라 출력물에서 구분될 수 있도록 적절한 크기로 해칭하여 완성하시오.

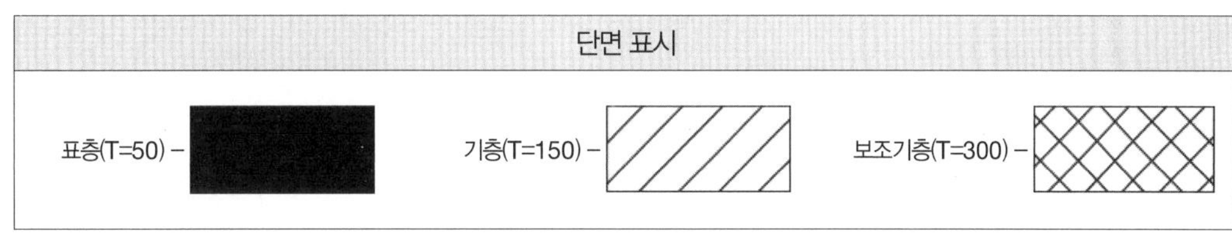

다. 도로 토공 종단면도

1. 주어진 도면(3)을 참고하여 도로 토공 종단면도(하단 야장표 제외)를 가로 축척(H), 세로 축척(V)에 맞게 작도하고, 절토고 및 성토고 표를 적절한 크기로 완성하여 종단면도의 우측에 배치하시오.

2. 도면 상단에 과제명과 축척을 도면의 크기에 어울리도록 표기하시오.

문제지 2페이지

자격종목	전산응용토목제도기능사	작품명	옹벽 구조도 도로 토공 횡단면도 도로 토공 종단면도

2. 수험자 유의사항

※ 다음 유의사항을 고려하여 요구사항을 완성하시오.

1. 명시되지 않은 조건은 토목제도의 원칙에 따르시오.

2. 정전 및 기계 고장 등에 의한 자료 손실을 방지하기 위하여 수시로 저장하시오.

3. 윤곽선의 여백은 상하좌우 모두 15mm 범위가 되도록 작도하고, 철근의 단면은 출력 결과물에 지름 1mm가 되도록 작도하시오.

❹ 시험 시작 후 우선 도면 좌측 상단에 아래와 같이 표제란을 만들어 수험번호, 성명을 기재하시오.(단, 표제란의 축척은 1:1로 하시오.)

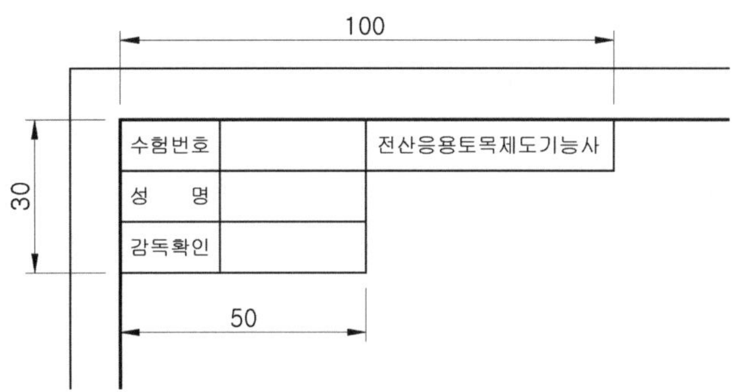

❺ 작업이 끝나면 감독위원의 확인을 받은 후 파일과 문제지를 제출하고 본부위원의 지시에 따라 흑백(출력결과물에서 선의 진하고 연함이 없이 선의 굵기로만 구분되도록 출력: AutoCAD의 monochrome.ctb 기준)으로 도면을 요구사항에 따라 출력하시오.

[출력시간은 시험시간에서 제외(20분을 초과할 수 없음)하고 출력은 주어진 축척에 맞게 수험자가 직접 하여야 합니다.]

❻ 선의 굵기를 구분하기 위하여 선의 색을 다음과 같이 정하여 작도하시오.

선 굵기	색상(color)	용도
0.7㎜	파란색(5-Blue)	윤곽선
0.4㎜	빨간색(1-Red)	철근선
0.3㎜	하늘색(4-Cyan)	계획선, 측구, 포장층
0.2㎜	선홍색(6-Magenta)	중심선, 파단선
0.2㎜	초록색(3-Green)	외벽선, 철근기호, 지반선, 인출선
0.15㎜	흰색(7-White)	치수, 치수선, 표, 스케일
0.15㎜	회색(8-Gray)	원지반선

자격종목	전산응용토목제도기능사	작품명	옹벽 구조도 도로 토공 횡단면도 도로 토공 종단면도

❼ 다음 사항은 실격에 해당하여 채점 대상에서 제외됩니다.

가) 수험자 본인이 수험 도중 시험에 대한 포기 의사를 표현하는 경우

나) 장비조작 미숙으로 파손 및 고장을 일으킬 것으로 감독위원이 합의하거나 출력시간이 20분을 초과할 경우

다) 3개 과제 중 1과제라도 0점인 경우

라) 출력작업을 시작한 후 작업내용을 수정할 경우

마) 수험자는 컴퓨터에 어떤 프로그램도 설치 또는 제거하여서는 안 되며 별도의 저장장치를 휴대하거나 작업 시 타인과 대화하는 경우

바) 시험시간 내에 3개 과제(옹벽 구조도, 도로 토공 횡단면도, 도로 토공 종단면도)를 제출하지 못한 경우

사) 과제별 도면 명칭, 기울기, 치수선, 철근 종류 등 10개소 이상 누락된 경우

아) 도면 축척이 틀리거나 지시한 내용과 다르게 출력되어 채점이 불가한 경우

❽ 각 과제별 제출 도면 배치(예시)

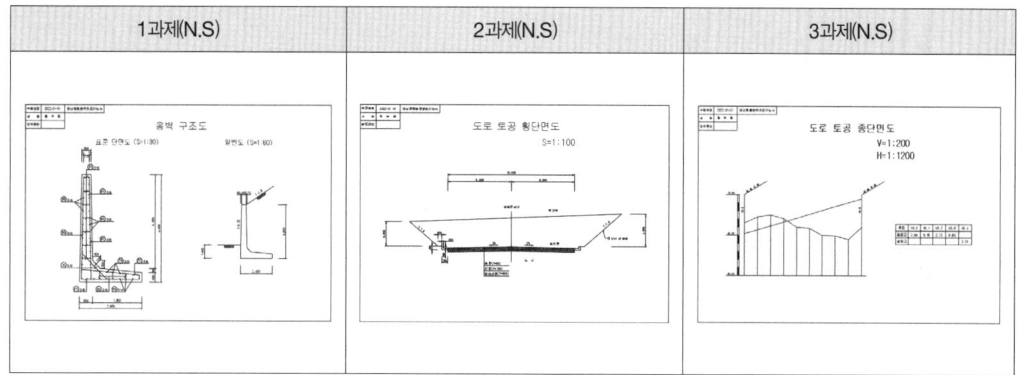

3. 도면(1)

자 격 종 목	전산응용토목제도기능사	과 제 명	옹벽 구조도	척도	N.S

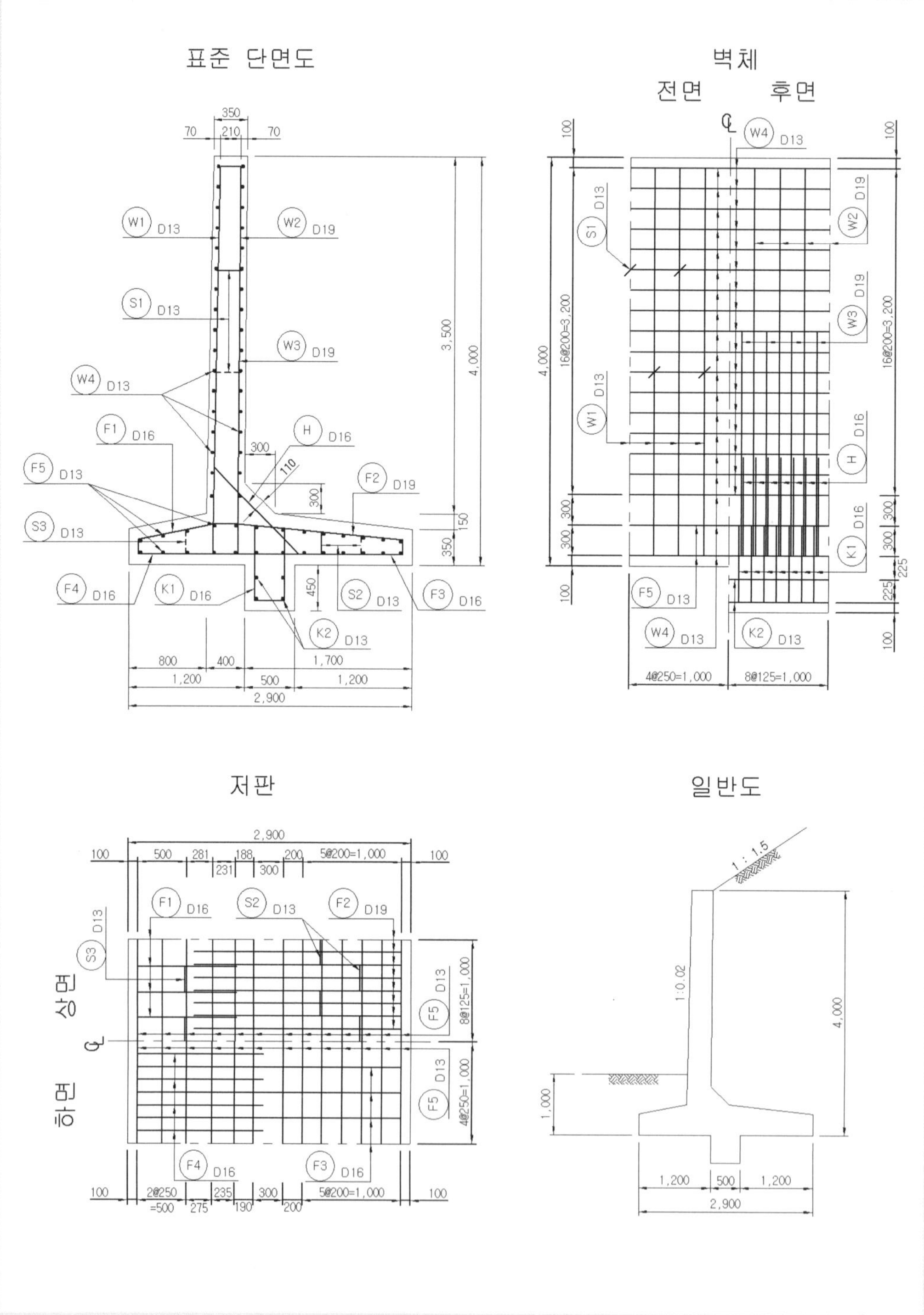

표준 단면도

벽체 전면 후면

저판

일반도

3. 도면(2)

자 격 종 목	전산응용토목제도기능사	과 제 명	도로 토공 횡단면도	척도	N.S

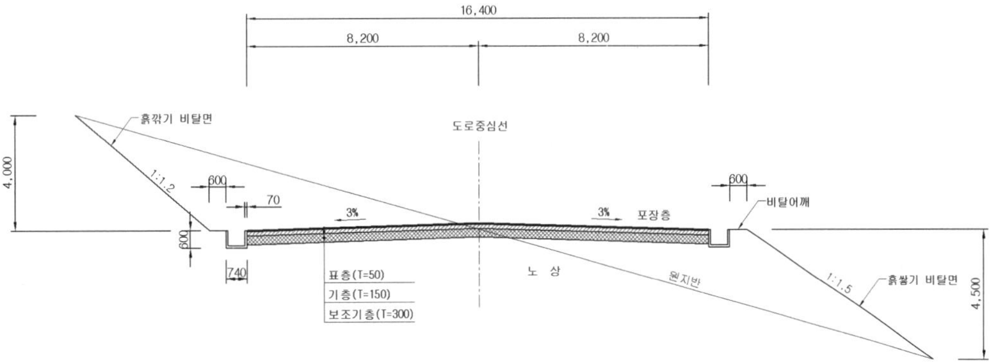

3. 도면(3)

자 격 종 목	전산응용토목제도기능사	과 제 명	도로 토공 종단면도	척도	N.S

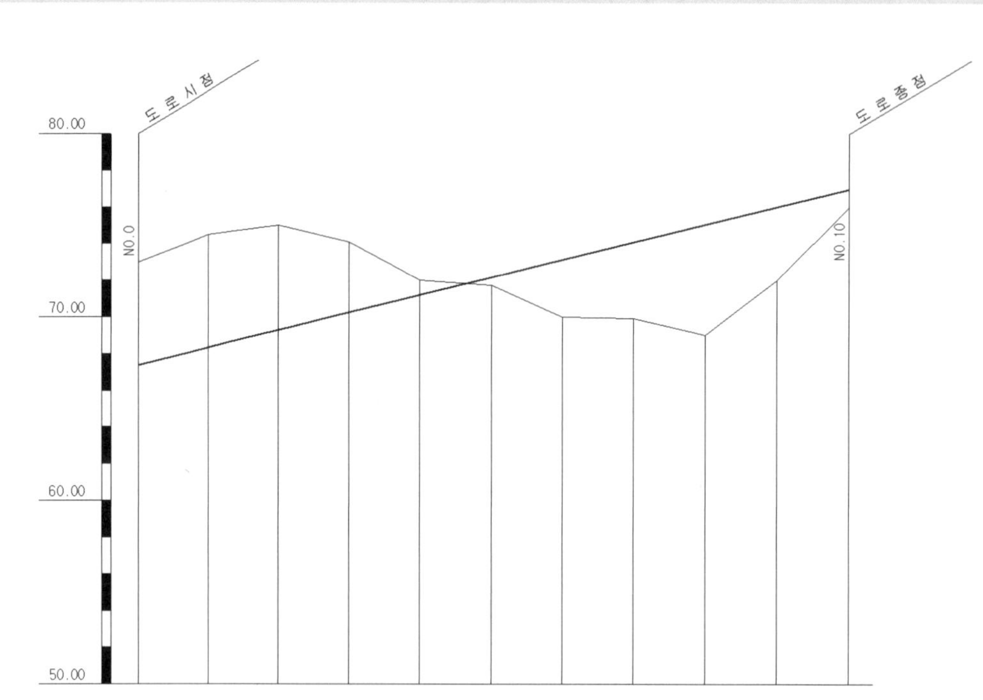

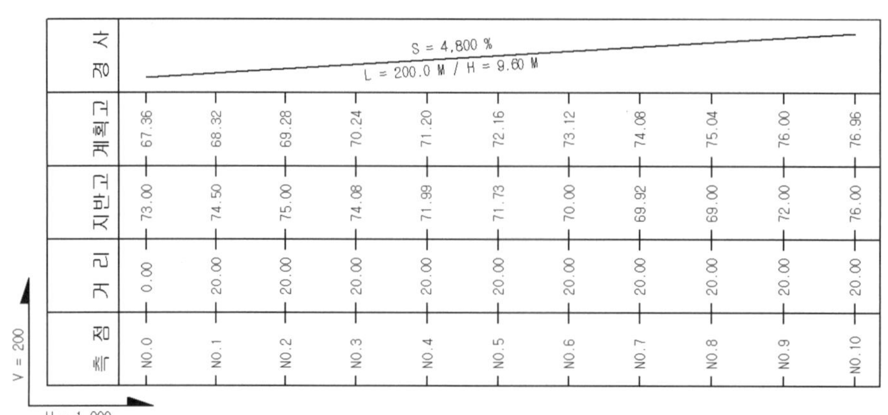

경사	S = 4,800 % L = 200.0 M / H = 9.60 M										
계획고	67.36	68.32	69.28	70.24	71.20	72.16	73.12	74.08	75.04	76.00	76.96
지반고	73.00	74.50	75.00	74.08	71.99	71.73	70.00	69.92	69.00	72.00	76.00
거리	0.00	20.00	20.00	20.00	20.00	20.00	20.00	20.00	20.00	20.00	20.00
측점	NO.0	NO.1	NO.2	NO.3	NO.4	NO.5	NO.6	NO.7	NO.8	NO.9	NO.10

측점	NO.1	NO.3	NO.5	NO.7	NO.9	NO.10
절토고						
성토고						

4. 답안 (1) – 옹벽 구조도

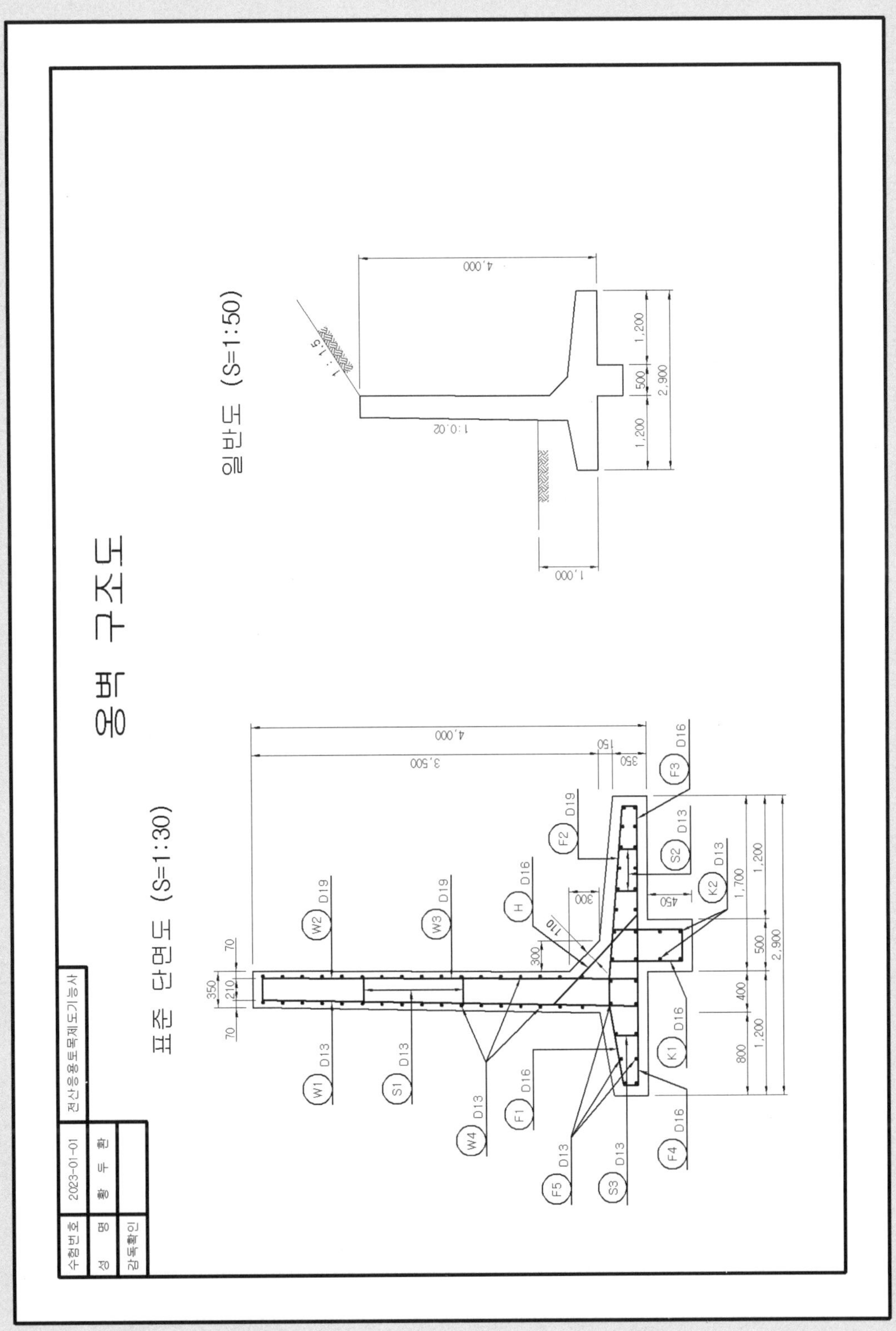
옹벽 구조도
일반도 (S=1:50)
표준 단면도 (S=1:30)
수험번호
2023-01-01
전산응용토목제도기능사
성 명
황 두 환
감독확인

4. 답안 (2) – 도로 토공 횡단면도

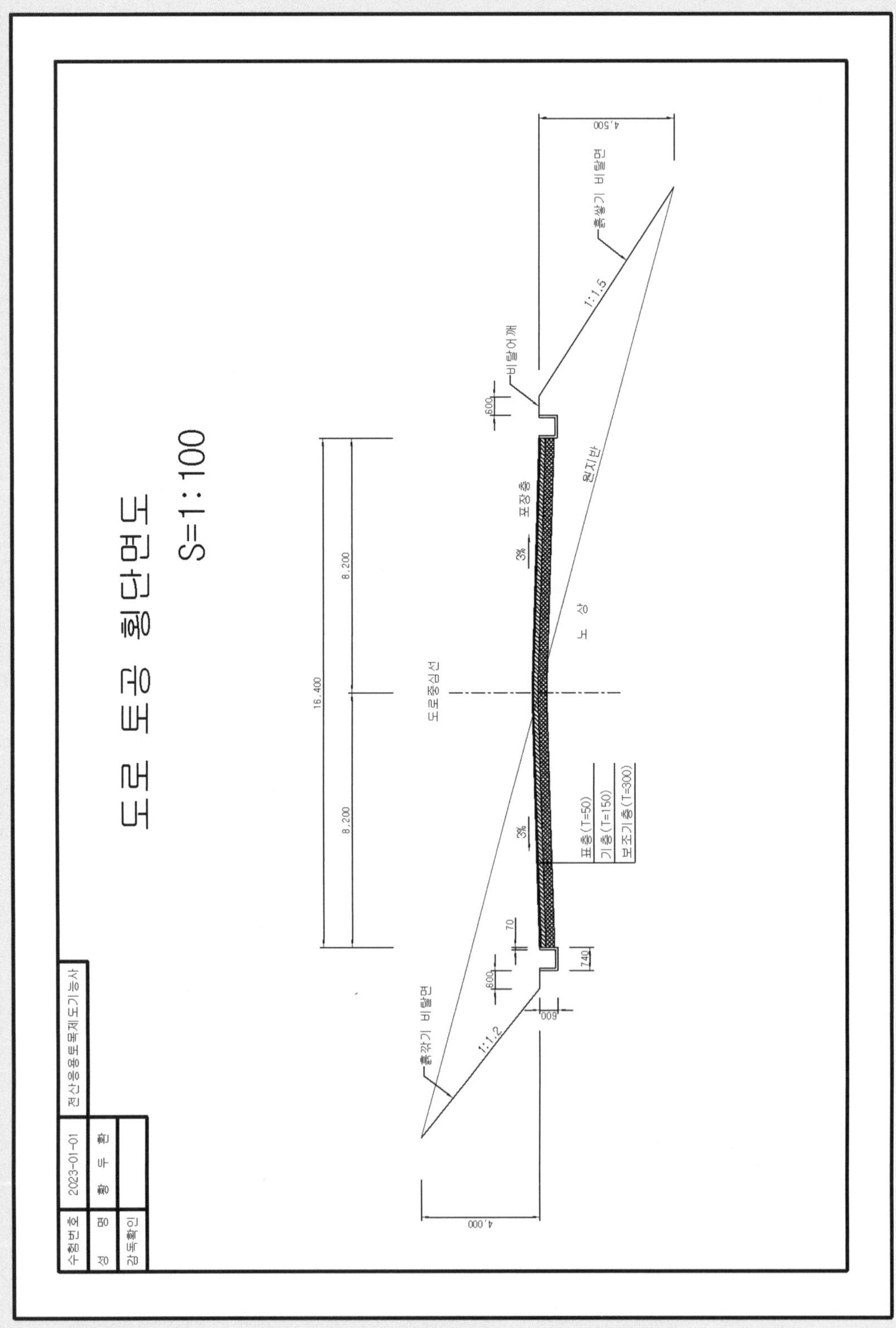

4. 답안 (3) – 도로 토공 종단면도

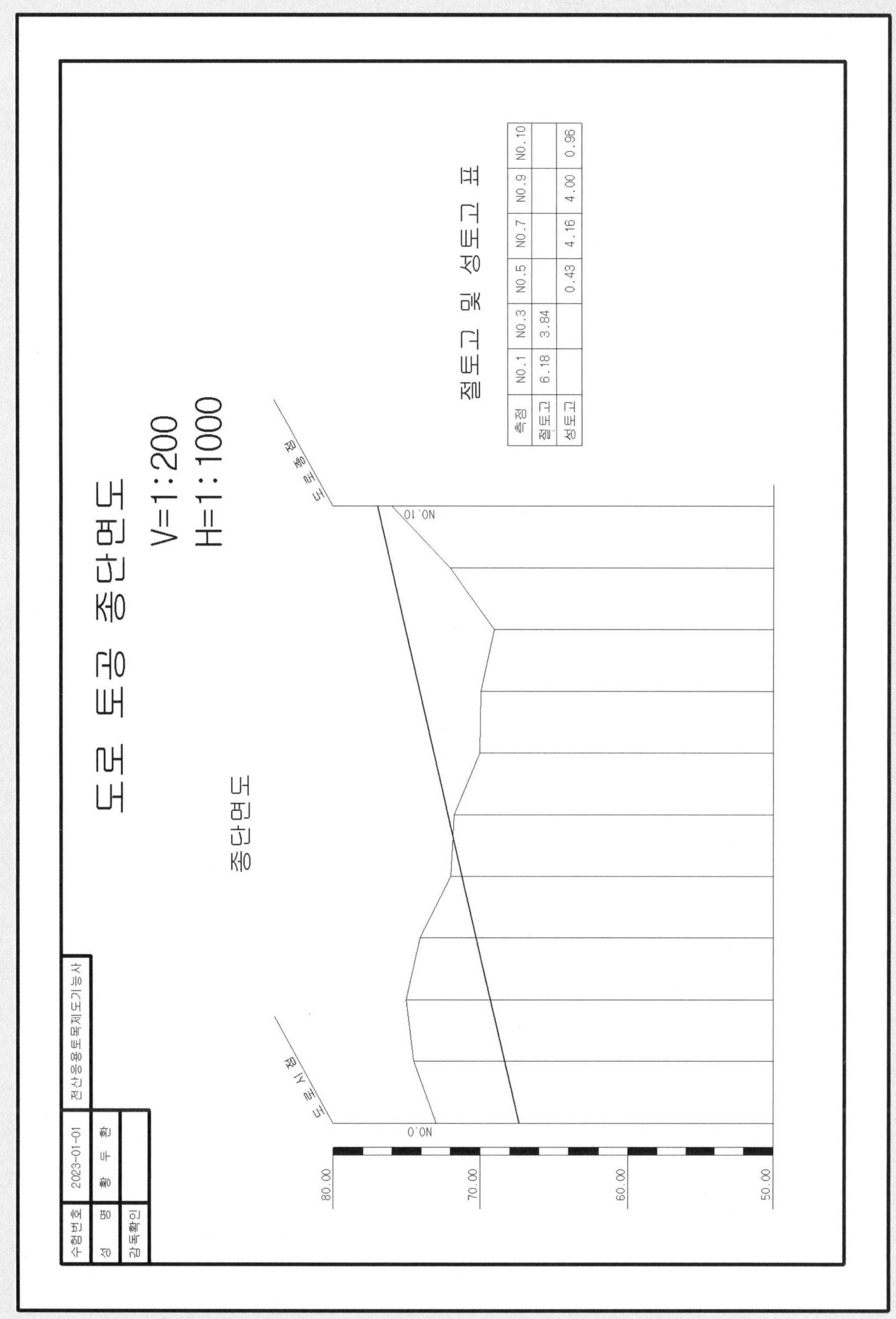

측점	NO.1	NO.3	NO.5	NO.7	NO.9	NO.10
절토고	6.18	3.84				
성토고			0.43	4.16	4.00	0.96

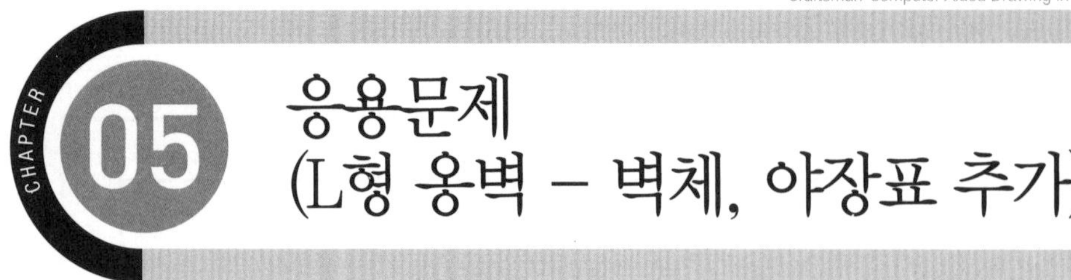

응용문제 (L형 옹벽 – 벽체, 야장표 추가)

완성파일 실습자료\완성파일\part06\기출문제 답안.dwg

문제지 1페이지

국가기술자격 실기시험문제

자 격 종 목	전산응용토목제도기능사	작 품 명	옹벽 구조도 도로 토공 횡단면도 도로 토공 종단면도

비번호		시험일시		시험장명	

※ 시험시간 : 3시간 (시험종료 후 문제지는 반납)

1. 요구사항

※ 주어진 도면 (1), (2), (3)을 보고 CAD프로그램을 이용하여 다음 조건에 맞는 도면을 작도하여 시험감독위원의 지시에 따라 저장하고, 제시된 축척에 맞게 A3(420×297)용지에 **흑백으로 가로로 출력**하여 파일과 함께 제출하시오.

가. 옹벽 구조도

❶ 주어진 도면(1)을 참고하여 '**표준 단면도(1:30)**', '**벽체(1:30)**', '**일반도(1:60)**'를 작도하고, 표준 단면도는 도면의 좌측에, 벽체는 중간에, 일반도는 우측에 적절히 배치하시오.

❷ 도면 상단에 과제명과 축척을 도면의 크기에 어울리도록 표기하시오.

나. 도로 토공 횡단면도

❶ 주어진 도면(2)를 참고하여 '**도로 토공 횡단면도(1:100)**'를 작도하고 도로 포장 단면의 표층, 기층, 보조기층을 아래의 단면 표시형식에 따라 출력물에서 구분될 수 있도록 적절한 크기로 해칭하여 완성하시오.

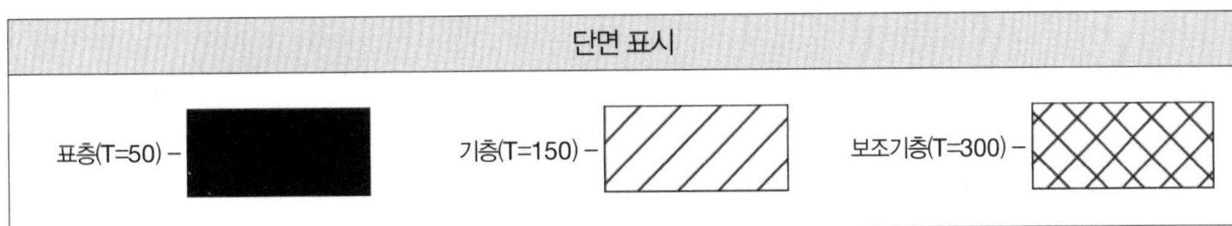

다. 도로 토공 종단면도

1. 주어진 도면(3)을 참고하여 도로 토공 종단면도(하단 야장표 포함)를 가로 축척(H), 세로 축척(V)에 맞게 작도하고, 절토고 및 성토고 표를 적절한 크기로 완성하여 종단면도의 우측에 배치하시오.

2. 도면 상단에 과제명과 축척을 도면의 크기에 어울리도록 표기하시오.

문제지2페이지

자 격 종 목	전산응용토목제도기능사	작 품 명	옹벽 구조도 도로 토공 횡단면도 도로 토공 종단면도

2. 수험자 유의사항

※ 다음 유의사항을 고려하여 요구사항을 완성하시오.

1. 명시되지 않은 조건은 토목제도의 원칙에 따르시오.

2. 정전 및 기계 고장 등에 의한 자료 손실을 방지하기 위하여 수시로 저장하시오.

3. 윤곽선의 여백은 상하좌우 모두 15mm 범위가 되도록 작도하고, 철근의 단면은 출력 결과물에 지름 1mm가 되도록 작도하시오.

④ 시험 시작 후 우선 도면 좌측 상단에 아래와 같이 표제란을 만들어 수험번호, 성명을 기재하시오.(단, 표제란의 축척은 1:1로 하시오.)

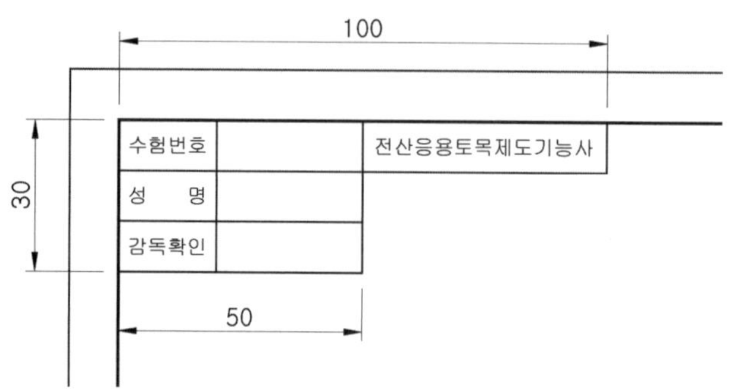

⑤ 작업이 끝나면 감독위원의 확인을 받은 후 파일과 문제지를 제출하고 본부위원의 지시에 따라 흑백(출력결과물에서 선의 진하고 연함이 없이 선의 굵기로만 구분되도록 출력: AutoCAD의 monochrome.ctb 기준)으로 도면을 요구사항에 따라 출력하시오.

[출력시간은 시험시간에서 제외(20분을 초과할 수 없음)하고 출력은 주어진 축척에 맞게 수험자가 직접 하여야 합니다.]

⑥ 선의 굵기를 구분하기 위하여 선의 색을 다음과 같이 정하여 작도하시오.

선 굵기	색상(color)	용도
0.7㎜	파란색(5-Blue)	윤곽선
0.4㎜	빨간색(1-Red)	철근선
0.3㎜	하늘색(4-Cyan)	계획선, 측구, 포장층
0.2㎜	선홍색(6-Magenta)	중심선, 파단선
0.2㎜	초록색(3-Green)	외벽선, 철근기호, 지반선, 인출선
0.15㎜	흰색(7-White)	치수, 치수선, 표, 스케일
0.15㎜	회색(8-Gray)	원지반선

자격종목	전산응용토목제도기능사	작품명	옹벽 구조도 도로 토공 횡단면도 도로 토공 종단면도

⑦ 다음 사항은 실격에 해당하여 채점 대상에서 제외됩니다.

가) 수험자 본인이 수험 도중 시험에 대한 포기 의사를 표현하는 경우

나) 장비조작 미숙으로 파손 및 고장을 일으킬 것으로 감독위원이 합의하거나 출력시간이 20분을 초과할 경우

다) 3개 과제 중 1과제라도 0점인 경우

라) 출력작업을 시작한 후 작업내용을 수정할 경우

마) 수험자는 컴퓨터에 어떤 프로그램도 설치 또는 제거하여서는 안 되며 별도의 저장장치를 휴대하거나 작업 시 타인과 대화하는 경우

바) 시험시간 내에 3개 과제(옹벽 구조도, 도로 토공 횡단면도, 도로 토공 종단면도)를 제출하지 못한 경우

사) 과제별 도면 명칭, 기울기, 치수선, 철근 종류 등 10개소 이상 누락된 경우

아) 도면 축척이 틀리거나 지시한 내용과 다르게 출력되어 채점이 불가한 경우

⑧ 각 과제별 제출 도면 배치(예시)

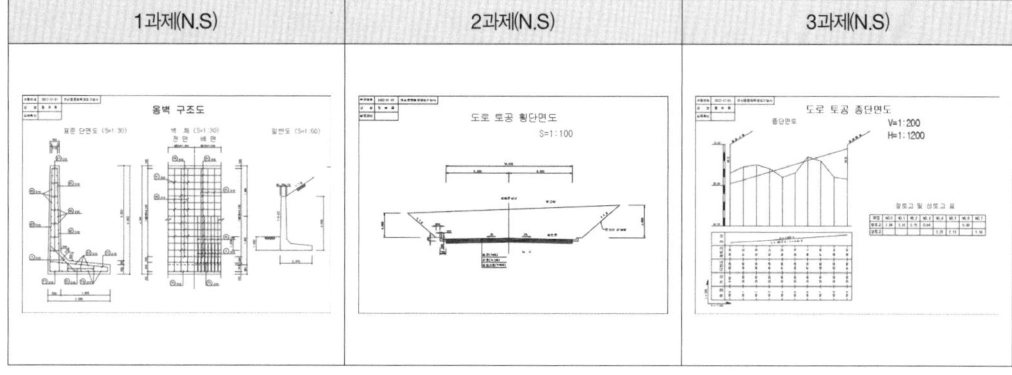

3. 도면(1)

자격종목	전산응용토목제도기능사	과제명	옹벽구조도	척도	N.S

표준 단면도

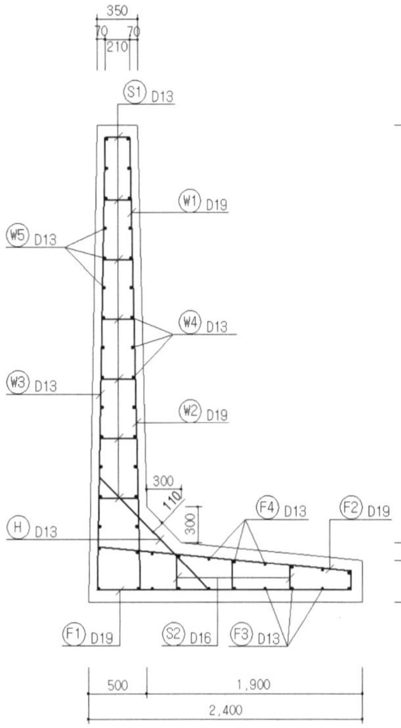

벽 체
전 면 배 면

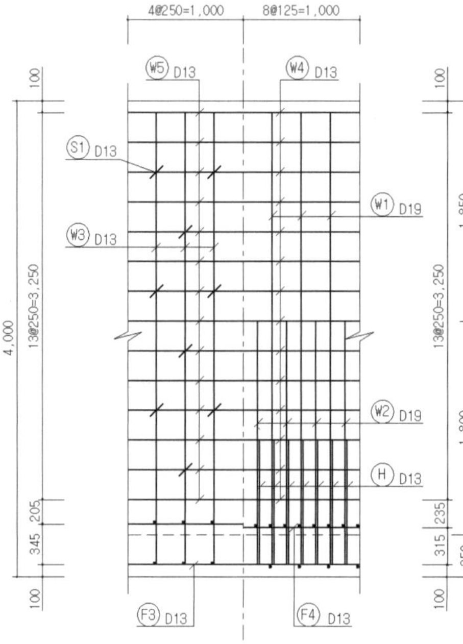

저 판

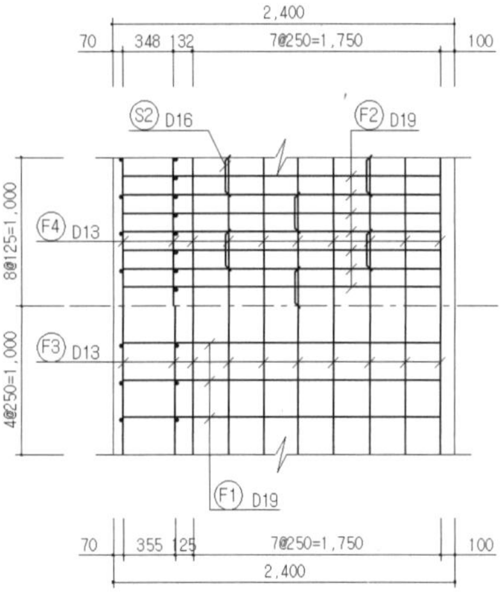

일 반 도

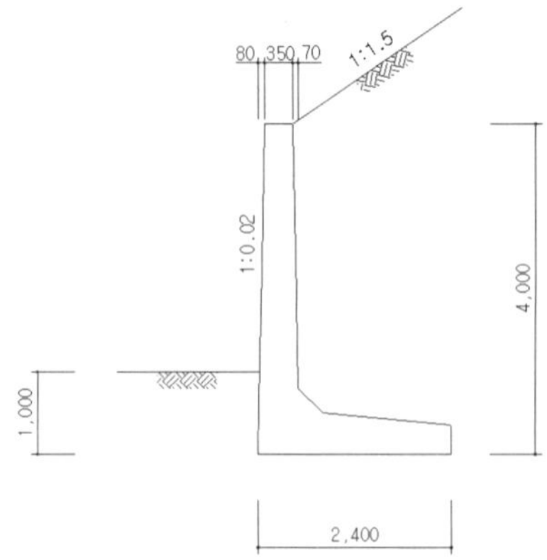

3. 도면(2)

자 격 종 목	전산응용토목제도기능사	과 제 명	도로 토공 횡단면도	척도	N.S

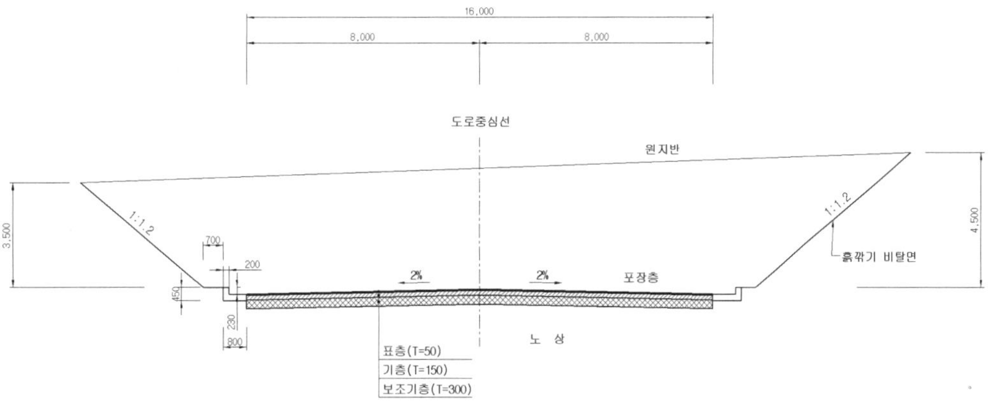

3. 도면(3)

자 격 종 목	전산응용토목제도기능사	과 제 명	도로 토공 종단면도	척도	N.S

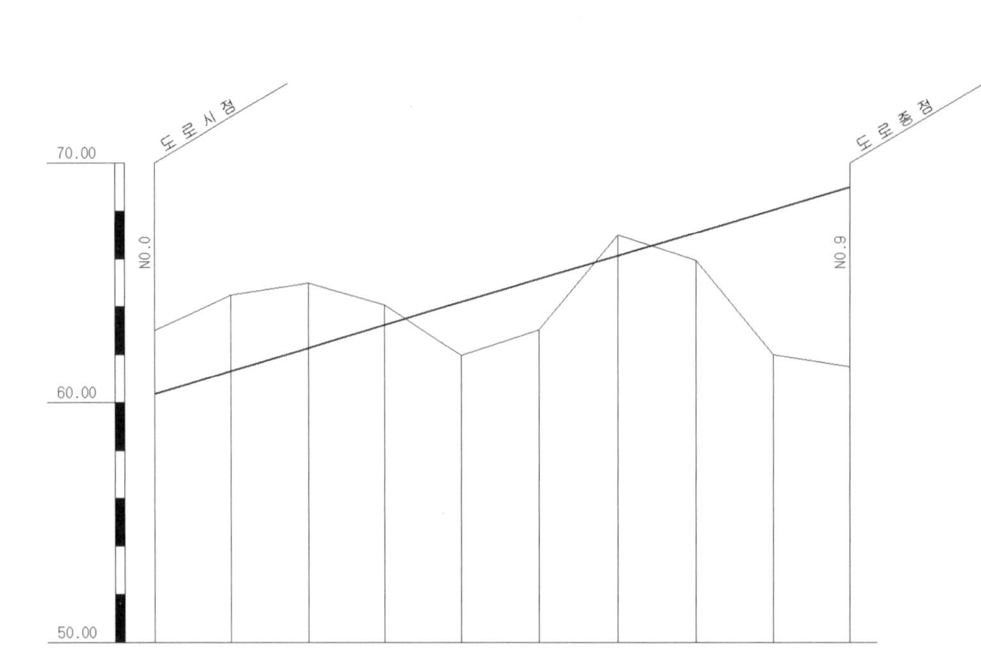

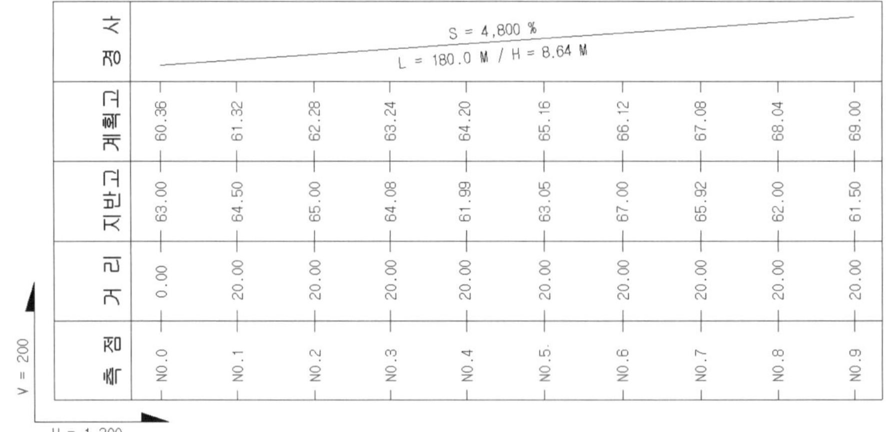

경사	S = 4,800 % L = 180.0 M / H = 8.64 M									
계획고	60.36	61.32	62.28	63.24	64.20	65.16	66.12	67.08	68.04	69.00
지반고	63.00	64.50	65.00	64.08	61.99	63.05	67.00	65.92	62.00	61.50
거리	0.00	20.00	20.00	20.00	20.00	20.00	20.00	20.00	20.00	20.00
측점	NO.0	NO.1	NO.2	NO.3	NO.4	NO.5.	NO.6	NO.7	NO.8	NO.9

측점	NO.0	NO.1	NO.2	NO.3	NO.4	NO.5	NO.6	NO.7
절토고								
성토고								

4. 답안 (1) – 옹벽 구조도

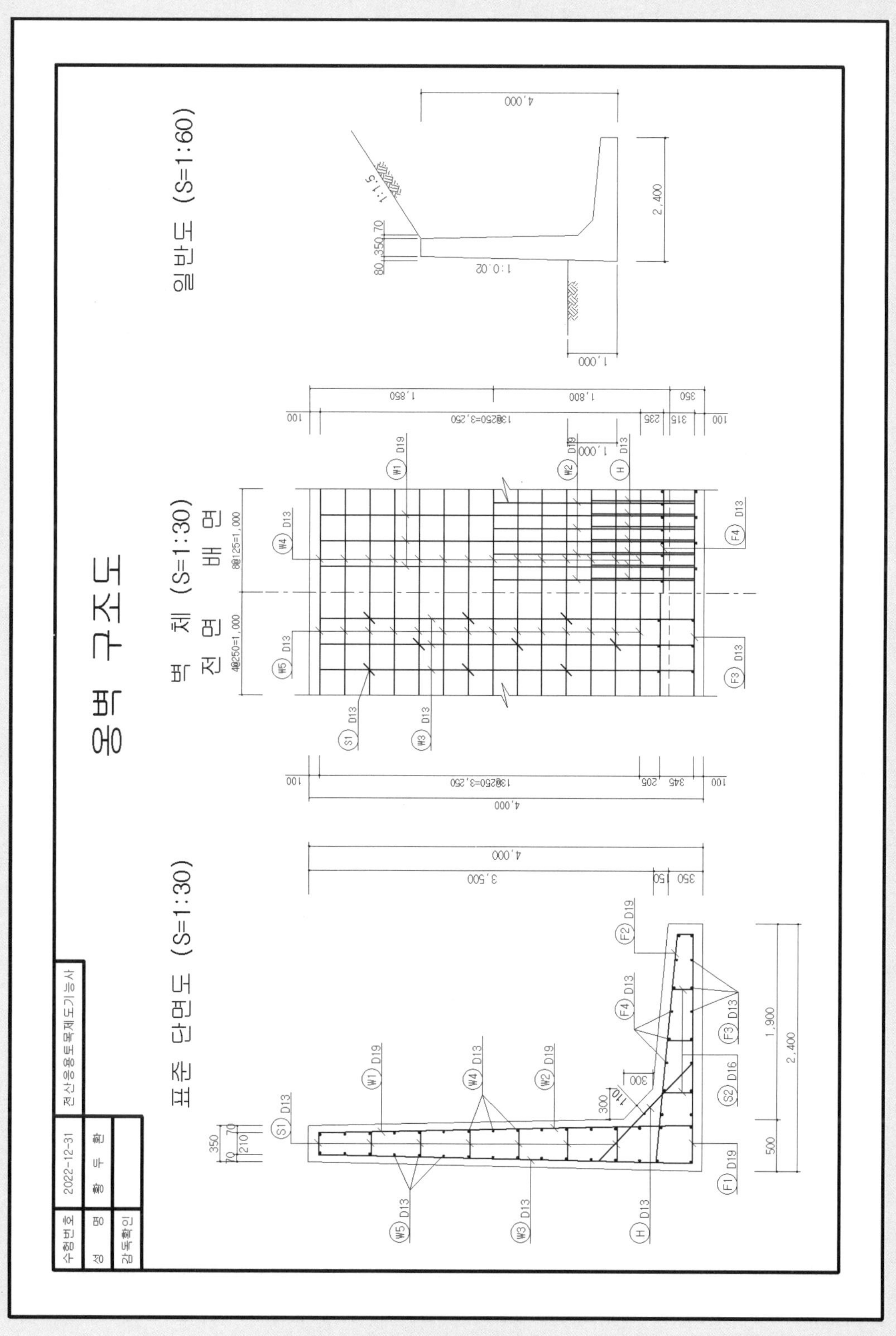

옹벽 구조도
일반도 (S=1:60)
벽체 (S=1:30)
전면
배면
표준 단면도 (S=1:30)
수험번호
2022-12-31
전산응용토목제도기능사
성 명
황 두 환
감독확인

4. 답안 (2) – 도로 토공 횡단면도

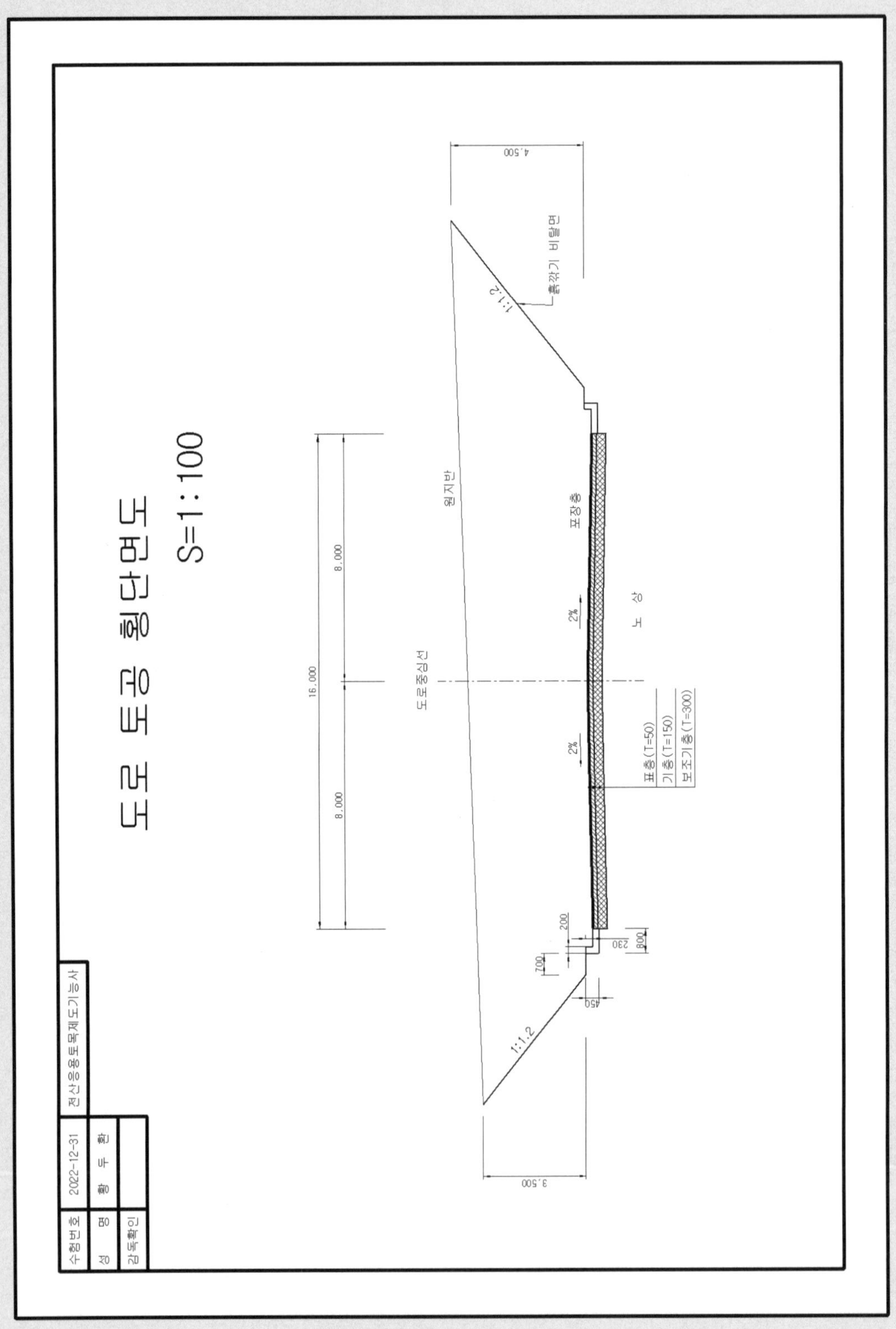

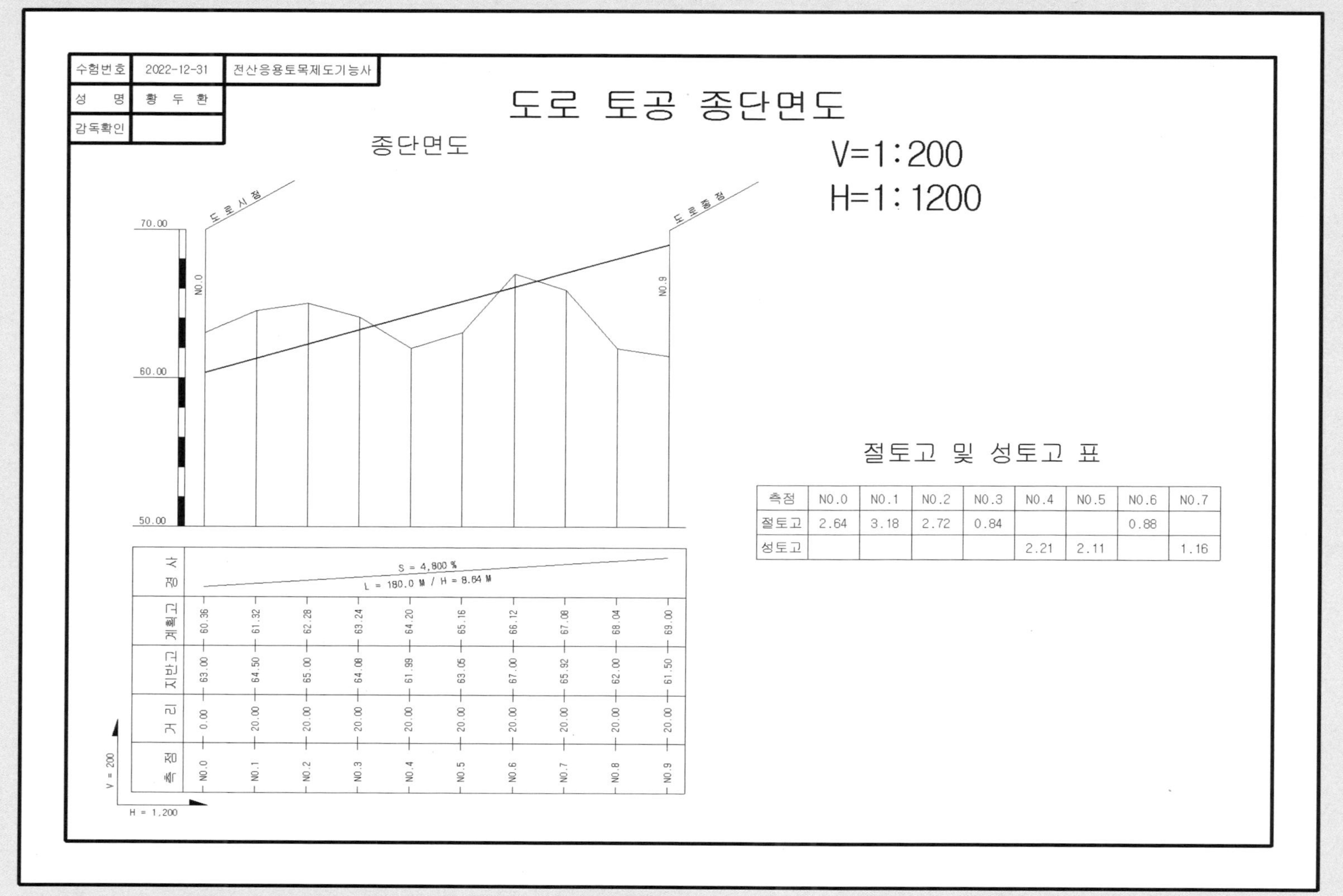

측점	NO.0	NO.1	NO.2	NO.3	NO.4	NO.5	NO.6	NO.7	NO.8	NO.9
거리	0.00	20.00	20.00	20.00	20.00	20.00	20.00	20.00	20.00	20.00
지반고	63.00	64.50	65.00	64.08	61.99	63.05	67.00	65.92	62.00	61.50
계획고	60.36	61.32	62.28	63.24	64.20	65.16	66.12	67.08	68.04	69.00

절토고 및 성토고 표

측점	NO.0	NO.1	NO.2	NO.3	NO.4	NO.5	NO.6	NO.7
절토고	2.64	3.18	2.72	0.84			0.88	
성토고					2.21	2.11		1.16

최신 출제기준(도로 토공)을 적용한

전산응용토목제도기능사 실기

2016. 3. 10. 초 판 1쇄 발행
2020. 2. 18. 개정증보 1판 1쇄 발행
2023. 1. 26. 개정증보 2판 1쇄 발행
2024. 9. 25. 개정증보 3판 1쇄 발행

저자와의 협의하에 검인생략

지은이 | 황두환
펴낸이 | 이종춘
펴낸곳 | BM (주)도서출판 성안당
주소 | 04032 서울시 마포구 양화로 127 첨단빌딩 3층(출판기획 R&D 센터)
10881 경기도 파주시 문발로 112 파주 출판 문화도시(제작 및 물류)
전화 | 02) 3142-0036
031) 950-6300
팩스 | 031) 955-0510
등록 | 1973.2.1 제406-2005-000046호
출판사 홈페이지 | **www.cyber.co.kr**
ISBN | 978-89-315-8791-3 (13540)
정가 | **26,000원**

이 책을 만든 사람들
책임 | 최옥현
진행 | 최창동
본문 디자인 | 김희정
표지 디자인 | 김희정, 박원석
홍보 | 김계향, 임진성, 김주승, 최정민
국제부 | 이선민, 조혜란
마케팅 | 구본철, 차정욱, 오영일, 나진호, 강호묵
마케팅 지원 | 장상범
제작 | 김유석

※ 잘못된 책은 바꾸어 드립니다.